国家示范性高等职业院校建设规划教材

零件切削加工

主　编　魏晓娟
副主编　熊　娟
主　审　汤　萍

黄河水利出版社
·郑州·

内容提要

本书是国家示范性高等职业院校建设规划教材，是为满足国家示范性高职院校四川电力职业技术学院重点建设项目水电站动力设备与管理专业建设的需要，根据教育部水电站动力设备与管理专业及专业群人才培养方案和零件切削加工课程标准的要求编写而成的。本书为理论与实践一体化教材，依据单元项目教学法进行编写。全书共分6个项目，包括切削加工基础、车削加工、铣削加工、磨削加工、镗削加工、刨削加工、插削加工、拉削加工，系统介绍了切削加工中涉及的基本知识、基本原理和基本技能。

本书可作为高职高专、成人高校等职业技术学院机械类专业的教材，也可作为学生机加工实训或中级车工培训的指导用书。

图书在版编目(CIP)数据

零件切削加工/魏晓娟主编. —郑州：黄河水利出版社，2014.1

国家示范性高等职业院校建设规划教材

ISBN 978-7-5509-0651-8

Ⅰ.①零…　Ⅱ.①魏…　Ⅲ.①机械元件-金属切削-高等职业教育-教材　Ⅳ.①TH13

中国版本图书馆CIP数据核字(2013)第298349号

组稿编辑：王路平　电话：0371-66022212　E-mail：hhslwlp@163.com

出 版 社：黄河水利出版社

地址：河南省郑州市顺河路黄委会综合楼14层　邮政编码：450003

发行单位：黄河水利出版社

发行部电话：0371-66026940、66020550、66028024、66022620(传真)

E-mail：hhslcbs@126.com

承印单位：黄河水利委员会印刷厂

开本：787 mm×1 092 mm　1/16

印张：21.25

字数：490千字　　印数：1—1 000

版次：2014年1月第1版　　印次：2014年1月第1次印刷

定价：45.00元

前 言

本书是根据《教育部关于全面提高高等职业教育教学质量的若干意见》(教高〔2006〕16号)、《教育部关于推进高等职业教育改革创新引领职业教育科学发展的若干意见》(教职成〔2011〕12号)等文件精神,在全国水利水电高职教研会指导下,用中央财政安排的“支持高等职业学校专业建设”项目经费组织编写的教材。

本套教材以学生能力培养为主线,以工作任务为载体,融“教、学、练、做”于一体,适合开展项目化教学,体现实用性、实践性和创新性的特色,是一套紧密联系生产实际的高职高专教育精品规划教材。

“零件的切削加工”作为传统机械类专业的主干实践性课程,在教学改革大背景下,应该围绕国务院关于发展高等职业教育的精神,满足培养21世纪技能型人才的需要,落实职业院校“工学结合”的教学新模式而展开,并探索新的教学形态。

本书针对机械类专业应用型人才和高等技术人才的培养要求,力求突破传统专业教材的框架,尝试建立新的教学内容体系,并突出职业教育的特色。本书希望通过理论知识与实践技能的一体化教学模式,使学生在把握“做什么”、“怎样做”之后,还能明了“为何做”,全景式地认识机械加工的工艺系统与方法,为其职业提升打下良好的基础。为此,在本书编写时,遵循立足于知识的综合与实践应用,努力呈现课程自身的要求与规律的原则,力求避免知识内容“散乱化”、实践过程“零碎化”。当然,这样一个充满探索和尝试的过程必定会存在许多不足。

本书按照项目单元教学法进行编写,共分为六个项目,主要涉及生产实践中必不可少的专业知识和常见的、典型的加工方法。主要内容包括:(项目一)切削加工基础,(项目二)车削加工,(项目三)铣削加工,(项目四)磨削加工,(项目五)镗削加工,(项目六)刨削、插削、拉削加工。每个项目下选取一个或多个课题作为学习单元,针对性地讨论切削加工的基本内容、基本方法,以典型的工作任务为依托,通过活动任务的展开,把专业知识和专业技能有机地融为一体,适合高等院校特别是职业院校的机械类或近机类专业学生学习使用,也可作为青年技术工人自学或培训教材。

本书由四川电力职业技术学院承担编写工作,编写人员及编写分工如下:项目一、二、三由魏晓娟编写;项目四由熊娟编写;项目五、六由韩丽娜编写。本书由魏晓娟担任主编并负责全书统稿,由熊娟担任副主编,由安徽水利水电职业技术学院汤萍担任主审。

此外,本书在编写和出版过程中,参考或引用了相关教材及其资料,得到了机械加工企业专业技术人员的指导和帮助。在此,谨向他们表示衷心的感谢,并向相关教材的作者表示诚挚的谢意!

由于编者水平有限,加工方法未能在书中得到全面覆盖,涉及的内容可能存有不妥或错漏之处,恳请广大读者批评指正。

编 者

2013年10月

目 录

项目一　切削加工基础

引　言

在机械加工过程中,一个零件的全部加工可能需要多道工序、多种方法、多台设备才能完成。在这个过程中,参与加工的机床、刀具、夹具、工件与人一道构成一个完整的工艺系统,各自承担不同的功能,共同将毛坯或材料变成具有一定形状和尺寸的零件,并满足质量的要求。

因此,零件能否在一个工艺系统中获得加工,除其几何参数(如工件形状、尺寸、精度等)的要求外,还取决于工艺参数(如工件材料、切削用量等)是否合理,工艺系统中机床、刀具、夹具、工件的特性以及相互结合形成的系统的特性。为此,本项目将讨论工艺系统的这些组成部分的基本特征,并为在后续项目中探讨各种加工方法及其工艺技术问题打下必要的基础。

单元一　运动与成形

【学习目标与任务】

学习目标:

1. 掌握表面成形的方法与特征。
2. 掌握表面成形所需的运动及其性质。
3. 掌握切削用量的定义与加工意义。
4. 了解切削层的含义与参数。

学习任务:认知零件的切削成形过程。

【任务引入】

观察如图 1-1 所示工件的加工过程,观察其上各类表面的成形过程,认识各自的成形方法以及所需的运动形式。如果以 100 m/min 的切削速度将工件上直径为 ϕ36 mm 的外圆车削至 ϕ33 mm,计算车床主轴的旋转速度;刀具此时若以 0.1 mm/r 的速度进给,计算刀架的移动速度。

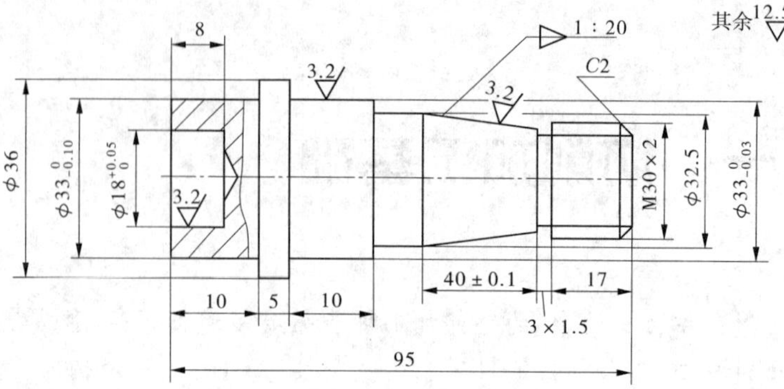

图 1-1 短轴

【知识指引】

一、工件的表面成形

(一)表面成形的运动学原理

切削加工中,被加工的表面会通过刀具与工件之间的相对运动来获得相应的形状和尺寸,所需相对运动的数量、形式则取决于所选用机床的类型和单元表面的特征。在分析表面成形的方法时,应注意将被加工的单元表面与几何学的表面进行区分。

总体上,切削加工零件的表面形状虽然千差万别,但大都是由一些常见的单元表面构成的,零件的加工则通过单元表面的依次成形来完成。所以,研究零件的切削加工过程,实质上就是研究工件表面的成形过程。

1. 加工表面的类型

1)线性表面

由一条线沿着某一指定轨迹运动形成的表面,即为线性表面。在传统切削机床上加工的单元表面,都属于这类性质的表面。

如图 1-2 所示,平面可由一条直线沿另一条直线运动而成(见图 1-2(a)),圆柱面由一条直线沿一个圆运动而成(见图 1-2(b)),圆锥面由一条直线沿一个圆运动而成(见图 1-2(c)),螺纹面由一条折线沿一条螺旋线运动而成(见图 1-2(d)),球面(或球冠面)由一条圆弧沿一个圆运动而成(见图 1-2(e)),圆环面由一个圆沿一条圆弧运动而成(见图 1-2(f)),回转曲面由一条曲线绕一个圆运动而成(见图 1-2(g))。

由此可以看到,形成线性表面的那条线,可以是单一的平滑曲线,也可以是多段的折线;它的运动轨迹,可以是平面曲线,也可以是空间曲线。但是,如果曲线或其运动轨迹复杂、变化,需要用数学模型描述,那么传统的切削机床就不能满足表面加工精度和表面质量的要求,甚至不能完成加工任务,从而必须使用数控机床进行加工。

2)线性加工表面的类型

线性表面作为加工的单元表面,它的类型也是加工表面的类型。在实际生产中,零件的轮廓大多是函数曲线,诸如直线、圆以及二次、三次曲线等。但在航天、航空、汽车及其他制造工业中,有许多的零件如飞机机翼、螺旋桨、整流罩、凸轮样板、各种模具及叶片等,

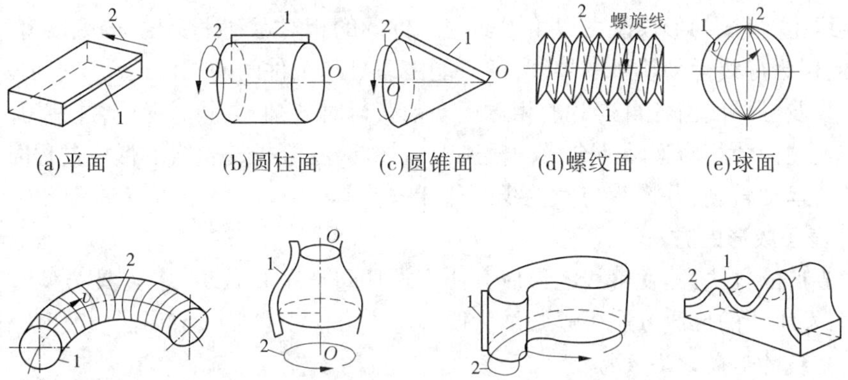

(a)平面　(b)圆柱面　(c)圆锥面　(d)螺纹面　(e)球面

(f)圆环面　(g)回转曲面　(h)封闭曲面　(i)敞开曲面

1—母线;2—导线

图 1-2　各类典型表面的形成

其轮廓曲线却非函数曲线,而是列表曲线,即通过试验或测量的方法得到离散的数据后,采用数学拟合逼近的方法获得的零件轮廓曲线。

由此,按零件轮廓曲线属性的不同,加工表面分为函数表面和列表表面(自由表面)。图 1-2 中,平面、圆柱(锥)面、球面、圆环面、螺纹面都是典型的函数表面;而一些成形面,如回转曲面、封闭曲面、敞开曲面,若其轮廓曲线不能用函数进行描述,可归类于列表表面。

2. 表面发生线的特性

1)发生线的定义

形成线性表面的轮廓所需的那条线及其运动轨迹,统称为表面发生线。其中,发生运动的线称为母线,其运动轨迹称为导线,如图 1-2 中的 1 与 2 所示。

2)发生线的划分

表面的一组发生线在划分母线和导线时,以优先确定母线为原则。能充当母线的发生线,必须符合在运动过程中能保持其形状、尺寸不改变,只随运动轨迹发生平移的特征。

若一组发生线中的母线与导线都具备上述特征,则二者可以互换,由此形成的表面性质不会发生改变,这种表面称为可逆表面,如图 1-2(a)、(b)所示。否则,母线和导线不可以互换,所形成的表面称为不可逆表面,图 1-2 中的其余表面均属此类。

不过,有些表面虽然具有完全相同的发生线,但由于母线的原始位置不同,却可以形成不同的表面。图 1-3 展示了圆柱面与圆锥面的形成过程。

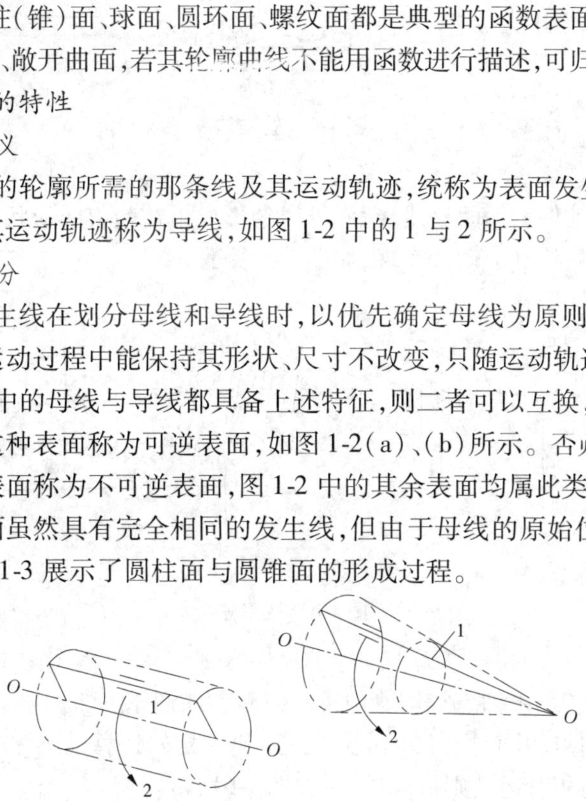

1—母线;2—导线

图 1-3　母线原始位置变动引起的表面变化

3)发生线的形成方式

发生线中,母线的形成既可以由刀具与工件间的相对运动来实现,也可以由刀刃形状来控制,但作为母线运动轨迹的导线,却只能由刀具与工件间的相对运动来形成。

当母线及其导线由各自连续的相对运动来获得时,它们会同时形成,并使刀刃的切削点运动在上述两个相对运动所合成的轨迹上。如此,在分析发生线的形成过程时,需特别关注刀具的运动轨迹,并将其与发生线区分开来。

(二)表面成形的方法

表面成形的方法,即发生线的形成方法。按照母线的形成方式、刀具类型、切削刃形状的不同,发生线的形成方法可以归纳为四种基本方法:轨迹法、成形法、相切法、展成法。

1. 发生线的形成方法及特征

1)轨迹法

刀具切削刃与工件表面间呈点接触,两条发生线的形成依据刀具与工件间的相对运动,通过刀尖的运动同时实现,如图 1-4 所示。

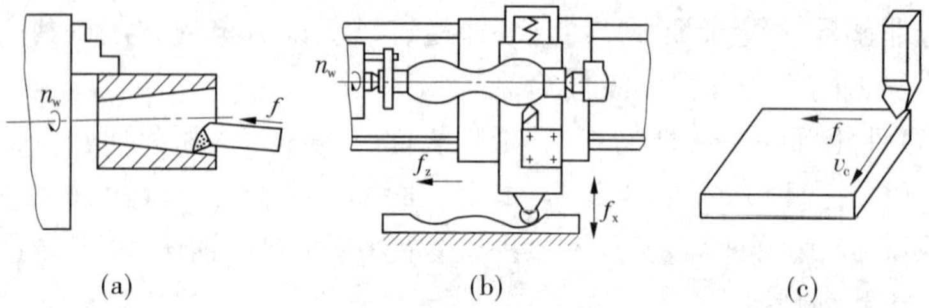

图 1-4 轨迹法

2)成形法

刀具切削刃与工件表面间呈线接触,母线的形成由切削刃的形状来控制,导线的形成通过刀具与工件间的相对运动来实现,如图 1-5 所示。

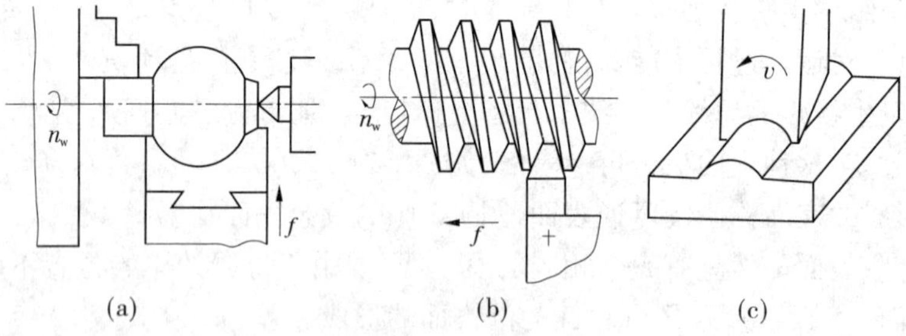

图 1-5 成形法

3)相切法

旋转刀具(如铣刀、镗刀、砂轮)加工时,刀具与工件表面接触相切,在产生切削点的同时,刀具中心(刀心)沿一定轨迹移动形成母线,而工件的相对运动则形成导线,如图 1-6所示。

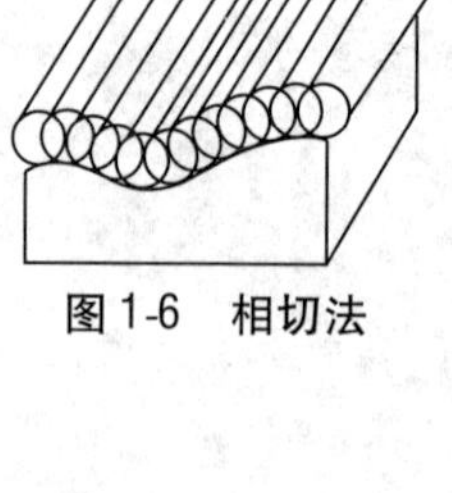

图 1-6 相切法

4)展成法

刀具切削刃与工件表面间呈线接触,刀具与工件间作展成运动(或称啮合运动),切削刃在啮合过程中各瞬时位置的包络线形成齿形面的渐开线母线。齿形表面的导线则由刀具沿齿厚方向的直线运动(或螺旋线运动)来实现,如图1-7所示。

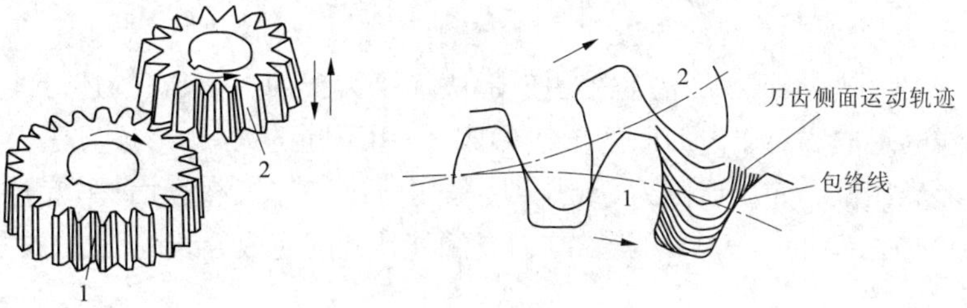

1—工件;2—刀具

图1-7 展成法

2.常见表面的加工成形方法

在切削加工中,相同的表面,如果切削刃的形状不同,所需的工件与刀具之间的相对运动也不相同,则表面成形的方法会发生改变,这是形成各种加工方法的基础。多数表面的加工都可以有两种或两种以上的成形方法。

1)圆柱(锥)面成形

圆柱(锥)面由一段直母线和一条圆导线构成。圆柱(锥)面的成形,可以采用轨迹法(见图1-4(a))或相切法。

采用轨迹法加工时,工件的回转运动和车刀刀尖的直线移动相组合,同时实现了圆柱(锥)面所需的圆导线和直母线。如果采用相切法,必须使用旋转刀具(如砂轮、镗刀),直母线的形成由刀具一边旋转相切一边沿直线移动来实现,而工件的回转运动则形成所需的圆导线。

2)球(冠)面成形

球(冠)面由圆弧旋转而成,其母线是一段圆(弧),导线为一圆。球(冠)面的成形,可以采用轨迹法(见图1-4(b)),也可选取成形法(见图1-5(a))。

3)螺纹面成形

螺纹面的发生线由折线母线和螺旋导线组成,它的成形方法从母线形成的角度分析属于成形法。所以,无论使用何种刀具加工螺纹面,切削刃都必须与螺纹面的母线形状相同。

在螺纹面的成形中,一个必须注意的要素是导线的形成。使用不同的刀具,导线的形成方法各不相同。图1-5(b)中使用车刀车削螺纹,车刀只需要相对于工件做螺旋线运动就足以形成螺纹的导线,这是轨迹法。但如果使用铣刀铣削(或砂轮磨削)螺纹,则铣刀(或砂轮)在高速旋转运动的同时,还需要一个相对于工件的螺旋线运动,才能形成螺纹的导线,这又是相切法。

4)齿面成形

齿形面的发生线是渐开线母线与直导线(直齿)或螺旋导线(斜齿),齿形面的成形可以采用成形法(见图1-5(c)),但更多的是采用展成法(见图1-7)。

在展成法中,刀具与工件按一定的转速比做旋转运动,切削刃与工件表面共同完成复合的纯滚动,即通过二者间的展成运动形成齿形的母线。虽然展成法加工中切削刃的形状不同于齿形表面的形状,但切削刃却是被加工齿形的共轭曲线。这样,在展成法加工中,一把刀具可以加工模数相同而齿数不同的所有齿轮,并获得较高的加工精度和生产效率。这是目前齿形加工的主要方法。

然而,无论是采用展成法或者是采用成形法加工齿形面,都只在描述母线的形成原理,并未涉及导线的形成。对于齿形面的导线形成,使用不同的刀具,形成方法不同,这点与螺纹面的导线形成相似。如成形刨刀(或拉刀)采用轨迹法加工直齿面;用旋转的铣刀、滚齿刀(或插齿刀)加工齿面时,刀具的旋转与刀具的移动共同完成导线的形成,这是相切法。

5)平面的成形

平面是最为简单的加工表面,由直母线和直导线构成,它的成形方法主要是使用刨刀加工的轨迹法(见图1-4(c))和使用铣刀或砂轮加工的相切法(见图1-6)。

二、工件加工所需的运动

实现一个工件的加工,除需要完成各单元表面的成形任务外,还需要实现表面的尺寸、精度、质量的控制。在这个过程中,机床一再重复刀具与工件间的切削运动,并伴随产生一系列刀具或工件的非切削运动,以及机床自身的操控运动。只有当所有这些运动都得以执行后,加工才能完成。

(一)机床运动

1.机床运动及其基本形式

为完成工件加工任务,由机床提供的使工件、刀具、夹具(附件)、操纵控制机构发生的所有运动的总和,称为机床运动。

无论机床提供怎样性质、作用的运动,其呈现出的只有直线运动与圆周运动两种基本运动形式,但可以通过机床的传动系统按要求加以合成,形成其他形式的运动。

2.机床运动的类型

机床运动按其在加工中完成任务的不同,划分为成形运动与辅助运动两大类。

成形运动是直接参与切削过程,形成表面发生线所需的刀具与工件间的相对运动的总称。

辅助运动是为完成工件加工,使之满足加工精度及表面质量要求,除成形运动外的所有机床运动的总称。

(二)表面成形运动的类型与性质

1.简单成形运动与复合成形运动

成形运动按照运动的形式、数量的不同,划分为简单成形运动和复合成形运动。

1)简单成形运动

简单成形运动,指形成某条发生线(母线或导线)所需的直线运动或圆周运动,是一个独立的机床基本运动形式。

如图1-8(a)、(b)所示,外圆车削时,工件的旋转运动 B 和刀具的直线移动 A 分别形成圆导线与直母线，它们是简单成形运动。外圆磨削时，砂轮的旋转运动 B_1、工件的旋转运动 B_2、工件的直线移动 A' 也都是简单成形运动，砂轮的旋转运动 B_1 与工件的直线移动 A' 共同形成直母线，工件的旋转运动 B_2 形成圆导线。

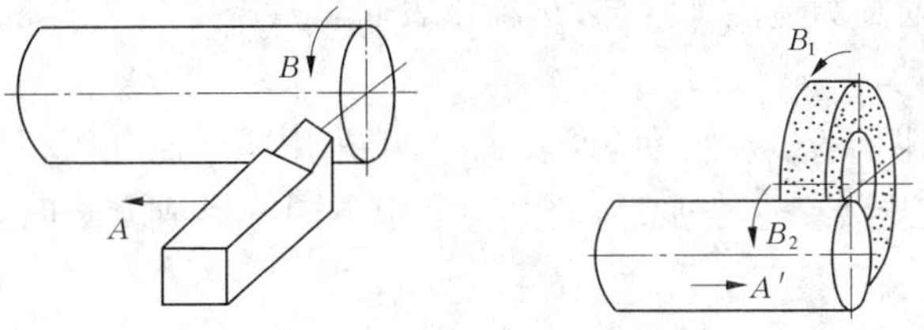

(a)外圆车削　　(b)外圆磨削

图 1-8　简单成形运动

从上可以看到，外圆柱的直母线形成，车削时只需要一个简单成形运动，而采用磨削时却需要两个简单成形运动。这也是轨迹法成形与相切法成形在运动上的差异。

2）复合成形运动

复合成形运动，指某条发生线所需的成形运动由两个或两个以上的机床基本运动按照一定的运动关系合成而获得的运动。

复合成形运动是一个独立的成形运动，但由它分解所得的基本运动已不再独立，不能单独调整各自的运动量。在这个意义上，参与合成的基本运动不再是简单运动，而被视作一种复合运动。

如图 1-9(a)所示，使用螺纹车刀车削螺纹时，只需要一个成形运动，即形成螺纹导线的螺旋线运动。然而，该成形运动不能由车床直接提供，需要由一个圆周运动与一个直线运动合成获得，并且使两个运动在运动关系上满足：

$$F = P_{\mathrm{h}} n$$

式中　F——刀具的直线移动速度，mm/min；

n——工件的旋转速度，r/min；

P_{h}——螺纹的导程，mm。

上式反映的运动关系为：工件旋转一周时，刀具移动一个螺纹导程。如此，在圆周运动与直线运动的运动量之间就建立起相互约束关系，二者均不能单独、随意地进行调整，从而保证了合成所得的螺旋线运动的稳定性。

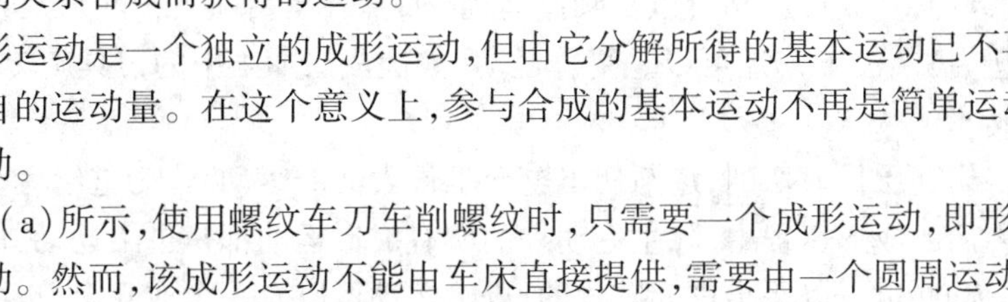

(a)螺纹面车削　　(b)回转面车削

图 1-9　复合成形运动

再如图 1-9(b)所示,采用轨迹法车削某回转表面,其母线为一条函数曲线,导线为一条圆周线。母线形成所需的运动也是一个复合成形运动,需要由轴平面内的两个方向的直线运动合成获得,并且它们的运动关系应满足该曲线的函数方程的要求,而导线形成所需的运动则为简单的圆周运动。这样,车削该表面总共需要两个成形运动,一个是复合运动,一个是简单运动。

需要说明的是,图 1-9(b)所示的回转表面,若采用成形法加工,却只需要一个简单的圆周运动,用以形成导线。这表明,当发生线采用不同的形成方法时,其成形运动的类型和数量并不相同。

2. 主运动与进给运动

成形运动按照运动在切削过程中所起作用的不同,划分为主运动和进给运动。它们可能是简单的成形运动,也可能是复合的成形运动;既可以形成母线,也可以形成导线。

1)主运动

切削刃切除工件上的切削层,使之成为切屑,形成工件新表面的运动,称为主运动。

在一定的切削加工方法中,主运动是消耗功率最大的成形运动,必定有且通常只有一个。由于机床大部分的功率都传递给了主轴,所以凡与机床主轴连接、由主轴带动的成形运动,即为主运动,其成形运动可以是圆周运动(如车、铣、钻、磨、镗削加工),可以是直线运动(如拉、刨、插削加工),还可以是复合运动(如展成法加工中的刀具旋转)。

2)进给运动

不断地将切削层投入切削,逐渐切出整个工件表面的运动,称为进给运动。

在一个表面的成形过程中,除主运动外的所有成形运动都是进给运动,进给运动的方式,可以是连续的,也可以是步进间歇式的;进给运动可以有一个或几个,也可以没有。

图 1-10 中,铣直槽时,进给运动是一个简单运动。铣螺旋槽时,进给运动是一个复合运动。拉削通孔时,拉刀的轴向移动是主运动,并利用拉刀相邻刀齿的尺寸变化来切除余量,也就是说,进给运动由拉刀各刀齿的齿升量来完成,拉床不提供进给运动。所以,拉削只有主运动,没有进给运动。

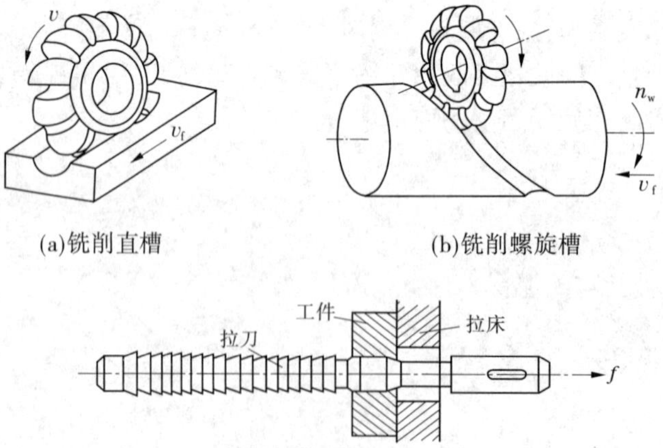

(a)铣削直槽　　(b)铣削螺旋槽

(c)拉削通孔

图 1-10　进给运动

(三)辅助运动在加工中的作用

机床辅助运动的种类很多,主要包括空行程运动、切入运动、分度运动和操纵及控制运动等。机床越复杂、功能越多,辅助运动也越多。

(1)空行程运动,指刀架或工作台在进给前后的快进、快退运动,加工开始前的调位运动。快速运动是为了节省辅助时间,提供工件装夹、换刀、对刀操作的空间。调位运动是将工艺系统中的刀具、工件移动到正确的相对位置上。

(2)切入运动,刀具相对于工件切入一定深度,以保证被加工表面获得所需的几何尺寸。

(3)分度运动,用于加工多个完全相同的沿圆周均匀分布的表面,或者用于多工位工作台及多工位刀架的顺序转位工作。

(4)操纵及控制运动,用于完成启动、停止、变速、换向、部件与工件的夹紧、松开、转位以及自动换刀、自动检测等操作。

此外,装卸工件的运动,自动生产线中随行夹具的倒屑、回转运动,消除传动误差的校正运动等都属于机床的辅助运动。

三、切削要素

切削要素,包括切削用量与切削层参数,如图 1-11 所示。

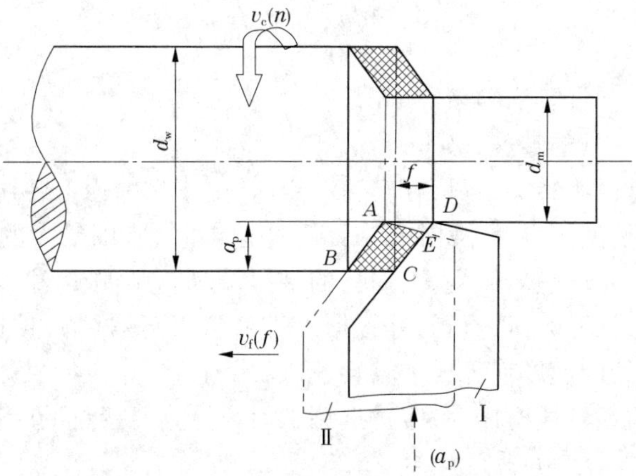

图 1-11　外圆车削时的切削要素

(一)工件的加工表面

切削加工是指工件不断产生新表面、工件多余材料不断被消耗的动态过程,在这个过程中,工件上将同时存在三种依次变化的表面,如图 1-12 所示:

(1)待加工表面:工件上等待切除多余金属层的表面。

(2)过渡表面:主切削刃切削时在工件上形成的表面。

(3)已加工表面:工件上已经去除多余金属层的表面。

(二)切削用量

切削用量是切削速度、进给量和吃刀量的总称。

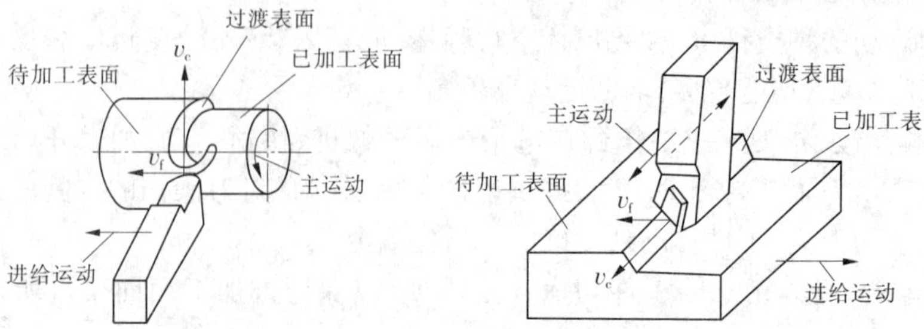

图 1-12　工件的加工表面

1. 切削用量的加工意义

在切削加工中，切削用量是度量运动的参数，具有重要的意义。在加工中，切削用量用于定量地描述主运动和进给运动的大小，准确地控制被加工表面的几何尺寸，定性地分析切削过程中力、温度、功率等物理量的变化规律。因此，切削用量直接影响加工质量、刀具寿命、机床功率损耗及生产效率。

2. 切削速度 v_c

切削刃上选定切削点相对于工件的主运动的瞬时线速度，称为切削速度，单位为 mm/s 或 mm/min。

当主运动为旋转运动时，切削速度由下式确定：

$$v_c = \frac{\pi dn}{1\,000} \quad (\text{m/min})$$

式中　d——工件或刀具的回转直径，mm；

　　n——工件或刀具的转速，r/min。

对于回转体工件或旋转类刀具，在转速一定时，由于切削刃上各切削点的回转半径不同，因而各切削点的切削速度并不相同，在计算并选择时，应以最大的切削速度为准。因为速度大的切削位置，发热多，温度高，刀具的磨损快，最应当予以注意。

在实践中，通常是已知工件直径，并根据工件材料、刀具材料和加工性质等因素预先选定切削速度，再将切削速度换算成主轴转速，以此调整机床。如果计算所得的理论转速与铭牌上所列出的机床转速有出入，应优选铭牌值与计算值接近的转速。

3. 进给速度 v_f、进给量 f、每齿进给量 f_z

进给速度 v_f 是切削刃上切削点相对于工件的进给运动的瞬时线速度，单位为 mm/s 或 mm/min。

进给量 f 是在主运动每一转或每一行程时，刀具与工件之间在某一进给方向上的相对移动量，单位为 mm/r。

每齿进给量 f_z 是多齿切削刀具每转过一个齿角时，刀具与工件之间在某一进给方向上的相对移动量，单位为 mm/z。

进给速度 v_f 与进给量 f、每齿进给量 f_z 之间存在如下关系：

$$v_f = fn = f_z nz$$

4. 背吃刀量 a_p

吃刀量 a，是描述主切削刃与工件切削表面接触长度的量，是在与主运动和进给运动同时垂直的方向上度量的已加工表面与待加工表面间的距离。

在车削加工中(见图1-13(a)),同时与主运动和进给运动垂直的方向只有一个,即与主轴轴线垂直的方向。在这个方向上测量的已加工表面与待加工表面间的径向距离,称为背吃刀量 a_p。

车削外圆时的背吃刀量可按下式计算:

$$a_p = \frac{d_w - d_m}{2} \quad (mm)$$

式中 d_w——工件待加工表面的直径, mm;

d_m——工件已加工表面的直径,mm。

与车削不同的是,在铣削加工(见图1-13(b))中,与主运动和进给运动同时垂直的方向有两个,一个是与主轴轴线垂直的方向,另一个是与主轴轴线平行的方向。在这种情况下,在与主轴轴线平行方向上测量的已加工表面与待加工表面间的距离,称为背吃刀量 a_p;与主轴轴线垂直方向上测量的两表面间的距离,称为侧吃刀量 a_e。对于铣削而言,不同的铣削方式下,背吃刀量和侧吃刀量对应的工件铣削深度与宽度并不一致。

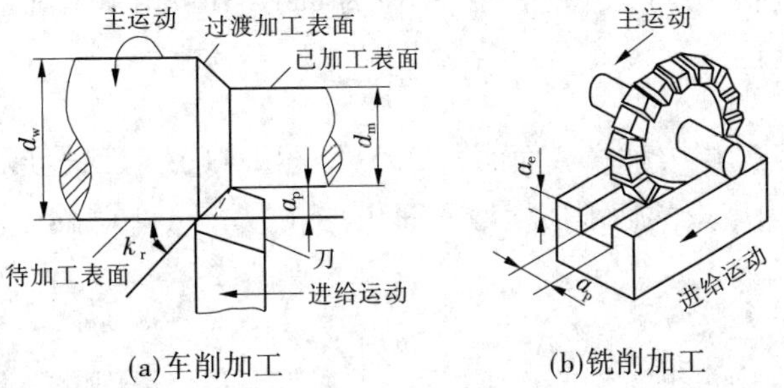

图1-13 吃刀量

5. 切削用量的选择原则

在选择切削用量时,应根据不同工艺阶段的特点,综合考虑工艺系统中机床、刀具、工件的特性,按加工精度和表面质量的要求,合理选取。

(1)切削用量的合理选择,指在刀具选定的基础上确定背吃刀量、进给量和切削速度。

(2)处理好效率与精度的关系是合理选择切削用量的关键所在。切削用量总的选择原则是:粗加工以效率为先,精加工以精度为主。

(3)粗加工时,应考虑提高生产率并保证合理的刀具寿命,结合工艺系统的刚性、强度和所用刀具的材料,首先选用较大的背吃刀量,然后选择较大的进给量,最后根据刀具寿命和工件材料选用合理的切削速度。

(4)半精加工和精加工时,必须保证加工精度和表面质量,再兼顾必要的刀具寿命和生产效率,选取小背吃刀量、小进给量、大切削速度。

(三)切削层及其参数

1. 切削层

切削层指切削过程中刀具切削刃在一次进给中从工件待加工表面上切除掉的材料

层。它的截面形状和尺寸直接影响着切削过程中的变形、负荷、刀具的磨损。

图 1-11 中阴影部分表示工件旋转一周，刀具沿进给方法移动一个进给量 f，切削刃由位置Ⅰ移动到位置Ⅱ后，从工件上切下的Ⅰ与Ⅱ之间的材料层，即是这次进给后产生的切削层。图中的四边形 $ABCD$ 为切削层公称横截面，四边形 $ABCE$ 为切削层实际横截面，三角形 AED 为残留在已加工表面上的横截面。工件上残留面积的大小，直接影响已加工表面的粗糙度。

2. 切削层参数

切削层参数是在与主运动方向相垂直的平面内度量的切削层截面尺寸。切削层参数包括切削厚度 a_c、切削宽度 a_w、切削面积 A_c，它们与切削用量 a_p、f 的大小有关。

切削厚度 a_c（切削层公称厚度 h_D），即图 1-11 所示线段 AE，指在垂直于过渡表面的方向上度量的两相邻过渡表面之间的垂直距离，单位为 mm。其可由下式确定：

$$a_c = f\sin k_r$$

式中的 k_r 为主切削刃与进给方向的夹角，也称为刀具主偏角。

切削宽度 a_w（切削层公称宽度 b_D），即图 1-11 所示线段 AB，指在平行于过渡表面的方向上度量的主切削刃参与工作的长度，单位为 mm。其可由下式确定：

$$a_w = \frac{a_p}{\sin k_r}$$

切削面积 A_c（切削层公称横截面面积 A_D），即图 1-11 所示四边形 $ABCD$，指在垂直于主运动方向的平面内度量的切削层横截面面积，单位为 mm^2。显然 $A_D = a_c a_w = f a_p$。

【任务实施】

通过观察图 1-1 中短轴工件的加工过程，了解其上各个表面的成形过程，具体如下。

一、工件各表面的成形顺序

（一）工件表面的构成

该工件的表面由内外圆柱面、外圆锥面、端平面、退刀槽、螺纹面、端面 45°倒角等多种加工单元面构成，属于典型的回转表面，可以在车床上通过车削加工获得。

（二）刀具的选用

为完成该工件的全部表面成形，需使用以下刀具：90°外圆车刀、45°弯头车刀、三角螺纹车刀、切槽刀、盲孔车刀、麻花钻、中心钻。

（三）各种表面的成形顺序

不同的表面，在工件上的成形是依次进行的，主要按照各表面的加工精度（尺寸精度和形位精度）、表面粗糙度要求以及工件的装夹方式进行合理安排。

本工件上各表面的成形顺序为：

（1）车两端端平面，并打中心孔（用于左端钻孔定位、右端顶尖装夹）。

（2）将工件左端的外圆 $\phi 33_{-0.10}^{\ 0}$ mm 和 $\phi 36$ mm 车削成形后，在端面钻出 $\phi 14$ mm 的毛坯孔，再将孔车削至 $\phi 18_{\ 0}^{+0.05}$ mm。

（3）车削成形工件右端的外圆 $\phi 33_{-0.03}^{\ 0}$ mm 及阶台、外圆 $\phi 32.5$ mm 及阶台后，车削外

螺纹的外圆尺寸至 $\phi30_{-0.15}^{-0.10}$ mm。

(4)车削外螺纹的退刀槽、端面45°倒角之后，车削成形外螺纹。

(5)车削成形外圆锥面。

二、切削用量计算

(一)外圆车削时的主轴转速计算

已知工件上 $\phi36$ mm 的外圆车削至 $\phi33_{-0.03}^{0}$ mm 时，切削速度为100 m/min，那么主轴转速为

$$n = \frac{1\,000v_c}{\pi d_w} = \frac{1\,000 \times 100}{3.14 \times 36} = 885(\text{r/min})$$

(二)刀具的移动(进给)速度计算

在车削中，刀具的移动(进给)速度 F 与刀具的进给量 f、主轴转速 n 之间有 $F=fn$ 的数量关系，当 $f=0.1$ mm/r，$n=885$ r/min 时，

$$F = fn = 0.1 \times 885 = 88.5(\text{mm/min}) = 1.5\ \text{mm/s}$$

【思考与习题】

1. 列举5种常见的加工表面，分别描述它们的发生线构成情况，并说明各种表面可以选用的成形方法。

2. 切削加工由哪些运动组成？它们如何定义？各起什么作用？

3. 旋转砂轮磨削外圆柱面时，需要哪些成形运动？这些运动各自的运动形式、性质如何？

4. 切削用量的加工意义为何？切削用量三要素如何定义？

5. 切削层及其参数如何定义？切削层参数与切削用量具有怎样的关联？

6. 在车床上车削加工一个毛坯直径为60 mm的轴，要求在一次进给后将工件车削至直径35 mm。如果选用的切削速度 $v_c=110$ m/min，计算背吃刀量 a_p 和主轴转速 n。

7. 在一个直径为100 mm，厚度为40 mm的圆盘上，先用直径25 mm的钻头钻孔，主轴转速为318 r/min，然后用直径50 mm的钻头扩孔，此时的主轴转速为160 r/min，分别计算钻孔和扩孔时的切削速度 v_c 和背吃刀量 a_p。

8. 在车床上车削一个直径 $d=60$ mm，长度 $L=500$ mm的外圆柱面，选用切削速度 $v_c=60$ m/min、进给量 $f=0.3$ mm/r、背吃刀量 $a_p=3$ mm，计算一次进给所需的基本时间。

单元二 机床与传动

【学习目标与任务】

学习目标：

1. 掌握机床的基本构成与功用。

2. 掌握机床的类型划分与型号编制方法，能正确识读和编写机床的型号。

3. 掌握机床传动链的概念、结构形式及其性质与要求。

4. 掌握各类成形运动的传动原理，能正确建立圆柱车削、螺纹车削、平面铣削等普通加工所需的传动链，并能绘制其传动原理图。

5. 掌握机床传动分析的基本方法与要求，能正确建立末端执行件的运动（量）平衡式。

6. 了解机床精度的定义及其对加工精度的影响。

学习任务：机床的认识。

【任务引入】

观察工件的加工过程，区分圆柱车削与螺纹车削在机床的传动和操纵过程中的差异，比较其刀具的移动量与工件旋转速度之间的关系。

【知识指引】

一、切削机床

（一）金属切削机床的结构与功用

金属切削机床简称机床，是制造机器的机器。它是利用切削、特种加工等方法将金属工件（毛坯）上多余的金属去除，使之获得所需的几何形状、尺寸、精度和表面质量，从而制成机械零件的机器。

1. 机床的基本功能

为了有效地完成加工任务，机床必须具有提供必需的动力、运动、位置的能力，即具备以下的基本功能：

（1）提供并保证刀具与工件之间的相对位置和相对运动。

（2）提供工件加工所需的成形运动。

（3）提供工件加工所需的动力。

此外，机床还应符合经济性、宜人性、人机工程等方面的要求。

2. 机床的基本构成与作用

根据机床功能的要求，机床由定位、运动、动力和控制四个基本部分构成。

（1）定位部分：包括机床的基础部件、导向部件、工件和刀具的定位与夹紧部件。如：机床的底座、床身，机床的导轨、立柱、摇臂，机床的主轴、横梁，机床的工作台、刀架、附件等。

定位部分的作用：通过主轴、工作台、刀架、附件等装夹工件与刀具，建立刀具与工件的相对位置，获得运动；通过机床上的主轴、导轨，保证运动部件（工作台、刀架）正确的运动轨迹，从而使刀具与工件间形成满足成形运动要求的相对运动。

（2）运动部分：包括机床的主运动传动系统和进给运动传动系统，由各类传动部件与机构组成，以箱体的形式集中传动或分离传动。如：车床的主轴箱、进给箱、溜板箱，磨床的液压传动进给系统。

运动部分的作用：为加工过程提供一定的切削速度 v_c 和进给速度 v_f，并使之具有一定的调节范围;通过旋转部件(主轴)、移动部件(工作台、刀架)带动工件和刀具,实现加工所需的成形运动和辅助运动。

(3)动力部分:包括为机床提供动力源的电动机、液压泵、气源等。

动力部分的作用:为加工过程提供克服加工阻力的能量。

(4)控制部分:包括机床的操纵机构、调整机构、电气控制电路、检测装置、数控系统。

控制部分的作用:根据工艺系统的工艺参数、几何参数,实现对加工过程中机床的定位部分、运动部分的有效控制,从而达到被加工零件在形状、尺寸、精度、表面质量等方面的要求。

(二)金属切削机床的分类与型号编制

金属切削机床通过长期的发展,已形成一个门类齐全、品种规格众多的完整体系。从小型仪表机床到重型机床,从各种通用机床到各种精密的、自动化的、高效的专用机床和自动线,从普通机床到数控机床,机床的类型千变万化,数量十分庞大。为方便设计、使用和管理,应对机床进行合理分类,统一、科学地编制型号。

1. 金属切削机床的分类

1)机床的基本分类方法

根据国家标准 GB/T 15375—1994《金属切削机床型号编制方法》,金属切削机床按加工性质和所用刀具划分为 12 大类:车床、钻床、镗床、磨床、齿轮加工机床、螺纹加工机床、铣床、刨插床、拉床、特种加工机床、锯床和其他机床。

除组合机床外,每一类机床按工艺范围、布局形式、结构等可细分为若干组,每一组又分为若干系列。此后,还可根据机床的其他特征作进一步的区分。

2)机床的其他分类方法

根据通用性程度,同类机床可划分为通用机床、专门化机床、专用机床。

通用机床,又称万能机床,其工艺范围宽,可加工一定尺寸范围内的各类零件的不同工序,但结构复杂,生产效率低,适用于单件小批量生产和工具修配生产。如小型卧式车床、万能升降台铣床、万能外圆磨床等。

专门化机床,其工艺范围较窄,只能加工某一类或几类零件的某一种或几种特定的工序。如曲轴车床、凸轮轴磨床等。

专用机床,其工艺范围最窄,只能加工某一特定零件的特定工序,专业化程度高,加工生产效率很高,适用于大批量生产。如专用镗床、专用铣床、各类组合机床等。

此外,根据加工精度,机床可分为普通精度级、精密级、超精密级机床;根据自动化程度,机床可分为手动、机动、半自动、自动机床;根据机床的质量和尺寸,机床可分为仪表机床、中型机床(一般机床)、大型机床(质量 10 t 以上)、重型机床(质量 30 t 以上)和超重型机床(质量 100 t 以上);根据主轴或刀架数目,机床又可进一步划分为单轴、多轴、多刀机床。

2. 金属切削机床的型号编制

机床的型号是按一定规律赋予每种机床的代号,用以表示机床的类型、主要技术参数、使用及结构特征。国家标准 GB/T 15375—1994 规定:机床的型号由汉语拼音字母和数字按一定规律组合而成,并适用于各类通用机床和专用机床(组合机床除外)。

通用机床型号的表示方法如图 1-14 所示,其中"○"表示该项使用大写的汉语拼音字母,"△"表示该项使用阿拉伯数字,"( )"表示可选项,无内容时不表示,有内容时不带括号。"○"与"△"的重叠表示该项可使用大写的拼音字母或阿拉伯数字,或二者兼有。

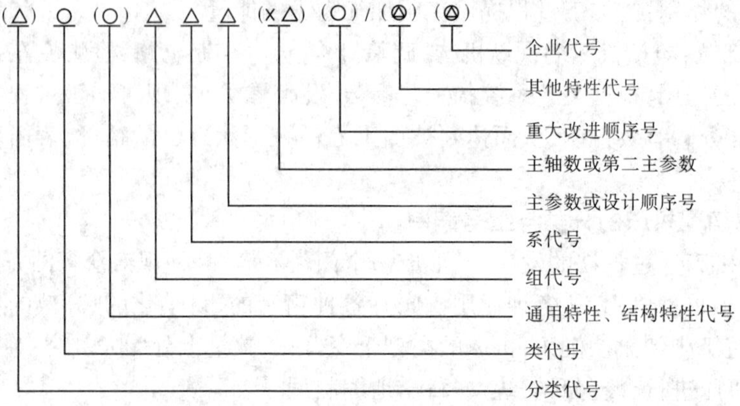

图 1-14 通用机床型号的表示方法

对于通用机床,除去括号内容,剩余各项将构成通用机床型号的基本内容,是型号必须要反映出的机床信息,即机床类型,机床的组别、系别,机床主参数。

1)机床的类代号与分类代号

金属切削机床按加工性质和所用刀具分成 12 大类,每一类都以各自的汉语拼音首字母表示在机床型号的首位,称为机床类代号。如果某类机床的种类太多,可以再划分小类,以分类代号表示在类代号之前,且其第一分类代号为"1",可以省略不写。

机床的类别及代号见表 1-1。

表 1-1 机床的类别及代号

类别	车床	钻床	镗床	磨床	齿轮加工机床	螺纹加工机床	铣床	刨插床	拉床	锯床	其他机床
代号	C	Z	T	M	Y	S	X	B	L	G	Q
参考读音	车	钻	镗	磨	牙	丝	铣	刨	拉	锯	其

注:磨床的种类因为很多,所以该类又分为 M、2M、3M,参考读音是磨、2 磨、3 磨。

2)机床的通用特性和结构特性代号

机床的通用特性和结构特性代号用字母表示,加在类代号之后、组代号之前。通用特性代号表示机床具有某种通用特性,有统一的固定含义,见表 1-2。

表 1-2 机床通用特性及其代号

通用特性	高精度	精密	自动	半自动	数控	仿形	加工中心	轻型	加重型	简式或经济型	柔性加工单元	数显	高速
代号	G	M	Z	B	K	F	H	Q	C	J	R	X	S
读音	高	密	自	半	控	仿	换	轻	重	简	柔	显	速

结构特性代号用于区别主参数相同而性能、结构不同的机床，代号无统一规定，在不同的机床中含义也不相同。但结构特性代号选用的字母应与通用特性代号作出区分，不能选用通用特性代号及I、O两字母。机床型号中，结构特性代号排在通用特性代号之后。

3)机床的组、系代号

每类机床被划分为10组，每组又分为10个系列。在同一类机床中，主要布局或使用范围基本相同的机床即为一组；在同一组机床中，其主要几何参数、主要结构及布局形式相同的机床，即归为一系列。

机床的组、系代号用两位阿拉伯数字表示，第一位数字表示组别，第二位数字表示系别，排列在类代号或通用特性代号(或结构特性代号)之后。例如，X6132型万能升降台铣床型号中的“61”，说明它属于铣床类6组、1系。

4)机床的主参数或设计顺序号

机床型号中，系代号之后紧跟机床的主参数，以反映机床的规格尺寸和加工能力。主参数用折算值表示，折算值大于1时，取整数，前面不加“0”；折算值小于1时，取小数点后的第一位数字，并在前面加“0”。各种型号机床的主参数的折算系数可以不同，查阅机床标准即可获得(参见附录)。

某些通用机床，当无法用主参数表示时，在型号中采用设计顺序号表示。设计顺序号由01开始。

5)机床的主轴数或第二主参数

对于多轴车床、钻床等机床，其主轴数应以实际数值标于主参数之后，并以“×”分开，读作“乘”。

第二主参数一般不予表示，如为完整描述机床的加工能力和加工范围需在型号中表示，应按一定手续审批。凡第二主参数属于长度、深度等值的，折算系数为1/100；凡属于直径、宽度等值的，折算系数为1/10；最大模数、厚度等以实际值列入型号。

6)机床的重大改进顺序号

机床的重大改进顺序号用于表示机床在性能和结构上的重点改进，以区别于原型，按字母A、B、C顺序选用。

目前，企业中还在使用的一些老型号机床，它们按1959年以前公布的机床型号编制方法编定，按规定，其型号现在不改变。图1-15表示了C620－1型卧式车床型号的代号及数字的含义。

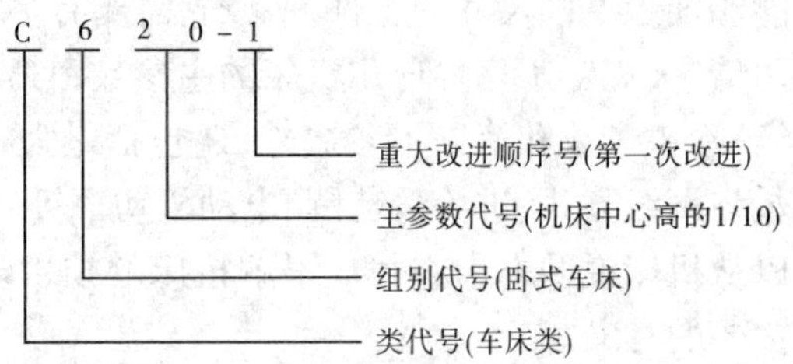

图1-15 C620－1型卧式车床型号的表示

7) 其他特性代号

其他特性代号主要用以反映各类机床的特性，如对于普通机床，可反映同一型号机床的变型；对于数控机床，可反映所选用的数控系统。

其他特性代号排在改进顺序号之后，用汉语拼音或阿拉伯数字表示，并用“/”与前面代号分开，读作“之”。

8) 企业代号

企业代号包括机床生产厂或机床研究单位代号。企业代号置于最后，用“—”与前面代号分开，读作“至”。

9) 专用机床型号

专用机床型号由设计单位代号和设计顺序号组成，型号结构为

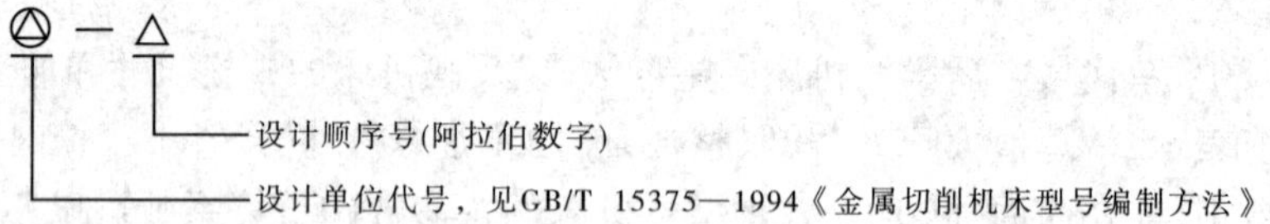

专用机床的设计单位代号，包括机床生产厂和机床研究所代号，用设计单位名称的首字母和该单位在当地成立先后的顺序号表示，排在型号之首。

专用机床的设计顺序号，按该单位的设计顺序号排列，由 001 开始，位于设计单位代号之后，并用“—”与前面代号隔开，读作“至”。

3. 机床型号编制示例

例 1：最大车削直径为 1 250 mm，经过第一次重大改进的数显单柱立式车床，其型号为 CX5112A。

例 2：最大加工棒料直径为 50 mm 的六轴棒料自动车床，其型号为 C2150 ×6。

例 3：床身上最大回转直径为 360 mm、经过第一次重大改进的普通卧式车床，其型号为 C6136A。

例 4：最大磨削直径为 200 mm 的外圆超精加工磨床，其型号为 2M1320。

例 5：最大钻孔直径为 40 mm、最大跨距为 1 250 mm 的摇臂钻床，其型号为 Z3040 ×12。

4. 金属切削机床的技术规格

每一类机床都应该能够加工不同尺寸的工件，所以它需要有多种技术规格。因此，国家根据机床的生产和使用情况，规定了每种通用机床的主参数和第二主参数系列。

机床的技术规格内容，除主参数和第二主参数外，还包括最大行程、主轴内孔直径及锥度、主轴转速范围、级数与调级方式、进给量范围、电动机功率等其他参数。

机床的技术规格可以从机床说明书中查找。了解机床的技术规格，对正确使用机床和合理选用机床有十分重要的意义。

二、机床的传动

(一)机床的传动系统

机床的运动部分也称为传动系统,是构建一台机床的核心,它由运动源、传动装置、执行件三个基本部分组成。而传动装置则是运动部分中传动元件的总和,它与执行件、运动源共同构成机床的传动链,用以实现机床加工过程中所需的全部机床运动。

1. 机床传动链的组成

传动链是指由运动源、传动装置、执行件按一定规律所组成的传动联系。机床加工所需的各种运动是通过相应的传动链得以实现的。

运动源,是指提供机床的运动和动力的装置,一般指的是电动机的输出轴,也可以是人力。

传动装置,是指传递运动和动力的装置。其任务是把运动源的运动和动力传递给执行件,并完成运动形式、方向、运动量的转换与调整。

执行件,是指机床运动的执行部分,如主轴、工作台、刀架。其任务是带动工件和刀具,使之完成一定形式的运动并保持其运动的准确性。

2. 传动装置的类型与常用传动元件

传动装置是由传动元件组成的各类传动副的总称。

1)传动装置的类型

传动装置的形式和类型很多。按动力的传递方式,传动装置一般有机械、液压、电气传动等三种形式。按运动的传递方式,机械传动装置分为两类传动机构:一类是定比传动机构,能固定传动比和传动方向,并实现运动形式的转换;另一类是换置机构,能实现运动量的调整、传动方向的改变。

2)常用传动元件

在通用机床上,机械传动装置涉及的传动件很多,以完成不同的传动任务。

在定比传动机构中,常用的传动件有传动带、传动链、定比齿轮、蜗轮与蜗杆、齿轮与齿条、丝杆与螺母。换置机构中,常用的传动件有滑移齿轮、挂轮、空套齿轮、离合器。

3. 机床传动链的结构形式

根据机床传动链中两端件构成的不同,传动链有以下两种结构形式:

(1)运动源→传动装置→执行件,用以将运动源的运动传递给某一执行件。这种结构的传动链称为外联系传动链。

(2)执行件1→传动装置→执行件2,用以将某一执行件的运动传递给另一执行件,称之为内联系传动链。

(二)机床的传动原理

机床的成形运动只有简单成形运动与复合成形运动两种,机床的传动原理就是实现这两种成形运动的传动原理。

1. 机床传动链的性质与功能

机床传动链按性质可以分为外联系传动链和内联系传动链;按功用可分为主运动传动链和进给运动传动链。

(1)外联系传动链,是联系运动源和执行件,实现简单成形运动的传动链。执行件由此获得与运动源之间无严格传动比关系的运动,二者的运动量可以分别进行调整。因此,该传动链允许使用诸如带传动、链传动、摩擦传动等传动比不准确的传动机构。

(2)内联系传动链,是联系某合成运动中各分解运动的执行件,并实现该复合成形运动的传动链。该传动链中的末端执行件2由此获得与首端执行件1(运动源)之间有严格传动比要求的运动,二者的运动量无法单独、随意地调整。在这种传动链中,各传动副的传动比必须准确不变,不允许使用摩擦传动或瞬时传动比变化的传动件(如带传动、链传动)。

2. 简单成形运动的传动原理

简单成形运动是单一执行件独立的基本运动形式。对于这种运动,重要的是运动轨迹的准确性,而对运动的量值则不作严格要求,故而可以采用一条外联系传动链将运动源与该执行件联系起来,以此获得所需运动的形式及运动量。

可见,机床上的每一个简单成形运动,都需要对应一条外联系传动链,而且每条外联系传动链可以拥有各自独立的运动源,也可以几条外联系传动链共用一个运动源。

主运动传动链:主运动是与主轴相连而获得的运动,其运动形式一般为简单成形运动,所以主运动的传动链通常也是一条外联系传动链。

任何表面的加工都需要主运动,因此任何机床都必须提供一条外联系性质的主运动传动链。

3. 复合成形运动的传动原理

复合成形运动是由保持严格运动关系的两个执行件的单元运动合成的运动形式。对于这种运动,不仅要求两个单元各自的运动轨迹准确,更重要的是,要求两个执行件的单元运动量之间具有准确的定量关系。这需要建立一条内联系传动链将两个执行件联系起来,以确保二者的运动关系。

此外,为实现复合成形运动,还需要一条外联系传动链,为上述内联系传动链中的首端执行件提供动力和运动。

进给运动传动链:除主运动外的成形运动,都是进给运动。其运动形式因所加工表面的发生线不同而各异,可以是简单运动,也可以是复合运动。机床传动系统应据此提供进给运动所需传动链的形式与数量。

4. 机床传动系统的分析计算

机床传动系统的分析计算是针对每条传动链的分析计算。一般采用“抓两头、连中间”的方法,根据传动链的两端件,找出运动的传动路线,并确定各级传动的传动比,然后按末端执行件的运动要求,列出该传动链的运动平衡式,即建立传动链中首端件与末端件的运动参数之间的调整关系。

按照运动平衡式,一方面可以根据工件的运动参数要求,正确计算换置机构的传动比,对机床进行运动调整;另一方面也可以根据已知的机床传动路线的传动比,计算加工过程的运动参数。

(三)表面加工的机床传动分析

为了便于研究机床的传动联系,使用一些简明的符号(见图1-16)把机床各种运动的传动原理和传动路线表示出来的图称为传动原理图。

依据机床的传动原理图，对机床上每条传动链的传动路线、两端件之间的运动关系进行分析，并建立传动链的运动平衡式，称为表面加工的机床传动分析。

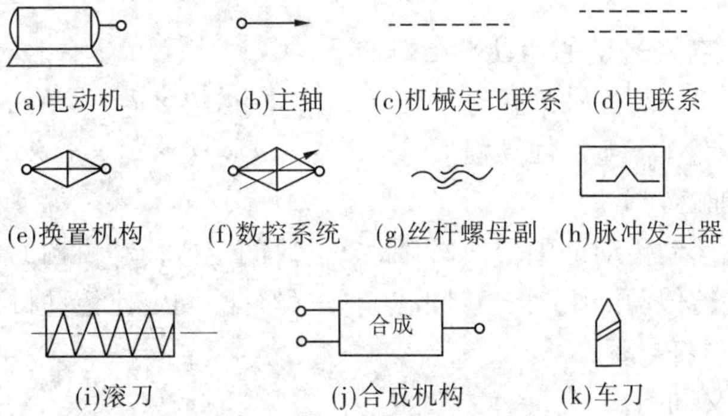

图 1-16 传动原理图常用的符号

1. 螺纹车削的传动分析

(1)螺纹车削采用成形法，母线为折线，导线为螺旋线。加工时，机床需要为螺旋线导线提供一个复合成形运动。由此，螺纹车削的成形运动包括主轴的简单主运动 B 和车刀的复合进给运动 A，如图 1-17 所示。

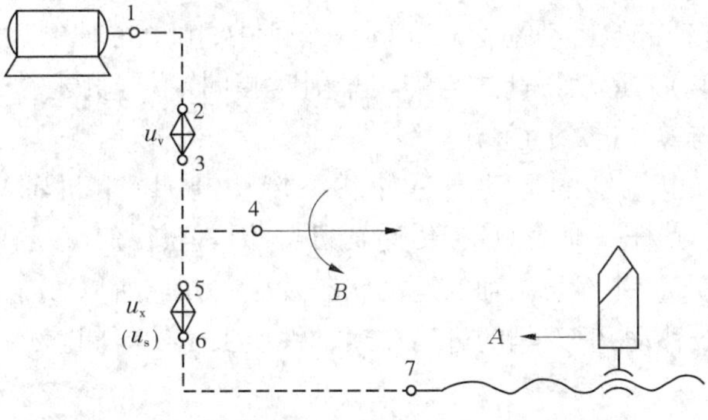

u_v—主运动传动链的换置机构；u_x—螺纹进给传动链的换置机构；
u_s—机动进给传动链的换置机构；A—刀架的纵向移动(复合进给运动)；B—主轴的旋转(简单主运动)

图 1-17 车床的螺纹(圆柱)车削传动原理图

(2)简单主运动通过外联系传动链“1(电机输出轴)—2—u_v—3—4(主轴)”，带动工件旋转。它的首端件为电动机的输出端，末端件为主轴，二者的运动形式相同，末端主轴由此获得可调的运动量，即转速 $n_{主轴}$。

(3)复合进给运动通过内联系传动链“4(主轴)—5—u_x—6—7—丝杆—刀架”，驱动刀架(刀具)移动。它的首端件为主轴，末端件为刀架，因而限制了刀架移动量的调整，使之必须满足主轴(工件)转一圈时刀架移动一个导程的要求。在车削加工中，刀具的此种进给运动称为螺纹进给。

(4)螺纹进给传动链的运动平衡式。在螺纹车削中，主运动的运动形式与运动源(电机输出轴)的运动形式相同,其运动参数可采用转速 $n_{主轴}$ 表示,这是所有车削加工的主运动特征。但复合进给运动的运动形式已变换为直线移动,其运动参数以刀架在主轴旋转1周时的移动距离(刀具进给量 f)来表示,且在数值上固化为需要加工或能够加工的螺纹导程。

依照上述定义,各传动链的运动平衡式如下:

$$主轴的转速\ n_{主轴} = n_{电机} \times u_1 \times u_v \times u_2$$

$$刀架的移动量\ f_{刀架} = 工件导程\ P_{工件} = 1_{主轴} \times u_1 \times u_v \times u_2 \times u_3 \times u_x \times u_4 \times P_1$$

式中 $1_{主轴}$——主轴旋转1周;

u_1、u_2——主运动传动链中"1—2"间、"3—4"间定比传动机构的传动比;

u_3、u_4——进给传动链中"4—5"间、"6—7—丝杆"间定比传动机构的传动比;

P_1——车床丝杆导程;

其他参数意义同前。

2. 圆柱车削的传动分析

(1)圆柱车削采用轨迹法,母线为直线,导线为圆线,加工时,机床应提供母线和导线的成形运动。由于这是两个简单成形运动,且分别为简单主运动和简单进给运动,因而各自需要一条外联系传动链,但仍共用一个运动源,分别带动主轴旋转和刀架直行,使圆柱车削时获得独立可调的转速和进给量。在圆柱车削中,将刀架的进给称为机动进给。

圆柱车削的传动原理如图1-17所示。

(2)机动进给传动链的运动平衡式。圆柱车削中,由于主轴的运动形式并未发生改变,其运动参数(转速)的运动平衡式与螺纹车削时相同,不再赘述。这里,只叙述外圆车削加工中机动进给与螺纹进给的差异。

如图1-17所示,电机轴的运动通过外联系传动链"1(电机轴)—2—u_v—3—4(主轴)—5—u_s—6—7—光杆—刀架"直接传递到刀架,刀具获得的直线移动参数以电机轴转一周时的移动量来度量,并不与主轴的运动状态发生关联。所以,这两类进给中刀具虽然都是在导轨上做直线移动,但刀具的进给在运动性质上全然不同。必须记得:此移动非彼移动。

因此,依据机动进给传动链的要求,其运动平衡式为

$$刀架的移动量\ f_{刀架} = 1_{电机轴} \times u_1 \times u_v \times u_2 \times u_3 \times u_s \times u_5 \times u_6$$

式中 $1_{电机轴}$——电机输出轴旋转1周;

u_5——进给传动链"6—7—光杆"间位于进给箱内的定比传动机构的传动比;

u_6——进给传动链"光杆—刀架"间位于溜板箱内的定比传动机构的传动比;

u_s——进给传动链中位于进给箱内的换置机构的传动比;

其他参数意义同前。

显然,上式表达的机动进给的运动量参数与切削用量中进给量的定义并不一致。但需要看到,由于电机轴与主轴同处于一条传动链中,"1(电机轴)—2—u_v—3—4(主轴)"是主运动和机动进给这两条传动链的公共段,刀架移动量无论与谁相比较来描述其大小,本质上并无区别,只需略做数学换算即可统一,且不会因此改变传动链及其参数的性质。在车床传动量的铭牌设计时,为方便切削参数的制定,已将机动进给的运动参数调整为刀

具进给量来表示，即

$$f_{刀架} = 1_{主轴} \times u_3 \times u_s \times u_5 \times u_6 \times P_2$$

为此，机动进给量与螺纹进给量在运动平衡式的表达上可能是相同的，刀具的机动进给与螺纹进给在外在运动形式上也可以是相同的（都表现为刀具直行），但它们各自表示的传动链性质与运动性质并不相同。

3. 平面铣削的传动分析

（1）平面铣削采用旋转刀具相切形成直母线，工作台移动形成直导线。这是两个简单成形运动，铣削平面时，机床应提供两条外联系传动链，如图 1-18 所示。

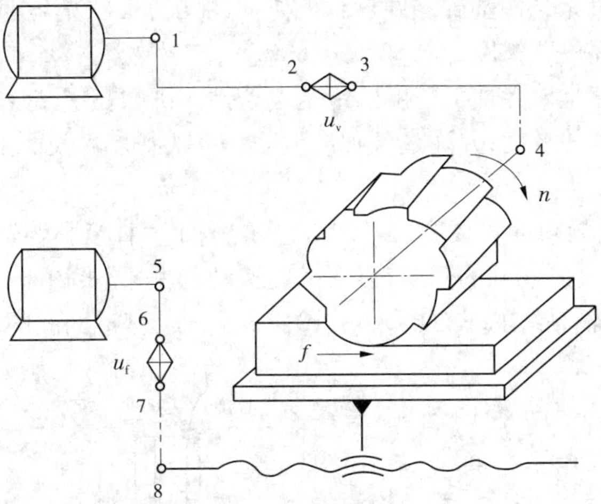

图 1-18　圆柱铣刀铣削平面的传动原理图

与车床不同，铣床的主运动与进给运动并不共用一个运动源，而是由主电机和进给电机分别提供。

（2）这是两条互不干涉的传动链：刀具的旋转主运动由外联系传动链“1（主电机轴）—2—u_v—3—4（主轴）”提供，工作台的直线进给运动由外联系传动链“5（进给电机轴）—6—u_f—7—8—丝杆—工作台”提供。

$$主轴的转速\ n_{主轴} = n_{主电机} \times u_1 \times u_v \times u_2$$

$$工作台的直线移动量\ f_{工作台} = 1_{进给电机} \times u_3 \times u_f \times u_4 \times P_{丝杆}$$

式中　$1_{进给电机}$——进给电机输出轴旋转 1 周；

u_1、u_2——主运动传动链中定比机构的传动比；

u_3、u_4——进给运动传动链中定比机构的传动比；

u_v——主运动传动链中换置机构的传动比；

u_f——进给运动传动链中换置机构的传动比；

$P_{丝杆}$——进给运动传动链中丝杆的导程。

同样的，工作台的移动量仍然与铣削中每转进给量的定义要求不同，需要铭牌设计时予以调整。

（四）机床精度

各种成形运动都要求执行件的运动轨迹具有准确性，复合成形运动还要求执行件之间有严格准确的运动关系,以获得精确的零件表面。由于这一要求是通过机床上的主要零部件如导轨、工作台、刀架、主轴及其轴承、丝杆螺母、齿轮、箱体、床身、各类附件的制造精度和装配精度来保证的,所以机床零部件的制造和装配精度被称为机床精度。

在机床未受切削载荷以及机床不运动或运动速度较低的情况下检测的机床精度称为静态精度,它包含几何精度、传动精度和定位精度。

机床在运动状态和切削载荷作用下的精度,即机床在工作状态下的精度,称为工作精度。工作精度通过加工出来的试件精度来进行评定。

1. 机床的几何精度

几何精度是指机床某些基础零件自身工作面的几何形状精度、运动部件的运动轨迹精度及部件间的相互位置精度。

机床的几何精度是确保加工精度的最基本条件。机床在回转、移动、传动等方面存在的几何误差形成机床的精度,并通过各种成形运动反映到加工表面上,对加工精度造成直接影响。

如图 1-19 所示,导轨的直线度、工作台台面的平面度直接影响轴的圆柱度、平面的平行度;主轴的回转精度影响轴的圆度;刀架纵向移动与主轴轴线的平行度,影响轴的圆柱度;铣床工作台与主轴轴线的平行度,影响被加工平面与基准面间的垂直度。

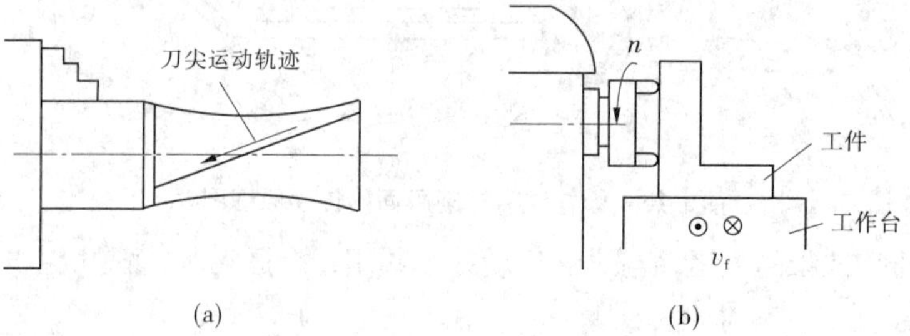

图 1-19 机床几何精度的影响

2. 机床的传动精度

传动精度是指机床内联系传动链两端件运动之间相互关联的准确性。它影响复合成形运动的精度,从而影响被加工表面的形状精度。

机床传动链的传动误差主要来自于构成传动副的各传动元件的制造误差、装配误差以及使用过程中的磨损,它们会破坏刀具与工件之间准确的速比关系,从而影响加工表面的精度。

传动元件在传动链中的位置不同,其对传动精度和加工精度的影响也各不相同。在一般传动链中,末端元件的误差影响最大,故末端元件(如螺纹加工时机床的母丝杆、滚齿机的分度蜗轮副等)的精度要求应最高。

3. 机床的定位精度

定位精度指机床运动部件从某一位置运动到预期的另一位置时所达到的实际位置的精度。实际位置与预期位置之间的误差称为定位误差。定位精度决定着工件的尺寸精度。

若机床的运动部件从某一位置到另一位置做多次重复定位,每次定位到达的实际位置之间的误差最大值,称为该运动部件的重复定位误差。

【思考与习题】

1. 说出下列机床的名称和主要参数(第二主参数),并说明它们各自具有何种通用或结构特征。

CM6132,Z3040×16,XK5040,MGB1432

2. 举例说明外联系传动链、内联系传动链以及二者的本质区别。

3. 车削加工中,能否使用车床的螺纹进给传动链车削圆柱表面?试说明理由。

4. 在滚齿机上展成加工圆柱直齿面,需要几个成形运动?机床需要提供怎样的传动链才能满足加工要求?

5. 如图 1-20 所示的传动系统,试计算:

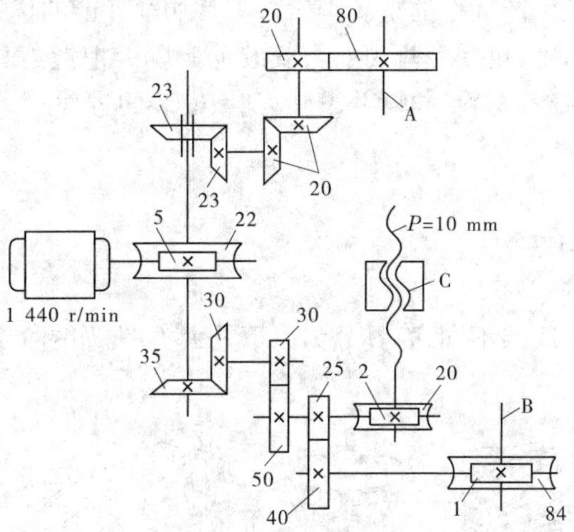

图 1-20

(1) 轴 A 的转速(r/min);

(2) 轴 A 转 1 周时,轴 B 转过的圈数;

(3) 轴 B 转 1 周时,螺母 C 移动的距离。

单元三 刀 具

【学习目标与任务】

学习目标:

1. 掌握刀具材料的性能特点、加工范围、常用牌号,能对常见的工件材料加工选择适当的刀具材料。

2. 掌握刀具的类型、基本结构与形状、基本角度及其标注体系。

3. 能够绘制车刀的几何形状图。

4. 掌握刀具的进给与安装对刀具工作角度的影响规律。

5. 掌握螺纹升角对螺纹刀具工作角度的影响规律。

6. 掌握刀具刃磨的基本方法与步骤。

学习任务：任务1，车刀几何参数的绘制；任务2，车刀的刃磨。

【任务引入】

根据以下参数绘制并刃磨45°硬质合金外圆弯头车刀的刀具角度：前角 $\gamma_o=12°$、后角 $\alpha_o=8°\sim12°$、副后角 $\alpha_o'=8°\sim12°$、主偏角 $k_r=45°$、副偏角 $k_r'=45°$、刃倾角 $\lambda_s=0°$，刀尖圆弧半径 $r_\varepsilon=0.5$ mm。

【知识指引】

刀具作为切削加工的工具，承担着从工件上切除多余金属层、保证加工质量的任务，同时也是提高工艺系统生产效率的重要因素。刀具切削性能的优劣，既取决于刀具材料、类型、结构、形状及其角度，也受刀具刃磨与安装的影响。把握刀具在加工过程中切削状态的过程，就是合理选择其材料、角度并不断刃磨、安装的过程。

一、刀具概述

（一）刀具的类型与结构

1. 刀具的类型

根据用途和加工方法的不同，刀具分为以下几大类型，如图1-21所示。

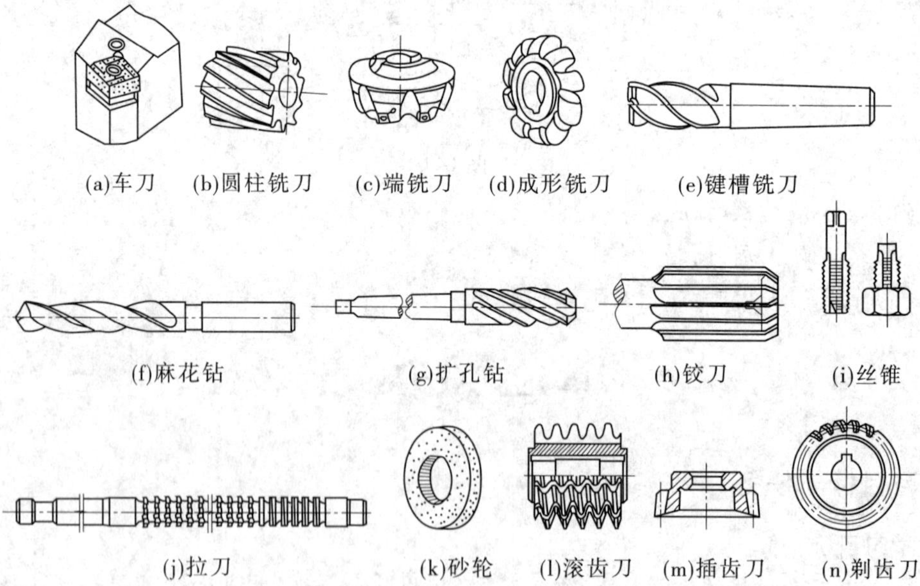

(a)车刀　(b)圆柱铣刀　(c)端铣刀　(d)成形铣刀　(e)键槽铣刀

(f)麻花钻　(g)扩孔钻　(h)铰刀　(i)丝锥

(j)拉刀　(k)砂轮　(l)滚齿刀　(m)插齿刀　(n)剃齿刀

图1-21　常见刀具的类型

(1) 切刀，包括车刀、镗刀、刨刀、插刀。

(2) 铣刀，用于在铣床上加工各种平面、阶台面、轮廓面、成形面、切槽、切断。

(3) 孔加工刀具，分为在实体材料上加工孔的刀具和对已有孔进行再加工的刀具两类，包括各种钻头、扩孔钻、锪钻、铰刀、复合孔加工刀具等。

(4)拉刀，用于加工各种形状的通孔、贯通平面及成形面，作为高效多齿刀具，一般用于大批、大量生产。

(5)磨具，包括砂轮、砂带、油石、抛光轮等。

(6)齿形加工刀具，用于加工各类渐开线齿轮和其他非渐开线齿形的工件，包括滚齿刀、插齿刀、剃齿刀、花键滚刀、蜗轮滚刀等。

(7)螺纹加工刀具，用于加工各种内外螺纹，包括螺纹车刀、螺纹梳刀、丝锥、板牙、螺纹铣刀、搓丝板、滚丝轮等。

上述类型的刀具中，车刀是应用最广的一类刀具，也是研究铣刀、钻头等其他切削刀具的基础。本单元对刀具结构和角度进行的阐述，都以车刀为样本进行描述。

2. 刀具的结构

用于切削加工的刀具无疑是种类繁多的，其结构、形状也各异，但其切削部分在几何特征上却存在共性，都可以普通外圆车刀的切削部分为基本形态。

图 1-22 所示为外圆车刀的构造。刀具由切削部分(刀头)和夹持部分(刀柄)组成，刀具切削部分的构造简述为“三面二刃一尖”，并组成两个基本切削单元。

“三面”指前刀面、主后刀面、副后刀面。

“二刃”指主切削刃、副切削刃。

“一尖”指刀尖。

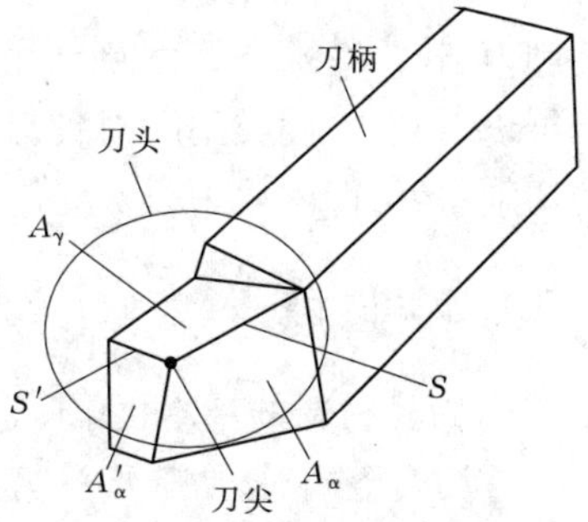

图 1-22　外圆车刀的构造

前刀面，是切屑直接流过的表面，用 A_γ 表示。

主后刀面，是与工件上过渡表面相对的表面，用 A_α 表示。

副后刀面，是与工件上已加工表面相对的表面，用 A'_α 表示。

主切削刃，是前刀面与主后刀面的交线，承担主要的切削任务，用 S 表示。

副切削刃，是前刀面与副后刀面的交线，其靠近刀尖处有微量切削作用，具有修光性质，用 S' 表示。

刀尖，是主切削刃与副切削刃的交点。通常以圆弧或短直线形的过渡刃形式出现，以提高刀具的使用寿命，又称刀尖圆弧。其参数有刀尖圆弧半径 r_ε、刀尖倒角长度 b_ε、刀尖倒角偏角 k_{r_1}，如图 1-23(a)所示。

此外，为提高切削刃刃口强度以满足加工要求，在前、后刀面上均可磨出倒棱面 A_{γ_1} 和 A_{α_1}，如图 1-23(b)所示。为了更好地折断切屑，前刀面上会磨制出断屑槽，如图 1-23(c)所示。

其他刀具的切削部分，都可以看作外圆车刀的演变和组合。如：

铣刀，可看作由多把车刀组合而成的复合刀具，它的每个刀齿相当于一把车刀，所以铣刀是多齿刀具。

钻头，可以看作一正一反并在一起同时车削孔壁的车刀，有两个主刃、两个副刃，还增加了一个横刃，所以钻头是两齿刀具。

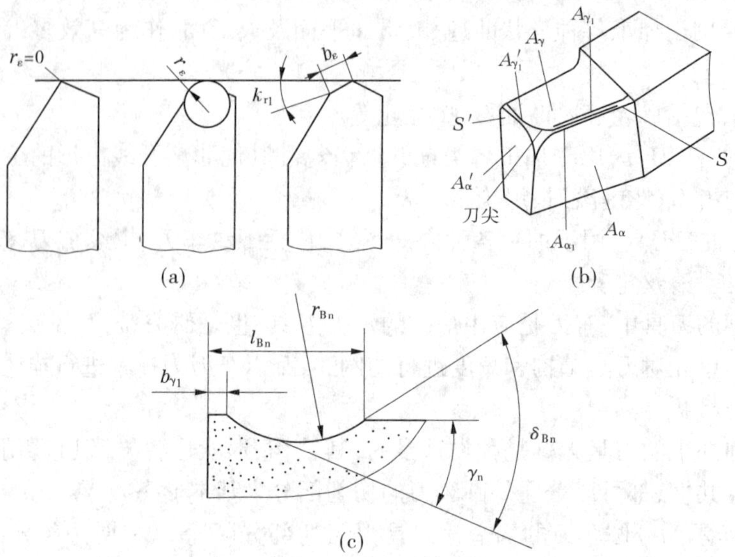

图 1-23　刀楔、刀尖形状参数、断屑槽

刨刀，较为特殊，只有一个切削单元，即前刀面、后刀面及一条切削刃。

可以看到，不同类型的刀具，其刀面、切削刃数量虽各有不同，但都可分解为若干个刀具的切削单元，即两面一刃。任何复杂刀具的分析都可以从其基本切削单元入手。

二、刀具材料

（一）刀具材料的基本性能

刀具切削金属时，切削部分将受到强大的挤压和剧烈的摩擦，尤其是切削刃与紧邻的前后刀面，长期处于高温环境，承受着挤压、摩擦、冲击和振动。为了适应繁重的切削条件和恶劣的工作条件，并保持刀具的切削能力，刀具材料必须具有以下的物理、化学及力学性能。

1. 高的硬度和耐磨性

刀具材料的硬度必须高于工件材料，其常温硬度一般要求超过 60 HRC。刀具材料的耐磨性与其硬度有关，硬度越高，其耐磨性越好。耐磨性除与硬度有关外，还与刀具金相组织中化合物种类、数量、大小及分布有关。

2. 足够的强度和韧性

切削过程中切削部分要承受很大的切削力，在切削材料内部产生较大的弯曲应力，并伴有不同程度的冲击与振动，会造成刀具的“崩刃”失效。因此，刀具材料必须要有足够的强度与韧性，通常采用抗弯强度和冲击韧性值来反映。

3. 良好的耐热性与化学稳定性

耐热性是刀具材料在高温下保持切削性能的能力。它包括刀具材料的高温硬度、高温强度和韧度、高温化学稳定性等指标。其中，高温硬度用“红硬性”表征，反映刀具材料高温下仍能保持其硬度的特性，是评价刀具材料的切削性能的核心指标。

同时,高温下稳定的化学性能是提高刀具抗化学磨损的需要。刀具材料的化学性能越稳定,高温高压下才越能保持良好的抗扩散、抗氧化的能力;刀具材料与工件材料的亲和力越小,刀具材料的抗黏结性能越好,黏结磨损越小。

4. 良好的导热性

刀具材料的导热性越好,切削时产生的热量越容易传导出去,从而降低切削部分的温度,减轻刀具的磨损。

当然,刀具材料除以上的基本性能要求外,还具有其他方面的要求,如经济性好,加工性能(热塑性、焊接性、机加工性能)好。刀具材料要符合所有性能要求是困难的,应根据切削条件合理选择。

(二)刀具材料的类型

目前使用的刀具材料分为工具钢、硬质合金、陶瓷、超硬材料四大类。其中,工具钢和硬质合金是一般机加工中使用最广泛的刀具材料,而陶瓷和超硬材料作为新型刀具材料常被应用到高弹或高硬度材料、难加工材料的切削及超精密切削中。

1. 工具钢

工具钢包括碳素工具钢、低合金工具钢、高速钢三类。

(1)碳素工具钢,是含碳量为0.8%~1.35%的高碳钢,淬火并低温回火后的硬度为60~64 HRC,与一般高速钢相近。但由于它的低温回火温度为200~250 ℃,因此它的耐热性很差。当刀具的工作温度超过上述温度后,其硬度会急剧下降,从而失去切削能力。同时,碳素工具钢的淬透性差,淬火冷却只能在水中进行,容易变形和开裂,不能制造大尺寸、高精度、形状复杂的刀具。

碳素工具钢主要用于制造手工工具与刀具、在8~18 m/min速度下的低速切削刀具、简单模具和量具。如木工工具与刀具、锉刀、手工锯条、冲头、刮刀、铰刀、小尺寸冲模等。

(2)低合金工具钢,是在碳素工具钢的基础上加入少量合金元素的钢,如加入硅、锰、铬、钨、钒等,以提高钢的淬透性、硬度、耐磨性和红硬性。因此,低合金工具钢的淬透性比碳素工具钢好,淬火冷却可在油中进行,使变形和开裂倾向减小,但由于合金元素的加入量不大,钢的红硬性仍不高,一般工作温度不得高于300 ℃。

低合金工具钢通常被用来制造各种低速下切削的薄刃刀具,如丝锥、板牙、铰刀、齿轮铣刀等。

(3)高速钢,是在合金工具钢中加入大量的碳化物形成元素钨、钼、钒、铬的高碳高合金工具钢,具有高硬度、高耐磨、良好的红硬性。其淬火后的低温回火温度为500~600 ℃,工作温度高达600 ℃,能以比低合金工具钢高出1~3倍的速度进行切削,因而被称为高速钢,是目前应用最广泛的刀具材料。高速钢淬火时在空气中冷却可获得马氏体组织,刃磨或切削时能长时间保持刃口锋利,故而又称为"锋钢"。

高速钢在性能上除具有较高的耐热性和切削速度外,还具有高强度、高韧性、热处理变形小、制造工艺简单等优点。相比于硬质合金和陶瓷材料,其抗弯强度是前者的2~3倍,为后者的5~6倍,作为金属材料,其韧性更是比硬质合金和陶瓷材料高出几十倍。因此,高速钢是目前制造各种复杂刀具(如拉刀、齿轮刀具、成形刀具、钻头、丝锥等)的主要材料,其用量仍占现用刀具材料的一半以上。

高速钢按用途不同,分为通用型高速钢和高性能高速钢;按制造工艺不同,分为熔炼高速钢和粉末冶金高速钢;按合金元素含量不同,分为钨钢、钨钼钢和钼钢。常用高速钢的牌号及物理力学性能见表1-3。

表1-3 常用高速钢的牌号与物理力学性能

钢种		硬度(HRC)	抗弯强度(GPa)	冲击韧度(MJ/m^2)	600 ℃时硬度(HRC)
通用型高速钢	W18Cr4V	63~66	3.00~3.40	0.18~0.32	48.5
	W6Mo5Cr4V2	63~66	3.50~4.00	0.3~0.40	47~48
	W14Cr4VMnXt	64~66	4.00	0.31	50.5
高性能高速钢	9W18Cr4V	66~68	3.0~3.4	0.17~0.22	51
	W6Mo5Cr4V3	65~67	3.20	0.25	51.7
	W6Mo5Cr4V2Co8	66~68	3.00	0.30	54
	W2Mo9Cr4VCo8	67~69	2.7~3.80	0.23~0.3	55
	W6Mo5Cr4V2Al	67~69	2.9~3.9	0.23~0.3	55

通用型高速钢,是应用最广的高速钢材料,约占高速钢总量的75%,含碳量为0.7%~0.9%,切削速度一般不高于50~60 m/min,不适于高速切削和硬的材料切削,多用于切削未淬硬的中、低碳钢,可广泛用于制造各类复杂刀具。按钨、钼含量的不同分为钨系、钨钼系,主要牌号有W18Cr4V(18-4-1钨钢)、W6Mo5Cr4V2(6-5-4-2钨钼钢)。

高性能高速钢,是在通用型高速钢的基础上,通过增加碳、钒含量或添加钴、铝等合金元素而得到的耐热性、耐磨性更好的新钢种。这类钢的常温硬度可达67~70 HRC,在630~650 ℃温度下仍可保持60 HRC的硬度,适用于加工奥氏体不锈钢、耐热钢、超高强度钢、钛合金等难加工材料。但这类钢种因碳、钒含量的增加,其强度、韧性、刃磨工艺性等综合性能不如通用型高速钢,不同牌号的钢种只有在各自规定的切削条件下,才能达到良好的加工效果,因而其使用范围也受到限制。主要牌号有9W18Cr4V(高碳高速钢)、W6Mo5Cr4V3(高钒高速钢)、W6Mo5Cr4V2Co8(M42钴高速钢),W6Mo5Cr4V2Al(501铝高速钢)。其中,501铝高速钢是我国独创的高效高速钢,其力学性能和切削性能与美国M42高性能高速钢相当,都能适用于较高的切削速度,但价格更低廉。

粉末冶金高速钢,是用高压氩气或纯氮气使熔融的高速钢钢水雾化,直接得到细微的高速钢粉末后,再在高温高压下压制成致密的钢坯,最后将钢坯轧制而成的高速钢材料。这种高速钢材料具有细小均匀的金相组织、良好的力学性能,其抗弯强度和冲击韧度是熔炼高速钢的2~3倍,并有良好的刃磨工艺性和热处理工艺性,但造价昂贵,适于制造难加工材料的刀具、大尺寸刀具(滚刀、插齿刀等)、精密刀具、复杂刀具、小截面薄刃刀具和成形刀具。

2.硬质合金

硬质合金是由难熔的金属化合物(WC、TiC、TaC、NbC等)和金属黏结剂(Co、Mo、Ni)

经粉末冶金工艺烧结而成的刀具材料。

由于这类碳化物具有硬度高、熔点高、化学稳定性好、热稳定性好的特点，而且其在硬质合金中的含量远远高于高速钢，因此硬质合金刀具有硬度高、耐磨性好、耐热性好的优点，常温硬度达到89～94 HRA，工作温度达到800～1 000 ℃，允许选用比高速钢高4～10倍的切削速度(切削钢件时，切削速度可达220 m/min)，具有比高速钢更好的切削性能，但在抗弯强度、韧性等力学性能方面比高速钢要低很多，材料的脆性大，承受冲击和振动的能力低。

按照材料成分的不同，硬质合金材料分为YG类(K类)、YT类(P类)、YW类(M类)、YN类(H类)。常用硬质合金的牌号、用途见表1-4。

表1-4　常用硬质合金的牌号、用途

牌号	用途
YG3	铸铁、非铁金属及其合金的精加工、半精加工，要求切削时不承受冲击载荷
YG6X	铸铁、冷硬铸铁、高温合金的精加工、半精加工
YG6	铸铁、非铁金属及其合金的半精加工与粗加工
YG8	铸铁、非铁金属及其合金的半精加工与粗加工，也可用于断续切削
YT30	碳素钢、合金钢的精加工
YT15 YT14	碳素钢、合金钢连续切削时的粗加工、半精加工，也可用于断续切削时的精加工
YT5	碳素钢、合金钢的粗加工，可用于断续加工
YW1	高温合金、高锰钢、不锈钢等难加工材料及普通钢材、铸铁、非铁金属及其合金的半精加工和精加工
YW2	高温合金、高锰钢、不锈钢等难加工材料及普通钢材、铸铁、非铁金属及其合金的粗加工和半精加工
YN05	低碳钢、中碳钢、合金钢的高速精车，工艺系统刚性较好的细长轴精加工
YN10	碳钢、合金钢、工具钢、淬硬钢连续表面的精加工

(1)钨钴类硬质合金(YG类)，也称K类合金，是由WC和Co组成的硬质合金材料，具有较好的强度、韧性，但硬度、耐磨性较差，主要用于加工铸铁、有色金属与非金属材料。

常用的牌号有YG3、YG3X、YG6、YG6X、YG6A、YG8、YG8C、YG8N等。牌号中的数字表示材料中Co的含量百分数，后面的字母C、X表示粗晶粒与细晶粒，A、N表示合金中添加了TaC、NbC，以提高硬质合金的耐磨性、抗冲击能力。合金中Co含量愈高，材料的韧性愈好，适于粗加工；Co含量少的，则用于精加工。

(2)钨钴钛类硬质合金(YT类)，也称P类合金，是由TiC、WC和Co组成的硬质合金材料，与YG类合金相比，YT类硬质合金的硬度、耐磨性都明显提高，但强度、韧性下降。YT类硬质合金的耐热性好，但导热性、焊接性能、刃磨性能、抗冲击振动性能差，主要用于碳素钢、合金钢的切削加工。

常用的牌号有 YT5、YT15(YT14)、YT30 等。牌号中的数字表示材料中 TiC 的含量百分数,TiC 的含量愈高,则耐磨性愈好、韧性愈低,而这三种牌号的材料分别适用于工件的粗加工、半精加工、精加工。

(3)通用类硬质合金(YW 类),也称 M 类合金,是在 YT 类硬质合金中添加适量的 TaC、NbC 后形成的硬质合金。因 Ta、Nb 的加入,合金的常温硬度、高温强度硬度、抗扩散和抗氧化磨损的能力都得到有效提高,从而提高了合金的耐磨性、切削性能。这类合金既可用于加工铸铁及有色金属,又可用于加工钢料,尤其适用于耐热钢、高锰钢、不锈钢等难加工材料的切削加工。

这类合金品种繁多,常见的通用硬质合金牌号有 YW1、YW2、YW3。

(4)碳化钛基类硬质合金(YN 类),也称 H 类合金,是以 TiC 为主要成分,以 Ni、Mo 作为金属黏结剂形成的硬质合金。碳化钛基合金的主要特点是硬度非常高,达到 90 ~ 93 HRA,有较好的耐热性与抗氧化能力,化学稳定性好,与工件材料的亲和力小,在 1 000 ~ 1 300 ℃高温下仍能进行切削,且切削速度可达 300 ~ 400 m/min,适用于高速精加工合金钢、淬硬钢等。

常见的碳化钛基硬质合金的牌号有 YN05、YN10。

3. *陶瓷刀具材料*

陶瓷刀具材料是以 Al_2O_3 或 Si_3N_4 为基体成分在高温下烧结而成的新型刀具材料,其刀片的制造主要用热压法,即将陶瓷粉末在高温高压下压制成饼状,然后切割成刀片。

不同类型的陶瓷刀具材料具有不同的性能与用途。氧化铝基陶瓷具有很高的硬度和耐磨性,硬度达到 91 ~95 HRA,具有很高的耐热性,1 200 ℃高温下硬度仍可达 80 HRA,其切削速度比硬质合金高 2 ~5 倍,而且有很高的化学稳定性、抗黏结性。但这种材料的抗弯强度很低,冲击韧性差,主要用于加工各种铸铁、钢料,也可加工铜合金、石墨、工程塑料、复合材料,适用于大件及高精度零件的精加工,但不宜加工铝合金、钛合金材料。

氮化硅基陶瓷具有高的强度与韧性,能承受较大的冲击载荷,热稳定性和耐热性高,可使用切削液,在加工铸铁及镍基合金时效果良好。

4. *超硬刀具材料*

超硬刀具材料指金刚石与立方氮化硼。

(1)金刚石,是碳的同素异形体,是目前最硬的物质,显微硬度达 10 000 HV。金刚石刀具包括三类:天然单晶金刚石刀具、人造聚晶金刚石刀具(PCD)、金刚石烧结体。金刚石刀具除具有极高的硬度与耐磨性外,还有以下一些性能特点:

①有很好的导热性、较低的热膨胀系数,切削时热变形小,利于精密加工。

②刃面粗糙度小,刃口非常锋利,能胜任薄层切削,用于超精密加工。

③材料强度低、脆性大,在一定温度下与铁系元素的亲和力很强,一般不适宜加工黑色金属。

因此,金刚石刀具材料主要用于有色金属以及非金属材料的高速精密、超精密加工。

(2)立方氮化硼(CBN),是由六方氮化硼在高温高压作用下转化而成的刀具材料,是 20 世纪 70 年代以后发展起来的新型刀具材料。立方氮化硼刀具材料主要具有以下特点:

①有高的硬度与耐磨性，仅次于金刚石。

②有很高的耐热性与热稳定性，可耐 1 400 ~ 1 500 ℃高温，大大高于金刚石材料；在 1 300 ℃时不发生氧化，与大多数金属、铁系材料都不起化学作用。因此，能高速切削高硬度的钢铁材料及耐热合金，刀具的黏结与扩散磨损小。

③强度低，焊接性能差。

目前，立方氮化硼材料主要用于加工淬硬钢、高温合金、耐热铸铁和一些难加工材料，以及喷涂零件的表面。

三、刀具的几何角度

刀具的几何角度，是一组用来确定刀具切削部分各要素之间空间位置关系的角度值。它们的确定需要以一定的参考坐标面和参考系为基准。

(一)刀具角度的标注体系

刀具角度的标注体系是在刀具工作图上标注出刀具各几何参数的基准。

1. 刀具的参考坐标面

刀具的参考坐标面是指刀具切削部分上各面、线在空间中的规定投影面。其中，基面和切削平面是最基本的参考坐标面，而后根据建立方式及其与二者的位置关系，有正交平面、法平面、假定工作平面、背平面等测量参考坐标面，如图 1-24 所示。

基面 p_r：过选定切削点，与该点的合成运动方向垂直的平面。

切削平面 p_s：过选定切削点，与切削刃相切且垂直于基面的平面。

正交平面 p_o：过选定切削点，与基面、切削平面同时垂直的平面。

法平面 p_n：过选定切削点，与该点的切线垂直的平面。

假定工作平面 p_f：过选定切削点，与基面垂直且平行于进给运动方向的平面。

背平面 p_p：过选定切削点，与基面、假定工作平面同时垂直的平面。

在上述定义中，基面和切削平面的确定，是以刀具与工件间的合成运动方向为基准的，而切削刃上不同切削点的运动方向会有不同。因此，确定参考坐标面的前提是选取切削点。

2. 刀具的参考系

由参考坐标面构成的用以确定刀具角度的投影坐标体系称为刀具的参考系。

按基面的确立条件不同，刀具的参考系有两类：一类称为刀具静止参考系，也称为标注参考系，是刀具设计时标注、制造、刃磨和测量刀具几何参数的基准；另一类称为刀具工作参考系，是确定刀具切削时的实际角度的基准。

按参考系所采用的刀具参考面的不同，刀具的参考系有正交平面参考系、法平面参考系、背平面与假定工作平面参考系，如图 1-24 所示，其中最常用的是正交平面参考系。

3. 刀具静止参考系的设立条件

由于在描述刀具的设计、制造角度，或刃磨、测量角度时，刀具与工件间未发生进给，二者间的运动只可能是主运动，此时建立的刀具参考系即为刀具静止参考系。

由此，设立静止参考系前，基面的确立必须满足两个假定条件：一是不考虑进给运动的影响，即 $v_f = 0$，此时合成运动速度方向就是主运动方向；二是假定在刀具安装时刀尖与

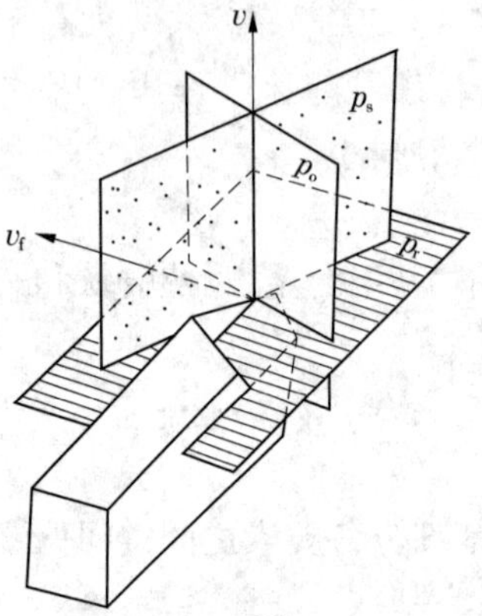

(a)正交平面参考系

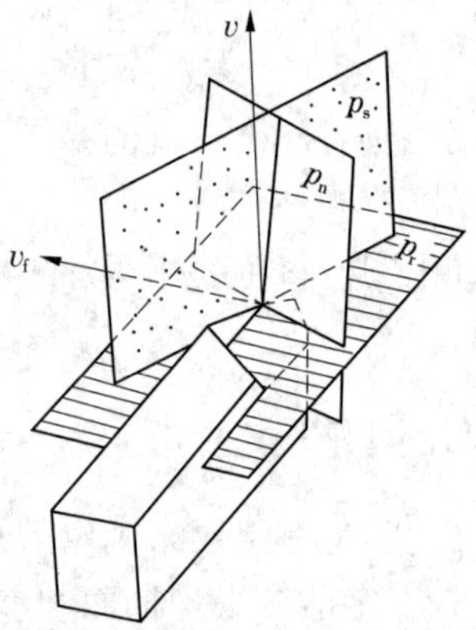

(b)法平面参考系

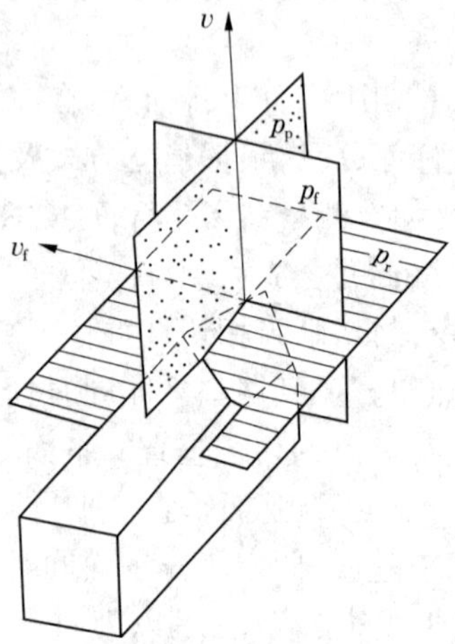

(c)背平面与假定工作平面参考系

图1-24　刀具的参考坐标面与标注参考系

工件中心等高、刀杆的轴线与工件轴线垂直。在这两个前提下，基面就是与主运动方向垂直的平面。对车刀而言，基面就是与刀具的安装定位平面（刀杆底面）平行的工件轴平面，如图1-25所示。

（二）正交平面参考系下刀具的标注角度

刀具的标注角度也称刃磨角度，可以在上述三种静止参考系中的任一种内标注。根据制造和刃磨方式，我国常用的是正交平面参考系和法平面参考系。

刀具角度的标注，就是表明各刀面及切削刃与假定参考平面间的夹角。图1-26所示为外圆车刀在正交平面参考系中标注的基本角度，它们分别是前角 γ_o、后角 α_o、主偏角 k_r、副偏角 k'_r、刃倾角 λ_s、副后角 α'_o。

对于前刀面为平面的普通外圆车刀，这六个基本角度可以确定其切削部分的几何形状。其中，前刀面的控制角为前角和刃倾角，主后刀面的控制角为后角和主偏角，副后刀

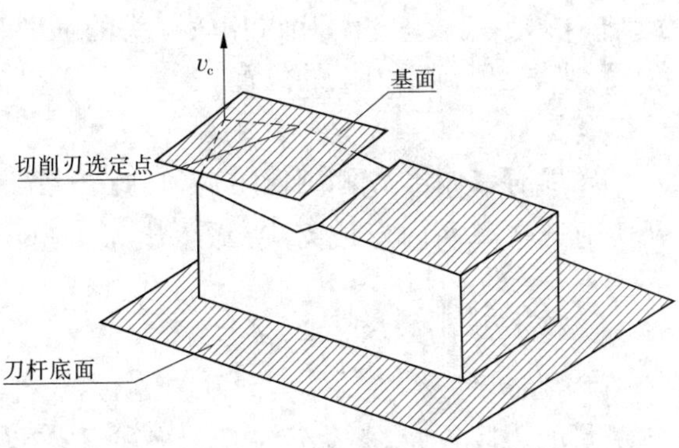

图 1-25　车刀的基面

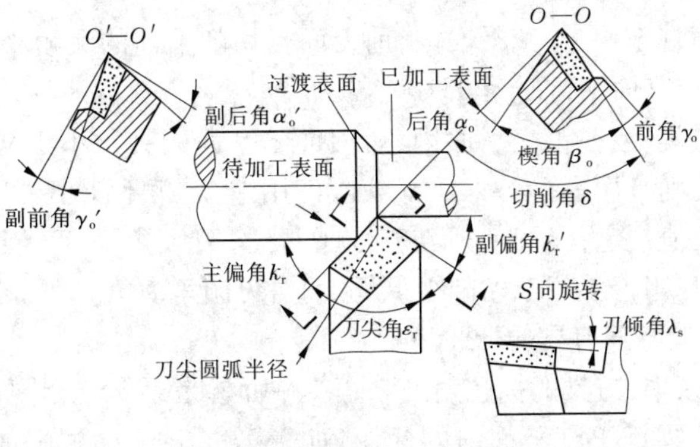

图 1-26　外圆车刀在正交平面参考系内的几何角度

面的控制角为副后角和副偏角，主切削刃的控制角为刃倾角和主偏角。

在正交平面参考系下，刀具角度的定义见表 1-5。

表 1-5　刀具角度的定义

名称	定义
前角 γ_o	在正交平面内测量的前刀面与基面间的夹角
后角 α_o	在正交平面内测量的后刀面与切削平面间的夹角
主偏角 k_r	在基面内测量的主切削刃投影与进给方向间的夹角
副偏角 k_r'	在基面内测量的副切削刃投影与进给运动的反方向间的夹角
刃倾角 λ_s	在切削平面内测量的主切削刃与基面间的夹角
副后角 α_o'	在副正交平面内测量的副后刀面与副切削平面间的夹角

1. 正交平面内的角度标注

在正交平面 p_o 内可以标注的角度包括前角 γ_o、后角 α_o、副后角 α_o' 和楔角 β_o。前角 γ_o 和后角 α_o 分别决定前刀面和后刀面的空间位置，前、后刀面共同形成刀楔，并在正交

平面内派生出楔角 β_o, $\beta_o = 90° - (\gamma_o + \alpha_o)$，用以比较刀头的强度和散热条件。而在副正交平面 p_o' 内，副后角 α_o' 则决定了副后刀面的位置。

2. 基面内的角度标注

在基面 p_r 内标注的角度有主偏角 k_r 和副偏角 k_r'，它们决定着主切削刃和副切削刃的位置。主切削刃与副切削刃在基面内形成刀尖，派生出刀尖角 ε_r，以衡量刀尖的强度。其中

$$\varepsilon_r = 180° - (k_r + k_r')$$

3. 切削平面 p_s 内的角度标注

在切削平面 p_s 内测量的刃倾角 λ_s，是决定主切削刃和刀尖在空间中位置的角度。刃倾角 λ_s 的大小与正负将影响刀尖的强度并控制切屑的流出方向。

4. 刀具角度正负值的规定

前角的正、负值规定：在正交平面内，前刀面与切削平面的夹角小于90°时为正，大于90°时为负，前刀面与基面平行时为0°。

后角的正、负值规定：在正交平面内，后刀面与基面的夹角小于90°时为正，大于90°时为负，后刀面与切削平面平行时为0°。实际使用中，后角不能小于0°。

刃倾角的正、负值规定：当切削刃与基面平行时，刃倾角为0°；当刀尖位于切削刃最高点时，刃倾角为正；当刀尖位于切削刃最低点时，刃倾角为负。

（三）法平面参考系下刀具的标注角度

在法平面参考系中，刀具的标注角度与正交平面参考系基本相同，基面和切削平面内标注的角度不变，只需把正交平面内的标注角度 γ_o 和 α_o 变为法平面内标注的 γ_n 和 α_n 即可，标注角度如图1-27所示。

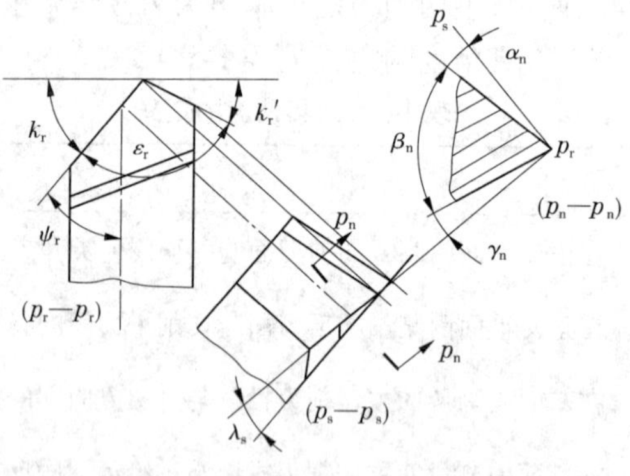

图1-27 在法平面参考系内的刀具标注角度

（四）背平面与假定工作平面参考系内的刀具标注角度

这一参考系中，刀具的标注角度有：基面内的主偏角 k_r 和副偏角 k_r'，假定工作平面内的进给前角 γ_f 和进给后角 α_f，背平面内的径向前角 γ_p 和径向后角 α_p，如图1-28所示。

当刀具为直角刀具（如90°外圆车刀、切断刀）时，正交平面参考系与这一参考系重合，即切削平面与背平面重合，正交平面与假定工作平面重合。正交平面内的前角 γ_o、后

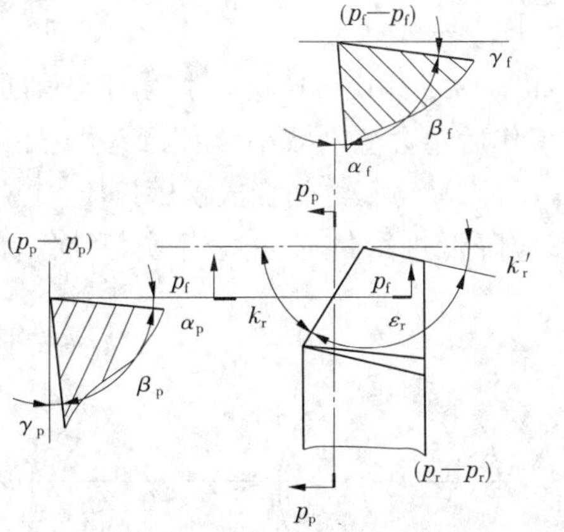

图 1-28　背平面和假定工作平面参考系内的刀具标注角度

角 α_o 相当于假定工作平面内的进给前角 γ_f 和进给后角 α_f，切削平面内的刃倾角 λ_s 相当于背平面内的径向前角 γ_p。因而对于 90°外圆车刀或切断刀，一般只采用正交平面参考系内的角度对刀具进行标注。

但是，对于螺纹成形车刀，它具有左、右两条对称的工作刃，无主、副切削刃之分。由于偏角的影响，这类刀具的前、后角，尤其是前角，需要在进给方向（假定工作平面）和径向（背平面）上分别标注，才能完整地表达这类刀具的形状、角度对加工的影响。因此，在很多情况下，通常会采用假定工作平面及其参考系分析该类刀具的几何角度。当然，制造及刃磨时，仍会采用正交平面参考系标注其角度。

四、刀具的工作角度

刀具的工作角度，是刀具工作时各刀面与参考坐标面间的实际角度，它是用工作参考系定义的刀具角度。刀具工作角度的符号是在标注（刃磨）角度的基础上加一个下标字母“e”。

刀具在工作时，设立基面的假设条件已不成立，基面不再是工件的轴平面，此时基面必须与所选切削点处的合成运动方向垂直。相对于静止参考系中的基面，工作参考系中的工作基面位置会发生偏转，并带动整个参考系的位置发生变化，因此在实际工作中反映出的各个刀具角度即工作角度，也就不同于标注角度。

基面的变动引起工作角度的变化。所以，影响工作角度的因素，主要来自于进给运动与刀具的安装。

（一）进给运动对刀具工作角度的影响

车床上车刀进给时，切削点相对于工件的运动轨迹为一条阿基米德螺旋线。选定切削点的瞬时合成运动方向是阿基米德螺旋线的切线方向，与主运动方向的夹角为 μ，如图 1-29所示。这时，工作基面与工作切削平面分别相对于基面 p_r 和切削平面 p_s 转过一个 μ 角，在外表面车削时，刀具的工作前角 γ_{oe} 和工作后角 α_{oe} 分别为

$$\begin{cases}\gamma_{oe}=\gamma_o+\mu\\ \alpha_{oe}=\alpha_o-\mu\end{cases}\quad (\tan\mu=\frac{v_f}{v_c}=\frac{f}{\pi d})$$

当车刀沿横向进给（如车端面、切断、切槽）时，由于切削点的回转直径 d 不断减小，偏转角 μ 不断增大，所以工作后角会急剧减小，在未到达工件中心时已成负值。此时，刀具的切削刃已没有切削作用，刀具与工件间变成楔劈挤压。

因此，在横向车削中，应降低进给量 f，并适当增大刃磨后角 α_o，以补偿进给运动的影响。

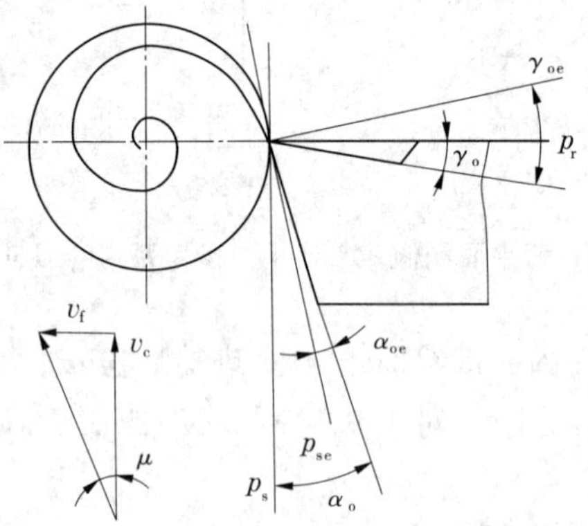

图1-29　进给运动对工作角度的影响

纵向机动进给（如外圆车削）时，车削进给量 f 相对而言都较小，进给运动引起的 μ 值会很小，不会超过 1°，工作前角和工作后角的变化可忽略不计，其前、后角在刃磨时不作修正。

螺纹进给时，由于螺纹刀的进给量 f 等于其所加工螺纹的导程 $P_{工件}$，进给量较大，尤其是多头螺纹，所以在假定工作平面内，切削刃的合成切削运动方向与主运动方向之间形成的偏转角 μ_f 也就较大，从而使工作基面和工作切削平面转动一个 μ_f 角，因此必须考虑它对螺纹车刀两侧刀刃的工作前角 γ_{fe} 和工作后角 α_{fe} 的影响，如图 1-30 所示。实际上，螺纹加工中基面偏转的 μ_f 角就是该螺纹的导程角（或螺纹升角）λ。

（1）加工右旋螺纹时，刀具从右向左进给，左侧切削刃的工作前角和工作后角变化规律与外圆进给相同，即工作前角增大、工作后角减小。

$$\begin{cases}\gamma_{fe}=\gamma_f+\mu_f\\ \alpha_{fe}=\alpha_f-\mu_f\end{cases}\quad (\tan\mu_f=\frac{v_f}{v_c}=\frac{P_w}{\pi d_w})$$

式中　P_w——被加工螺纹的导程，mm/r；

　　　d_w——工件上选定切削点的直径，mm。

然而，右侧切削刃在进给时工作前、后角的变化却与左侧相反，呈现出工作前角减小、工作后角增大，工作前角甚至有负前角的现象，使右刀刃切削不易、排屑困难。

（2）加工左旋螺纹时，刀具从左向右进给，其左右切削刃的工作前、后角的变化情况又与右旋螺纹时相反。

由于螺纹车削时，进给运动对左右切削刃的工作前、后角的影响不同，因此应根据螺纹的导程和旋向分别选择车刀两侧刃的刃磨角度。

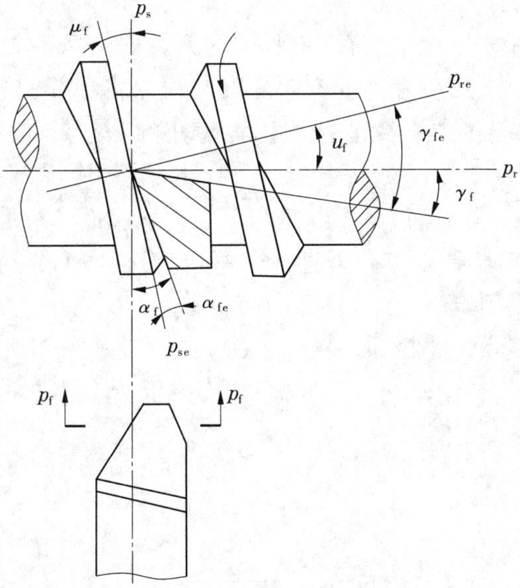

图 1-30 螺纹进给运动对工作角度的影响

(1)刃磨后角时,沿进给方向一侧的后角磨制成标注后角加螺旋升角 λ,以保证切削顺利;背向进给方向一侧的后角磨制成标注后角减螺旋升角 λ,以保证车刀强度。

(2)刃磨螺纹粗车刀时,两侧刀刃允许刃磨出径向前角 γ_p,以利于排屑,如图 1-31(a)所示。如此,车刀的两侧切削刃便不再在工件的轴向平面内,车出的螺纹牙型角会大于刀尖角,螺纹牙型在轴向平面内的形状不再是直线而是曲线。为改善这种状况,刃磨螺纹粗车刀时,应当使车刀径向前角 γ_p 取 5°~15°时,刀尖角比牙型角相应地小 0.5°~1.5°。

(3)刃磨螺纹精车刀时,为保证螺纹牙型角度的正确,两侧刀刃的刃磨前角应为 0°。为改善由此造成的背向进给方向一侧的刀刃工作前角呈负值、切削不易、排屑困难的状况,可以在刀具安装时,将两侧刀刃组成的平面与螺旋线垂直安装(法向安装,见图 1-31(b)),使两侧刀刃的工作前角均为 0°,或在前刀面上沿两侧刀刃磨出较大的卷屑槽,以利于排屑。

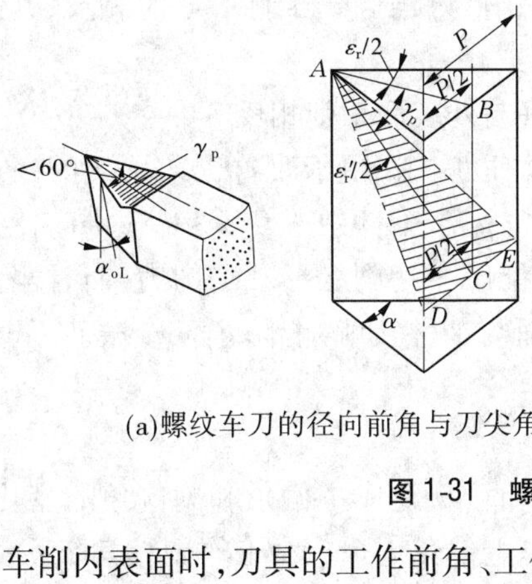

(a)螺纹车刀的径向前角与刀尖角

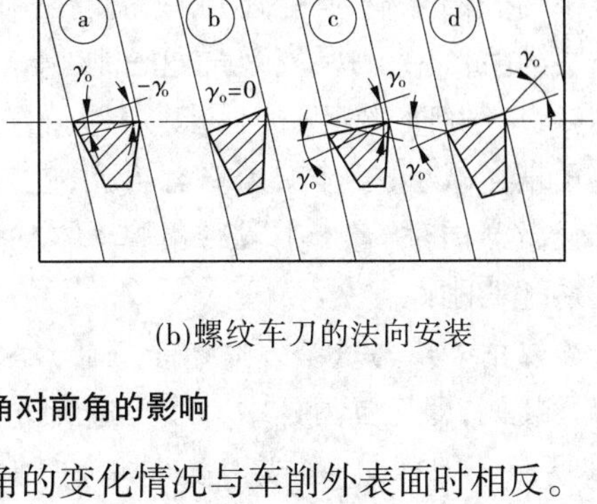

(b)螺纹车刀的法向安装

图 1-31 螺纹升角对前角的影响

车削内表面时,刀具的工作前角、工作后角的变化情况与车削外表面时相反。

（二）刀具安装对工作角度的影响

在实际加工中，由于安装误差的存在，假定的刀具安装条件并不完全满足，这势必引起刀具角度的变化。其中，刀尖在高度方向的安装误差将主要引起前角、后角的变化；刀杆中心在水平面内的偏斜将主要引起主偏角、副偏角的变化。

1. 刀尖与工件中心线不等高时

在刀尖与工件中心线等高时，基面即是与车刀刀柄底面平行的工件轴平面，一旦不等高，工作基面为了与切削速度 v_c 方向垂直，不必再与刀柄底面平行而偏转一个角度 θ，同时工作切削平面也会跟随偏转一个角度 θ。

如图 1-32 所示，在车削外圆表面时，当刀尖高于工件中心时，刀具的工作前角 γ_{oe} 增大一个 θ 值，工作后角 α_{oe} 相应减小一个 θ 值；当刀尖低于工件中心时，工作前角减小一个 θ 值，而工作后角增大一个 θ 值。

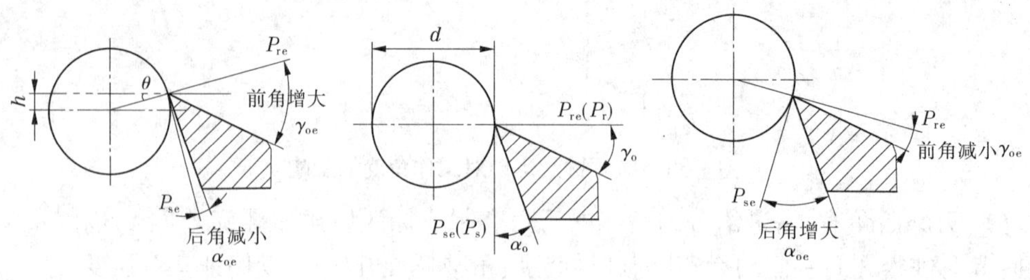

(a)刀尖装高　　(b)正确　　(c)刀尖装低

图 1-32　刀尖与工件中心线不等高时的工作角度

若假定工件的加工直径为 d，安装时的高度误差为 h，引起的工作基面偏转角 θ 值为 $\sin\theta \approx \frac{2h}{d}$。从式中可以看出，工件直径越小，安装时高度误差对工作角度的影响越明显，这一点在工件切断、深槽车削中反映得十分显著。因为在工件直径不断减小的过程中，θ 值会不断增大，致使工作后角在刀尖到达工件中心前已成负值。负后角的车刀已无法切削，这就造成切断刀在继续进给时与工件挤压而发生“崩刀”现象。为避免刀具崩断，在切断刀安装时，必须严格操作，确保刀尖与工件中心等高，使 $h=0$、$\theta=0$。

当然，如果刀尖低于工件中心，上述角度的变化恰好与高于工件中心时相反，并会在加工中产生振动，或引起“扎刀”现象。

对于内表面车削，其上述角度的变化情况恰好与外表面车削相反。

在实际生产中，刀具安装的这一影响常常被加以应用，用于改善工艺系统的一些缺陷。例如，车削细长轴工件时，车刀刀尖的安装会略高于工件中心 0.1～0.3 mm，使刀具工作后角稍有减小，工作前角略有增大，这样不仅能减小切削变形和切削力，而且当后刀面上有轻微磨损时，有一小段后角等于零的后刀面与工件接触，能防止工件振动，从而提高工艺系统的刚性。

2. 车刀中心线与进给方向不垂直时

刀具装偏，即刀具刀杆中心线与进给方向不垂直，将造成主偏角和副偏角的变化，如图 1-33 所示。刀杆向右（或刀头向左）偏斜，工作主偏角 k_{re} 增大、工作副偏角 k'_{re} 减小。

如果刀具反向偏斜,工作偏角的变化则相反。

车刀刀杆的装偏,改变了主、副偏角的大小,对一般外圆车削而言,少许偏斜影响并不很大。但对于切断刀和螺纹刀来说,却不允许,如果安装不正,切断刀在切削过程中会由于轴向受力不均衡使刀头偏向一侧,轻者使断面出现凹形或凸形,重者会使刀具折断;而螺纹刀则会因安装不正,造成牙型不正确。

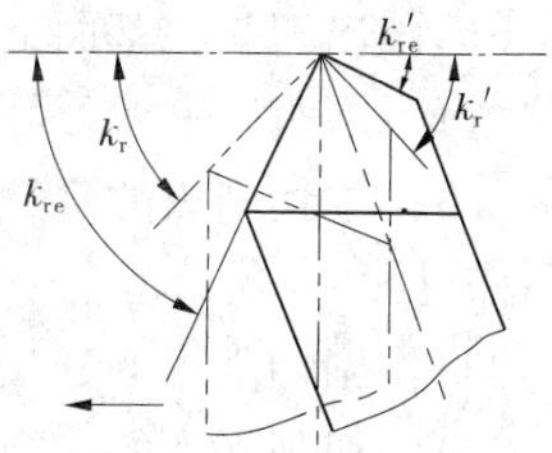

图 1-33 刀具装偏对主、副偏角的影响

【任务实施】

一、45°外圆弯头车刀的绘制

(一)绘制刀具的基本方法

绘制刀具形状及角度的方法一般有以下两种:

(1)投影作图法。它要求严格按投影关系来绘制几何形状,是认识和分析刀具切削部分几何形状的重要方法。但是该方法绘制烦琐,比较少用。

(2)简单画法。按该方法绘制刀具工作图时,视图间只需大致符合投影关系,但角度与尺寸必须按比例绘制,这是一种常用的方法。

在正交平面参考系内,通常将刀具在基面 p_r 中的投影作为主视图,以主剖面(正交平面 p_o)和副剖面(副正交平面 p_o')作剖视图,并取刀具在切削平面 p_s 中的投影作出向视图。

(二)绘制刀具几何形状的一般方法

绘制刀具的几何形状,除必须标注出基本角度外,还必须标注出刀具其他的几何参数,如刀尖圆弧、过渡刃(或修光刃)、倒棱、断屑槽等,如图 1-34 所示。

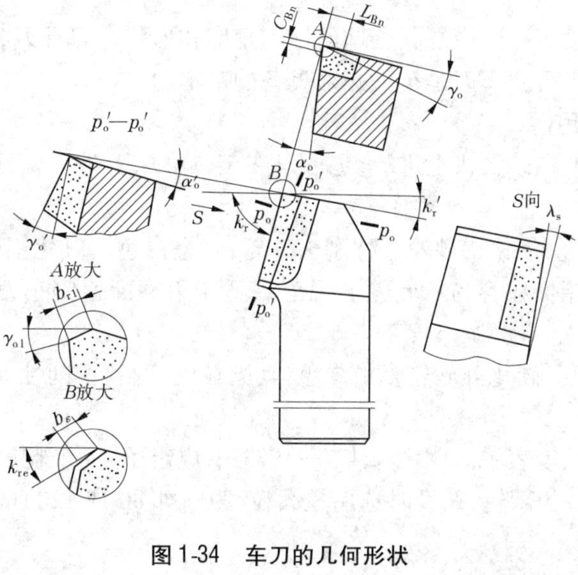

图 1-34 车刀的几何形状

(1)画出刀具在基面上的投影图(俯视图),标注车刀的进给方向,并标注主偏角 k_r、副偏角 k_r',以明确主后刀面与主切削刃、副后刀面与副切削刃的位置。

(2)作主切削刃的延长线,画主剖面 p_o—p_o 图,然后标注出前角 γ_o、后角 α_o、倒棱及断屑槽尺寸。

(3)作副切削刃的延长线,画副剖面 p_o'—p_o' 图,然后标注副后角 α_o'。

(4)画切削平面的向视图(图中为 S 向),标注刃倾角 λ_s。

(5)如刀尖处形状复杂或标注尺寸的部位过小,可画局部放大图,标注过渡刃(或修光刃)参数。

(6)标注其他参数,如刀片的型号和牌号、刀杆的材料和尺寸。

45°外圆弯头车刀在正交平面参考系下的几何形状图,如图 1-35 所示。

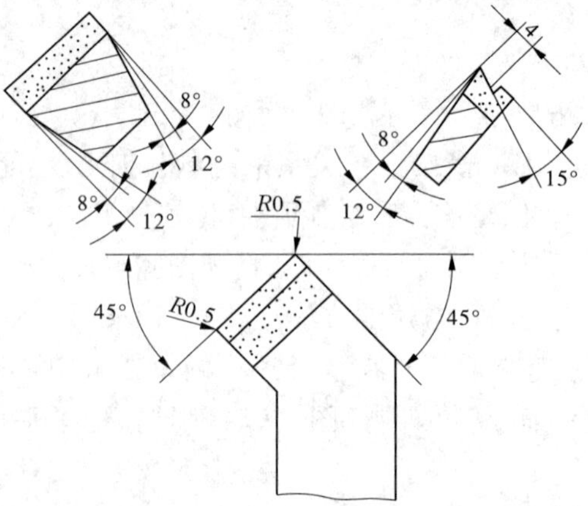

图 1-35　45°外圆弯头车刀

二、外圆弯头车刀(外圆车刀)的刃磨方法与步骤

刀具用钝后必须刃磨以恢复其合理的标注角度和形状。刀具刃磨有机械刃磨和手工刃磨两种方法。手工刃磨车刀是车工必须具备的基本功之一。

(一)砂轮的选用

车刀的刃磨一般在砂轮机上进行,也可以在工具磨床上进行。目前常用的砂轮有氧化铝和碳化硅两类。

(1)氧化铝砂轮。氧化铝砂轮又称刚玉砂轮,多呈白色。氧化铝砂轮的韧性好,比较锋利,但硬度稍低(指磨粒容易从砂轮上脱落),适于刃磨高速钢车刀和硬质合金的刀柄部分。

(2)碳化硅砂轮。碳化硅砂轮多呈绿色,其磨粒硬度高,切削性能好,但较脆,适于刃磨硬质合金车刀。

砂轮的粗细以粒度表示。GB/T 2477—1983 中规定了 41 个粒度号。粗磨时宜用小粒度号(如 36 或 60)的砂轮,精磨时选用较大粒度号(如 80 或 120)的砂轮。

(二)砂轮机的使用

刃磨刀具时,正确使用砂轮机是确保磨刀安全的重要环节。

(1)磨刀前对砂轮机进行安全检查。例如,防护罩是否齐全,砂轮托架与砂轮的间隙是否合乎要求。

(2)磨刀时尽可能避免在砂轮侧面上刃磨。

(3)砂轮磨削表面需经常修整,使砂轮没有明显的跳动。否则可用金刚石砂轮进行修整。

(4)砂轮应经常检查,如发现有裂纹或外形尺寸已太小,要及时更换。

(5)重新装夹砂轮后,进行检查、试转后才可使用。

(6)刃磨结束后,应及时关闭砂轮机电源。

(三)外圆车刀刃磨的内容

车刀手工刃磨的一般内容有前刀面、后刀面、副后刀面、刀尖圆弧、倒棱、断屑槽。通过三个刀面的刃磨,获得45°外圆车刀的六个基本角度,以及刀尖、前刀面及刃口形状。经研磨的精车刀,必须消除在砂轮上刃磨的残余痕迹,刀面的表面粗糙度值应达0.4～0.2 μm。

(四)外圆车刀刃磨的基本步骤与方法(见图1-36)

刃磨车刀的步骤与方法如图1-36所示。

(1)修磨车刀刀杆底平面,使之安装时稳固、可靠。

(2)粗磨车刀的主后刀面和副后刀面,先获得偏角 k_r 和 k_r',再获得后角,且角度应略大于主后角与副后角的规定角度2°～3°。

(3)粗磨前刀面,使之与刀杆底平面平行。

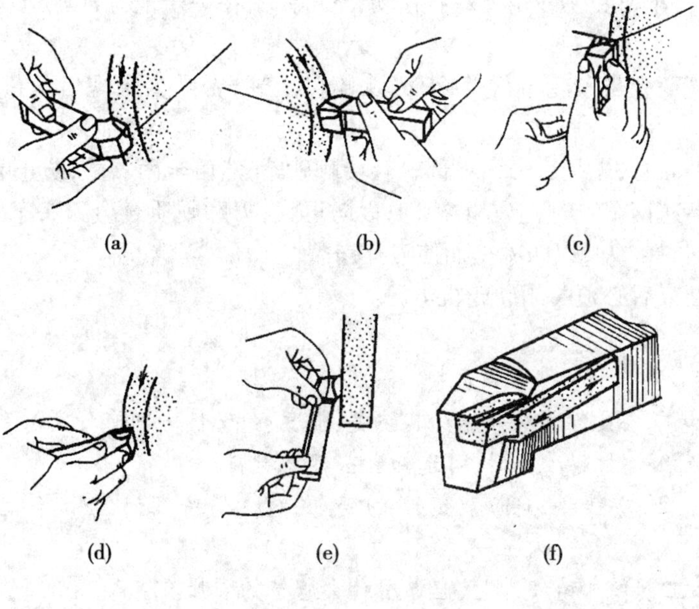

图1-36　刃磨车刀的步骤与方法

(4)精磨主后刀面、副后刀面,表面粗糙度值达 3.2 ~1.6 μm。

(5)精磨前刀面,注意刃倾角,表面粗糙度值达 3.2 μm 左右。

(6)开断屑槽,要求槽内表面粗糙度值达 1.6 μm。

(7)刃磨刀尖,略带 $R0.02 \sim 0.04$ mm 圆弧。

(8)车刀的手工研磨。

在砂轮上刃磨后,切削刃并不平滑光洁,若使用放大镜观察,可以发现其上呈凹凸不平的状态。使用这样的刀具车削时,不仅会直接影响工件的表面粗糙度,而且会降低车刀的使用寿命,尤其对于硬质合金刀具,在切削过程中会发生崩刃现象。所以,手工刃磨后的车刀还应用细油石研磨其刀刃。研磨时,手持油石在刀刃上来回移动,要求动作平稳、用力均匀。

(9)车刀角度的检验。

目测法:观察车刀角度是否符合要求,切削刃是否锋利,表面是否存在裂纹和其他不符合切削要求的缺陷。

量角器、样板测量法:对于角度要求高的车刀,用量角器测量,螺纹车刀的刀尖角须用样板检查。

(五)手工刃磨的注意事项

(1)刃磨时须戴防护眼镜,以防磨屑飞入眼睛。

(2)刃磨时,操作者应尽量避免正对砂轮,以站在砂轮侧面为宜,以防砂轮破碎飞出,使操作者受伤。

(3)车刀刃磨时,一手紧握刀体以稳定刀身,另一手握住刀头以掌握角度。用力要均匀,不要用力过猛,以防打滑伤手。

(4)刃磨时,车刀要在砂轮上左右移动,不可停留在一个地方,以使砂轮磨耗均匀,不出沟槽。

(5)车刀高度应与砂轮轴线等高,刀头略微上翘,否则会出现后角过大或负后角等现象。

(6)磨后刀面时,先是后刀面下部轻轻接触砂轮,然后全面靠平,防止磨掉刀刃。

(7)刃磨高速钢车刀时,应及时冷却,以防退火;刃磨硬质合金刀头车刀时,则不能将刀体部分置于水中冷却,以防骤冷而使刀片崩裂。

(8)刃磨结束后必须关闭砂轮机电源。

【思考与习题】

1. 刀具材料应该具备哪些性能? 其硬度、强度、耐磨性之间有什么联系?

2. 粗车下列工件材料外圆时,可选择什么刀具材料?

(1)45 钢;(2)灰铸铁;(3)黄铜;(4)铸铝;(5)不锈钢;(6)钛合金;(7)高锰钢;(8)高温合金。

3. 粗、精加工钢件和铸铁件时,应选用什么牌号的硬质合金?

4. 陶瓷刀具、金刚石刀具与立方氮化硼刀具各有何特点? 常用于哪些场合?

5. 刀具的标注角度与工作角度如何区分?

6. 刀具的进给运动如何影响内孔车刀的工作角度？

7. 切断刀装夹时，刀头中心线为什么必须与工件轴线垂直？

8. 刀具安装的高低和偏斜如何影响刀具角度？

9. 根据以下参数绘制一把外圆车刀，并标注相应的参数值：前角 $\gamma_o = 20°$，后角 $\alpha_o = 8°$，副后角 $\alpha_o' = 8°$，主偏角 $k_r = 75°$，副偏角 $k_r' = 10°$，刃倾角 $\lambda_s = 5°$，断屑槽宽度 $L_{Bn} = 3$ mm，断屑槽深度 $C_{Bn} = 0.6$ mm，主切削刃长度为 15 mm，无刀尖圆弧。高速钢刀体尺寸为 16 mm × 16 mm × 100 mm。

单元四　工件的装夹

【学习目标与任务】

学习目标：

1. 掌握定位与基准的相关术语。

2. 掌握工件六点定位的基本原理。

3. 掌握工件的定位方法及其定位元件的特点。

4. 掌握工件定位误差的来源，能进行轴类零件的定位误差计算。

5. 掌握夹具的基本组成与功用，通用夹具的结构、特点与装夹要求。

学习任务：用两顶尖装夹轴类零件。

【任务引入】

按图 1-37 所示方式，用两顶尖装夹直径 60 mm、长 250 mm 的 45 钢热轧棒料，并定性分析该工件的定位误差。

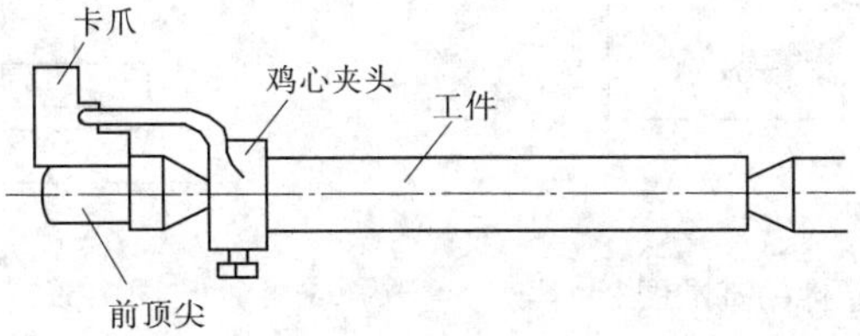

图 1-37　两顶尖装夹工件

【知识指引】

一、工件定位

(一) 定义与术语

1. 定位

确定工件在机床上或夹具中占有正确位置的过程，称为定位。

2. 夹紧

保证工件通过定位所获得的正确位置在力的作用下不发生改变的过程，称为夹紧。

3. 装夹

确定工件的正确位置，并使之在加工过程中保持不变的过程，即定位和夹紧两个过程的总和，称为装夹。

4. 基准

在设计、制造、检测零件时用来确定工件上几何要素（点、线、面）间的位置关系所依据的那些点、线、面，称为基准。

按照基准的不同作用，常将其分为设计基准和工艺基准两大类。

（1）设计基准。在零件图样上采用的用于标注尺寸和描述表面相互位置关系的基准，称为设计基准。设计基准是加工、测量和安装的依据，也是消除加工累计误差、保证加工质量的依据。

如图 1-38 所示零件中，面 *A* 是面 *B*、*C* 和孔 *D* 轴线的设计基准；孔 *D* 的轴线是孔 *E* 轴线的设计基准。

（2）工艺基准。在零件加工、检验（测量）、装配等工艺过程中所采用的基准，称为工艺基准。根据用途的不同，工艺基准可分为定位基准、测量基准、装配基准以及工序基准。

①定位基准。在加工过程中用于确定工件在机床上或夹具中的正确位置的基准，称为定位基准。定位基准可以是可见的点、线、面，也可以是不可见但客观存在的点、线、面，如孔的轴线。工件的定位基准一经确定，工件上其他表面的位置关系也随之确定。

图 1-38 中，底面 *B* 是面 *A*、面 *C*、孔 *D*、孔 *E* 加工时的定位基准。而图 1-39 所示的轴承座用底面 *A* 和侧面 *B* 定位，工件是一个整体，面 *A*、*B* 的位置一旦确定，孔 ϕ20H7 的轴线位置也就确定了。

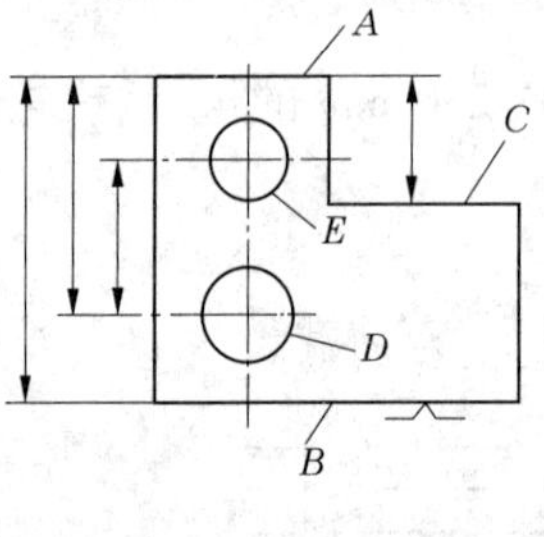

图 1-38　零件的基准图

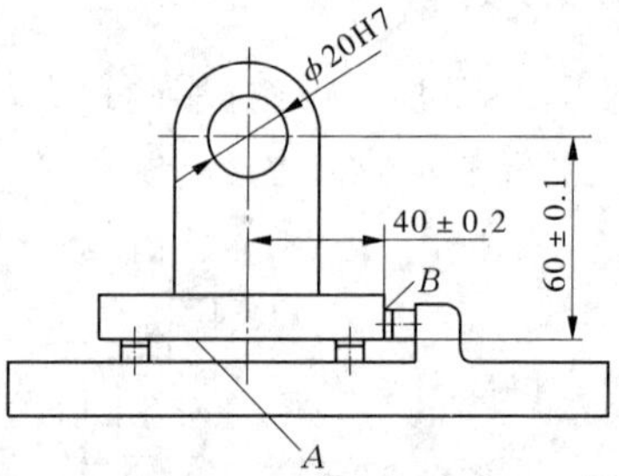

图 1-39　工件的定位基准

②测量基准。被加工表面测量时所采用的基准称为测量基准。如图 1-40 所示，利用心轴测量齿轮坯外圆与两个端面相对于孔轴线的圆跳动误差时，内孔是其测量基准。

③装配基准。装配时用来确定零件或部件在产品中的相对位置所采用的基准，称为装配基准。如图 1-41 所示的圆锥齿轮装配图中，内孔 ϕ25H7 为径向装配基准，端面 *B* 为轴向装配基准。

④工序基准。被加工表面在工序图中表达的自身尺寸、形状、位置方面的几何基准，称为工序基准，也可称为工序设计基准，如图 1-42 所示。

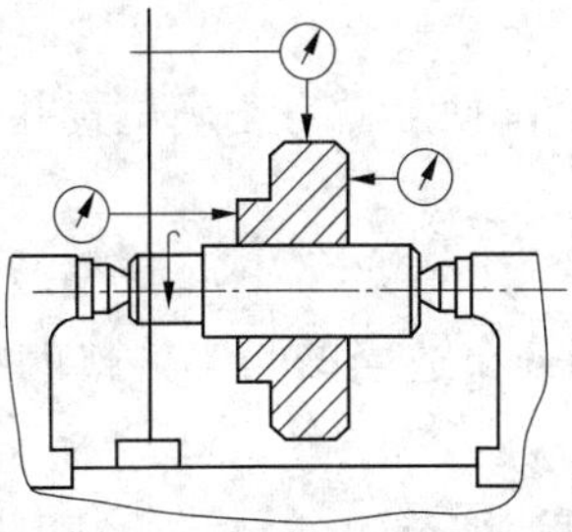

图 1-40　工件的测量基准

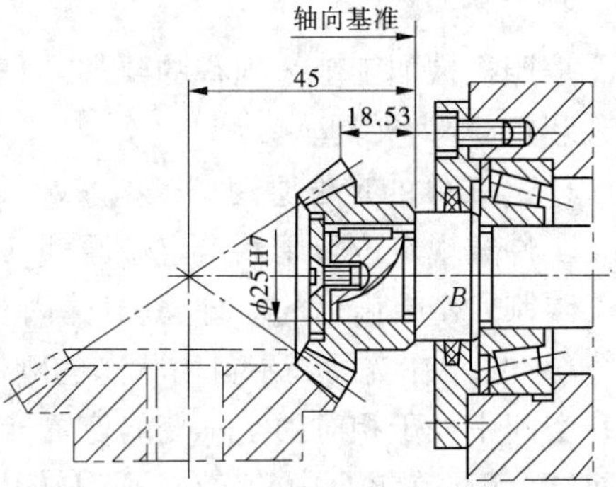

图 1-41　圆锥齿轮装配图

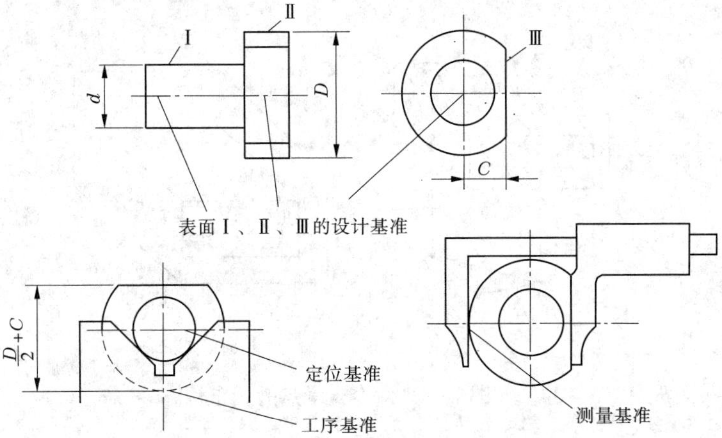

图 1-42　各种基准之间的关系

5. 定位元件

限制工件自由度的几何刚体称为定位元件。在生产实际中,起支承点作用的是具有一定形状的定位元件。

6. 定位基面

工件在夹具上定位时,工件上表达定位基准的一些可见表面,称为定位基面。例如,用两顶尖装夹工件时,轴的两顶尖孔就是定位基面,它体现的定位基准是轴的中心线;工件以圆孔在心轴上定位时,工件的内孔表面是定位基面,它的轴线是定位基准。

7. 限位基面

定位元件上与工件的定位基面配合或接触的表面,称为限位基面。限位基面的理想状态或理想中心称为限位基准,如平面度误差为零的平面,圆度、圆柱度误差为零的圆柱面或其轴线。

限位基面与定位基面合称定位副。

当工件有几个定位基面时,限制自由度最多的称为主要定位基面,相应的限位基面称为主要限位基面。

8. 夹具

按照机械加工工艺规程的要求，用于迅速装卡工件，使之占有正确位置并可靠夹紧的工艺装备，称为夹具。

(二)工件的定位原理

工件实现定位采用六点定位原理，即在夹具中用分布适当的与工件接触的六个支承点来限制六个自由度的原理，其具体内容如下：

(1)任一在空间处于自由状态的刚体在空间直角坐标系中都有六个自由度。要使工件在空间中处于相对固定不变的位置，就必须限制其六个自由度。

(2)工件在夹具中的定位，可以转化成在直角坐标系中用不同分布的定位支承点限制工件自由度的方式来分析，如图 1-43 所示。

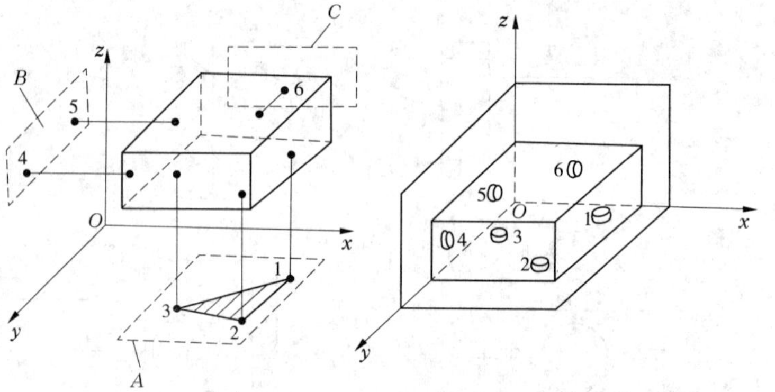

图 1-43 六个支承点的分布

工件以 A、B、C 平面定位。A 面最大成三角形布置的三个定位支承点限制 $\overleftrightarrow{z}$、$\overset{\frown}{x}$、$\overset{\frown}{y}$ 三个自由度，B 面狭长分布两个定位支承点限制 $\overleftrightarrow{x}$、$\overset{\frown}{z}$ 两个自由度，C 面最小有一个支承点限制了 $\overleftrightarrow{y}$。

(3)定位支承点限制工件自由度的作用，是通过定位支承点与工件的定位基准始终保持紧贴接触实现的。一旦彼此脱离接触，则表示定位支承点失去限制工件自由度的作用，亦即失去定位的作用。

(4)一般讲，一个定位支承点只能限制工件的一个自由度，工件在夹具中定位时所用定位支承点的总数目，不应超过六个。工件在定位时应采用的定位支承点数目(或需要被限制的自由度数目)，由工件在该工序中的加工技术要求所决定。

按照六点定位原理分析的定位情况，有完全定位、不完全定位、欠定位、过定位四种。

①完全定位。工件的六个自由度全部被限制，它在夹具中只有唯一的位置，称为完全定位，如图 1-43 所示。

②不完全定位。对加工要求有影响的自由度都已被限制，能满足加工要求、少于六个支承点的定位，称为不完全定位。

如图 1-44 所示，加工通槽时，工件沿 y 轴方向移动不会影响通槽加工精度。为简化定位装置，y 轴方向不设定位点。大平面限制 $\overleftrightarrow{z}$、$\overset{\frown}{x}$、$\overset{\frown}{y}$ 三个自由度，侧平面限制 $\overleftrightarrow{x}$、$\overset{\frown}{z}$ 两个自

由度。

③欠定位。按照加工要求应该限制的自由度没有被限制的定位，称为欠定位。

欠定位不能保证加工要求，会产生大量的废品，是绝对不允许的。如图 1-45(a)所示通槽加工。如果$\overleftrightarrow{z}$没有被限制，$60_{-0.2}^{\ 0}$ mm 就无法保证；$\overset{\frown}{y}$ 或 $\overset{\frown}{x}$ 没有被限制，槽底与 A 面的平行度就不能保证，加工结果将如图 1-45(b)所示。

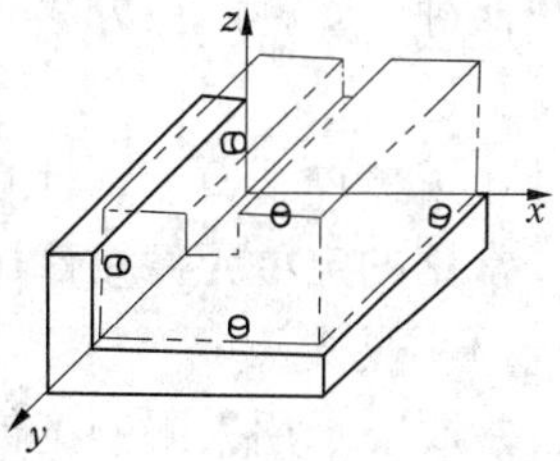

图 1-44　工件的不完全定位

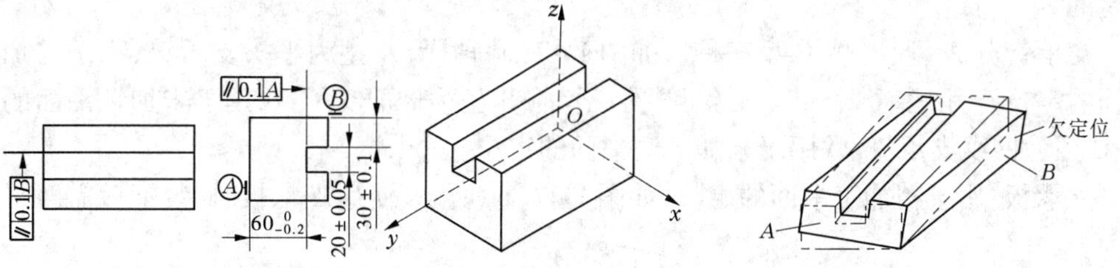

(a)　　　　(b)

图 1-45　工件的欠定位

④过定位。工件的一个或几个自由度被两个或两个以上支承点重复限制的定位，称为过定位。如图 1-46 所示，用一夹一顶装夹工件。

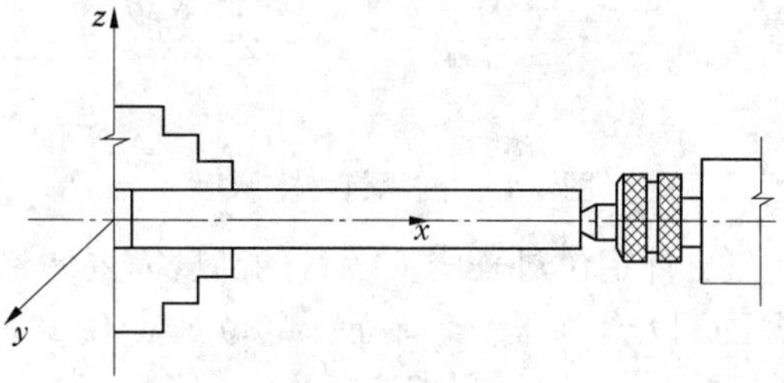

图 1-46　工件的过定位

当卡盘夹持部分较长时，卡盘限制四个自由度$\overleftrightarrow{z}$、$\overset{\frown}{z}$、$\overleftrightarrow{y}$、$\overset{\frown}{y}$，后顶尖限制两个自由度$\overset{\frown}{z}$、$\overset{\frown}{y}$，从而重复限制两个旋转自由度$\overset{\frown}{z}$、$\overset{\frown}{y}$，出现过定位。卡爪夹紧后，后顶尖顶不到中心处，若强制顶住，工件易变形。为消除过定位，卡盘夹持部分应较短，只限制两个自由度$\overleftrightarrow{z}$、$\overleftrightarrow{y}$，后顶尖依然限制两个旋转自由度$\overset{\frown}{z}$、$\overset{\frown}{y}$，获得不完全定位。

(5)每个定位支承点所限制的自由度，原则上不允许重复或相互矛盾，否则产生过定位会对工件的定位精度产生影响。只有在工件的定位基准、夹具上的定位元件精度很高的情况下，才允许使用过定位，以提高工件的刚性和稳定性。

(6)具体应用在夹具上的定位元件不一定是点支承，而常常采用 V 形架、定位销、定位套等一些非点表面。分析时需要转化为相应的支承点后，再考虑工件的定位情况。

(三)工件的定位方法与定位元件

工件的定位方法包括：以平面定位、以外圆柱面定位、以圆孔内表面定位、以特殊表面定位四种。每种定位方法下,所用定位元件的特点各有不同,对自由度所起的限制作用也有差异。

1. 工件以平面为定位基准

常用的定位元件按作用分为主要支承、辅助支承两类。

1)主要支承

主要支承用来限制工件的自由度,起定位作用。根据形式和用途的不同,主要支承有固定支承、可调支承、自位支承三种。

(1)固定支承,包括支承钉和支承板两种形式,如图 1-47 所示,使用过程中它们都是固定的。

支承钉分 A 型、B 型、C 型三种。如图 1-47(a)所示,A 型为平头支承钉,用于已加工平面的定位,使用多个时,装配后需磨平工作面;B 型为球面支承钉,用于未加工平面的定位;C 型为网纹支承钉,常用于未加工侧平面的定位。

支承板,用于精加工平面的定位,如图 1-47(b)所示,使用支承板时,装配后需磨平工作面。

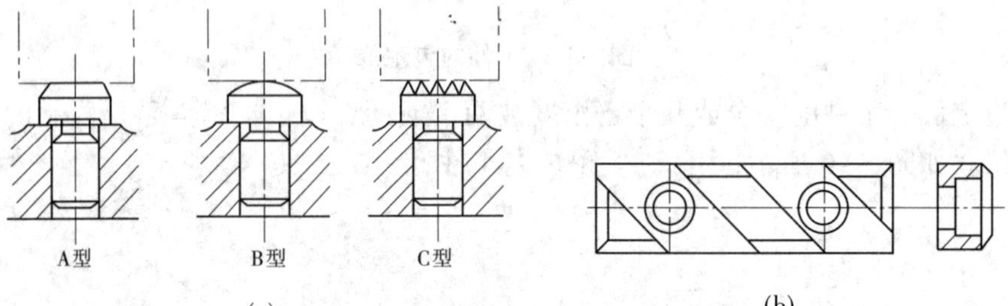

图 1-47　支承钉和支承板

(2)可调支承,用于在工件定位过程中支承钉的高度需要调整的场合,一般用于毛坯的形状和尺寸变化较大的,以粗基准(毛坯面)定位或定位基面形状复杂的工件,如图 1-48所示。

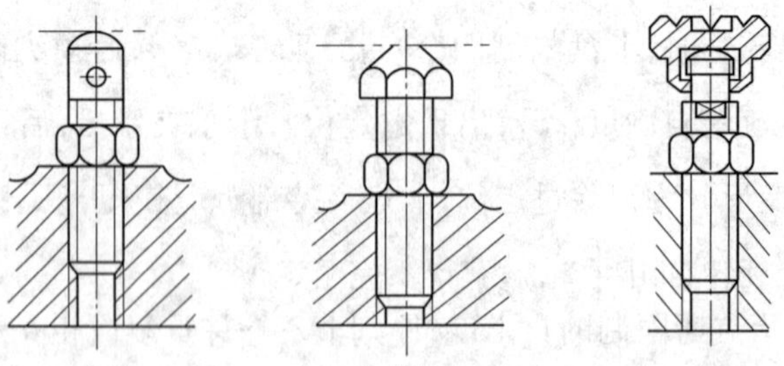

图 1-48　可调支承

(3)自位支承,又称浮动支承,能随工件定位面位置变化而自动调整,限制一个自由度,用于毛坯面定位或刚性不足的场合。如图 1-49(a)所示叉形零件,用已加工孔 D 和端面定位,铣削加工平面 C 和 E。使用心轴及端面定位能限制除 $\overset{\frown}{y}$ 外的所有自由度,但为了

防止工件绕 y 轴旋转，需要设置一个防转支承。这种情况下，可选用图 1-49(b)所示的自位支承。

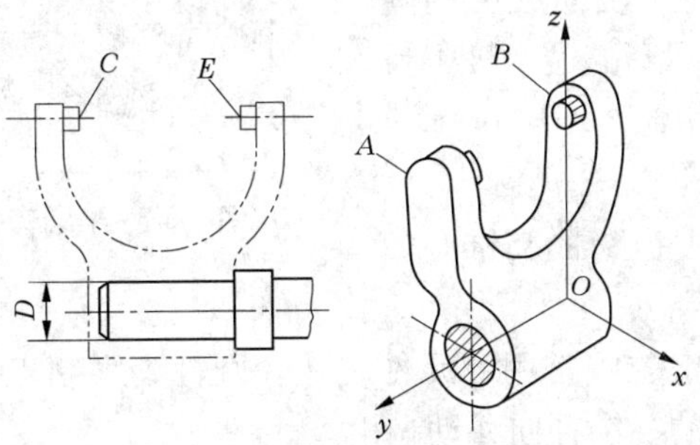

(a)叉形零件

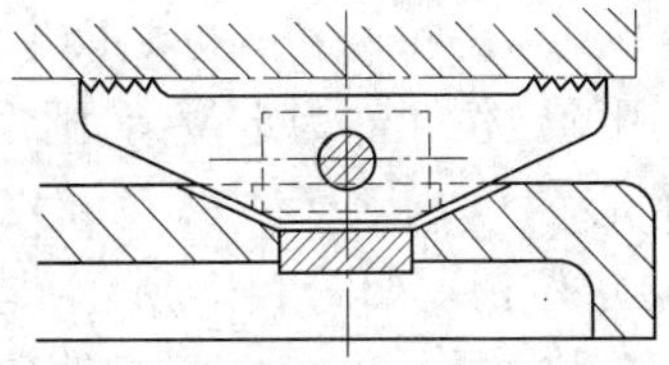

(b)自位支承

图 1-49 自位支承的应用

2)辅助支承

辅助支承用于提高工件的装夹刚性和稳定性，不起定位作用。只在工件定位夹紧后，才进行调整，与工件适当接触。

2. 工件以外圆柱面为定位基准

常用的定位元件有 V 形块、定位套、半圆套。

1)V 形块

如图 1-50 所示，其两斜面间夹角有 60°、90°、120°三种，一般使用 90°。

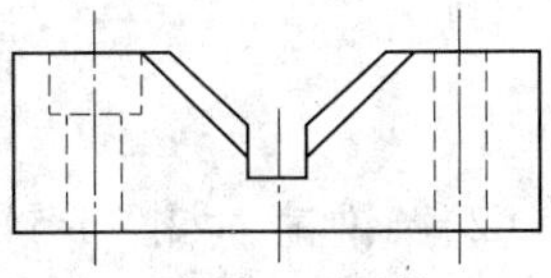

图 1-50 V 形块

V 形块的两半角相等，对中性好，工件的定位轴线在 V 形块两斜面的对称平面上。但定位外圆直径变化时，高度方向有定位误差。V 形块可用于精基准定位，也可用于粗基准定位。

2)定位套

如图 1-51 所示，其内孔轴线为限位基准，内孔面为限位基面。为了限制工件轴线的自由度，常与端面组合定位。当用端面作为主要限位面限制三个自由度时，一定要用短套，避免出现过定位。

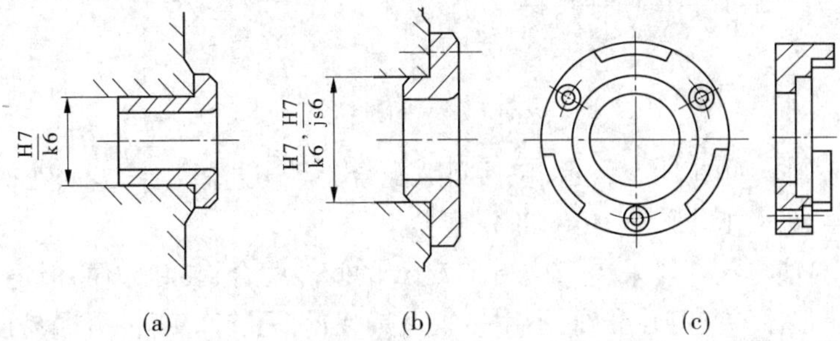

(a) (b) (c)

图 1-51 定位套

定位套结构简单，容易制造，但定心精度不高，只适用于精定位基面，一般用于小型的形状简单的轴类工件定位。

3）半圆套

如图 1-52 所示，下半圆套定位，上半圆套夹紧，稳定性比 V 形块好，主要用于大型轴类零件及不便于轴向装夹的零件。定位基面的精度不低于 IT8 ~ IT9，半圆套的最小极限尺寸应取工件定位基面的最大极限尺寸。

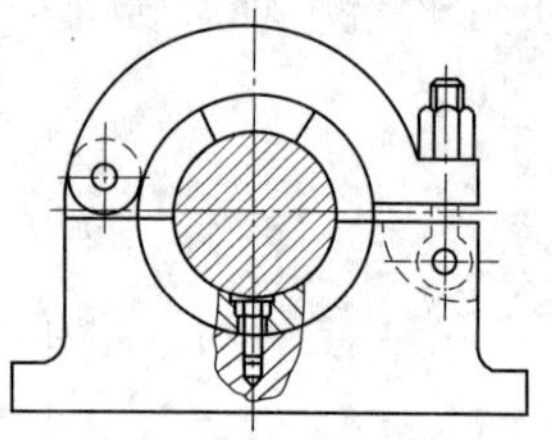

图 1-52　半圆套

3. 工件以圆孔内表面为定位基准

常用的定位元件为定位销、圆锥销、圆柱心轴、圆锥心轴（小锥度心轴）。

（1）定位销。如图 1-53 所示，是组合定位中常用的元件之一。圆柱销限制工件的两个径向移动的自由度，菱形销只限制工件的一个径向移动自由度。

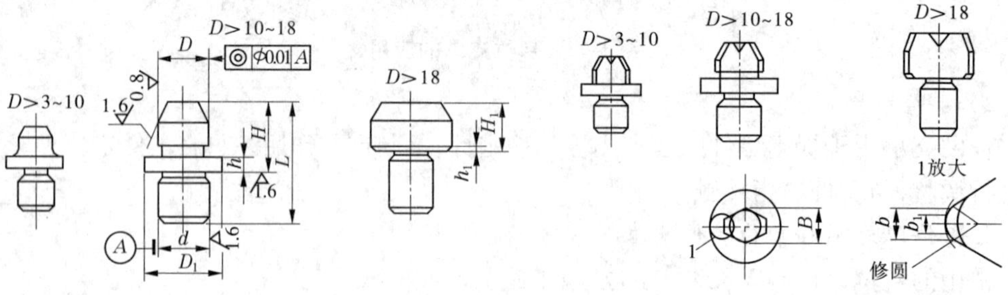

(a)圆柱销　　(b)菱形销

图 1-53　定位销

（2）圆锥销。如图 1-54 所示，工件以圆孔在圆锥销上定位，它限制了工件的三个方向移动的自由度。

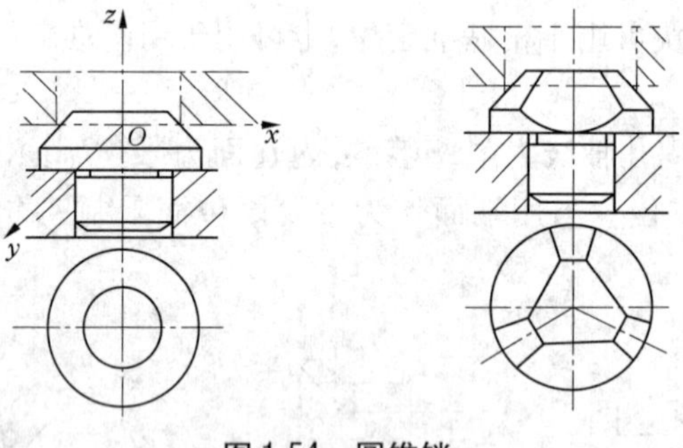

图 1-54　圆锥销

（3）圆柱心轴。如图 1-55 所示，包括间隙配合心轴、过盈配合心轴、花键心轴三种结构形式，由引导部分、工作部分、传动部分组成。

间隙配合心轴与孔一般采用 H7/h6、H7/g6 的间隙配合，装卸方便，但定心精度不高。过盈配合心轴制造简单、定心准确，不用另设夹具装置，但装卸工件不便，易损伤工件定位孔，因此多用于定心精度要求高的精加工。花键心轴用于加工以花键定位的工件，为了保证定心精度和装卸工件方便，工作部分外圆常制有 1/5 000 ~ 1/1 000 的锥度。

（4）圆锥心轴。如图 1-56 所示，常用的锥度 $C = 1/8\ 000 \sim 1/1\ 000$。工件在小锥度心

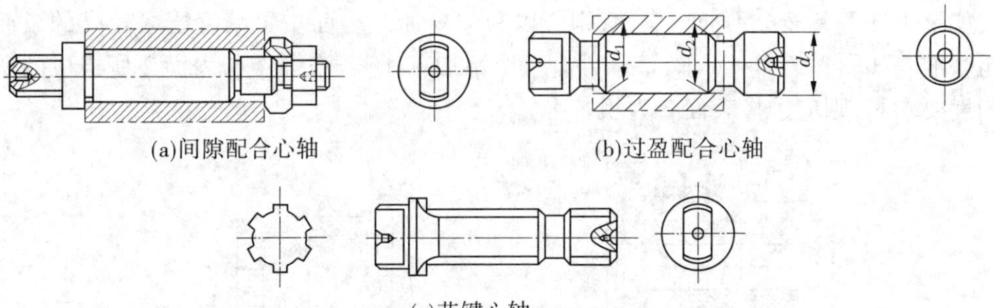

(a)间隙配合心轴　(b)过盈配合心轴

(c)花键心轴

图 1-55　圆柱心轴

轴上定位,消除了径向间隙,定心精度高,可达 0.01 ~0.02 mm。定位时,靠心轴与工件表面的弹性变形夹紧工件,传递转矩较小,且在轴向不能定位。适用于工件的定位孔精度不低于 IT7 的精车和磨削加工,不能加工端面。

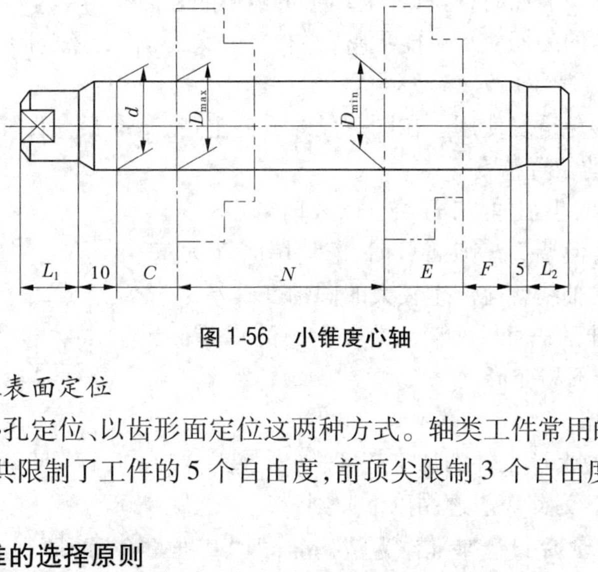

图 1-56　小锥度心轴

4. 工件以特殊表面定位

主要指以中心孔定位、以齿形面定位这两种方式。轴类工件常用的两顶尖装夹,就是以中心孔定位,它共限制了工件的 5 个自由度,前顶尖限制 3 个自由度,后顶尖限制 2 个自由度。

(四)定位基准的选择原则

在零件加工过程中,合理选择定位基准对保证工件的尺寸精度,尤其是对位置精度起着决定性的作用。

定位基准有粗基准和精基准两种。用毛坯表面作为定位基准的称为粗基准;用已加工过的表面作为定位基准的称为精基准。

1. 粗基准的选择

选择粗基准时,应着重考虑以下三个方面:首先应保证所有加工表面都具有足够的加工余量;其次应保证工件的加工表面与不加工表面之间具有一定的位置精度;最后还要保证装夹稳妥、可靠,便于切削加工。具体应遵循以下原则:

(1)选择不加工表面作为粗基准。这样可以使加工表面与不加工表面之间的位置误差最小,还可以在一次装夹中加工出更多的表面。如图 1-57(a)所示,以不加工的外圆面为粗基准,可以在一次装夹中把绝大部分表面加工出来,且能保证外圆与内孔同轴度以及端面与孔轴线的垂直度要求。

如果工件上有多个不加工表面，则应以其中与加工表面位置精度要求较高的表面作为粗基准。如图1-57(b)所示，该工件有三个不加工面，若表面4与表面2所组成的壁厚均匀度要求高，则应选择表面2为粗基准。

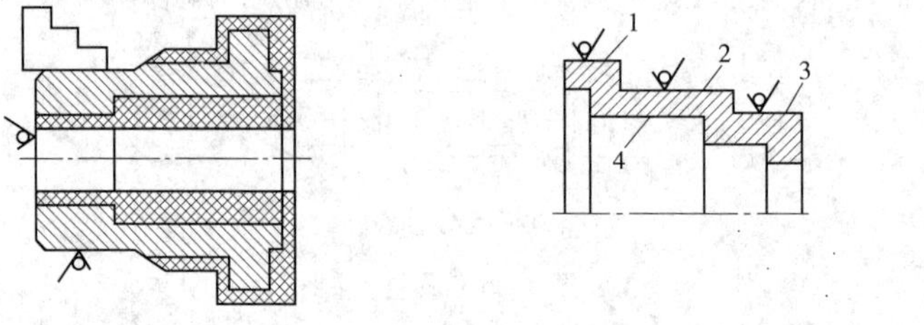

(a)以不加工的外圆面为粗基准　　(b)以与加工表面位置精度要求较高的表面为粗基准

图1-57　粗基准的选择

(2)在有较多加工表面时，应选择毛坯余量最小的表面作为粗基准。

(3)选作粗基准的表面应尽可能平整，并有足够大的面积，还要除去毛刺、飞边，使之定位准确，夹紧可靠，避免打刀。

(4)粗基准应避免重复使用。在同一尺寸方向上，粗基准只允许使用一次，否则将无法保证加工表面间的位置精度。

如图1-58所示的小轴加工，开始车面 *A* 时，以不加工的面 *B* 作为粗基准，但调头车削面 *C* 时，若仍用面 *B* 为基准，则面 *C* 对面 *A* 的轴线就会产生较大的同轴度误差。

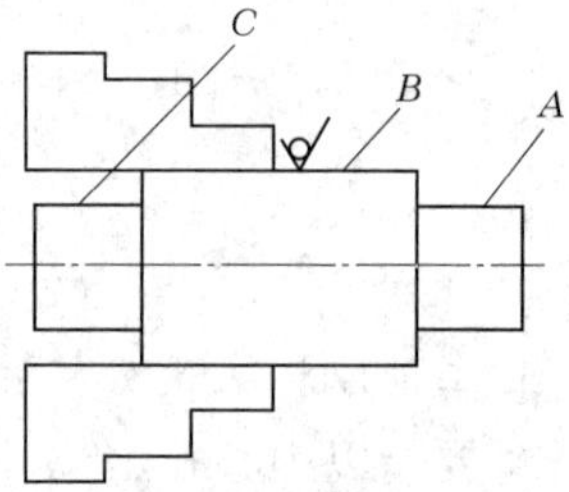

图1-58　重复使用粗基准

(5)作为粗基准的表面，一般又是夹紧力的承受面，它应有足够的刚性，不易变形。

2. 精基准的选择

选择精基准时应保证工件的加工精度，同时使工件装夹方便、正确、可靠。为此一般遵循以下原则：

(1)尽可能选择工序设计基准作为精基准，即“基准重合”的原则。否则会产生定位误差，甚至导致工件报废。例如，在图1-59(a)所示的轴承座加工中，轴承孔(表面3)的设计基准为表面1，两表面之间的尺寸为 $A^{+\delta_A}_{\ 0}$。表面1、表面2已加工完毕，现需加工表面3。

按图1-59(b)所示，以表面2作为精基准进行轴承孔(表面3)加工。由于表面2与表面1之间存在尺寸误差 δ_B，形成定位误差，那么当表面3加工完成后，在尺寸 *A* 的误差中，必定包含该误差值 δ_B，可能使得表面1与表面3间的尺寸超差，即累积误差 $(\Delta\alpha+\delta_B)>\delta_A$，而造成工件报废。

而如图1-59(c)所示，以表面1作为精基准时，精基准与工序基准重合，无定位误差项。

(2)尽可能使精基准与测量基准、装配基准重合。

(3)尽可能使基准统一。除第一道工序外，其余工序应尽量采用同一精基准来加工

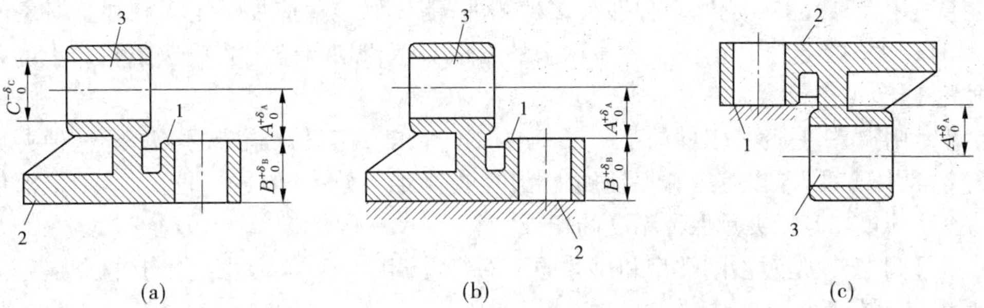

图 1-59 定位基准选择与定位误差的关系

大多数的表面。

这一原则对于需要多道工序、多个工种加工的工件或者位置精度要求较高的表面，尤其重要，它可以减少定位误差，提高加工精度，且便于装夹。例如，一般轴类零件的中心孔，在车、铣、磨等工序中，可以始终用作精基准。

(4)"互为基准"的原则。为了获得均匀的加工余量或较高的位置精度，可采用互为基准、反复加工的原则。

(5)选择精度较高、装夹稳定可靠的表面作为精基准，并尽可能选用形状简单和尺寸较大的表面作为精基准。这样可以减少定位误差，并使定位稳定。

二、夹具

夹具是切削加工工艺系统中一种不可缺少的工艺装备，它直接影响加工的精度、生产效率以及产品的制造成本。

(一)夹具概述

1. 夹具的作用

夹具用于工件的定位和夹紧，其在加工生产中的作用有以下几点：

(1)保证加工质量。工件上有关表面的相互位置精度由夹具来保证，不受工人操作习惯、技术水平等因素的影响，能较容易、较稳定地保证加工质量。

(2)提高劳动生产率。采用夹具后，可省去划线工序，减少找正时间，缩短辅助时间。采用快速夹紧装置，还可进一步缩短辅助时间，提供劳动生产率。

(3)扩大机床的工艺范围。如在车床的滑板上安装镗模，可代替镗床进行镗削加工，实现"一机多用"，扩大机床工艺范围。

(4)改善工人的劳动条件。采用夹具装夹工件方便、省力、安全。采用气动、液压等夹紧装置时，可减轻操作者的劳动强度。

2. 机床夹具的分类

随着机械制造技术的发展，新型夹具不断涌现，机床夹具的类型也愈来愈多。在生产应用中，夹具按照不同的分类方法分为以下几类：

(1)按照使用的机床种类，可分为车床夹具、铣床夹具、钻床夹具、镗床夹具、磨床夹具等。

(2)按照夹具的通用性，通常可分为通用夹具、专用夹具、可调夹具、组合夹具。

①通用夹具，已标准化，可以装夹多种工件，能较好地适应加工工序和加工对象的变换，具有较大的工艺适用范围。如车床上的三爪卡盘、四爪卡盘、通用心轴，铣床上的万能分度头、回转工作台等。

②专用夹具，是为某工件的某一工序的加工要求专门设计制造的夹具。这种夹具结构紧凑、操作方便，可以有效地保证加工精度、提高加工效率，但成本较高，适用于批量生产以及必须依靠专用夹具保证精度的场合。

③可调夹具，是对不同类型和尺寸的工件只需调整或更换原来夹具上的个别元件即可使用的夹具。

④组合夹具，是针对特定工序要求，由通用性较强的标准元件和部件组装而成的易于连接和拆卸的夹具。它具有通用夹具和专用夹具的特点，虽然一次性投资较大，但由于它具有明显缩短生产准备周期，减少专用夹具品种、数量等优点，已在现代生产中得到越来越广泛的应用。

(3)按照夹具的动力源，可分为手动夹具、液压夹具、气动夹具、电磁夹具。

3. 夹具的组成

虽然夹具的形式各异，种类繁多，但根据各元件或机构在夹具中的作用，夹具由以下几部分组成。如图1-60所示为角铁式车床夹具。

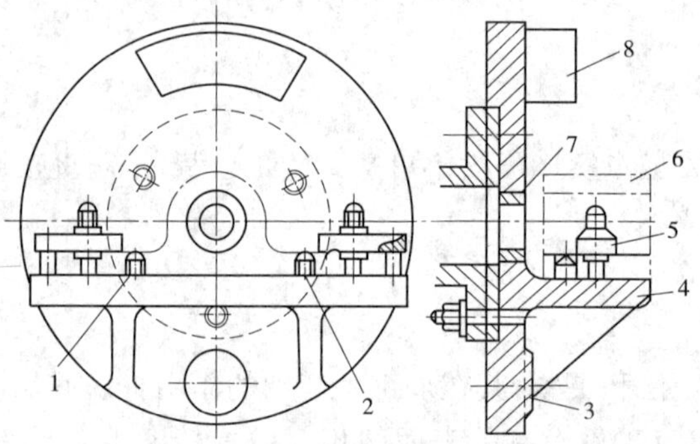

1—削边定位销；2—圆柱定位销；3—轴向定程基面；4—夹具体；
5—压板；6—工件；7—导向套；8—平衡铁

图1-60 角铁式车床夹具

(1)定位装置，包括定位元件或元件的组合(见图1-60中的件1、件2)。其作用是使工件在夹具中处于正确的位置。

(2)夹紧装置，包括夹紧元件(见图1-60中的件5)或其组合和动力源。其作用是将工件压紧夹牢，保证工件在加工过程中受到外力作用时不发生位移，同时防止或减少振动。

(3)夹具体，夹具的基础件(见图1-60中的件4)。其作用是将夹具所有组成部分连接成一个整体，并用于与机床相关部件的连接，以确定夹具在机床中的位置。

(4)辅助装置，根据夹具特殊需要而设置的附属装置。如：配重装置(见图1-60中的件8)、对刀及导引装置(见图1-60中的件3、件7)、分度装置、上下料装置、气动或液压操纵机构等。

要组成一个夹具，一定要有定位装置、夹紧装置、夹具体。辅助装置则应根据夹具的需要来确定。

(二)通用夹具的结构及其使用

在切削加工中，常用的通用夹具包括三爪自定心卡盘、四爪单动卡盘、顶尖、心轴、花盘和角铁、中心架、跟刀架、机用平口虎钳、压板、螺栓和分度头、回转工作台等。

1. 三爪自定心卡盘

三爪自定心卡盘是车床上最常使用的夹具，其结构如图 1-61 所示。

转动小锥齿轮时，可使与之啮合的大锥齿轮转动。在大锥齿轮的背面有平面螺纹，能使三个卡爪同时向中心缩进或张开，以装夹不同直径的工件，同时实现工件中心与车床主轴中心的自动对中，对中精度为 0.05 ~ 0.15 mm。所以，三爪卡盘适用于快速装夹截面为圆形、六方形的工件，同时三爪卡盘附带有三个“反爪”，换上后可夹持直径较大的工件。

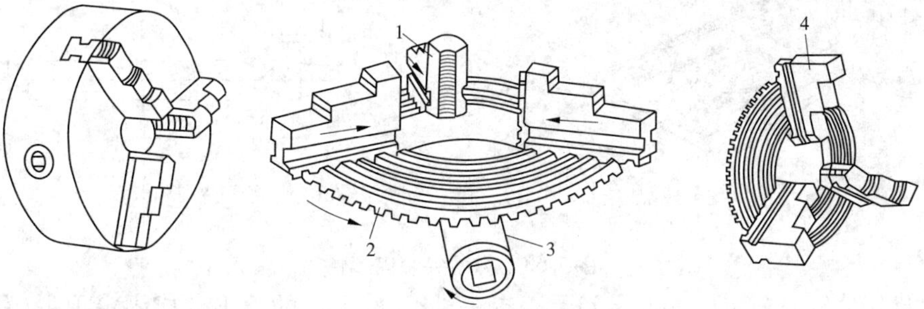

(a)外形　(b)内部结构　(c)反爪形式

1—卡爪；2—大锥齿轮；3—小锥齿轮；4—反爪

图 1-61　三爪自定心卡盘

2. 四爪单动卡盘

四爪单动卡盘的结构如图 1-62 所示。四个卡爪分别安装在卡盘体的四个径向滑槽内，通过四个调整螺杆独立移动。因此，它不但可以安装圆形截面的工件，还可以用来装夹截面为方形、椭圆形及其他不规则形状的工件，以弥补三爪自定心卡盘的不足，同时也可用于车削偏心的轴和孔。此外，四爪卡盘比三爪卡盘夹紧力大，所以也用来装夹重型的圆形截面的工件。同样可把四个卡爪各自调头安装到卡盘体上，形成“反爪”，即可安装较大尺寸的工件。

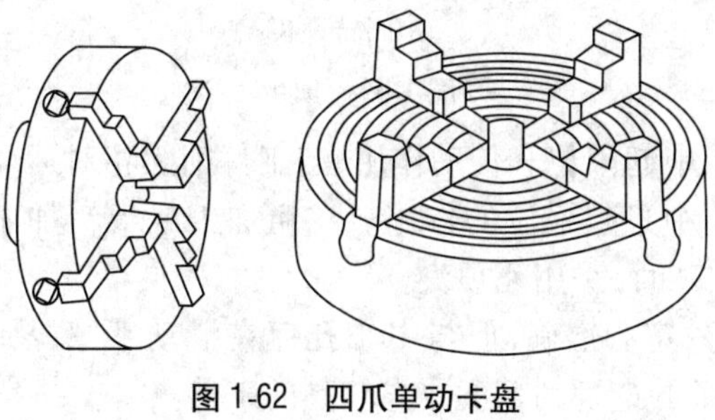

图 1-62　四爪单动卡盘

由于四个卡爪需分别调整，用四爪卡盘安装工件时，必须进行细致的找正，以使加工面的轴线对准主轴旋转中心。所以,四爪卡盘安装调整困难,但调整好后,安装精度高于三爪自定心卡盘。

3. 顶尖

在轴类加工中,尤其是工件较长或工序较多时,常使用顶尖装夹工件,如图1-63所示。

工件夹持在前、后两个顶尖上,前顶尖安装在主轴锥孔内,拨盘安装在主轴上(安装方式与三爪卡盘相同),通过卡箍和拨盘带动工件随主轴旋转,后顶尖安装在尾座上随同旋转(见图1-63(a))。也可以用一段圆形钢料车削成60°圆锥体作为前顶尖,用三爪卡盘代替拨盘,通过鸡心夹头带动工件一起旋转(见图1-63(b))。

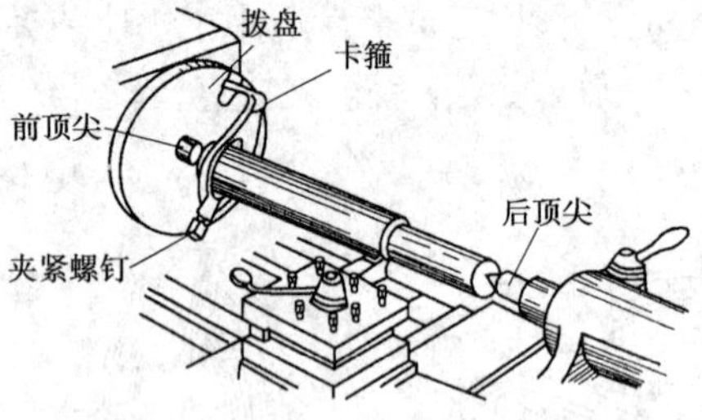

(a)借助卡箍和拨盘

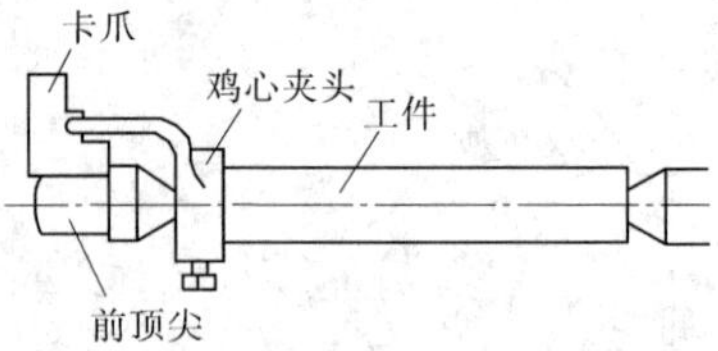

(b)借助鸡心夹头和卡盘

图1-63 用顶尖装夹工件

按照顶尖锥面与工件表面之间是否有相对运动,常用的顶尖分成固定顶尖(死顶尖,见图1-64(a)、(b)、(c))和回转顶尖(活顶尖,见图1-64(d))两类。按照顶尖拨动工件的方式,顶尖也可以分成外拨动顶尖、内拨动顶尖(反顶尖)、端面拨动顶尖三种形式,如图1-65所示。因此,使用时应根据加工的要求正确选择顶尖类型。

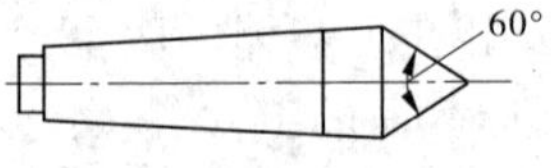

(a)普通固定顶尖

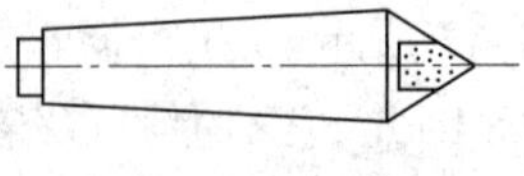
(b)硬质合金固定顶尖

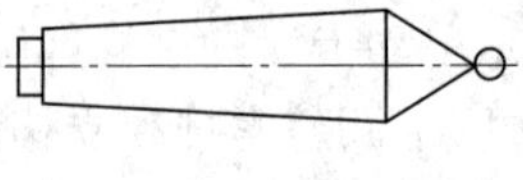
(c)球头固定顶尖

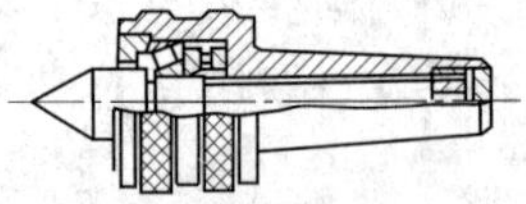
(d)回转顶尖

图1-64 顶尖

(1)前顶尖,在加工中起限位和传动作用,与工件间无相对运动,采用死顶尖。

(2)后顶尖,在加工中只起限位的作用。在粗加工或半精加工时,采用活顶尖;在精加工或轴的精度要求较高时,采用死顶尖。

(3)死顶尖,刚性好,定心准确,但与中心孔存在滑动摩擦,易发热,容易将工件的表面或顶尖烧损,只适用于低速切削精度要求较高的工件。

(4)活顶尖,内部有滚动轴承,能承受滚动摩擦,顶尖则与工件一起转动,且在高速下可正常工作,但安装精度比死顶尖低。

(5)外拨动顶尖,如图 1-65(a)所示,用于装夹套类零件;内拨动顶尖,如图 1-65(b)所示,用于装夹轴类零件。内、外拨动顶尖的圆锥角一般为 60°,其锥面上加工有淬硬的齿,能够嵌入工件,拨动工件旋转。

(6)端面拨动顶尖,端面上有拨爪,其锥柄可以直接安装在车床主轴锥孔内,以端面拨爪带动工件旋转,如图 1-65(c)所示。此时,工件仍以中心孔定位,但能快速装卡,并在一次装卡中加工出全部外表面。适用于装卡外径 50 ~ 150 mm 的工件。

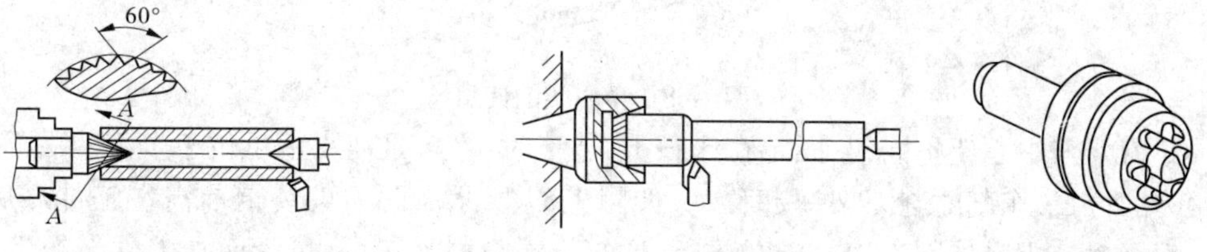

(a)外拨动顶尖　　(b)内拨动顶尖　　(c)端面拨动顶尖

图 1-65　拨动顶尖

(7)为确保安装精度,顶尖安装时必须校正,如图 1-66 所示,使各自轴线对中重合,否则车削的外圆将成锥面。

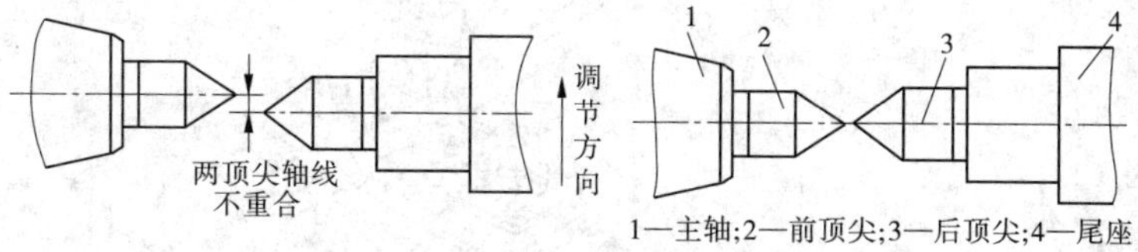

(a)　　1—主轴;2—前顶尖;3—后顶尖;4—尾座 (b)

图 1-66　顶尖的校正

4. 中心架与跟刀架

加工细长轴时,为了防止工件被车刀顶弯或防止工件振动,在工件装夹时必须使用中心架或跟刀架,以增强工件的刚性,减少工件的变形,如图 1-67 所示。

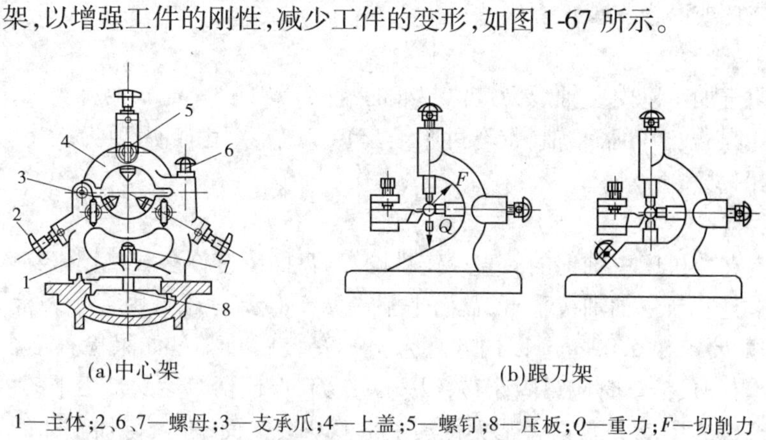

(a)中心架　　(b)跟刀架

1—主体;2、6、7—螺母;3—支承爪;4—上盖;5—螺钉;8—压板;Q—重力;F—切削力

图 1-67　中心架与跟刀架

中心架在使用时需固定在床身导轨面上。支承工件前先在工件上车出一小段光滑表面,然后调整中心架的三个支承爪与之接触,再进行分段、调头车削,如图 1-68 所示。

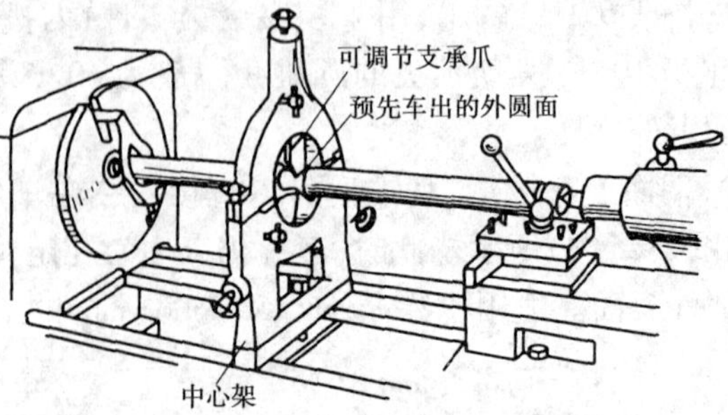

图 1-68　中心架的使用

跟刀架与中心架不同,它固定在床鞍上,装卡时,一般是使支承爪位于车刀的后面,处于跟刀的位置,车削时与刀架一起移动,如图 1-69 所示。跟刀架装卡前需在工件靠后顶尖一端车出一小段外圆,以此来调整支承爪的位置与松紧,避免过紧而在工件上产生"竹节"。跟刀架分两爪和三爪两类,一般选用三爪跟刀架。

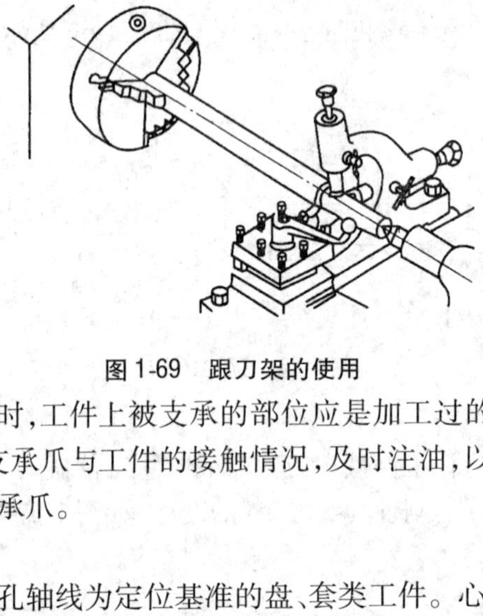

图 1-69　跟刀架的使用

应用中心架或跟刀架时,工件上被支承的部位应是加工过的表面。车削时工件的转速不能很高,要不断观察支承爪与工件的接触情况,及时注油,以免工件与支承爪之间的摩擦过热而烧坏或磨损支承爪。

5. 心轴

心轴多用于加工以内孔轴线为定位基准的盘、套类工件。心轴的种类很多,常用的有圆柱心轴、锥度心轴和可胀心轴(带有可胀锥套)。心轴采用前、后顶尖装夹,方法与轴类零件相同,如图 1-70 所示。

6. 花盘、角铁

花盘是装夹在机床主轴上的大直径铸铁圆盘,盘面上有许多长槽用来穿入压紧螺栓。花盘端面应平整并与主轴轴线垂直,盘面平整光洁。必要时还需用百分表检测花盘的端面跳动量,一般要求在 0.02 mm 以内才算合格。安装后的花盘如果检查不合要求,可对花盘端面精车一刀,精车时应紧固床鞍,以避免让刀,保证精车后的端面平整。

如图 1-71(a)所示,花盘适合装夹待加工平面与装夹面平行、待加工孔的轴线与装夹面垂直或平行的工件,以及不能用卡盘装夹或形状不规则的大型工件。

角铁在花盘上的安装,要求具有较高的平面度和垂直度,因此角铁的平面必须经过精刮。安装后,用百分表检查角铁工作平面与主轴轴线的平行度,如有超差,在角铁与花盘

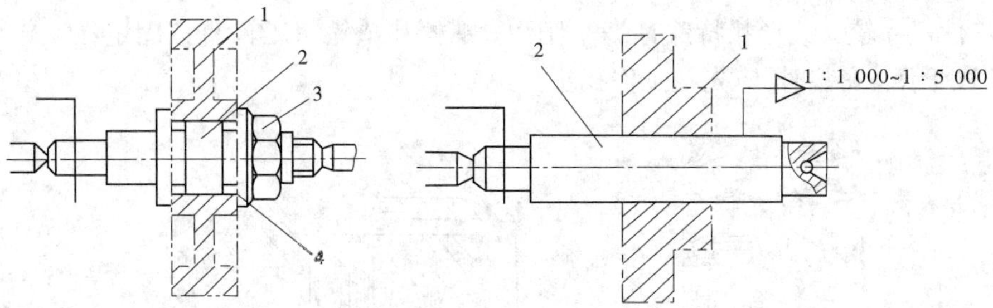

1—工件;2—心轴;3—螺母;4—垫圈

(a)圆柱心轴 (b)锥度心轴

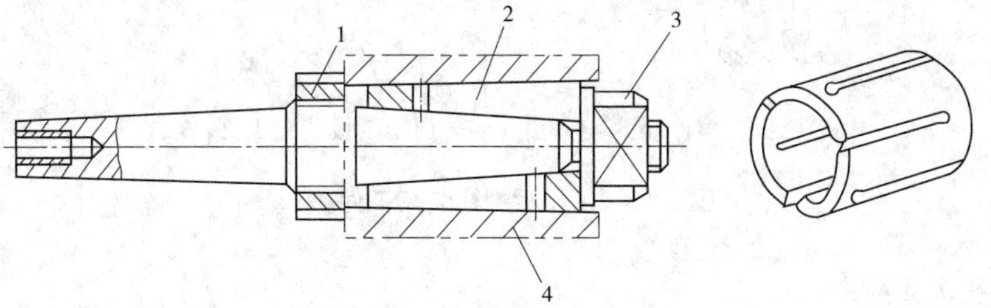

1、3—螺母;2—可胀锥套;4—工件

(c)可胀心轴

图 1-70 心轴及其装夹

接触表面间垫相应的薄铜片,将角铁找正。

如图 1-71(b)所示,角铁适合装夹外形复杂、被加工表面与基准面有垂直度要求的工件。

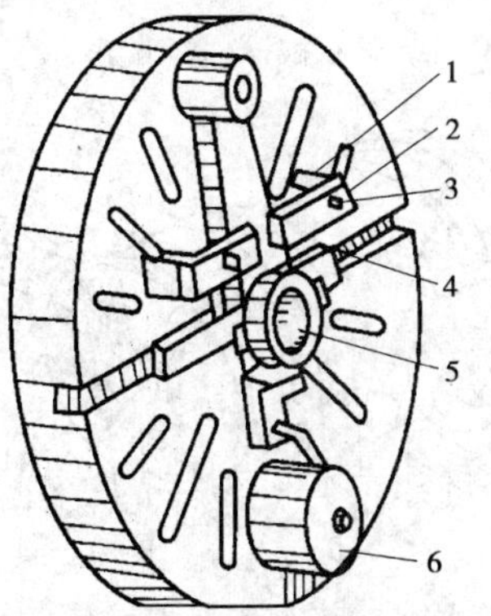

1—垫铁;2—压板;3—螺栓;

4—螺栓槽;5—工件;6—平衡铁

(a)

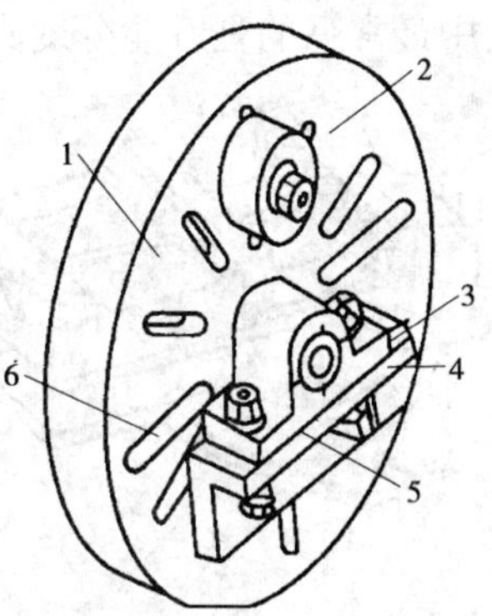

1—花盘;2—平衡铁;3—工件;

4—安装基面;5—角铁;6—螺栓槽

(b)

图 1-71 用花盘或角铁装夹工件

7. 压板、螺栓

当工件尺寸较大或形状特殊时，采用压板、螺栓和垫铁将工件直接固定在工作台上，如图 1-72 所示。安装时，应先把工件找正。

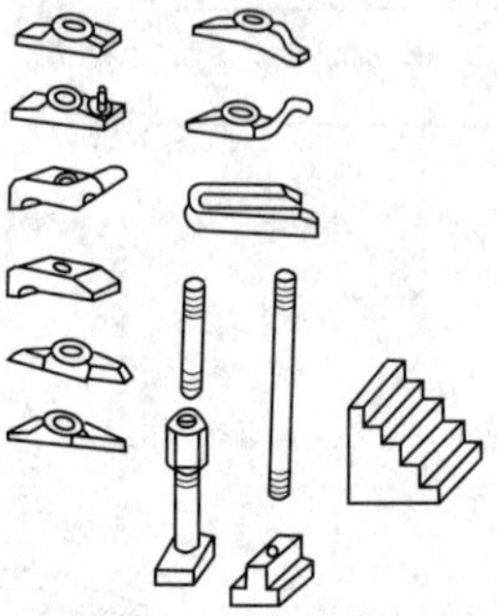

(a)压板、螺栓

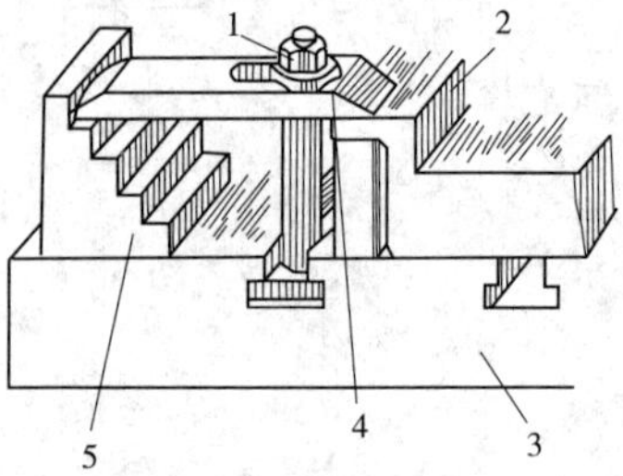

1—螺母；2—工件；3—工作台；
4—T形螺栓；5—阶梯垫铁

(b)用压板装夹工件

图 1-72 用压板螺栓装夹工件

8. 机用平口虎钳

机用平口虎钳又称平口钳，是可安装在铣、刨、磨、钻等机床的工作台上的一种通用夹具，适于装夹形状规则的小型工件。

如图 1-73 所示为平口钳的结构。使用时先把平口钳固定于工作台上，再将钳口校正，以保证固定钳口与工作台面的垂直度、平行度，然后装夹工件。

9. 分度头

在铣削加工中，铣削六方、齿轮、花键槽等工件或刻线时，要求工件每铣削一个表面后就转过一个角度，再铣削下一个表面。这种转角工作称为分度。分度头就是一种分度的装置，其中最常见的是万能分度头，如图 1-74 所示。

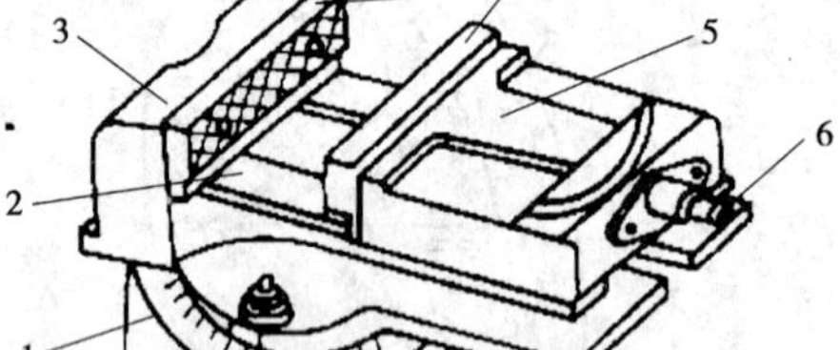

1—底座；2—钳体；3—固定钳口；4—钳口铁；
5—活动钳口；6—螺杆方头；7—刻度盘

图 1-73 平口钳

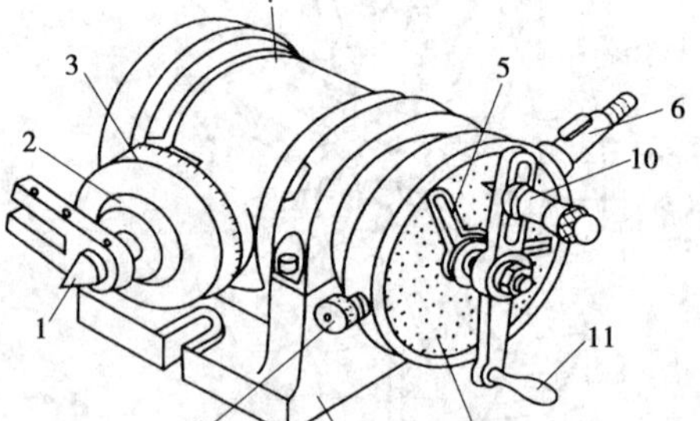

1—顶尖；2—主轴；3—刻度盘；4—壳体；5—分度叉；
6—配换齿轮轴；7—分度盘；8—底盘；9—锁紧螺钉；
10—定位销；11—分度手柄

图 1-74 万能分度头

万能分度头是铣床的重要精密附件之一，工件被装夹在万能分度头的主轴或卡盘上后，能完成分度、螺旋进给、斜面加工等任务，如图 1-75 所示。

(a)水平位置装夹

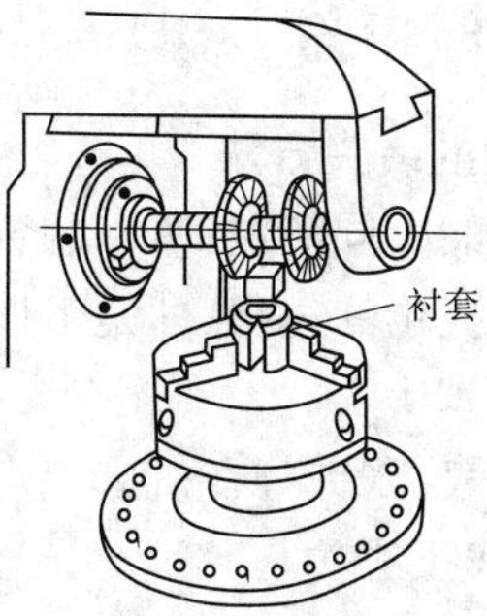

(b)垂直位置装夹

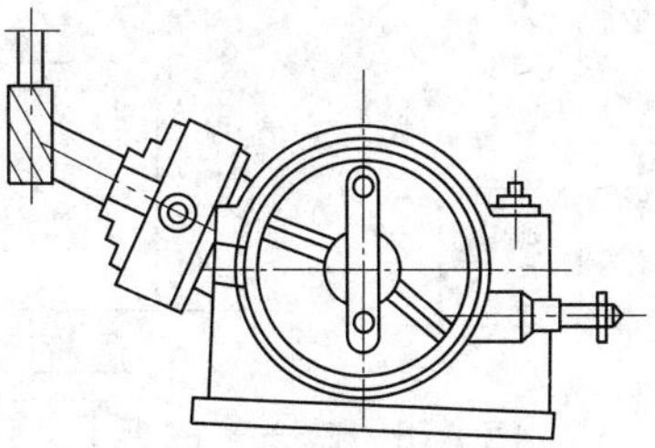

(c)倾斜位置装夹

图 1-75 分度头在不同方向上的工件装夹

10. 回转工作台

回转工作台,又称为转盘、平分盘、圆形工作台等,其外形如图 1-76 所示。

用螺栓把回转工作台安装固定在铣床的工作台上,能够方便地提供并确定工件的回转中心。当铣削圆弧槽时,工件安装在回转工作台上,铣刀旋转,用手均匀缓慢地摇动回转工作台,就能铣出工件的圆弧槽,如图 1-77 所示。

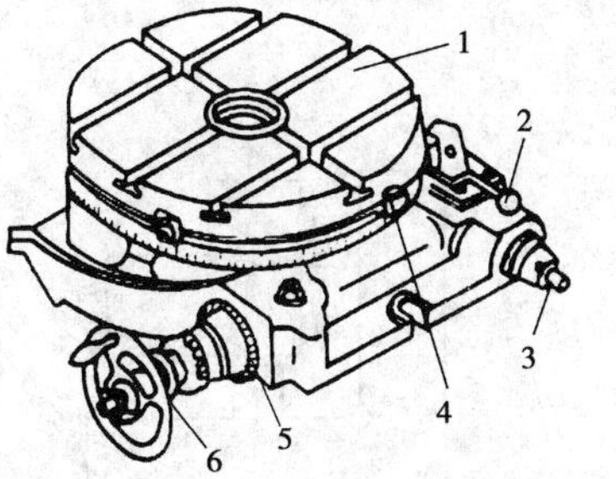

1—回转台;2—离合器手柄;3—传动轴;
4—挡铁;5—刻度盘;6—手轮

图 1-76 回转工作台

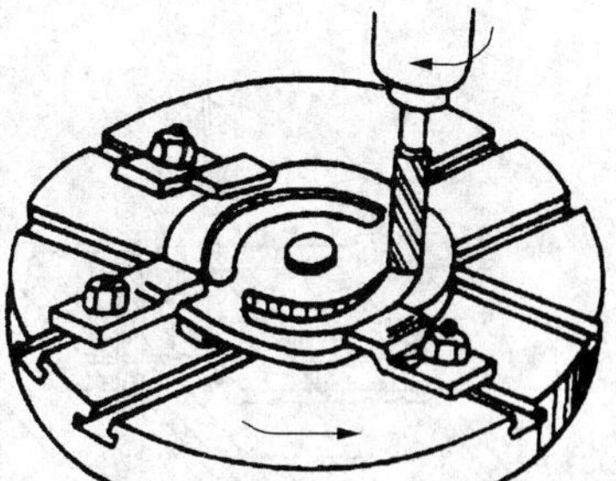

图 1-77 铣圆弧槽

三、工件的装夹

(一)常用的装夹方法

根据定位的不同特点,工件的装夹一般有直接找正装夹、划线找正装夹、夹具找正装夹三种方法。找正的过程,即是工件定位的过程。

1. 直接找正法

利用百分表、划针等在机床上直接找正工件的定位基准,使其获得正确位置的定位方法,称为直接找正法。

如图 1-78 所示,此法的定位精度和操作效率取决于使用的量具以及操作者的技术水平,比较费时,多用于单件、小批量生产或要求位置精度特别高的工件。

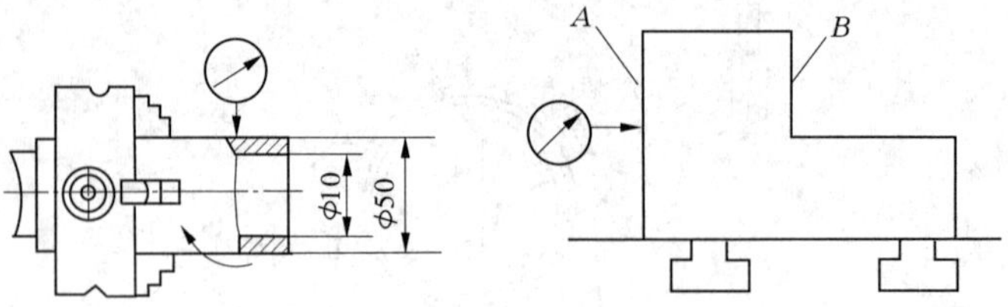

图 1-78　直接找正法

2. 划线找正法

按用划针在毛坯或半成品上待加工表面上所刻的划线作为定位基准找正工件,获得正确位置的方法,称为划线找正法,如图 1-79 所示。

该法受划线精度的限制,定位精度、效率都不高,主要用于批量较小、毛坯精度较低及大型零件等不便使用夹具的粗加工。

3. 夹具找正法

利用夹具的定位元件使工件获得正确的位置并夹紧的方法,称为夹具找正法。如图 1-80所示。该法定位准确可靠,大多无须找正,装夹效率高,精度较高,广泛用于批量生产。

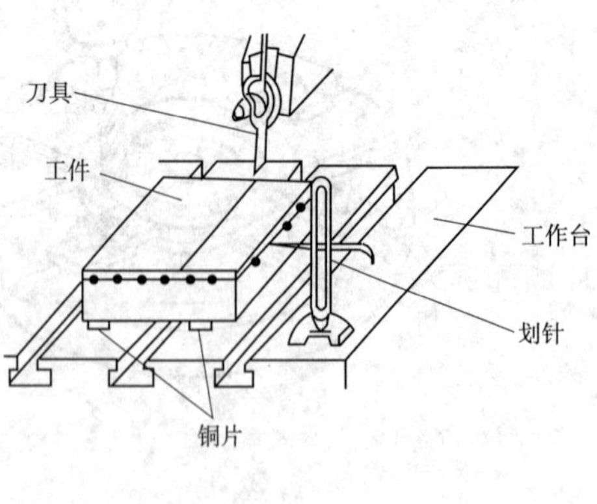

图 1-79　划线找正法

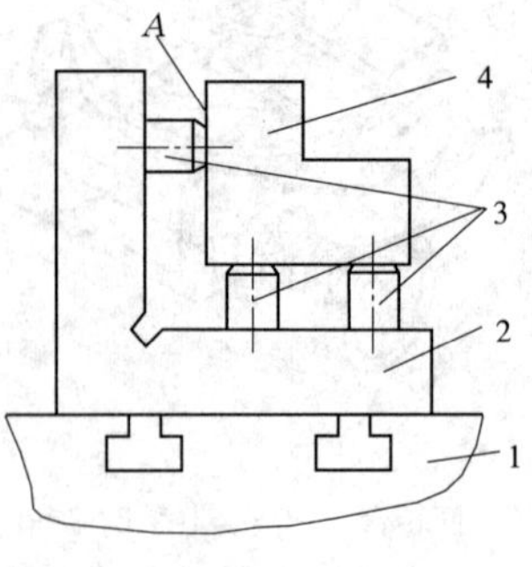

1—机床工作台;2—夹具体;
3—支承钉;4—工件

图 1-80　夹具找正法

(二)车床上工件的装夹

工件在车床上的装夹,主要使用卡盘、顶尖、心轴、花盘等夹具,采用“单夹”、“一夹一顶”、“两顶尖”、“花盘弯板”等方式。

1. 三爪自定心卡盘装夹工件

三爪自定心卡盘,其三爪能自动定心,装夹和校正工件简捷、迅速,但定心精度不太高,一般为0.05~0.15 mm;夹紧力太小,不能装夹大型零件和不规则零件。三爪自定心卡盘的装夹方式多样,如图1-81(a)、(b)、(c)所示。若工件的装夹部位为精加工表面,应包一层铜皮,以免夹伤工件表面。

2. 四爪单动卡盘装夹工件

用四爪卡盘装夹工件,如图1-81(d)所示。

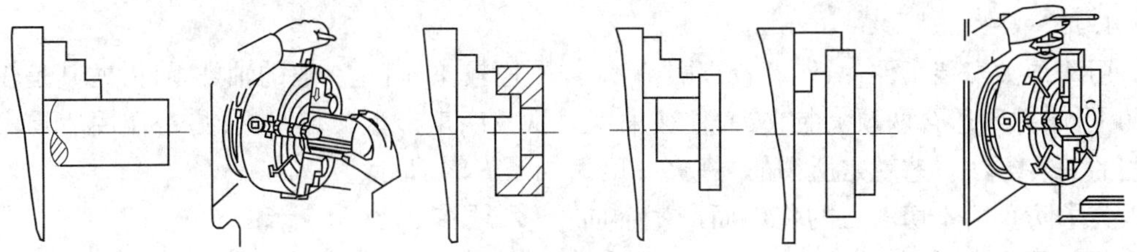

(a)正爪装夹工件 (b)正爪装夹,轴向定位 (c)反爪装夹 (d)正反爪混用安装工件

图1-81 卡盘装夹工件

与三爪卡盘装夹的最大区别是,四爪长盘的四爪不同步,不能自动定心,需要仔细地找正工件。在四爪卡盘上找正工件的方法有两种:一种是用划针盘找正,另一种是用百分表找正。

(1)用划针盘找正,如图1-82(a)所示,按工件内外表面或预先划出的加工线找正工件,定位精度在0.2~0.5 mm。

(2)用百分表找正,如图1-82(b)所示,按工件的精加工表面找正工件,能达到0.01~0.02 mm的定位精度。

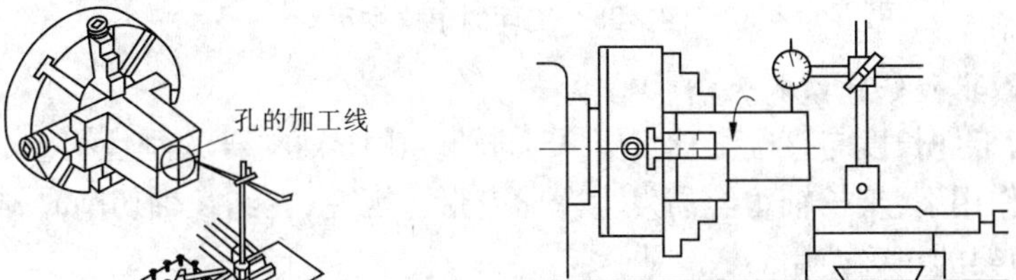

(a)用划针盘找正 (b)用百分表找正

图1-82 四爪卡盘上工件的找正

3. 用“两顶尖”装夹工件

对于较长或工序较多的轴类工件,常使用两顶尖装夹。用两顶尖装夹工件时不需找正,安装精度高,有很好的重复安装精度。但工件装夹前,须先在端面上加工出中心孔。

用两顶尖安装工件的基本方法,如图1-83所示。如果后顶尖采用的是死顶尖,装夹前应在对应的中心孔内加黄油,以减小中心孔与顶尖间的滑动摩擦。

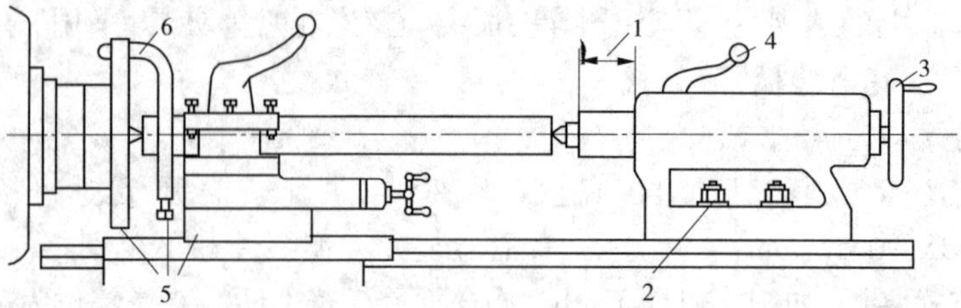

1—调整套筒伸出长度;2—将位置固定;3—调整顶尖与工件的松紧;4—锁紧套筒;
5—刀架移至工件左端,用手转动拨盘,查看是否会发生碰撞;6—拧紧卡箍

图 1-83　用两顶尖安装轴类零件

4. 用"一夹一顶"装夹工件

用两顶尖安装工件,虽然有较高的精度,但刚性较差,因此一般的轴类零件,尤其是较重的工件,并不适合两顶尖装夹,而往往采用三爪或四爪卡盘夹住一端,另一端用后顶尖顶住的安装方法。这就是所谓的"一夹一顶",如图 1-84 所示。

为了防止由于切削力的作用而产生轴向位移,须在卡盘内装一限位支承,如图 1-85(a)所示。或利用工件的台阶作限位支承,如图 1-85(b)所示,这样就能承受较大的轴向切削力,使工件装夹安全可靠。选择顶尖时,一般情况下采用活顶尖,而当工件低速旋转,或加工精度要求较高的工件时,可采用死顶尖,如磨削加工轴类工件。

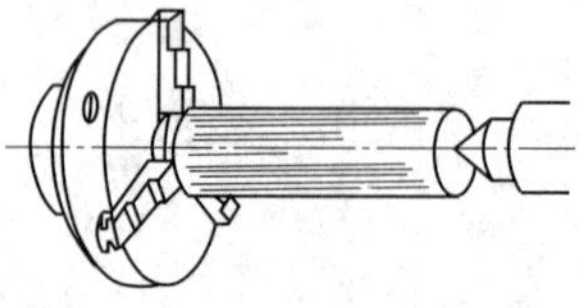

图 1-84　用卡盘和顶尖装夹工件

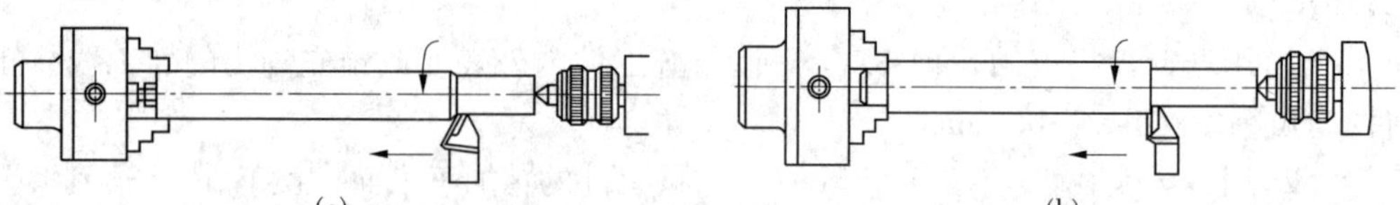

(a)　(b)

图 1-85　工件的限位支承

5. 中心架、跟刀架辅助装夹细长轴工件

细长轴指工件长度与直径之比大于 25 的轴。由于轴本身的刚性很差,在切削力、重力、切削热的作用下,细长轴很容易发生弯曲变形。因此,在细长轴切削时,必须重点保证中心架和跟刀架的正确使用。

1)中心架的搭设

利用中心架,主要是为了增强工件的刚性。加工的内容不同,中心架的搭设方式和要求也不一样。加工外圆时,采用直接支承或用过渡套筒支承的方式搭设;加工轴的端面或轴端的内孔时,采用一端夹持一端搭设中心架的方式,如图 1-86 所示。但无论采用哪种方式搭设中心架后,都必须校正尾座。

(1)中心架直接支承车外圆,如图 1-86(a)所示。在这种方式下,必须在毛坯中部车出一段精度较高的沟槽,为中心架的支承爪所用。车削时支承爪与工件的接触部位应经

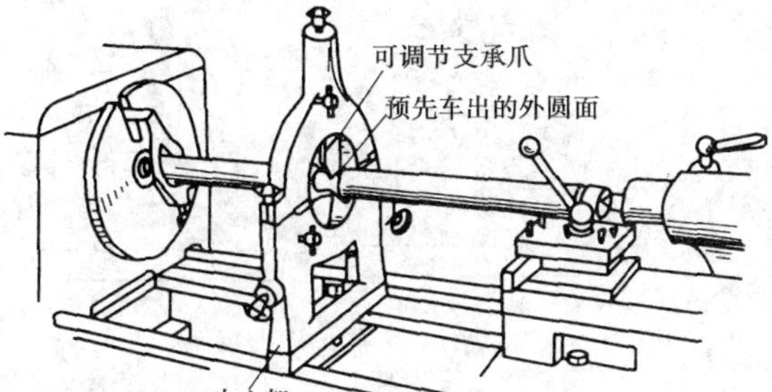

(a) 中心架直接支承车外圆

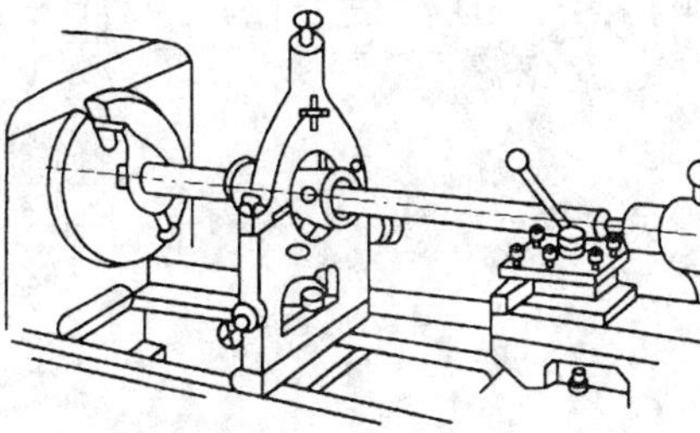

(b) 用过渡套筒支承车细长轴

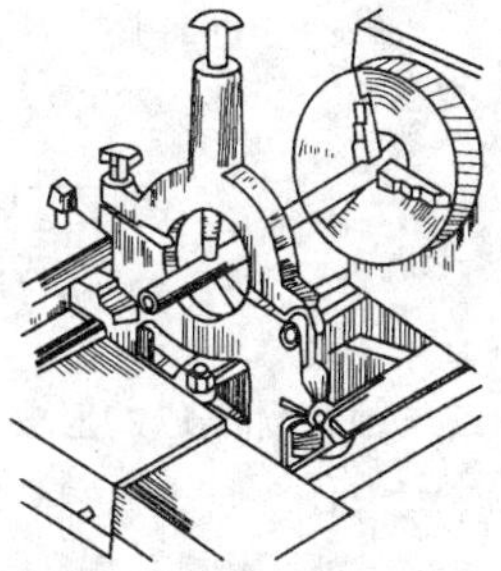

(c) 用中心架支承车端面

图 1-86　中心架的搭设

常加油润滑，或用研磨剂对沟槽研磨，使之与爪抱合。

(2) 用过渡套筒支承车细长轴，如图 1-86(b) 所示。当车削中心架的支承沟槽困难时，可加用过渡套筒，使支承爪与套筒的外表面接触。套筒两端各装有四个螺钉，将工件毛坯夹住。调整套筒外圆轴线与主轴轴线重合后，即可车削。

(3) 用中心架支承车端面，如图 1-86(c) 所示。在这种方式下，校正工件是关键，工件的轴线必须与主轴轴线重合。若偏斜严重，工件会产生扭动。

(4) 尾座的校正，如图 1-87 所示。在工件两端各车削一段相同直径的外圆(留足加工余量)，用两块百分表找正尾座中心。找正前，应检查刀具有无严重磨损、支承爪是否支偏。

2) 跟刀架的选用与调整

使用跟刀架的主要作用是通过跟随车刀以抵消径向的切削力，提升工件的安装刚性，防止弯曲变形。跟刀架的形式及支承爪与工件的接触调整，会严重影响到加工质量。

(1) 跟刀架有两爪和三爪之分，如图 1-88 所示。两爪跟刀架不能抵消重力对细长轴的挠度的影响，车削时工件会因重力的作用而瞬时脱离、瞬时接触支承爪，从而产生振动。选用三爪跟刀架，能将工件支承在支承爪和刀尖之中，使其上下、左右均不能移动，这样车削会变得稳定，不易产生振动。所以，选用三爪跟刀架是车削细长轴的一项重要工艺措施。

(2) 支承爪在跟随刀具移动的过程中，工件的安装刚性会下降。支承爪与工件间的接触压力若过小，不能起到增强刚性的作用；若过大，会使车刀在切削过程中周而复始地发生“过切”与“让刀”，把细长轴车削成“竹节”形状，对加工精度造成影响，如图 1-89 所示。

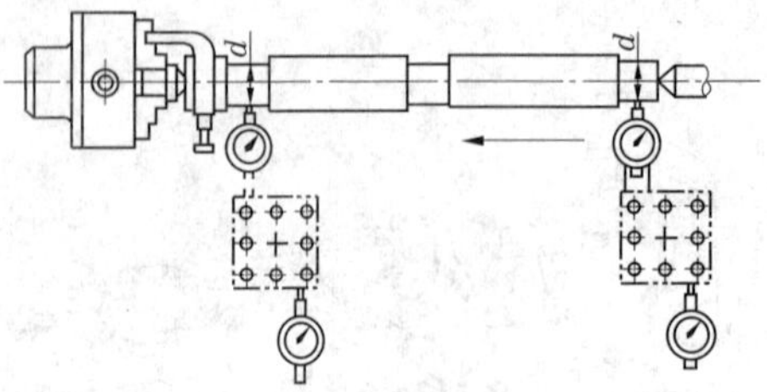

图 1-87　用百分表校正尾座中心

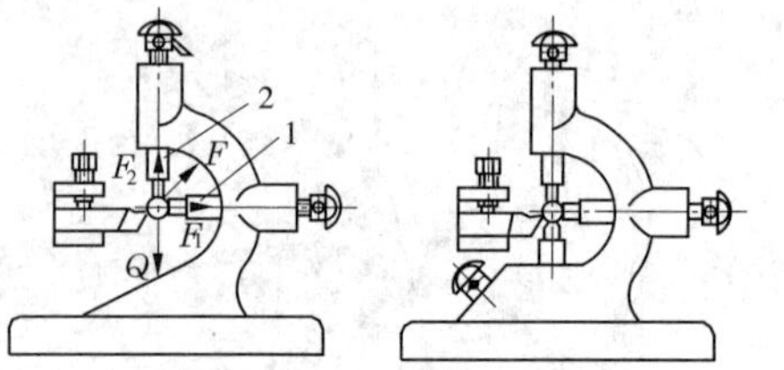

1,2—支承爪；
F—切削力；Q—重力
(a)两爪跟刀架　(b)三爪跟刀架

图 1-88　跟刀架的选用

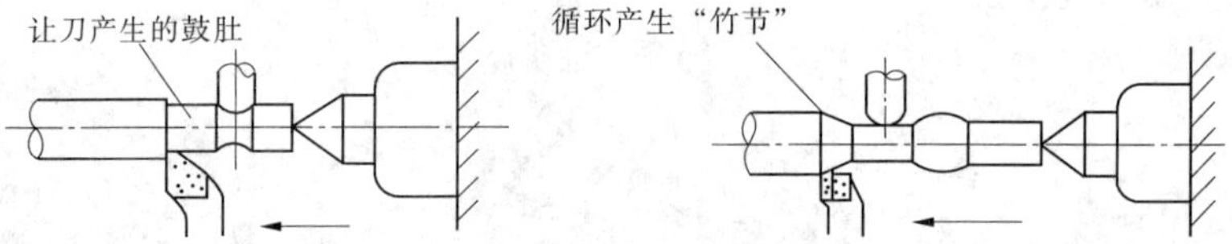

图 1-89　车细长轴时“竹节”的形成过程

(3)跟刀架支承爪的调整：跟刀架装卡时，一般是使支承爪位于车刀的后面 10 mm 处，处于跟刀的位置；综合运用手感、目测、耳听等方法，调整支承爪，使之与工件外圆轻轻地接触，保持两者间合理的间隙，使轴可以自由转动。

6. 用心轴装夹

盘、套类工件的外圆和端面对内孔常有同轴度和垂直度的要求。如果这些表面无法在卡盘的一次装夹中与孔同时精加工，则需要在其精加工的二次装夹中以孔定位，因此需要使用心轴进行装夹。应该注意的是，采用心轴装夹工件，作为定位基面的孔，其精度不应低于 IT8，表面粗糙度值不应大于 1.6 μm，否则工件在心轴上无法准确定位。

在图 1-70 中显示的各类心轴的结构特点有所不同，这就造成它们在装夹时紧固方式的差异，从而形成各自的工艺特点。

(1)圆柱心轴，采用螺母锁紧，其夹紧力大，如图 1-70(a)所示。但由于孔与心轴之间有一定的配合间隙，所以对中性较差，适用于工件的长度小于孔径的盘类工件。在圆柱心轴上，可一次装夹多个工件，实现多件加工。

(2)锥度心轴，工件压入后，靠摩擦力与心轴紧固，如图 1-70(b)所示。锥度心轴对中准确，装卸方便，但切削力靠摩擦力传递，不能承受过大的扭矩，所以背吃刀量不宜太大，主要适用于单个工件的精加工。

(3)可胀心轴，工件装夹在可胀锥套上，如图 1-70(c)所示。利用锥套沿锥套心轴的轴向移动使其胀开，撑住工件内孔。

7. 用花盘、角铁装夹工件

在车削中常遇到一些外形较为复杂、形状不规则、加工难度大、加工精度较高的畸形奇特工件，此时需用花盘、角铁装夹，如图 1-71 所示。

在花盘上装夹工件的要求有以下几点：

(1)压板或角铁要有一定的刚度，用于贴放工件的平面应平整。

(2)装夹工件时需仔细找正，选择适当的部位放置压板或角铁，以防止工件变形。

(3)为减少质量偏心引起的振动,需要加平衡铁进行平衡,以减小旋转时的摆动。

(4)在花盘、角铁上加工工件时,机床的转速不宜太高,避免造成螺钉松动,工件飞出。

(5)工件装夹后,一定要认真检查花盘上所有压板、角铁与螺钉的紧固情况,然后将床鞍移动至车削工件的最终位置,用手转动花盘,检查工件、附件是否与小拖板前端及刀架碰撞。

(三)铣床上工件的装夹

铣床上,一般工件大多是采用平口虎钳、压板、螺栓、分度头、回转工作台等通用夹具进行装夹,以加工其上的平面、阶台、沟槽、成形面等常见表面。

当然,不同类型的工件对附件和装夹方式的选择会有所不同,其具体的工艺内容将在后面章节中详述。

四、定位误差

(一)定位误差

工件装夹过程中,六点定位原理虽然解决了工件自由度的限制问题,即工件在夹具中位置的“定与不定”问题,但工件位置定得“准与不准”的问题,却是由装夹时工件实际占据的位置所决定的,确切地说,是由工件装夹时加工尺寸的工序设计基准在加工方向上的位置不确定引起的。而影响工件工序设计基准位置变化的因素,一是定位基准与工序设计基准不重合,二是定位基准与限位基准不重合,进而在加工尺寸方向上形成加工误差。为此,工件在装夹时因定位不准确造成的零件加工误差称为定位误差,用符号 Δ_D 表示,它包括基准不重合误差和基准位移误差。

(1)基准不重合误差。由于定位基准与工序设计基准不重合而造成的零件加工误差,称为基准不重合误差,用符号 Δ_B 表示。

(2)基准位移误差。由于定位副的制造公差和配合间隙的影响,造成定位基准与定位元件的限位基准不重合,从而使定位基准相对于限位基准存在一个变动范围而导致的零件加工误差,称为基准位移误差,用符号 Δ_Y 表示。

(二)定位误差的计算

1. 基准不重合误差

如图1-90所示,零件按 A 和 B 两尺寸加工缺口,分别以面 E 和底面定位。加工尺寸 B 时,它的工序设计基准和定位基准都是底面,在一批工件的加工过程中,底面位置是不变的,因而尺寸 B 也是不变的。加工尺寸 A 时,它的工序设计基准是面 F,一旦面 F 与尺寸 A 的定位基准面 E 之间的尺寸 S 发生变动,势必会引起面 F 位置的变动,使尺寸 A 大小不一,造成误差。这就是基准不重合误差 Δ_B。

显然,面 F 的变动范围等于两基准之间的联系尺寸 S 的公差 δ_S。由此我们得出结论:基准不重合误差等于基准联系尺寸的公差,即 $\Delta_B = A_{max} - A_{min} = \delta_S$。

如果工序设计基准的变动方向与加工尺寸方向不一致,基准不重合误差等于工序设计基准变动范围在加工方向上的投影,即 $\Delta_B = \delta_S \cos\alpha$。式中,$\alpha$ 为工序设计基准的变动方向与加工尺寸方向间的夹角。

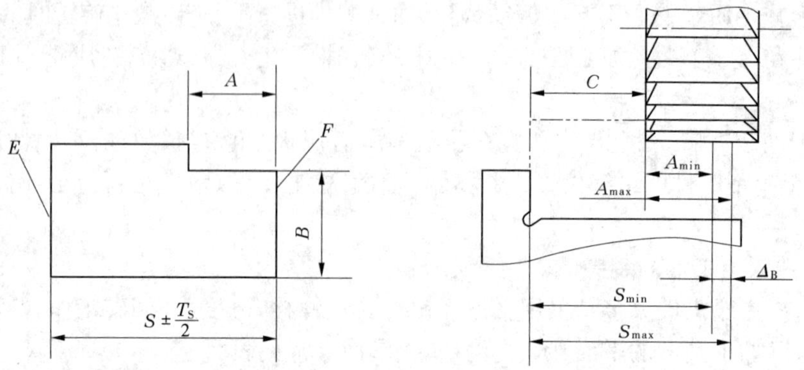

图 1-90　基准不重合误差

2. 基准位移误差

如图 1-91 所示,以工件内孔 D 在圆柱心轴上定位,在外圆柱面上加工槽,加工尺寸为 A 和 B。图中 O 是心轴轴线,O_1 和 O_2 是工件孔的轴线。

尺寸 A 的工序设计基准是内孔的轴线,定位基准也是内孔的轴线,两者重合,因此 $\Delta_B=0$。

尺寸 A 的定位副是工件内孔面(定位基面)与心轴圆柱面(限位基面),定位基准是内孔轴线,限位基准是心轴轴线。由于定位副存在配合间隙以及定位副的制造公差,定位基准与限位基准并不重合,使得定位基准相对于限位基准有了一个变动范围,造成尺寸 A 的误差。这就是基准位移误差 Δ_Y。

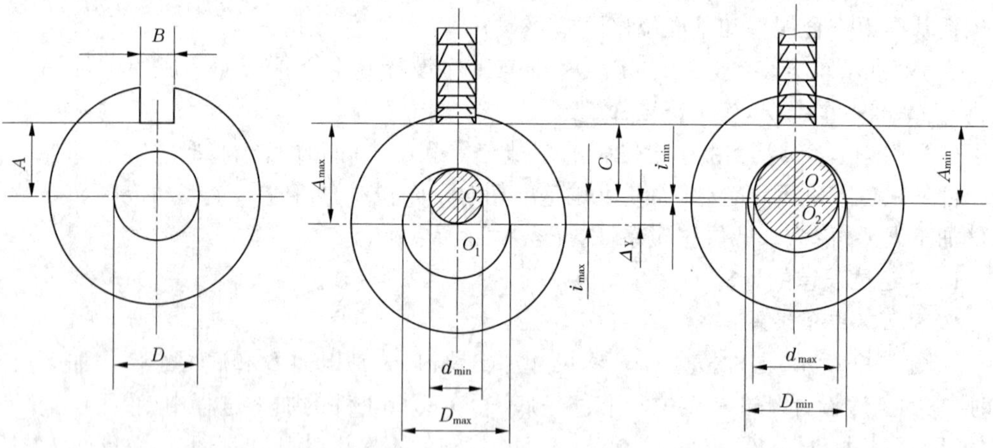

图 1-91　基准位移误差

基准位移误差等于定位基准的变动范围,即:$\Delta_Y=OO_1-OO_2$。式中,OO_1 为定位副最大间隙,$OO_1=\frac{D_{max}-d_{min}}{2}$;$OO_2$ 为定位副最小间隙,$OO_2=\frac{D_{min}-d_{max}}{2}$。所以,

$$\Delta_Y=\frac{D_{max}-d_{min}}{2}-\frac{D_{min}-d_{max}}{2}=\frac{(D_{max}-D_{min})+(d_{max}-d_{min})}{2}=\frac{\delta_D}{2}+\frac{\delta_d}{2}$$

上式表明,基准位移误差是由定位副的制造公差 δ_D 和 δ_d 决定的。

与基准不重合误差一样，当定位基准的变动方向与加工尺寸方向不一致时，基准位移误差等于定位基准的变动范围在加工尺寸方向上的投影。即

$$\Delta_Y = \left(\frac{\delta_D}{2} + \frac{\delta_d}{2}\right)\cos\alpha$$

式中　α——定位基准的变动方向与加工尺寸方向间的夹角。

3. 定位误差的合成

定位误差是由基准不重合误差和基准位移误差组合而成的。计算时，先分别计算出 Δ_B 和 Δ_Y，再按下列不同情况得到定位误差 Δ_D。

(1) 当 $\Delta_B = 0, \Delta_Y \neq 0$ 时，$\Delta_D = \Delta_Y$；

(2) 当 $\Delta_B \neq 0, \Delta_Y = 0$ 时，$\Delta_D = \Delta_B$；

(3) 当 $\Delta_B \neq 0, \Delta_Y \neq 0$ 时，两者的合成需要看工序设计基准是否在定位基面上：①工序设计基准不在定位基面上，则 $\Delta_D = \Delta_B + \Delta_Y$；②工序设计基准在定位基面上，则 $\Delta_D = \Delta_B - \Delta_Y$。

"+"或"-"的确定可按以下原则判断：当由基准不重合和基准位移分别引起的加工尺寸变化同向（同增或同减）时，取"+"号；而当引起的加工尺寸变化反向时，取"-"号。

4. 定位误差计算实例

在图 1-92 中，将工件外圆面 $\phi100_{-0.035}^{0}$ mm 在 90°V 形块上定位，加工内孔 $\phi40_{0}^{+0.025}$ mm，要求其偏心距为 (4 ± 0.03) mm。问该定位方法能否满足加工要求？

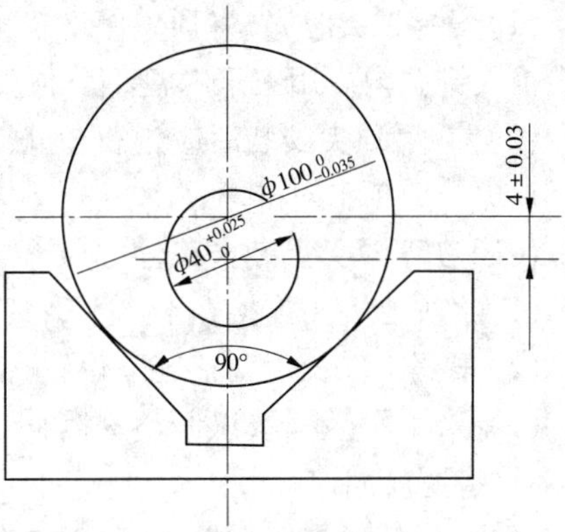

图 1-92　V 形块定位

解：(1) 判断。偏心距的工序设计基准为外圆面 $\phi100_{-0.035}^{0}$ mm 的轴线，该工件的定位基面是外圆面 $\phi100_{-0.035}^{0}$ mm，定位基准是其轴线，基准重合，$\Delta_B = 0$。

在不考虑 V 形块制造和安装误差的前提下，限位基准是 V 形块对称平面上 $\phi100$ mm 圆柱面的轴线，这与定位基面的轴线并不重合，所以 $\Delta_Y \neq 0$，且 $\Delta_D = \Delta_Y$。

(2) 计算。Δ_Y = 定位基准相对于限位基准在加工尺寸方向上的最大变动范围；定位副位于 V 形面上，与偏心距的尺寸方向成 45°夹角。定位基准在垂直于 V 形面的半径方向上，相对于限位基准的最大变动范围为 $\frac{100-(100-0.035)}{2} = \frac{0.035}{2}$ (mm)。

因此，$\Delta_Y = \frac{0.035}{2\sin45^\circ} = 0.025$ (mm)，同时定位误差 $\Delta_D = 0.025$ mm。

(3) 结论。定位误差值 0.025 mm 接近内孔偏心距公差 0.06 mm 的 $\frac{1}{3}$，能满足偏心孔位置精度要求。

【任务实施】

用两顶尖装夹如图 1-37 所示工件的方法与操作步骤。

一、准备工作

(1)工件材料:一段直径 60 mm、长 251 mm 的 45 钢热轧棒料。

(2)设备:CA6140 车床,中心架,固定顶尖、回转顶尖,三爪卡盘带鸡心夹头。

(3)刀具:YT15 硬质合金 45°弯头车刀,中心钻头及钻夹头。

(4)量具:钢直尺。

二、操作步骤

(一)车平端面,钻出中心孔

(1)由于工件毛坯的直径大于主轴内孔直径,故采用一端用三爪卡盘夹持、另一端搭中心架的方法装夹工件。工件前端的伸出长度大约 10 mm,用 45°弯头车刀将端面车平。

(2)在尾座套筒内推入装有中心钻头的钻夹头,按要求钻出中心孔。

(3)将工件卸下,调头安装。

(4)重复步骤(1)、(2)的操作,截取工件总长 250 mm,并将端面车平后,钻出中心孔。

(二)安装、校正顶尖

(1)安装顶尖时,先将顶尖尾部锥面、主轴内锥孔和尾座套筒锥孔擦净,然后用力将顶尖推入锥孔内。用三爪卡盘将前顶尖夹住。

(2)前、后顶尖安装后应进行校正。校正时,用尾座的调整螺钉调整尾座横向位置,使后顶尖与前顶尖对准。

(三)在两顶尖上装卡工件

(1)将鸡心夹头连接在卡盘上,将工件的左端抱住后,用手稍微拧紧夹头螺钉。

(2)根据工件长短调整尾座位置,使刀架能够移动至车削行程的最右端。

(3)摇动尾座手轮,以调整套筒伸出的长度,尽量使其伸出最短,当后顶尖刚进入中心孔时,将尾座固定。

(4)轻轻摇动尾座手轮,调节工件在顶尖间的松紧。此时可启动主轴,使工件低速缓慢转动。微调手轮,使两顶尖与中心孔的配合松紧适当,工件能自由旋转又不能轴向移动,然后锁紧尾座套筒。

(5)将刀架移至车削行程的最左端,用手转动卡盘及夹头,检查是否与刀架发生碰撞。

(6)拧紧夹头螺钉。

三、定位误差分析

(一)工件的基准

该工件的工序设计基准为工件的轴线。在两顶尖装夹下,定位基面为左右两端面上的中心孔锥面,因而定位基准为两中心孔的共同轴线;限位基面是两顶尖的锥面,限位基准是两锥面的共同轴线。

(二)误差判断

在两顶尖装夹下,两中心孔的共同轴线即为被加工工件的轴线,定位基准与工序设计基准重合，$\Delta_B=0$。

在工件装夹前，如果前后顶尖得到过准确的校正，那么限位基准则与定位基准重合，$\Delta_Y=0$；否则，后顶尖歪斜，限位基准就不与定位基准重合，$\Delta_Y\neq0$。

(三)结论

用两顶尖装夹工件，在前后顶尖安装后精确校正的前提下，工件的定位误差 $\Delta_D=0$。因此，用两顶尖装夹是一种定位精度很高的方式，常用在形位精度要求高的工件加工中。

【思考与习题】

1. 什么叫基准？基准包括哪些内容？
2. 什么是粗基准、精基准？定位基准应根据什么原则来选择？
3. 工件的定位方式有哪些？各举一例说明其对工件自由度的限制情况。
4. 试述卡盘、顶尖、心轴、V 形块在装夹轴类零件时各自的定位副与基准情况。
5. 试分析“单夹”、“一夹一顶”方式下工件的定位误差。
6. 车削如图 1-93 所示衬套，如用 $\phi36^{+0.025}_{0}$ mm 圆柱心轴定位，求定位误差。该心轴能否保证工件的加工精度？

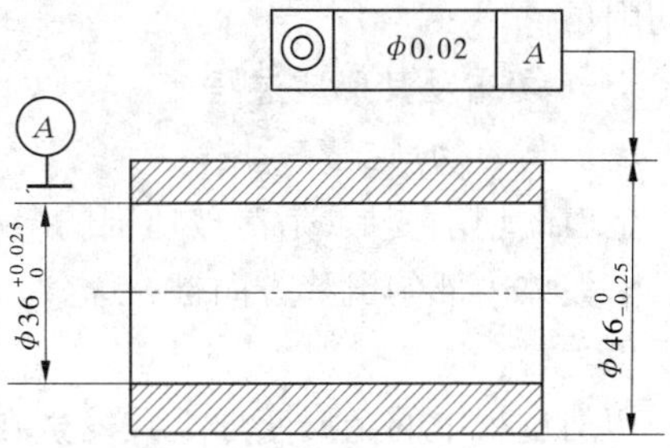

图 1-93　衬套加工

单元五　切削原理

【学习目标与任务】

学习目标：

1. 掌握各切削变形区中主要切削现象的成因及其影响因素。
2. 掌握切削合力的来源以及各分力对工艺系统的主要影响。
3. 掌握切削用量、刀具角度对切削力、切削温度的影响规律。
4. 掌握各类刀具磨损的形式、条件和原因。
5. 掌握刀具的各个几何参数在切削中的功用。
6. 能够根据加工要求合理选择刀具和切削用量。

学习任务：切削条件的合理选择。

【任务引入】

加工如图 1-94 所示光轴工件。工件材料选用 45 钢棒料，毛坯料的直径为 $\phi60$ mm。粗车外圆至 $\phi52$ mm，$R_a6.3$ μm；半精车外圆至 $\phi50$ mm，$R_a3.2$ μm。在 CA6140 车床上加工，选择该工件粗车和精车时的刀具材料、刀具几何参数和切削用量。

图 1-94　光轴

【知识指引】

一、金属的切削过程

金属的切削过程实质是被切削金属层经受挤压发生滑移变形的过程。在这个过程中,会伴有金属变形、切削热、刀具磨损等物理现象,也会给生产过程带来诸如积屑瘤、鳞刺、振动、卷屑与断屑等问题。

随着难加工材料的应用越来越多,对加工质量的要求不断提高,自动化加工方式日益广泛,要求我们必须对金属的切削过程有足够的了解,这样才能在生产实际中定出更合理的切削条件。

(一)切屑及其形成过程

1. 金属的切削变形

金属的切削变形,是指被切削的金属层受到刀具的挤压后,产生弹性变形、塑性变形,最后沿晶体内部的滑移方向被挤裂、分离,形成切屑,并造成已加工表面纤维化、加工硬化的现象。

切削过程中的金属变形大致发生在三个区域内,如图 1-95(a)所示。

(1)第Ⅰ变形区,靠近切削刃处,是被切削金属层从开始发生剪切的滑移线到剪切滑移结束线之间的区域。高速切削时,该区域较窄,只有 0.02 ~ 0.2 mm 的宽度,所以可用一个平面,即剪切面表示,该面与刀具切削速度间的夹角称为剪切角 φ。对于室温下体心立方的钢铁材料,最大剪切角 φ 为 45°,如图 1-95(b)所示。

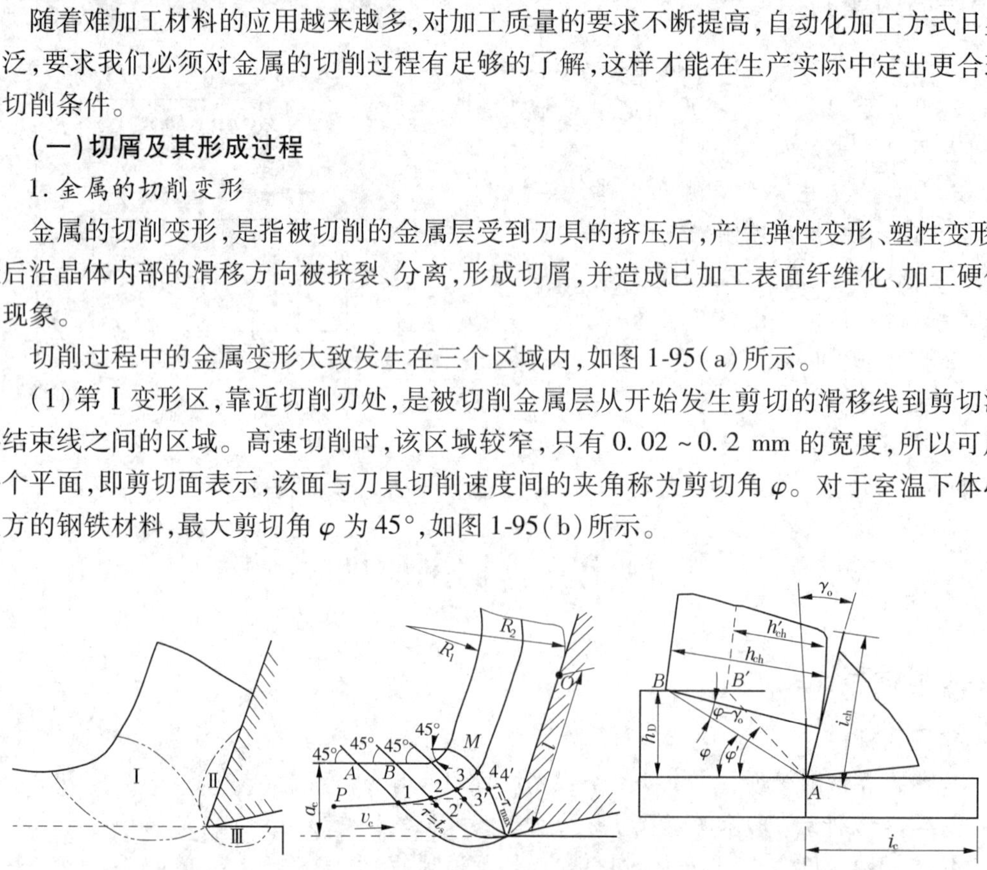

(a)切削变形区　　(b)第Ⅰ变形区的金属滑移　　(c)切屑的收缩

图 1-95　切屑形成过程及切削变形区

第Ⅰ变形区作为切削变形的基本变形区,也是切屑形成的区域。该区是由剪切滑移引起的切削变形,不仅是切削力和切削热的主要来源,而且切屑受剪切变形、刀面摩擦的作用,其外观尺寸会发生收缩,即厚度增加、长度缩短,如图 1-95(c)所示。

切削变形的大小,可用剪切角来描述。按最大剪应力的理论,钢铁材料切削变形时的剪切角 φ 符合:$\varphi=45°+\gamma_o-\beta$。式中,$\gamma_o$ 为刀具前角,β 为前刀面上的平均摩擦角。

从上式可以看到,增大刀具前角 γ_o 或减小工件与前刀面间的摩擦角 β,均能使剪切角 φ 增大,切削变形减小。这一重要规律现在已被普遍应用于生产实践中。

(2)第Ⅱ变形区,位于与前刀面发生摩擦的切屑底层。

第Ⅱ变形区中的变形是切屑形成后在前刀面的推挤和摩擦力作用下的进一步塑性变形。它对于切削力、切削热、积屑瘤的形成，刀具的磨损以及断屑有着直接的影响。

该区的变形程度受切屑与前刀面间的外摩擦以及切屑的内摩擦的影响。降低工件材料的屈服强度 τ_s（塑性）、减小切削层参数都能减小切屑的变形，可以减小该区的变形。

(3)第Ⅲ变形区，是指靠近切削刃，与后刀面和副后刀面发生摩擦的已加工表面。

在第Ⅲ变形区内，由于受到刀尖圆弧半径、刀具后刀面的挤压和摩擦作用，已加工表面的表层金属组织因晶粒被拉长而纤维化，形成加工硬化，并在表面层产生残余应力，或发生金相组织的变化。这一变形区的变形将直接影响工件已加工表面的质量。

2. 切屑的类型

金属切削变形的过程，即是切屑形成的过程。由于工件材料、切削条件不同，切削变形的程度也会不相同，因而所产生的切屑种类也就多种多样，主要的有四种基本类型，如图1-96所示。

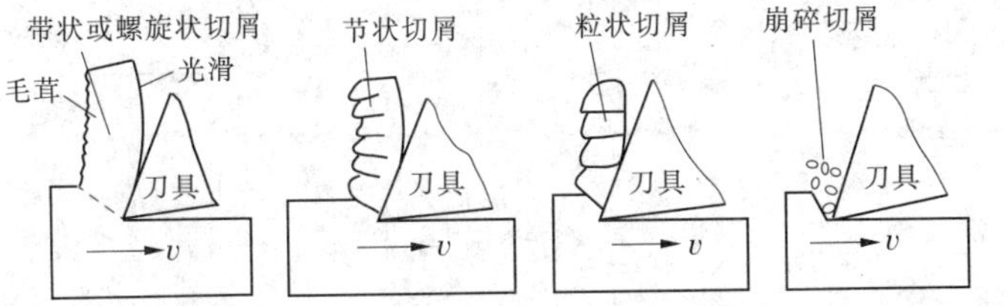

(a)带状切屑 (b)节状切屑 (c)粒状切屑 (d)崩碎切屑

图1-96 切屑类型

我们将各类切屑的形态特征、材料性能、切削条件列于表1-6中，方便进行比较。

表1-6 各类切屑的特点

切屑形态	特点
带状切屑	切屑呈连绵不断的带状或螺旋状，与前刀面接触的内表面光滑，另一侧的外表面呈毛茸状，无明显裂纹，但在放大镜下可观察到剪切面条纹。一般在加工塑性材料（如软钢、铝、铜等）采用较大的前角、较小的切削厚度、较高的切削速度时，会形成这类切屑。 在此过程中，由于切削平稳、切削力波动小，已加工表面的粗糙度值小，但带状切屑过长会影响加工的安全进行，需要采取断屑措施
节状切屑	切屑为连续的，切屑的内表面光滑，有时会出现裂纹，而外表面呈明显的锯齿状。大多在加工塑性较低的金属材料采用较小的前角、较大的切削厚度和较低的切削速度时，容易获得这类挤裂状的切屑，也是生产中最常见的一类切屑。 产生节状切屑时，切削过程不太稳定，切削力波动较大，已加工表面质量较低
粒状切屑	又称单元切屑，在切削塑性很大的材料（如铅、紫铜），或采用小前角或负前角、大的切削厚度、大的切削速度切削塑性材料时，会产生这类切屑。 粒状切屑在形成过程中会产生振动而使加工表面粗糙。常见的加工过程中，粒状切屑比较少见
崩碎切屑	切削脆性金属（如铸铁、黄铜）时，由于材料的塑性差、抗拉强度低，切削时，靠近切削刃和前刀面的局部金属未经明显的塑性变形就发生脆断，形成不规则的崩碎切屑。 工件材料越脆硬、刀具前角越小、切削厚度越大，越容易产生崩碎切屑。这个过程中，切削力波动大，已加工表面凹凸不平，刀具容易损坏

从表 1-6 中可以看到,切屑的类型除与工件材料的塑性有关外,通过调整切削条件可以控制切屑的变形,转化切屑的形态,由粒状逐渐变为节状,甚至变为带状,使切削的过程更为平稳,利于保证加工精度与粗糙度值,并达到卷屑和断屑的目的。

(二)积屑瘤

积屑瘤是在采用中等切削速度切削一般钢料或其他塑性金属材料时,带状切屑在前刀面接近刀刃处黏结形成的硬度很高(工件材料硬度的 2 ~ 3 倍)的楔形金属块,是第Ⅱ变形区内的重要现象,如图 1-97 所示。

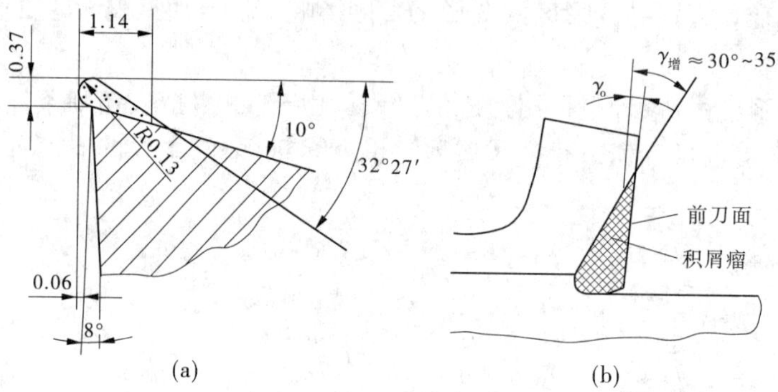

图 1-97　积屑瘤

1. 积屑瘤的形成

(1)形成条件:切削塑性材料,中等切削速度,形成带状切屑。

(2)形成原因:切削过程中,由于带状切屑的底面与前刀面之间的挤压与强烈摩擦,切屑底层金属的流速低于上层流速,形成滞留层。当滞留层金属与前刀面间的摩擦力超过切屑本身分子间的结合力时,在适当的温度和压力作用下,滞留层上的部分金属就会停滞不前,牢固地黏附在刀具上,成为硬度高于工件的积屑瘤。

积屑瘤在形成过程中会不断长高,在到达一定高度后,因不能承受切削力而破碎脱落,随后又继续长高。因此,积屑瘤的形成是一个时生、时灭、周而复始的动态过程。

2. 积屑瘤对切削加工的影响

(1)增大前角。积屑瘤具有 30°左右的前角,如图 1-97(b)所示,使刀具的工作前角增大,因而减小了切削变形,降低了切削力。

(2)增大切削厚度。积屑瘤前端伸出切削刃之外,伸出量即是切削厚度的增大量因而影响了工件的加工尺寸,如图 1-97(a)所示。

(3)增大已加工表面的粗糙度值。积屑瘤形成后,代替刀具工作,相当于不规则的成形加工,而且它的高度不稳定,因此增大了工件表面的粗糙度值。

(4)影响刀具耐用度。

积屑瘤黏附在前刀面上,在它相对稳定时,因其硬度为工件材料硬度的 2 ~3 倍,能代替切削刃工作,从而保护前刀面,减少刀具磨损,提高刀具耐用度。但若在积屑瘤不稳定的情况下使用硬质合金刀具,积屑瘤的破碎脱落可能使硬质合金颗粒剥落,从而加剧刀具的磨损,降低刀具耐用度。

生产实际中,应根据加工的性质和要求判断积屑瘤的利弊。粗加工时,对表面质量的要求不高,积屑瘤能减小切削力,或可加大切削用量,提高生产率,同时还可保护刀具,减少磨损,这时积屑瘤是有利的。精加工时,工件的加工精度和表面质量要求较高,积屑瘤的存在会影响加工精度和表面质量,这时积屑瘤是不利的,应设法避免和抑制其产生。

3. 积屑瘤的影响因素及控制措施

积屑瘤的形成主要取决于切削温度、接触面的压力及粗糙度、黏结程度。工件材料、切削用量、刀具前角、切削液等都是影响积屑瘤的主要因素,其中切削速度 v_c 对积屑瘤的产生影响最大。

(1)在中等切削速度(5~40 m/min)下,切削温度约为 300 ℃,此时切屑与前刀面接触的摩擦因数最大,最易产生积屑瘤。在高速(大于 60 m/min)或低速(5 m/min 以下)切削时,切削温度则高于或低于 300 ℃,摩擦因数降低,使积屑瘤减小,如图 1-98 所示。因此,将切削速度控制在小于 5 m/min 或大于 60 m/min 的范围内是减小积屑瘤的重要措施之一。

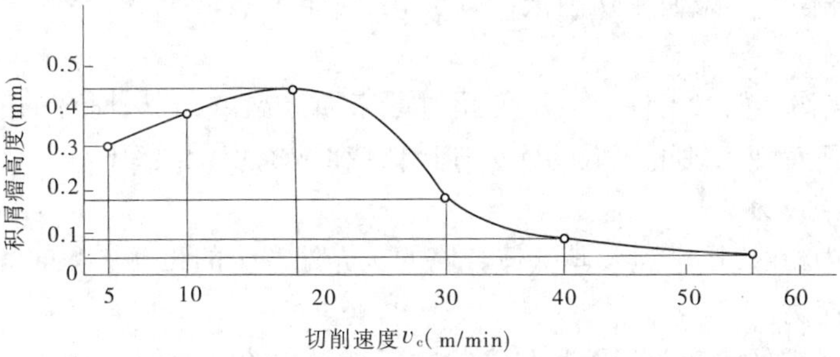

加工条件:中碳钢;a_p = 4.5 mm;f = 0.67 mm/r

图 1-98 切削速度对积屑瘤的影响

(2)增大前角 γ_o 或减小进给量 f(切削厚度 a_c 减小),切屑与前刀面的接触面积减小,摩擦也减小,切削温度因此降低,可减少积屑瘤。

(3)工件材料的塑性越好,切屑与前刀面的摩擦因数越大,切削温度越高,越易产生积屑瘤。

(4)减小前刀面的表面粗糙度值,注入充分的切削液冷却润滑,都可减少积屑瘤的产生。

(三)加工表面的性能变化

加工表面的表层力学物理性能,在切削过程中会呈现出三方面的变化:表层加工硬化、表层金相组织的变化与烧伤、表层残余应力。加工表面在性能上发生的变化,会对零件疲劳强度、耐腐蚀性能、耐磨性能、加工精度造成影响。

1. 表层加工硬化

切削塑性金属时,工件表面层金属受到摩擦力的作用产生强烈的塑性变形,使晶格扭曲,晶粒间产生剪切滑移,晶粒被拉长、纤维化甚至淬火,从而使已加工表面层的硬度明显上升而塑性下降的现象,称为加工硬化。

由于切削过程中表层金属的加工硬化实际上是硬化作用和回复作用综合造成的结果,所以影响表层加工硬化的因素主要是切削力和切削温度。切削力愈大,塑性变形愈大，硬化程度愈大，硬化层深度也愈大。切削温度升高，回复作用增大，会使硬化程度和深度减小。

2. 表层金相组织的变化与烧伤

切削过程中，当工件表层金属的温度超过金相组织变化的临界点时，其金相组织发生变化，使表层金属的强度和硬度降低，产生残余应力或出现微裂纹的现象，称为烧伤。

对于一般的切削加工来说，温度一般不会上升到如此高的程度。但在磨削加工中，由于磨粒（相对于微形车刀）的切削、刻划和滑擦作用，以及磨粒的负前角切削和很高的磨削速度，工件表层常达到相变温度，表层金属的金相组织发生变化，产生磨削烧伤。磨削条件不同，产生的磨削烧伤也不同，以淬火钢为例，有以下三种形式：

(1)淬火烧伤。在充分冷却的条件下，工件最外层金属会出现很薄的一层二次淬火马氏体组织，其下为硬度较低的回火索氏体和托氏体，造成表层金属的总硬度降低的现象。

(2)退火烧伤。在未使用切削液冷却时，表层金属缓慢空冷，形成退火组织，硬度和强度大幅下降。

(3)回火烧伤。如果工件表层温度超过原来回火温度，表层原有的回火马氏体组织产生回火现象而转变为硬度较低的回火托氏体或回火索氏体组织。

3. 表层残余应力

切削过程中，在表层金属及其基体金属的交界处产生的相互平衡的弹性应力，即为工件表层的残余应力。

残余应力对零件的疲劳强度和耐腐蚀性能有很大的影响，残余压应力能提高零件的疲劳强度和增强耐腐蚀性能，而残余拉应力则会降低疲劳强度和耐腐蚀性能，并诱发裂纹。

表层残余应力的产生，一般由冷变形、热变形和相变三种原因引起，是三者综合作用的结果。在不同的加工方法中，残余应力的大小、符号以及分布状态都有明显的差别。此外，工件表层的残余应力会在零件的工作过程中逐渐得到释放，使零件因应力的重新分布而逐渐变形，从而影响零件尺寸和形状精度。

(四)断屑

切削塑性金属材料时，常常会获得连续的带状切屑或节状切屑，尤其是带状切屑，不易折断和脱离工件，若处理不当，则会影响生产进程、拉毛工件及危及操作者的安全。所以，根据加工要求，可靠地控制切屑的流向、卷曲和折断是加工中非常重要的问题。

1. 断屑的原因

1)切屑的卷曲

切屑在沿前刀面流出的过程中，受到前刀面的挤压与摩擦，使切屑内部继续产生塑性变形。而且，切屑的内部变形发生分化，越靠近前刀面的金属层变形越严重，剪切滑移量越大，外形越伸长，因而沿切削层厚度方向就出现变形速度差。于是自由状态下的切屑，在变形速度差的作用下，一边流动一边向上卷曲，直到脱离前刀面。

此外，切屑在流动过程中，若碰到前刀面上磨出的卷屑槽（断屑槽）、凸台、附加挡块或其他障碍物，会引发外力作用产生力矩 M 而促使切屑可靠地卷曲。

切屑卷曲后，切屑内部的塑性变形加剧，塑性降低，硬度增加，性能变脆，从而为断屑创造了有利的条件。

2）切屑的流向与出屑角

切屑在流出时，它的流出方向会受到切削方式的影响。

当单一的切削刃沿其垂直方向切削（直角自由切削，见图1-99(a)）时，切屑沿其正交平面流出，但在多数情况下，由于过渡刃和副切削刃会参与切削，形成非自由切削方式（见图1-99(b)、(c)）。当刃倾角 $\lambda_s=0$ 时，切屑近似地沿各切削刃流屑的合成方向 $\vec{v}_{ch}$ 流出，并与主切削刃的正交平面形成一个夹角，即出屑角 η，如图1-99(b)所示。显然，出屑角 η 的大小，与过渡刃、副切削刃参与切削的比例、主偏角 k_r 等因素有关。

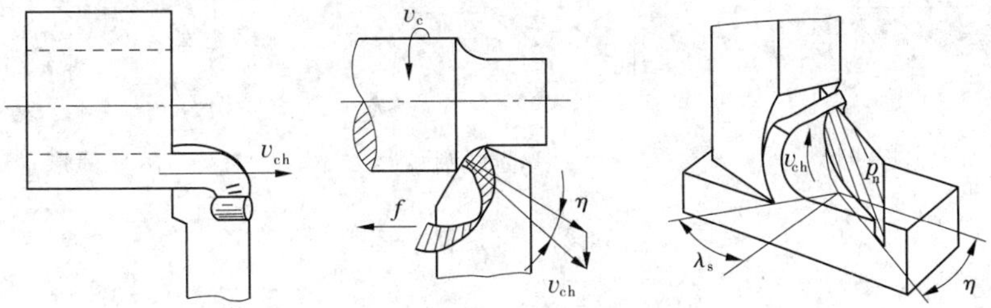

(a)直角自由切削　(b)直角非自由切削　(c)斜角切削

图1-99　流屑方向与出屑角

在刃倾角 $\lambda_s\neq0$（斜角切削方式，见图1-99(c)）时，刃倾角会改变切削速度分量的方向，使切屑的流向明显受刃倾角 λ_s 的影响，如图1-100所示。在负刃倾角的影响下，切屑流向已加工表面；在正刃倾角的影响下，切屑流向待加工表面。镗孔时，常会利用改变分速度 v_e 的方向来控制切屑的流向。

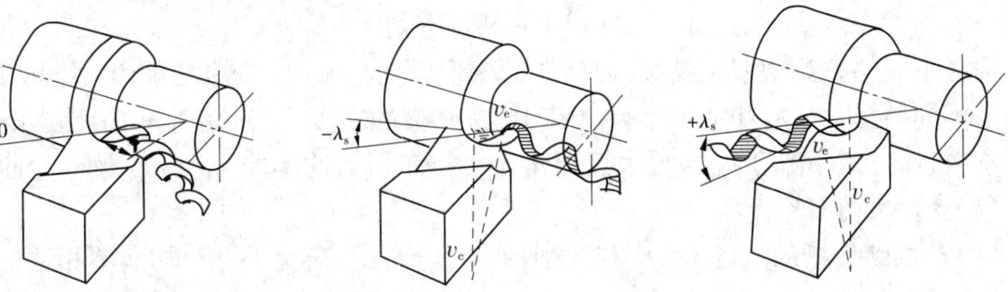

(a) $\lambda_s=0°$　(b) $\lambda_s<0°$　(c) $\lambda_s>0°$

图1-100　刃倾角对切屑流向的影响

3）切屑的折断（断屑）的原因

切屑经卷曲变形后产生的弯曲应力增大，当弯曲应力超过材料的弯曲强度极限后，切屑折断。如果产生的弯曲应力不足以达到切屑折断的程度，那么切屑在流出的过程中会因与障碍物碰撞后受到一个弯曲力矩而折断，或者在流出形成一定长度后，靠自身质量和离心力的作用甩断。

2. 断屑的措施

在切削过程中,影响断屑的因素很多。凡是影响切屑的弯曲变形程度的因素,都会对断屑造成影响。其中,断屑槽和切削条件是两个最主要的因素,因而使用断屑槽和调整切削条件是生产实际中断屑常采用的有效措施。

1)断屑槽

断屑槽是在刀具前刀面上作出的槽型表面。断屑槽的槽型,按法向剖面形状不同有三种形式,如图 1-101 所示。而按断屑槽斜角 ρ_{Br} 不同,也有三种槽型,如图 1-102 所示。

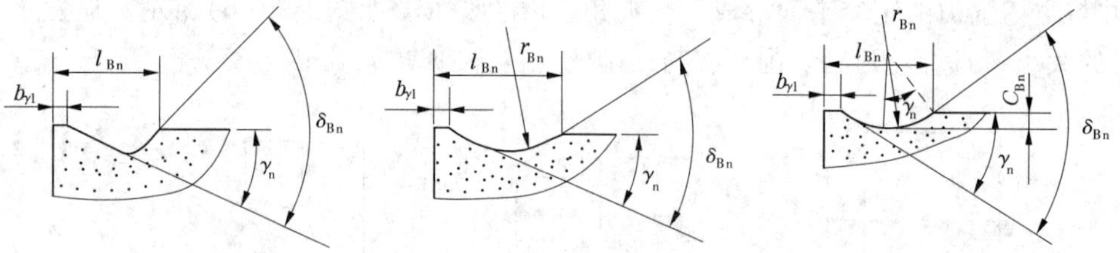

(a)折线形　(b)直线圆弧形　(c)圆弧形

图 1-101　断屑槽的形式

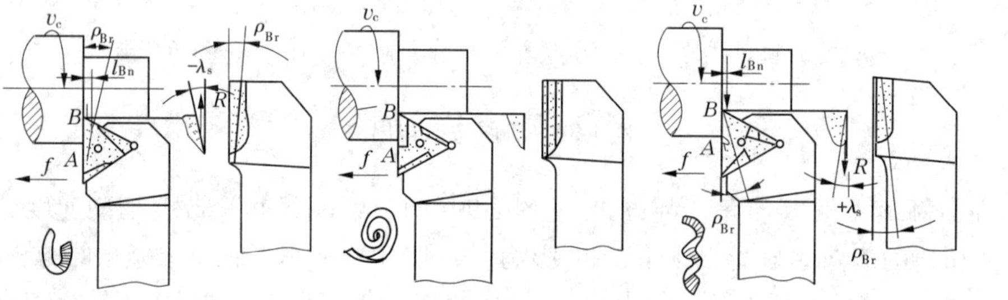

(a)外斜式　(b)平行式　(c)内斜式

图 1-102　断屑槽斜角

选择不同的刀具槽型及参数,对切屑的变形、弯曲、流向和屑形会产生不同的影响,并适用于不同的工件材料和加工条件。其中,断屑槽的宽度 l_{Bn} 和反屑角 δ_{Bn} 是影响断屑的主要参数,通过减小宽度 l_{Bn} 或增大反屑角 δ_{Bn},能使切屑的卷曲半径 r_{ch} 减小、卷曲变形和弯曲应力增大,切屑易折断。

(1)选取断屑槽的宽度 l_{Bn},应与切削用量综合考虑,避免槽宽与切屑不相适应。槽宽太小,断屑槽太窄,切屑容易堵塞,造成切削力、切削温度升高,甚至损坏切削刃。如果断屑槽太宽,则切屑变形不够,切屑不流经槽底而成为不易折断的带状屑。因此,通常会按照 $l_{Bn}=(10\sim13)a_{ch}$ 初选宽度。

(2)不同形状的断屑槽,槽底的卷屑部位并不相同,其反屑角的作用也就不同,因而反屑角按槽型选取。在直线圆弧槽和圆弧槽中,反屑角取值较小,一般选取 $\delta_{Bn}=30°\sim50°$。折线槽中,槽底反屑角代替圆弧半径 r_{Bn} 的作用,反屑角取值较大,取 $\delta_{Bn}=60°\sim70°$。

(3)断屑槽的斜角 ρ_{Br},是断屑槽的侧边与主切削刃之间的夹角。它的取值对切屑的流向和屑形产生影响,并根据断屑槽在前刀面上的不同位置与形状,即构造出外斜、平行、内斜三种槽型,如图 1-102 所示。

外斜式断屑槽前宽后窄、前深后浅,槽底呈负刃倾状态,切屑流向工件,易于与工件表面相碰形成"C"形屑。断屑范围较宽、稳定可靠,适用于中等背吃刀量。

内斜式断屑槽前窄后宽,槽底呈正刃倾状态,切屑易背离工件流出,在刀尖处卷曲成小卷,在外圆表面处卷成大卷后呈螺卷屑,待到一定长度后甩断脱离工件。断屑范围较窄,用于精加工或半精加工。

平行式断屑槽前后槽宽一样,能在背吃刀量 a_p 变动范围较大的情况下获得断屑效果。

2)切削用量

生产实践证明,切削用量中,对断屑影响最大的是进给量 f,其次是背吃刀量 a_p,而切削速度 v_c 影响最小。

由于影响断屑最根本的因素是弯曲变形及其产生的弯曲应力,切屑厚度 a_{ch} 会直接影响卷屑时的弯曲半径 r_{ch},a_{ch} 越大,r_{ch} 越小,切屑越容易折断。当增大进给量 f 时,切屑厚度 a_{ch} 也按比例增大,切屑更易折断。所以,适当增大进给量是达到断屑的有效措施之一。

3)刀具角度的影响

刀具角度中,主偏角 k_r 对断屑有较明显的影响,在切削用量选定的条件下,k_r 影响着切屑厚度 a_{ch} 和切屑宽度 a_{wh} 的比值。k_r 值小,$\frac{a_{ch}}{a_{wh}}$ 值就小,切屑薄而宽,卷曲时的弯曲半径 r_{ch} 也小,断屑困难。因此,在生产中断屑性能要求高的刀具,应选较大的主偏角,如 $k_r = 75° \sim 90°$。此外,刀具前角 γ_o 对断屑也有一定影响,前角 γ_o 愈小,切屑的变形愈大,愈容易断屑。

(五)切削液

切削过程中,合理选用切削液,可以减少刀具与切屑、工件间的摩擦,提高切削速度 30% ~50%,减少 10% ~30% 的切削力,降低切削温度 60 ~150 ℃。这对提高刀具耐用度和加工表面质量、保证加工精度起着重要的作用。

1. 切削液的作用

1)冷却作用

切削液浇注到切削区域后,使切屑、刀具和工件上的热量散逸,降低切削区的切削温度,尤其是降低前刀面上的最高温度。

2)润滑作用

切削液渗透到刀具与切屑、工件表面之间形成润滑膜,起到减小各接触面之间摩擦的作用。

切削过程中切削液的润滑能力,取决于切削液的渗透能力和成膜能力。通过加入油性添加剂或极压添加剂,可以提高切削液的渗透、吸附能力,保持润滑作用。

3)清洗作用

切削液冲走黏附在机床、刀具、夹具及工件上的细碎切屑或磨粒细粉,能减小刀具磨损,防止已加工表面和机床导轨被划伤。

切削液的清洗能力,与切削液的流动性和被施加的压力有关。

4)防锈作用

切削液保护工件、机床、刀具不受周围介质侵蚀。切削液可以通过本身的化学成分起到一定的防锈作用,但更多的是通过添加的防锈剂被金属表面吸附或化合形成保护膜,起到防锈作用。

2. 切削液的种类及选用

切削加工中,常用的切削液包括以冷却为主的水溶性切削液和以润滑为主的油溶性切削液。

1)水溶性切削液

水溶性切削液主要有水溶液、乳化液、合成液。

水溶液:在水中加入防锈剂、清洗剂而成,具有良好的冷却性能,清洗作用也很好。若再加入一些油性添加剂,可以增强润滑性能。水溶液常用于粗加工和普通磨削加工。

乳化液:乳化油加水稀释而成的白色切削液。乳化油中含有矿物油、脂肪酸、皂和表面活性乳化剂。低浓度乳化液主要起冷却作用,适用于粗加工和普通磨削加工;高浓度乳化液主要起润滑作用,适用于精加工和复杂刀具加工。对于难加工材料的磨削,应采用加入极压添加剂的极压乳化液。

合成液:一种高性能切削液,由50%的水、各种表面活化剂和化学添加剂组成,具有良好的冷却、润滑、清洗和防锈性能。合成液中不含油,可节省能源,利于环保。合成液用于高速磨削加工、深孔加工、难加工材料的加工,能提高刀具耐用度,获得很好的加工表面质量。

2)油溶性切削液

油溶性切削液主要有切削油和极压切削油。

切削油:包括矿物油(机油、轻柴油、煤油)、动植物油、复合油(矿物油和动植物油的混合油)三种。其中,动植物油易变质,较少使用,普遍使用的是矿物油。

机油一般用于普通车削和攻螺纹;煤油的渗透性能和清洗性能突出,用于有色金属和铸铁的精加工、孔或深孔的精加工,能获得较好的表面质量;轻柴油具有冷却和润滑作用,流动性好,在自动机床上兼作自身润滑液和切削液。

极压切削油:在矿物油中添加氯、硫、磷等极压添加剂配制而成,具有极好的抗极压润滑性能和较好的冷却效果,特别在精加工、关键工序和难加工材料切削时效果更为显著。适用于合金钢、高锰钢、不锈钢和高温合金等难加工材料的车、钻、铰,以及螺纹攻丝和齿形加工。由于硫、氯、磷易于形成铜绿,极压切削油不能用作铜及铜合金的切削液。

3. 切削液的使用

切削液在使用时,有浇注法、高压法和喷雾冷却三种方法。

1)浇注法

浇注法是指将切削液以一定的流量直接浇注到切削区域,再依靠毛细管作用渗入接触界面的切削液使用方法,如图1-103所示。

这种方法因切削液流速低、压力低,为提高冷却润滑效果,切削液应有足够的流量,根据刀具形状、结构,合理布置喷嘴。

2)高压法

高压法是指采用喷射高压的切削液将碎断的切屑冲离切削区的方法。

这种方法在深孔加工、车削难切削材料时经常使用。如图 1-104 所示,在车削中应用时,高压液流经小孔喷嘴沿后刀面喷射到刀具与工件接触区,冷却效果好,但切削液飞溅严重,喷嘴易堵塞。

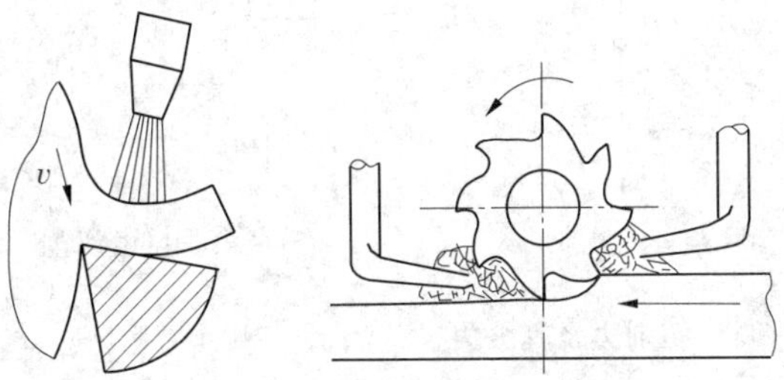

(a)车削时　(b)铣削时

图 1-103　切削液浇注方法

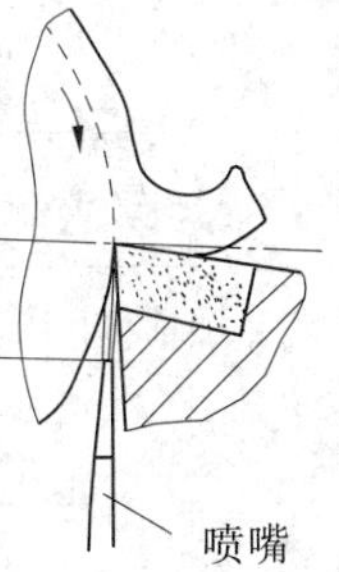

图 1-104　高压法

3)喷雾冷却

根据喷雾原理,利用 3 ~6 kgf/cm^2(1 kgf =9.8 N)压力压缩空气,通过喷雾装置使切削液雾化后喷向切削区。微小的液滴在高温区很快被汽化,冷却效果显著;微小的液滴渗入刀具与工件或切屑的接触界面迅速,润滑效果好;没有液体飞溅,便于观察;切削液耗量极少。这种方法特别适用于加工难切削材料和超高速切削。

二、切削力

切削过程中,工件材料抵抗切削而作用在刀具上的抗力,称为切削力 F_r。

(一)切削力的来源与分解

1.切削力的来源

切削时,作用在刀具上的力来自两个方面:一是被切削金属、切屑、工件表面层在各自变形区内产生的弹性变形抗力和塑性变形抗力;二是切屑、工件与刀具之间的摩擦力。切削力 F_r 就是上述所有抗力的合力。

如图 1-105(a)所示,在单一直线切削刃的垂直自由切削中,F_r 由前刀面上的受力 $F_{r\gamma}$ 和后刀面上的受力 $F_{r\alpha}$ 合成,作用在切削刃附近。

2.切削力的分解

在大多数的切削过程中,刀具的切削方式为非自由切削方式,包括副切削刃、过渡刃在内的多条切削刃参与切削,这会改变自由切削方式下形成的切削合力 F_r,使其方向、大小随切削条件的改变而变化。为了方便分析、测量,通常将合力 F_r 分解为三个相互垂直的分力,如图 1-105(b)、(c)所示。

主切削力 F_c 为在主运动方向上的分力;背向抗力 F_p 为在基面内切深方向上的分力;进给抗力 F_f 为在进给运动方向上的分力。

切削力经分解后,各分力与合力之间的关系为

$$F_r = \sqrt{F_c^2 + F_{pf}^2} = \sqrt{F_c^2 + F_p^2 + F_f^2}$$

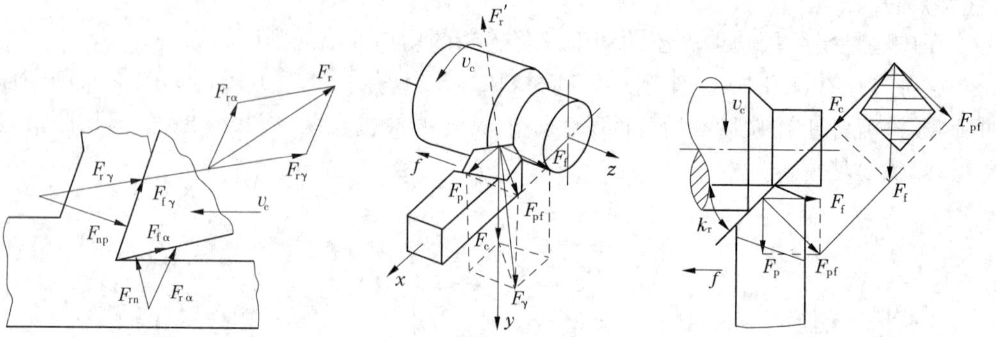

(a)直角自由切削　　(b)直角非自由切削　　(c)直角非自由切削

图 1-105　切削力及其分力

$$F_p = F_{pf}\cos k_r ; F_f = F_{pf}\sin k_r$$

式中　F_{pf}——合力 F_r 在基面上的分力。

(二)切削分力对工艺系统的影响

在一个切削过程所建立的工艺系统中,切削力的各向分力在大小、作用等方面都有着很大的差异,对工艺系统中机床、刀具、工件的影响各不相同。

1. 主切削力

切削加工中,主切削力 F_c 与切削速度方向相反,是最大的切削分力,耗费功率最多(占机床功率的90%),是计算机床功率、机床和刀具强度、夹具夹紧力的主要依据。主切削力对工艺系统的影响主要表现在以下方面:

(1)主切削力 F_c 反向作用在刀具上,在车削加工中会使刀柄发生弯曲。装刀时刀柄的伸出长度应尽量短,以增强刀具的刚性。

(2)F_c 的反作用力作用在工件上,会使工件抬起。车削细长轴时,车刀安装可以略高于工件中心,实现刀具副后刀面支承工件的作用,可减小振动。

2. 进给抗力

进给抗力 F_f 与进给方向相反,只消耗机床很少的功率(1% ~3%),是考核机床进给机构强度的主要依据。它对工艺系统的影响表现为:

(1)进给抗力 F_f 会使车刀在其安装平面内转动。因此,装夹车刀时至少需要用两只螺钉将刀具拧固在刀架上,避免安装不牢使刀具移动,造成工件报废。

(2)进给抗力 F_f 有使工件沿纵向进给方向发生移位的趋势。采用"一夹一顶"装夹方法车削轴类零件时,应在车床主轴锥孔内安装支承定位块,防止工件移位。

3. 背向抗力

背向抗力 F_p,又称径向力,在基面内。因切削时刀具在背向方向无运动,背向抗力并不做功,不消耗机床功率。但它作用于工件的径向,有将工件顶弯的趋势。当工件细长或机床、刀具、夹具等刚性不足时,容易产生工件弯曲变形与振动,影响加工精度和表面粗糙度。因此,在这种工艺条件下,刀具应选用较大的主偏角 k_r,以减小背向抗力 F_p。

(三)切削力的影响因素

切削力是切削过程中不可避免的一种抗力,其及其分力对切削及其系统会产生不利的影响,应采取措施尽量予以减小。

影响切削力的因素很多,但究其来源,凡是影响变形和摩擦的因素,都会影响切削力及其分力的大小。减小切削力的主要措施是增大前角和减小背吃刀量,而其余的刀具角度则影响各向分力的比例。

1. 工件材料的影响

工件主要通过材料的强度、硬度、塑性等性能指标,以及切屑与刀具间的摩擦条件影响切削力。一般而言,材料的强度越高、硬度越大,则切削力越大。在材料硬度、强度相近的情况下,材料的塑性越好,切削力越大。

如不锈钢 1Cr18Ni9Ti 的硬度与热轧 45 钢、灰铸铁 HT200 的接近,但塑性指标高于 45 钢,在相同切削条件下,其单位切削力比 45 钢大 25%,而 HT200 的切削力却比 45 钢小 40%。

2. 切削用量的影响

切削用量中,主要是背吃刀量和进给量通过切削面积来影响切削力。其中,背吃刀量对切削力的影响最大,其次是进给量,切削速度的影响较小。

1) 进给量 f 和背吃刀量 a_p

进给量 f 和背吃刀量 a_p 是影响切削面积 A_c 的参数。当 f 和 a_p 增大时,切削面积 A_c 也成比例增大,故切削力增大,但二者对切削力的影响程度却不相同(见图 1-106),增大 a_p 对切削力的影响更加显著。

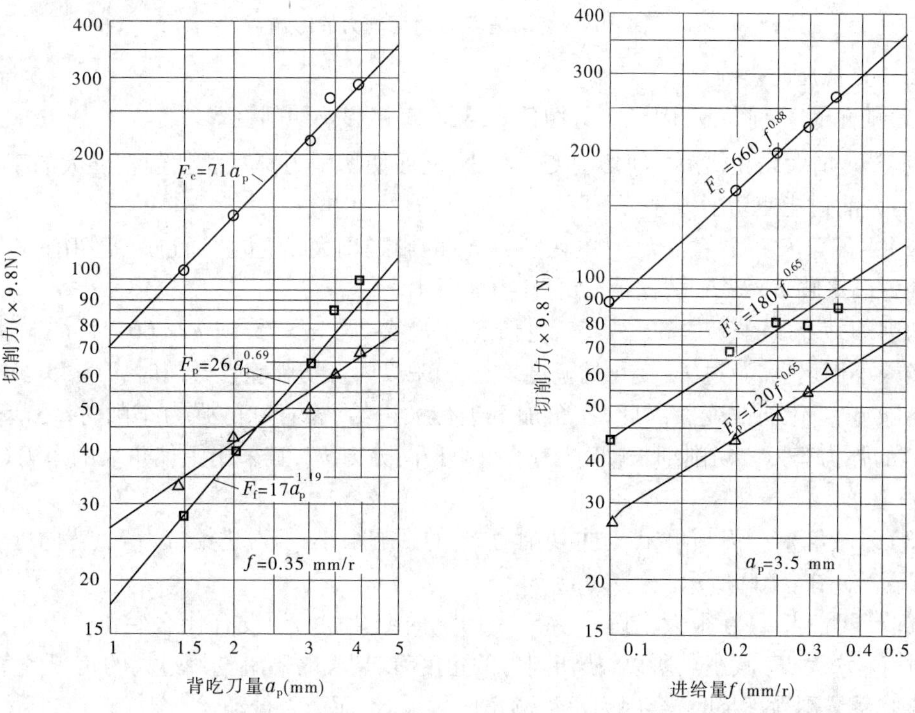

图 1-106 背吃刀量 a_p 和进给量 f 对切削力的影响

根据这一规律,在切削面积不变的条件下,增大进给量并减小背吃刀量,可以减小切削力。应用到生产实际中，在同样的切削力和切削功率的条件下，采用更大的进给量切削，能达到切除更多金属的目的，生产效率比采用大背吃刀量切削时更高。

2) 切削速度 v_c

切削塑性金属时，切削速度通过对积屑瘤和摩擦来影响切削力，如图 1-107 所示。当 $v_c < 50$ m/min 时，由于积屑瘤的不断产生和消失，不断变化的刀具的实际前角使切削变形减小或增大，导致切削力波动。当 $v_c > 50$ m/min 后，随着 v_c 的增大，因摩擦系数 μ、切削变形的减小，切削力呈现下降趋势，而且 v_c 增大造成工件温度升高后，其强度和硬度降低，也导致了切削力的下降。

切削脆性金属时，由于变形和摩擦较小，切削速度 v_c 对切削力无明显的影响。

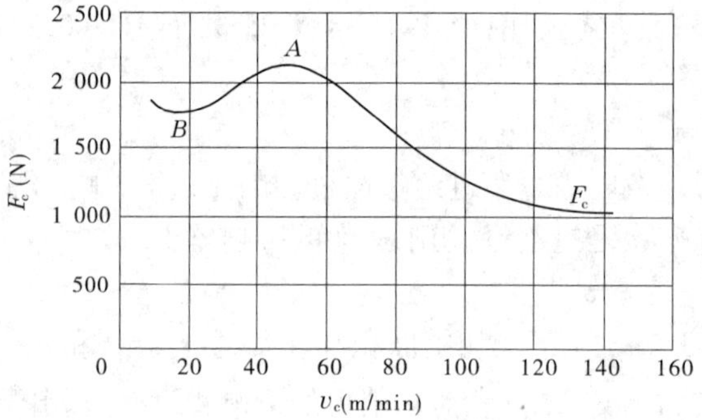

工件材料:45 钢　刀具:YT15　切削用量:$a_p = 2$ mm;$f = 0.2$ mm/r

图 1-107　切削速度 v_c 对切削力的影响

3. 刀具角度的影响

(1) 前角 γ_o。前角 γ_o 因影响剪切角 φ，从而直接影响切削变形。

由于 γ_o 增大，φ 也增大，使切削变形减小，从而使切削力降低。切削塑性大的工件材料时，加大前角能使切削力显著下降。

(2) 主偏角 k_r。主偏角 k_r 对主切削力 F_c 的影响不大，它主要通过改变切削分力 F_{pf} 的作用方向影响 F_p 与 F_f 的比值，如图 1-108 所示。

切削塑性金属时，$k_r = 60° \sim 75°$，主切削力 F_c 最小；$k_r > 75°$或 $k_r < 60°$时，F_c 随 k_r 的增大或减小而增大，不过 F_c 变化的幅度均在 10% 以内。切削脆性金属时，$k_r > 45°$，F_c 已基本不随 k_r 变化而改变。因此，在粗加工进行大进给、大背吃的强力车削时，一般选用 $k_r = 75°$的强力车刀。切削细长轴时，为了减小径向分力 F_p，宜采用主偏角大的车刀($k_r = 90°$)。

(3) 刃倾角 λ_s。刃倾角 λ_s 对主切削力 F_c 的影响很小，但对进给抗力 F_f、背向抗力 F_p 影响显著，如图 1-109 所示。

实验证明，当 λ_s 在很大范围($-45° \sim 10°$)内变化时，F_c 没有什么变化。刃倾角 λ_s 减小时，F_p 增大、F_f 减小。所以，从切削力的角度看，切削时不宜选用过大的负刃倾角，尤其当工艺系统刚性不足时，会因为负刃倾角增大了 F_p 而产生振动。

(4) 刀尖圆弧半径 r_ε。刀尖圆弧半径 r_ε 对背向抗力 F_p 的影响最大。

r_ε 增大，圆弧刃参与切削的比例增多，变形和摩擦增大，切削力增大；同时，切削刃上

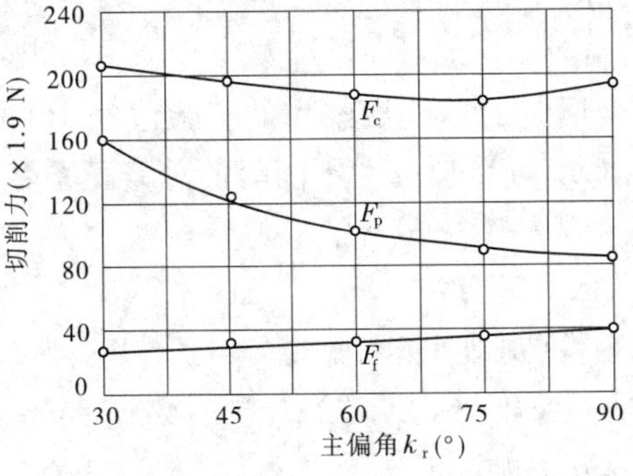

图 1-108　主偏角对切削力的影响

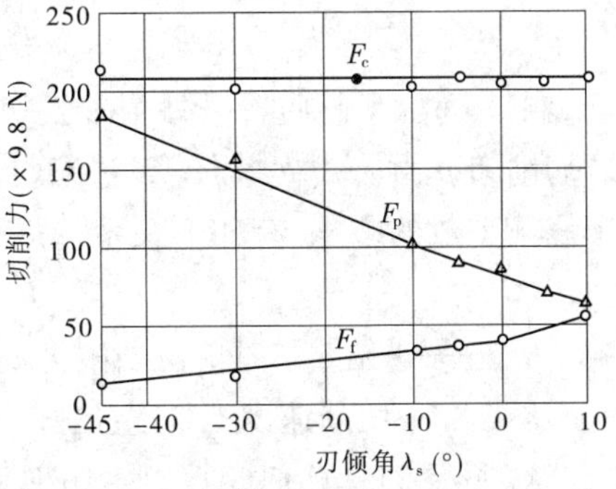

图 1-109　刃倾角对切削力的影响

主偏角的平均值会减小，使得 F_p 增大。实验表明，当 r_ε 由 0.25 mm 增大到 1 mm 时，F_p 可增大 20%左右，并容易引起振动。所以，从减小切削力的角度看，应该选取较小的 r_ε 值。

4. 其他因素的影响

1) 刀具磨损

刀具磨损后，刀刃变钝，后刀面与工件表面的挤压和摩擦加剧，使切削力增大。当刀具磨损到一定程度时，切削力会急剧增加。

2) 切削液与刀具材料

以冷却为主的水溶液对切削力的影响很小；以润滑作用为主的切削液，由于润滑作用减少了刀具前刀面与切屑、后刀面与工件表面间的摩擦，能显著降低切削力。

刀具材料对切削力有一定影响。选择与工件材料摩擦系数小的刀具材料，切削力会不同程度地减小。实验表明，在同样切削条件下，陶瓷刀具的切削力最小，硬质合金刀具次之，高速钢刀具最大。

(四) 机床功率的校核与选取

1. 切削功率 P_c

切削功率指在切削过程中所消耗的功率，是主切削力 F_c 和进给抗力 F_f 共同消耗的功率。由于 F_f 消耗的功率只占很小的比例(1% ~3%)，通常略去不计，切削功率 P_c 可通过求解主切削力 F_c 近似选取校验。则

$$P_c = \frac{F_c v_c \times 10^{-3}}{60}$$

式中　P_c——切削功率，kW；

F_c——主切削力，N；

v_c——切削速度，m/min。

2. 单位切削力 p

单位切削力指单位切削面积 A_c 上的主切削力，单位为 N/mm^2。目前，国内外的许多资料都利用单位切削力 p 来计算主切削力 F_c，以此核算切削功率 P_c。单位切削力 p 可以从不同切削条件下通过大量实验获得的数据表中查得，因而是较为实用和简便的方法。

$$p=\frac{F_c}{A_c}=\frac{F_c}{a_p f}$$

表 1-7 列出了硬质合金外圆车刀切削常用金属时的单位切削力的实验值，F_c 可通过单位切削力 p 由公式 $F_c=pa_pfK$ 进行计算。式中，K 为实验条件不同时的总修正系数，为各个修正系数的乘积，有如下关系：

$$K=K_{f_p}K_{v_cF_c}K_{F_c}$$

式中　K_{f_p}——进给量 f 对单位切削力 p 的修正系数（见表 1-8）；

$K_{v_cF_c}$——切削速度 v_c 对主切削力 F_c 的修正系数（见表 1-9）；

K_{F_c}——刀具几何参数对主切削力 F_c 的修正系数。

表 1-7　硬质合金外圆车刀切削常用金属时的单位切削力的实验值

加工材料				实验条件		单位切削力	单位切削功率
名称	牌号	制造热处理状态	硬度（HBS）	车刀几何参数	切削用量范围	p（N/mm²）	p_c [kW/(mm³/s)]
碳素结构钢	Q235	热轧或正火	134～137	$\gamma_o=15°$ $k_r=75°$ $\lambda_s=0°$ $b_{r1}=0$ 前刀面带卷屑槽	$a_p=1\sim5$ mm $f=0.1\sim0.5$ mm/r $v=90\sim105$ m/min	1 884	$1\,884\times10^{-6}$
	45		187			1 962	$1\,962\times10^{-6}$
	40Cr		212			1 962	$1\,962\times10^{-6}$
合金结构钢	45	调质	229	$b_{r1}=-20°$ $\gamma_{o1}=-20°$ $k_r=75°$ $\lambda_s=0°$ $b_{r1}=0$ 前刀面带卷屑槽		2 305	$2\,305\times10^{-6}$
	40Cr		285			2 305	$2\,305\times10^{-6}$
不锈钢	1Cr18Ni9Ti	淬火回火	170～179	$\gamma_o=20°$		2 453	$2\,453\times10^{-6}$
灰铸铁	HT200	退火	170	前刀面无卷屑槽，其余参数同合金结构钢	$a_p=2\sim10$ mm $f=0.1\sim0.5$ mm/r $v_c=70\sim80$ m/min	1 118	$1\,118\times10^{-6}$
可锻铸铁	KT30－6	退火	170	前刀面无卷屑槽，其余参数同合金结构钢		1 344	$1\,344\times10^{-6}$

表 1-8　进给量 f 对单位切削力 p 的修正系数 K_{f_p}

f	0.1	0.15	0.2	0.25	0.3	0.35	0.4	0.45	0.5	0.6
K_{f_p}	1.18	1.11	1.06	1.03	1	0.97	0.96	0.94	0.925	0.9

表 1-9 切削速度 v_c 对主切削力 F_c 的修正系数 $K_{v_cF_c}$

工件材料	v_c(m/min)						
	50	75	100	125	150	175	200
45 钢、40Cr 钢	1.05	1.02	1.00	0.98	0.96	0.95	0.94

3. 机床功率的校核

加工过程中机床所消耗的功率,包括切削运动所需的切削功率 P_c 和机床运动部件的热耗。因此,机床电机的消耗功率 P_E 应为

$$P_E = \frac{P_c}{\eta}$$

式中 P_E——电机消耗功率,kW;

η——机床效率。

若要防止选用的切削速度 v_c 过大而造成机床的过载,在加工前,应校核该速度下电机消耗功率 P_E 是否超过机床的额定功率 P_w,即判断机床功率是否够用。当然,也可据此选取机床电机的功率。

三、切削热与切削温度

切削热是切削过程中因金属变形和摩擦做功而产生的热量。切削热和由此产生的切削温度,直接影响着刀具的磨损和耐用度,并影响着工件的加工精度和表面质量,尤其在高速切削时更为明显。

(一)切削热的来源与传散

切削热来源于切削层金属时弹性变形功和塑性变形功产生的热量,以及切屑与前刀面、工件与后刀面的摩擦功产生的热量。在切削过程中,切削功绝大部分转化为热能。

切削热通过切屑、工件、刀具和周围的介质传散。切削热传至各部分的比例一般而言是切屑带走的热量最多,而且切削速度越高、切削厚度越大,由切屑带走的热量越多。

如果不用切削液,以中等切削速度切削钢件,切削热的 50% ~80% 由切屑带走,10% ~40% 传入工件,3% ~9% 传入刀具,1% 左右传入周围空气。

(二)切削温度及其对切削过程的影响

切削温度,一般是指切屑与前刀面接触区域的平均温度。

切削温度在加工中存在两重性:一方面会对切削过程带来一些不利影响,另一方面也为切削过程提供了一些有利的条件。

1. 切削温度对切削过程的不利影响

(1)切削温度升高,会加剧刀具磨损,降低刀具耐用度。

(2)刀具或工件在受热后,会发生膨胀变形,影响加工精度。这在有色金属或细长工件加工中更加突出。

(3)工件表面与刀具后刀面瞬间接触后又脱离的过程虽然短暂,但工件表面却经历了温度的快速上升和急剧下降这样极端变化的过程。工件表面由此会产生有害的残余应

力或发生金相组织变化,在严重情况下,会造成工件表面的烧伤和退火。

2. 切削温度对切削过程的有利影响

(1)使工件材料软化,变得易于切削。这对一些硬度较高而高温强度并不高的材料(如淬硬钢)是很有利的。

(2)改善刀具材料的脆性和韧性,减少崩刀现象。对一些性质较脆而耐热性好的刀具材料,如硬质合金、陶瓷材料等,适当的高温能改善材料的韧性,减少崩刀现象。

(3)较高的切削温度不利于积屑瘤的生成,可减轻刀具的黏结磨损以及改善工件表面质量。

(三)影响切削温度的主要因素

切削热的产生造成包括切屑、工件、刀具接触区在内的整个切削区域的温度上升。因此,切削温度的高低取决于单位时间内的产热量以及整个切屑区域的散热条件。凡是影响切削热产生和传散的因素,都会影响切削温度。

1. 切削用量的影响

切削用量 v_c、f、a_p 增大,切削温度升高,其中切削速度对切削温度的影响最大,其次是进给量,背吃刀量的影响最小。

1)背吃刀量和进给量的影响

背吃刀量和进给量是既影响产热又影响散热的切削用量。

a_p、f 增大,切削力和功增大,产热也随之增大。a_p 增大时,切削宽度 a_w 成比例增大,使刀具的散热面积也成比例增大,切削温度只因切屑中部的热量传散不利而略有上升,a_p 对切削温度的影响指数很小。f 增大时,切削厚度 a_c 增大而切削宽度 a_w 不变,刀具的散热面积有所增大,散热能力的提高不及产热量的增加,切削温度有明显上升,f 对切削温度的影响指数较 a_p 的大。

2)切削速度 v_c 的影响

切削速度是只影响产热而不影响散热的切削用量。

v_c 增大时,切屑底层与前刀面的摩擦加剧,产生的摩擦热增加较多,而刀具的散热能力却无改变,切削温度有较大的上升,但由于切屑带走热量的比例也增大,所以切削温度并不随 v_c 的增大而成比例地提高。v_c 对切削温度的影响指数最大。

综上所述,在切削条件不变的条件下,为使切削温度较低,应通过减小切削速度来实现。此时若选取切削用量,应选用较大的背吃刀量、较小的进给量和低的切削速度。

2. 刀具角度的影响

前角 γ_o 和主偏角 k_r 是对切削温度影响最明显的刀具角度,刀尖圆弧半径 r_ε 也对切削温度存在一定影响。

(1)前角 γ_o。前角是显著影响切削力、切削热的刀具角度。

γ_o 增大,切削变形减小,因此产热减少,切削温度明显下降,但当前角增大到一定值后继续增加。楔角 β_o 的减小将使刀具散热能力下降,切削温度又会上升。如图 1-110 所示,在一定的加工条件下,总能找出对应于切削温度最小的前角 γ_o。

(2)主偏角 k_r。主偏角由于对主切削力 F_c 的影响很小,它的变化对产热影响也不大,但却明显影响刀具的散热条件。

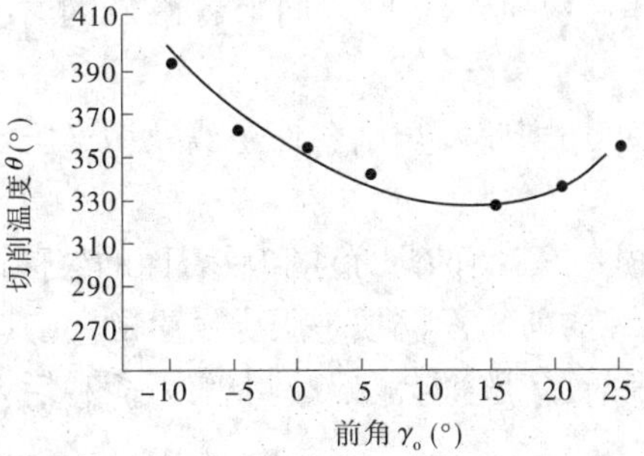

工件材料:45 钢　刀具材料:W18Cr4V

切削用量:a_p = 1.5 mm; f = 0.2 mm/r; v_c = 20 m/min

图 1-110　前角 γ_o 对切削温度的影响

k_r 增大,切削宽度 a_w 减小,而且刀尖角 ε_r 减小,刀具的散热能力减小,切削温度升高。因此,当工艺系统刚性足够时,为降低切削温度,可选用较小的主偏角。

(3)刀尖圆弧半径 r_ε。刀尖圆弧半径 r_ε 主要影响参与切削的圆弧刃的比例以及圆弧刀刃上主偏角的平均值,从而影响刀具的散热条件。

当 r_ε 增大时,圆弧刃的比例增大,切削刃的平均主偏角 k_{rc} 减小,使刀具散热能力增强,切削温度降低。

3. 工件材料的影响

工件材料通过力学性能(强度、硬度、塑性)影响产热,通过导热性能(热导率)影响散热,从而对切削温度产生影响。

4. 其他因素

除上述影响切削温度的因素外,刀具磨损程度的加剧会使切削温度升高;充分采用冷却性能良好的切削液能有效地降低切削温度。如果刀具材料的导热性能好,切削热易从刀具传出,也能降低切削区的温度。

四、刀具磨损

在切削过程中,刀具因与切屑、工件之间产生剧烈的挤压、摩擦,并伴有高温,使之逐渐变钝而失去加工能力的过程,就是刀具的磨损。刀具在磨损后,对加工质量、生产效率的影响很大,必须引起足够的重视。

(一)刀具磨损的形式

刀具磨损分为正常磨损和非正常磨损两类。

1. 正常磨损

正常磨损是指随着切削时间的增加而逐渐扩大的磨损形式。正常磨损分成前刀面磨损、后刀面磨损、前后刀面同时磨损三种形式。刀具的磨损形式如图 1-111 所示。

(1)前刀面磨损:前刀面上出现的月牙洼磨损。这是由切屑流出时产生的摩擦和高温高压作用形成的。前刀面磨损量的大小,用月牙洼的深度 KT 和宽度 KB 表示。

当以较高切削速度、较大切削厚度切削塑性金属时,会发生前刀面磨损。

(2)后刀面磨损:在后刀面上毗邻切削刃的三个区域:刀尖(三角)部位(C 区)、中间部位（B区）、切削刃边界部位（N区）。后刀面上各区域的磨损量分别用VC、VB、VN表示。

当以较低切削速度、较小切削厚度切削塑性金属及切削脆性金属时，主要发生这种后刀面磨损。

（3）前、后刀面同时磨损：前刀面的月牙洼和后刀面的棱面同时发生的磨损。

在切削塑性金属时，单纯的前刀面磨损是很少发生的，尤其在采用中等切削速度和中等进给量的情况下进行切削时，一般都会在刀具的前刀面和后刀面上同时磨损。

2. 非正常磨损

非正常磨损亦称破损，是指刀具在切削过程中突然或过早产生的损坏现象，主要有脆性破损和塑性破损。

（1）脆性破损，指在切削刃或刀面上产生的裂纹、崩刃、碎裂或剥落。硬质合金和陶瓷刀具易产生这种破损。如图1-112所示为几种较常见的脆性破损形式。

产生脆性损伤的原因是作用于刀具的拉应力和剪切应力以及交变应力。具体为：不合理的切削条件使刀尖受力较大；发生震颤和不连续切削引起瞬时较大的力；积屑瘤等黏结物脱落；切削热和冷却条件变化。

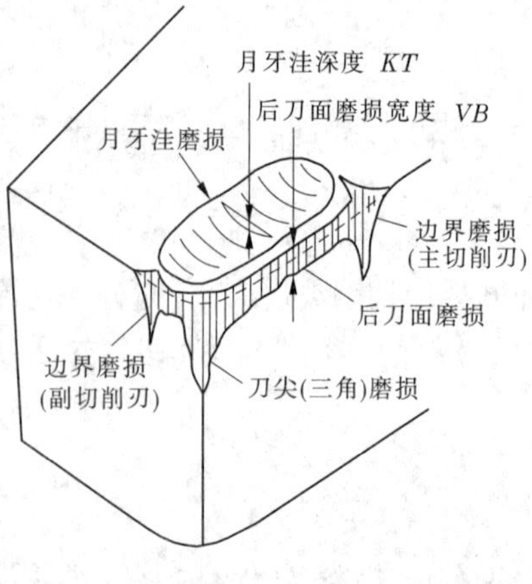

图1-111　刀具的磨损形式

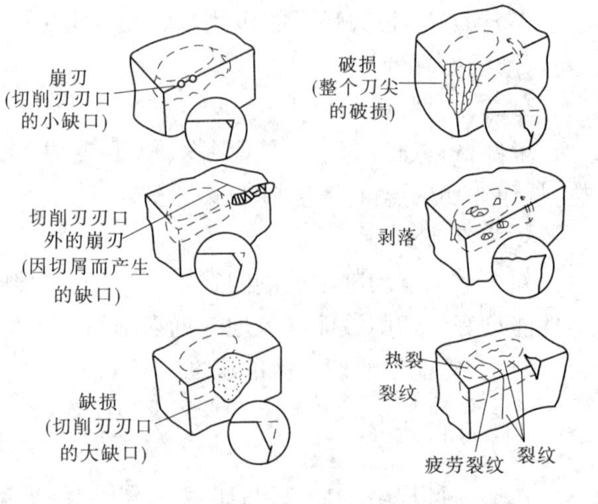

图1-112　刀具的脆性破损

（2）塑性破损，指切削时由于高温和高压的作用，在切削刃或刀面上产生塌陷或隆起的塑性变形现象，如卷刃等。高速钢刀具易产生这种破损，如图1-113所示。

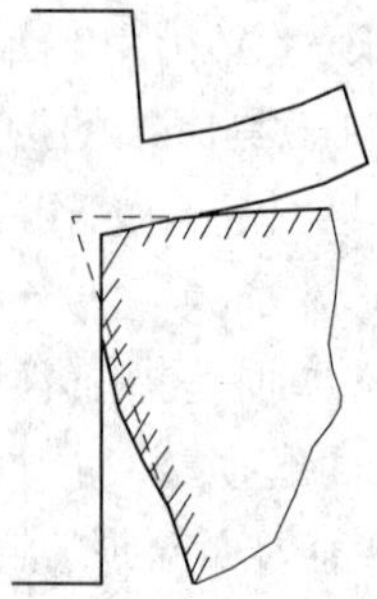

图1-113　刀具刃口的塑性变形

（二）刀具正常磨损的原因

切削时刀具的磨损是在高温高压条件下产生的，形成刀具磨损的原因涉及机械、物理、化学和金相等方面的作用，其综合的结果导致以磨粒磨损、黏结磨损、扩散磨损、相变磨损、氧化磨损等为主的正常磨损。

1. 磨粒磨损

磨粒磨损指工件或切屑上的硬质点在刀具表面上刻划而造成的磨损。

磨粒磨损在各种切削速度下都存在,但对于低速切削的刀具(如拉刀、丝锥、板牙等),磨粒磨损是刀具磨损的主要原因。高速钢刀具的硬度和耐磨性较硬质合金、陶瓷等材料低,其磨粒磨损所占比重更大些。

2. 黏结磨损

黏结磨损指工件或切屑与刀具表面之间在高温高压作用下发生黏结,当接触面滑动时刀具表面微粒被带走而造成的磨损。

黏结磨损一般在中等偏低的切削速度下比较严重。高速钢、硬质合金刀具在中等以下切削速度加工时,黏结磨损所占比重也较大。但提高切削速度后,硬质合金刀具的黏结磨损会减轻。

3. 扩散磨损

扩散磨损指高温切削时,刀具与工件材料的合金元素相互扩散,降低刀具物化性能而造成的磨损。

硬质合金刀具的工作温度比高速钢刀具高,与切屑、工件之间的扩散作用进行得更快,其扩散磨损所占比重远高于高速钢刀具。硬质合金中,钛元素的扩散率远低于钴、钨,TiC 又不易分解,所以切削钢铁类金属时,YT 类合金的抗扩散磨损能力优于 YG 类合金的。

4. 相变磨损

相变磨损指切削温度超过相变温度时,刀具材料的金相组织发生变化致使刀具硬度降低而造成的磨损。

相变磨损主要发生在以高速钢为代表的工具钢类刀具,是高速钢刀具磨损的主要原因之一。

5. 氧化磨损

氧化磨损指高温切削时,硬质合金中的碳化物氧化成硬度、强度较低的氧化物,被工件或切屑带走而造成的磨损。

由于切削时空气不易进入刀屑接触区,氧化磨损最易发生在后刀面上主、副切削刃的工作边界部位,形成后刀面的边界磨损。

刀具磨损是由机械摩擦和热效应两方面作用造成的。不同的刀具材料,其磨损原因及发生条件各不相同。

(1)高速钢刀具在低温时以机械的磨粒磨损为主,切削温度升高后将发生黏结磨损,达到相变温度后发生相变磨损,失去切削能力。

(2)硬质合金刀具低温时以磨粒磨损为主,温升后发生黏结磨损,高温下扩散磨损和氧化磨损加剧。

(3)从切削速度的角度看,低、中速范围下,刀具磨损的主要原因是机械的磨粒磨损和黏结磨损。在采用中等及以上切削速度加工时,热效应使高速钢刀具产生相变磨损,使硬质合金刀具产生扩散磨损和氧化磨损。

(三)刀具的磨损过程与磨钝标准

刀具的磨损过程一般可分为三个阶段,如图 1-114 所示。通常所说的磨损主要指后刀面磨损,因为大多数情况下后刀面都有磨损,它的 VB 大小对加工精度和表面粗糙度 R_a

值影响较大,而且测量也较方便。所以,目前一般都用后刀面上的磨损量来反映刀具磨损的程度。

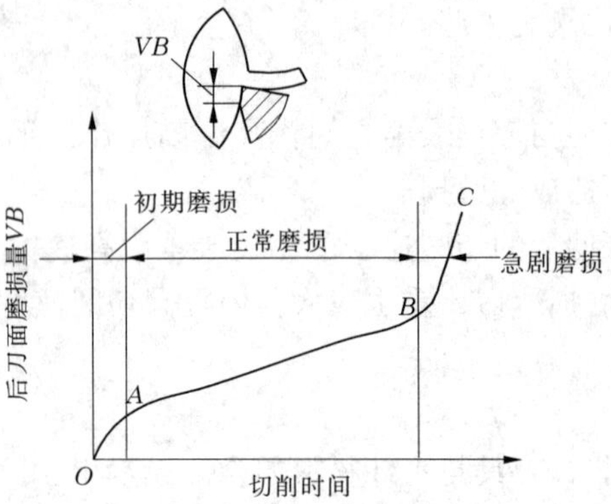

图 1-114　刀具磨损过程曲线

1. 刀具的磨损过程

(1)初期磨损阶段(*OA* 段)。这一阶段磨损速率大。这是因为新刃磨的刀具后刀面存在凹凸不平、氧化或脱碳等缺陷,使刀面表层上的材料耐磨性较差。

(2)正常磨损阶段(*AB* 段)。经过初期磨损后,刀具后刀面的粗糙表面已经磨平,承压面积增大,压应力减小,从而使磨损速率明显减小,且比较稳定。刀具即进入正常磨损阶段。

(3)急剧磨损阶段(*BC* 段)。当磨损量达到 *VB* 程度后,摩擦力增大,切削力和切削温度急剧上升,刀具磨损速率增大,以致刀具迅速损坏而失去切削能力。

实际生产中,在正常磨损后期、急剧磨损前期,应刃磨刀具和换刀。

2. 刀具的磨钝标准

刀具磨损后将影响切削力、切削温度和加工质量,所以刀具不能无休止地使用,必须根据加工情况,规定一个最大的允许磨损值,这就是磨钝标准。

由于后刀面磨损最常见,且易于控制和测量,通常以后刀面中间部位的平均磨损量 *VB* 作为磨钝标准。当刀具以月牙洼磨损为主要形式时,可用月牙洼深度 *KT* 规定刀具磨钝标准。

目前常用的刀具磨钝标准:硬质合金车刀粗车碳钢时,$VB=0.6\sim0.8$ mm;粗车铸铁时,$VB=0.8\sim1.2$ mm;精车时,$VB=0.1\sim0.3$ mm。

当然,实际生产中,有经验的操作人员往往凭直观感觉判断刀具是否已经磨钝。工件加工表面粗糙度 R_a 值开始增大,切屑的形状和颜色发生变化,工件表面出现挤亮地带,切削过程产生振动或刺耳噪声等,都标志着刀具已经磨钝。

(四)刀具耐用度与刀具寿命

实际生产中,不可能经常测量刀具的磨损量来掌握磨损程度。但可以根据后刀面的磨损量与切削时间的关系,用切削时间来表达磨钝标准。通常是用规定的刀具使用时间,即刀具耐用度,作为限定刀具磨损量的标准。

1. 刀具耐用度的概述

刀具刃磨后,从开始切削到磨损量达到磨钝标准 *VB* 所经过的切削时间称为刀具耐用度,用 *T* 表示,单位为 mim。

刀具耐用度是两次刃磨间的总切削时间,它不包括对刀、夹紧、测量、快进、返回等辅助时间。同时,它也与刀具寿命的概念不同。所谓刀具寿命,是指一把新刀从投入使用到报废为止总的切削时间,它等于刀具耐用度乘以刃磨次数(包括新刀开刃)。

2. 刀具耐用度的确定

刀具磨损达到磨钝标准后即需重磨或换刀,尤其在自动线、多刀切削及大批量生产中,一般都要求定时换刀。因此,刀具耐用度合理数值的确定对切削加工的生产率和成本都有直接的影响,不能规定得太高或太低。

目前生产中常用的刀具耐用度 *T* 参考值见表 1-10。

表 1-10 刀具耐用度 *T* 参考值 (单位:min)

刀具类型	耐用度 *T*	刀具类型	耐用度 *T*
高速钢车刀、刨刀、镗刀	30 ~ 60	硬质合金端铣刀	90 ~ 180
硬质合金焊接车刀	15 ~ 60	齿轮刀具	200 ~ 300
硬质合金可转位车刀	15 ~ 45	自动或组合机床、自动线刀具	240 ~ 480
钻头	80 ~ 120		

五、工件的表面质量

已加工表面的表面质量是通过表面的微观几何特征和表层的性能两方面来衡量的。前面已经阐述过加工表面层经历了切削过程后在力学性能上可能发生的变化,以及这些变化会对零件的使用性能造成的影响。现在我们再来了解加工表面层在微观几何形状方面的质量指标、评定参数,以及它们对零件的使用性能的影响。

(一)表面的几何特征

零件加工中,对于已加工表面的几何特征,首先会从宏观的角度加以测量,用精度的概念来判断表面的尺寸、形状、位置各要素是否符合要求。但切削过程毕竟是刀具运动的过程,其轨迹自然会受到刀刃形状、数量、运动形式的影响,加之切削过程中变形、力、热的作用使工件与刀具之间经常发生振动,刀具会出现磨损现象。所有这些因素都会造成加工表面层上各处的显微几何特征参数不均匀一致,存在偏差值。这种表面的微观不均匀性因为会严重影响到表面的使用性能,所以必须予以评价,继而将这些微观特征统称为加工表面的几何特征。

加工表面的几何特征包括表面粗糙度、表面波度、表面加工纹理、伤痕等四方面内容,其中表面粗糙度是构成加工表面几何特征的基本单元,如图 1-115 所示。

(1)表面粗糙度:加工表面上具有的微小间距和微小峰谷所形成的微观几何形状误差。这是由切削刀具的运动轨迹形成的表面几何特征。

(2)表面波度:介于宏观几何形状误差与粗糙度之间的中间几何形状误差。这主要

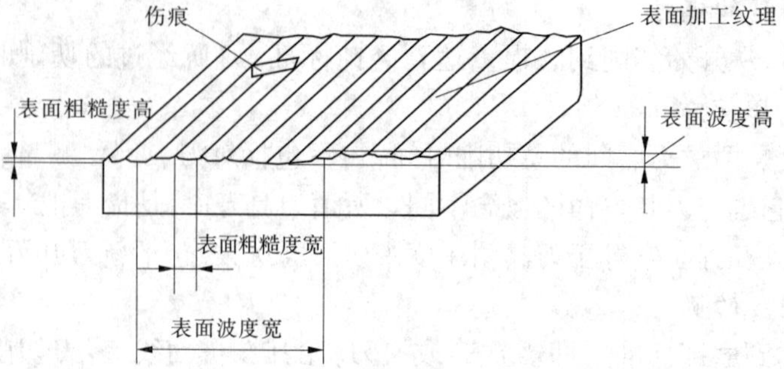

图 1-115 机械加工表面几何特征

是由切削刀具的偏移和振动形成的表面几何特征。

(3)表面加工纹理:表面上微观结构的流动方向。这是由表面成形时采用的成形运动形式决定的表面几何特征。

(4)伤痕:在加工表面的一些个别位置上随机分布的缺陷,例如裂痕、气孔、砂眼和划痕等。

(二)表面粗糙度的形成

作为描述已加工表面微观不平程度的表面几何特征,国家标准规定的表面粗糙度的评定参数有轮廓算术平均偏差 R_a、微观不平度十点高度 R_z 和轮廓最大高度 R_y。由于 R_a 值能充分反映表面微观几何形状高度方向的特性,并且几何测量方法简单,所以其优先推荐作为最基本的评定参数。

经过切削加工形成的已加工表面粗糙度基本上是由理论粗糙度和非正常原因造成的实际粗糙度两部分叠加而成的。

1. 理论粗糙度

理论粗糙度指由刀具几何形状和切削运动引起的表面不平度。

如图 1-116 所示,刀具的几何形状和切削运动对表面粗糙度的影响主要是通过刀具的 k_r、k_r'、r_ε 以及进给量 f 对切削后工件表面上的残余面积高度来体现的。

如图 1-116(a)所示,用 $r_\varepsilon=0$ 的尖刀车削外圆柱时,每完成一单位进给量 f 后,残留在已加工表面上的面积为 $\triangle abc$,它的高度 R_{max} 即为理论粗糙度的轮廓最大高度 R_y,由图中几何关系推导可得:

$$R_y = R_{max} = \frac{f}{\cot k_r + \cot k_r'}$$

相应的轮廓算术平均偏差 R_a 为

$$R_a = \frac{1}{4}R_y$$

又如图 1-116(b)所示,用 $r_\varepsilon>0$ 的圆头车刀车削外圆柱时,每完成一单位进给量 f 后,残留在已加工表面上的面积的最大残留高度 R_{max},即 R_y 由图中几何关系推导可得:

$$R_y \approx \frac{f^2}{8r_\varepsilon}$$

生产中,如果加工条件理想,加工后表面实际粗糙度会接近理论粗糙度。这样减小表面粗糙度、提高加工表面质量的措施，主要是减小残留面积的高度 R_y。

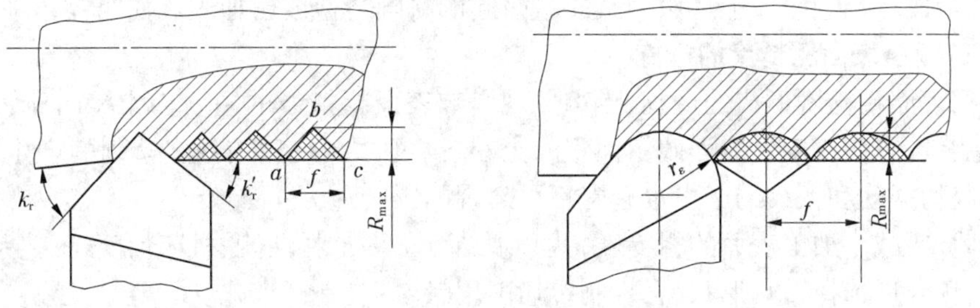

(a) (b)

图 1-116 表面残留面积

2. 实际粗糙度

多数情况下，生产中的加工条件并不理想，会在切削过程中产生积屑瘤、鳞刺、振纹、刀具磨痕、切屑划伤等附着物和痕迹，这些都会叠加在已加工表面的残留面积上，因此增大了残留面积的高度 R_y。

1) 积屑瘤和鳞刺的影响

积屑瘤是前刀面上不稳定的附着物，周期性地生成、长大、脱落，使刀具的背吃刀量不断地发生改变，在加工表面上切出沟槽，形成刺痕，严重地影响工件表面粗糙度。

鳞刺是已加工表面上垂直于切削速度方向上产生的突出的鳞片状毛刺。这是低切削速度、大进给下切削塑性金属材料时，工件受到来自堆积的切屑黏结层的严重摩擦和挤压后，表层塑性变形加剧，在刀刃前方的加工表面上产生断裂层，并残留在已加工表面上形成的，如图 1-117 所示。鳞刺的出现使已加工表面更加粗糙不平。

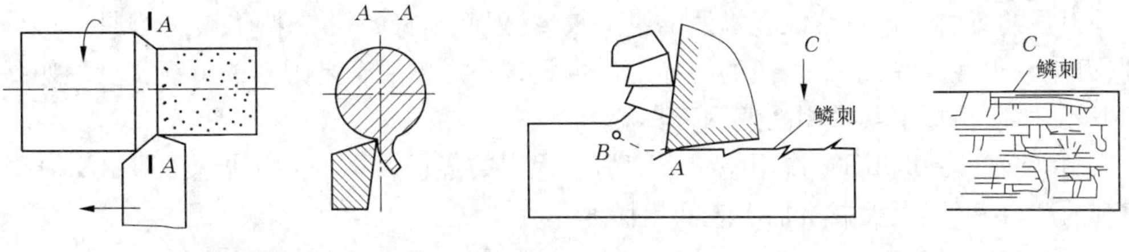

(a)积屑瘤刺痕 (b)鳞刺

图 1-117 刺痕和鳞刺现象

2) 振动的影响

刀具、工件或机床部件周期性的跳动称为振动。切削时工艺系统的振动，不仅在加工表面上形成振纹，使表面粗糙度显著增大，严重时还会影响到机床精度并损坏刀具，如图 1-118 所示。

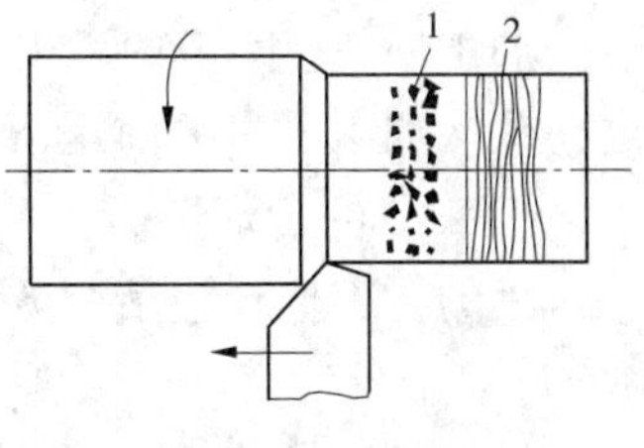

1—布纹；2—条纹

图 1-118 振纹

3) 刀具磨损的影响

刀具后刀面磨损后会在工件表层造成挤压和摩擦的痕迹；刀尖处产生微崩时，它在加工表面上会形成不均匀划痕;刃磨时在切削刃口上留下的毛刺、微裂口或细微崩刃,会在切削中反映在加工表面上,形成均匀划痕。上述由刀具质量引起的缺陷会造成已加工表面粗糙不平。

(三)减小表面粗糙度的措施

根据表面粗糙度形成的过程,不难发现影响表面粗糙度的主要因素来自于刀具形状和切削用量,它们决定了表面残留面积的大小、高度,影响着积屑瘤、鳞刺的产生,甚至对工艺系统的振动和振纹的产生也有着不可忽视的影响。

因此,要减小加工表面的粗糙度,就必须结合工件材料性能、机床精度、工艺系统刚性等因素,从合理选择刀具形状、合理制定切削用量着手,制订措施。

1. 刀具几何形状方面

采用减小 k_r、k_r',增大 r_ε,甚至在副切削刃上磨出修光刃的方法,可以减小残留面积的高度。但具体实施时应充分注意到减小主偏角和增大刀尖圆弧半径会增大背向抗力所带来的影响。若工艺系统刚性不足,过小的 k_r 或过大的 r_ε 或过宽的修光刃都会引起振动,反而使表面粗糙度值增大。

2. 切削用量方面

(1)在切削用量三要素中,进给量直接影响残留面积的高度,对表面粗糙度影响最大。减小进给量,使表面粗糙度值减小。但进给量 f 不能过小,否则会因切削厚度 a_c 过小,刀刃无法切入工件,造成刀具与工件间的强烈挤压和摩擦,使表面粗糙度值反向增大。

(2)在切削塑性金属时,切削速度 v_c 通过积屑瘤影响表面粗糙度,而在切削脆性金属时,切削速度对表面粗糙度影响较小。

(3)背吃刀量 a_p 对表面粗糙度的影响不大。但当 $a_p < 0.02$ mm 时,若刃口不锋利,刃口会与工件表面强烈摩擦,导致加工表面粗糙度的增大。

3. 其他因素的影响

刀具的刃磨质量对表面粗糙度的影响较大:刀面本身的粗糙度值越小,刀具刃口越锋利、刃口平刃性越好,加工表面的粗糙度值也就越小。硬质合金刀具的刃磨质量不如高速钢刀具,所以精加工常采用高速钢刀具。

切削液的冷却和润滑作用能减小切削过程中的界面摩擦与切削温度,抑制积屑瘤和鳞刺的产生,可以大大减小加工表面粗糙度。

六、切削条件的合理选择

切削加工中的切削条件主要指刀具条件与切削用量。加工中的切削现象已经说明,二者是加工质量、生产效率,乃至生产成本的决定因素。加工前必须合理选择切削条件,使之在确保加工质量的前提下,能充分发挥刀具、机床的潜能,有效地提高生产效率。

(一)刀具的合理选择

刀具的合理选择包括两方面的内容:一是合理选择刀具材料;二是合理选择刀具几何参数。

刀具材料选择前,应充分了解不同种类刀具材料的性能特点、加工范围,再根据工件材料和加工性质合理地选取。具体的内容要求已在前面章节中详细阐述,这里不再赘述。

刀具的几何参数,除刀具的几何角度外,还包括前刀面形式和切削刃形状。选择刀具几何参数,应根据工件材料、刀具材料、切削要求及加工条件等各方面因素,处理好刀具锋利性与坚固性的关系,综合考虑和协调各几何参数的内在联系,力求实现切削加工的优质、高产、低耗。

1.前刀面的形式及其选择

(1)正前角平面型,如图1-119(a)所示,这是前刀面的基本形式。其特点是结构简单、切削刃锋利,但刃口强度低、传热能力差。这种形式适用于切削脆性材料刀具、精加工刀具、成形刀具或多刃刀具。

(2)正前角平面带倒棱型,如图1-119(b)所示,这种形式是沿主切削刃磨出很窄的棱边,称为负倒棱。负倒棱可提高刀具刃口强度,改善散热条件,增强刀具寿命。通常负倒棱很小,不会影响到正前角的切削作用。这种形式适用于粗加工铸、锻件或断续切削。

(3)正前角曲面带倒棱型,如图1-119(c)所示,这种形式是在正前角平面带倒棱型的基础上磨制出断屑槽而形成的。它有利于切屑的卷曲和折断,多用于粗加工和半精加工。

(4)负前角单面型和负前角双面型,图1-119(d)、(e)所示。这种形式多用于硬质合金刀具切削高强度、高硬度材料。采用负前角是为了使脆性较大的硬质合金刀片更多地承受压应力。负前角单面型适用于刀具磨损主要发生在后刀面的切削,负前角双面型适用于前、后刀面同时磨损的切削。

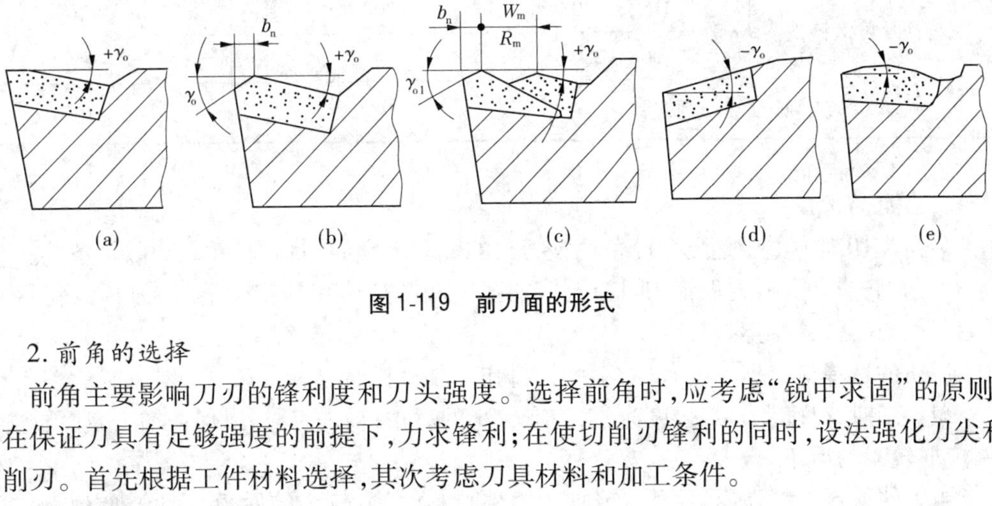

图1-119 前刀面的形式

2.前角的选择

前角主要影响刀刃的锋利度和刀头强度。选择前角时,应考虑“锐中求固”的原则,即在保证刀具有足够强度的前提下,力求锋利;在使切削刃锋利的同时,设法强化刀尖和切削刃。首先根据工件材料选择,其次考虑刀具材料和加工条件。

1)按工件材料选择

加工塑性材料时,为了减小切削变形,应取较大的前角;加工脆性材料(如铸铁)时,切削力集中在刃口附近,带有冲击性,为避免崩刀,一般应取较小的前角,但不宜选用负前角。

加工强度、硬度较低的工件材料时,选用较大前角;加工特硬材料(如淬硬钢、冷硬铸铁等)和强度很高的材料(如高锰钢)时,应取很小的前角,甚至负前角。

2)按刀具材料选择

高速钢的抗弯强度与冲击韧性较硬质合金的高,因此高速钢刀具可取较大的前角,硬质合金刀具应取较小的前角。

3）按加工条件选择

粗加工时，特别是粗加工带硬皮的毛坯或断续加工时，承受冲击载荷，应选用较小的前角；精加工时，一般取较大的前角。工艺系统刚性较差或机床功率不足时，应选较大的前角。

常用车刀合理前角的参考值见表 1-11。

表 1-11　常用车刀合理前角的参考值

工件材料		合理前角 γ_o（°）	
		高速钢刀具	硬质合金刀具
铝及铝合金		30～35	30～35
紫铜及铝合金（软）		25～30	25～30
铜合金（脆性）	粗加工	10～15	10～15
	精加工	5～10	5～10
结构钢	$\delta_b<800$ MPa	20～25	15～20
	$\delta_b=800\sim1\ 000$ MPa	15～20	10～15
灰铸铁及可锻铸铁	HBS≤220	20～25	15～20
	HBS＞220	10	8～35
铸、锻钢件或断续切削灰铸铁		10～15	5～10

3. 后角的选择

后角在切削中主要是配合前角调整刀具的锋利与强固的程度，并影响散热条件。

后角的选择原则：在保证刀具有足够的强度和散热体积的基础上，使刀具锋利，并减小后刀面与工件的摩擦。

后角的选择应根据加工条件、工件材料和刀具材料而定。

粗加工时，以确保刀具强度为主，应取较小的后角；精加工时，以保证加工表面质量为主，应取较大的后角。

当工件材料硬度高或强度大，或加工脆性材料时，取较小的后角。但在加工高强度、高硬度材料，如淬硬钢之类的工件时，因常取负前角，为使刀具易于“切”入工件，且减小主后刀面与工件的摩擦，应选取较大的后角。

高速钢刀具的后角可比硬质合金刀具稍大些。特别是使用硬质合金刀具强力车削时，应选取较小的后角。

一般情况下，车刀的副后角取值与主后角相同。但切断刀受刀头强度的限制，副后角较小，一般 $\alpha'_o=1.5°\sim2°$。

硬质合金车刀合理后角的参考值见表 1-12。

表1-12 硬质合金车刀合理后角的参考值

工件材料	合理后角(°)	
	粗车	精车
低碳钢	8~10	10~12
中碳钢	5~7	6~8
合金钢	5~7	6~8
淬火钢	8~10	
不锈钢(奥氏体)	6~8	8~10
灰铸铁	4~6	6~8
铜及铜合金(脆)	6~8	6~8
铝及铝合金	8~10	8~12

4. 主偏角和副偏角的选择

1)主偏角的选择

主偏角 k_r 主要影响刀具耐用度和刀头强固,并直接影响切削力的分配。因此,主偏角主要根据工件材料、工艺系统刚性、加工条件以及工件表面形状的要求,进行合理选择。

工件材料越硬,主偏角相应取得小一些。加工一般材料时,主偏角可在45°~90°选取;加工高硬度、高强度的材料时,应选取较小的主偏角,以加大刀尖角,增加刀具的强固和改善散热条件,并减轻单位长度切削刃上的负荷。以车削冷硬铸铁为例,在工艺系统的刚性允许的前提下,主偏角可选取15°。

工艺系统的刚性较好时,减小主偏角可提高刀具耐用度;工艺系统的刚性不足时,主偏角应选取较大值。

粗加工和半精加工中,硬质合金刀具一般选用较大的主偏角,以减小振动,提高刀具耐用度(减少崩刃),便于断屑。

切削过程中刀具需作中间切入时,应增大主偏角,可取 $k_r=45°\sim60°$。同时,还应与工件的形状相适应,如车削阶梯轴,需要 $k_r=90°$的偏刀;车削细长轴时,为减少背向抗力,可取 $k_r=90°\sim93°$。

2)副偏角的选择

副偏角 k_r'的作用主要是减少副切削刃与已加工表面之间的摩擦,降低工件的表面粗糙度。但减小副偏角的同时容易引起振动,因此副偏角的合理数值首先应满足加工表面质量的要求,再考虑刀尖强度和散热体积。

一般刀具在不引起振动的情况下可选较小的副偏角,$k_r'=5°\sim10°$。精加工刀具的副偏角应取得更小些,必要时,可磨出一段 $k_r'=0°$的修光刃。

加工高强度、高硬度材料或断续切削时,应取较小的副偏角,$k_r'=4°\sim6°$,以提高刀尖强度。当工艺系统刚性较差时,应取较大的副偏角。

切断刀为保证刀头强度和重磨后刀头宽度的变化小,只能取较小的副偏角,$k_r'=1°\sim2°$。

主偏角和副偏角的选用参考值见表 1-13。

表 1-13 硬质合金车刀合理偏角参考值

加工情况		合理偏角(°)	
		主偏角 k_r	副偏角 k_r'
粗车,无中间切入	工艺系统刚性好	45、60、75	5 ~ 10
	工艺系统刚性差	65、75、90	10 ~ 15
车削细长轴、薄壁零件		90、93	6 ~ 10
精车,无中间切入	工艺系统刚性好	45	0 ~ 5
	工艺系统刚性差	60、75	0 ~ 5
车削冷硬铸铁、淬火钢		10 ~ 30	4 ~ 10
从工件中间切入		45 ~ 60	30 ~ 45
切断刀、切槽刀		60 ~ 90	1 ~ 2

5. 刃倾角的选择

刃倾角 λ_s 在切削中起着控制切屑流向、保护切削刃和刀尖、影响切削分力大小以及实际工作前角等作用。λ_s 越大,刀具的实际前角就越大,切削刃也变得越锋利。但当 $-\lambda_s$ 的绝对值增大时,背向抗力 F_p 的增大将导致工件变形并引起振动,且切屑易擦伤工件表面。因此,合理选择刃倾角,主要根据刀具强度、流屑方向、加工条件而定。

加工高硬度材料或刀具承受冲击负荷时,应取较大的负刃倾角,以保护刀尖。工艺系统刚性不足时,尽量不采用负刃倾角。

精加工时宜取 λ_s 为正值,使切屑流向待加工表面,并可使刃口锋利。微量精车外圆或精车内孔时,可采用大刃倾角,$\lambda_s = 45° \sim 75°$。

内孔加工刀具(铰刀、丝锥等)的刃倾角方向应根据孔的性质决定:通孔加工时采用左旋槽($-\lambda_s$)刀具,使切屑向前排出;盲孔加工时采用右旋槽($+\lambda_s$)刀具,向后排屑。

刃倾角的选用参考值见表 1-14。

表 1-14 刃倾角的选用参考值

λ_s(°)	0 ~ +5	+5 ~ +10	0 ~ −5	−5 ~ −10	−10 ~ −15	−10 ~ −45	−45 ~ −75
应用范围	精车钢,车细长轴	精车有色金属	粗车钢和灰铸铁	粗车余量不均匀钢	断续车削钢、灰铸铁	带冲击切削淬硬钢	大刃倾刀具薄切削

6. 刀具的其他几何参数及其选择

1) 过渡刃和修光刃

刀尖是车刀工作条件最恶劣的部位,强度差,切削力和切削温度又较集中,很容易磨损。如果在刀尖处磨制过渡刃,能显著地改善刀尖的切削性能,提高刀具耐用度。

过渡刃形状有直线形和圆弧形两种,如图 1-120(a)所示。

(1)直线形过渡刃。它可提高刀具耐用度和改善工件表面质量,且刃磨方便,适用于各类刀具。偏角 $k_{r\varepsilon}$ 越小，对工件表面的修光作用越好。

(2)圆弧形过渡刃。刀尖圆弧半径 r_ε 可提高刀具耐用度，对工件表面有较好的修光作用，但刃磨困难，而且 r_ε 过大时会使背向抗力 F_p 增大，易引起振动。通常高速钢刀具取 $r_\varepsilon=1\sim3$ mm；硬质合金刀具取 $r_\varepsilon=0.5\sim1.5$ mm；精加工取大值，粗加工取小值。

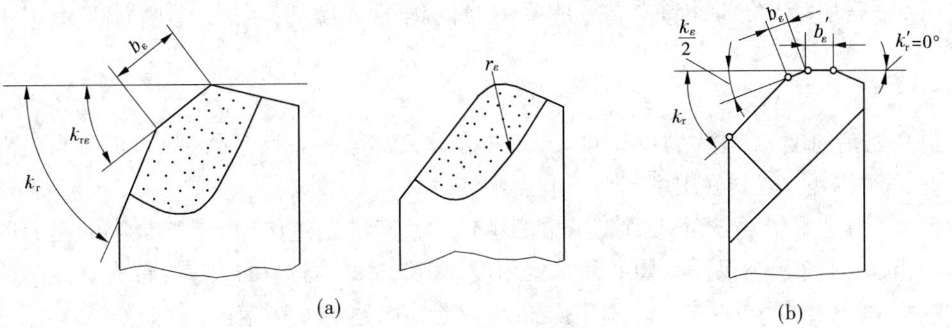

图 1-120 过渡刃与修光刃

为减小残留面积，一些刀具磨制一段 $k_r'=0°$ 的过渡刃，该过渡刃亦称为修光刃，如图 1-120(b)所示。它的长度 b_ε' 一般为$(1.2\sim1.5)f$。

2)倒棱与消振棱

沿着主切削刃在前刀面上刃磨出负前角(或零前角或很小的正前角)的窄棱面，称为倒棱(见图 1-121(a))。使用倒棱的目的在于强化刃口，改善散热条件。

沿着主切削刃在后刀面上刃磨出负后角的小棱面，称为消振棱(见图 1-121(b))。其作用是在切削时产生支承作用、增加系统刚性，并起到阻尼消振的作用。消振棱常用于切断刀、螺纹刀及细长轴车刀，一般其 $\alpha_{o1}=-5°\sim-20°$，$b_{\alpha1}=0.1\sim0.3$ mm。

3)刃带

沿着切削刃磨制出的后角为零的小棱面称为刃带，如图 1-121(c)所示。刃带的作用为：制造刀具(如铣刀、铰刀、拉刀)时方便测量和控制尺寸，切削时起支承和导向作用(如麻花钻、铰刀、拉刀)，也能消振和提高刃口强度。

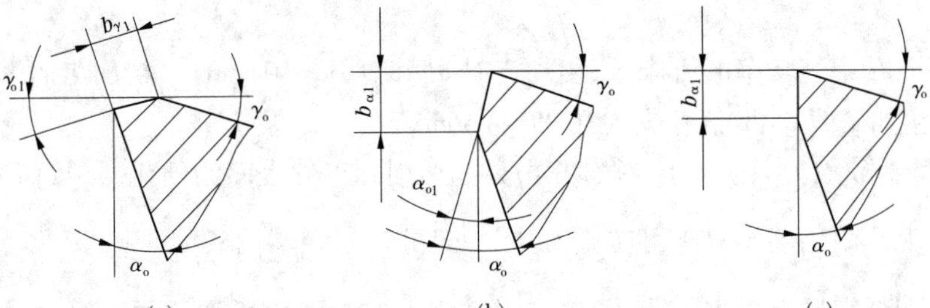

图 1-121 刀具刃口的形式

(二)切削用量的合理选择

合理的切削用量，就是在已经选择好刀具的基础上确定背吃刀量、进给量和切削速度，使得在不同的加工条件下对切削效率和加工质量各有侧重。因此，正确地选择切削用量，对提高切削效率、保证刀具耐用度和工件的加工质量、提高经济效益都有着重大意义。

处理好效率和质量的关系，是选择切削用量的关键。对于粗加工，要尽量保证较高的金属切除率和必要的刀具耐用度；而对于半精加工、精加工，则首先要保证加工精度和表面质量，同时兼顾必要的刀具耐用度和生产效率。

1. 切削用量与金属切除率 z_w、加工质量、刀具耐用度的关系

（1）金属切除率，即切削效率，是单位时间内的金属切除量。车削加工中用下式计算：

$$z_w = 1\,000 v_c f a_p$$

提高切削速度 v_c、增大背吃刀量 a_p 和进给量 f，都能提高切削效率 z_w，但各自也对加工精度、表面质量、刀具耐用度产生不利影响。

（2）在刀具耐用度方面，切削速度的影响最大，其次是进给量，影响最小的是背吃刀量。在粗加工阶段，为保证必要的刀具耐用度，切削用量的选择原则是：首先选定背吃刀量，然后选择进给量，最后按刀具耐用度的要求选定合理的切削速度。

（3）在表面质量方面，进给量对表面粗糙度影响最大，切削速度则是通过积屑瘤和鳞刺产生一定的影响，影响最小的是背吃刀量。

（4）在加工精度方面，背吃刀量影响最大，其次是进给量，切削速度影响最小。因此，在半精加工、精加工阶段，为保证加工精度和表面质量，应首先按工序余量确定背吃刀量后，选用较小的进给量，然后在保证合理的切削效率和刀具耐用度的前提下，确定合理的切削速度。

2. 背吃刀量的选择

背吃刀量应根据工件的加工余量以及机床、工件、刀具的刚度来确定。

（1）在工艺系统的刚性允许、机床功率足够的前提下，除留给下道工序的余量外，其余的材料尽可能一刀切除。这样可以减少进给次数，提高生产效率。当余量太大或工艺系统刚性不足时，所有余量（A）可分两次（或多次）切除。具体安排如下：

第一次进给的背吃刀量为 $a_{p1} = (\frac{2}{3} \sim \frac{3}{4})A$，第二次进给的背吃刀量为 $a_{p2} = (\frac{1}{4} \sim \frac{1}{3})A$。

实验表明，在中等功率的机床上，粗加工时 a_p 可达 5 ~ 10 mm；半精加工时 a_p 可取为 1.5 ~ 5 mm；精加工时 a_p 取值范围为 0.05 ~ 1 mm。

（2）当背吃刀量（切深）过小或微切时，只能切削到工件表面的硬化层，从而造成刀具的刮擦，缩短刀具耐用度。对于可转位刀片，一般推荐 a_p 不小于$\frac{1}{3}r_\varepsilon$。

同样，在切削表层有硬皮的铸、锻件或不锈钢等加工硬化严重的材料时，应在机床功率允许的范围内，使 a_p 的取值超过硬皮或冷硬层的厚度，避免切削刃在硬皮或冷硬层上切削。

3. 进给量的选择

背吃刀量选定以后，应进一步选取进给量。制约进给量大小的主要因素是切削力和表面粗糙度值。

粗加工时，对加工表面的粗糙度值要求不高，只要工艺系统的刚性和刀具强度允许，可以选取较大的进给量。实际生产中，粗加工进给量一般根据经验选取。在表1-15中，列出了硬质合金车刀（或高速钢车刀）粗车外圆（或端面）时的进给量。

表1-15 硬质合金车刀（或高速钢车刀）粗车外圆（或端面）时进给量的参考值

工件材料	车刀刀杆截面 $B \times H$ (mm × mm)	工件直径 d_w(mm)	背吃刀量度 a_p(mm)				
			≤3	3~5	5~8	8~12	≥12
			进给量 f(mm/r)				
碳素结构钢和合金结构钢	16×25	20	0.3~0.4	—	—	—	—
		40	0.4~0.5	0.3~0.4	—	—	—
		60	0.5~0.7	0.4~0.6	0.3~0.5	—	—
		100	0.6~0.9	0.5~0.7	0.5~0.6	0.4~0.5	—
		400	0.8~1.2	0.7~1.0	0.6~0.8	0.5~0.6	—
	20×30 25×25	20	0.3~0.4	—	—	—	—
		40	0.4~0.5	0.3~0.4	—	—	—
		60	0.6~0.7	0.5~0.7	0.4~0.6	—	—
		100	0.8~1.0	0.7~0.9	0.5~0.7	0.4~0.7	—
		600	1.2~1.4	1.0~1.2	0.8~1.0	0.6~0.9	0.4~0.6

精加工时，进给量主要根据表面粗糙度要求选择。表1-16按照表面粗糙度和刀尖圆弧半径的要求，列出了高速切削下的进给量参考值。

4. 切削速度的选择

粗加工主要考虑切削的经济性，精加工时侧重减小表面粗糙度。切削速度应根据刀具材料、加工性质、刀具耐用度进行选择，通常的原则是：

（1）刀具材料耐热性好，切削速度则可选得高些。硬质合金刀具的切削速度比高速钢刀具的高。

（2）工件材料的强度、硬度高或塑性、脆性大，切削速度均应选得低些。

（3）工艺系统刚性较差时，或断续切削时，或切削带硬皮的工件时，应适当降低切削速度。

（4）表面粗糙度值要求低时，切削速度应避开积屑瘤生成的速度范围。

在实际生产中，切削速度常使用各种《切削手册》进行选取。《切削手册》是根据国内外的各类研究机构或制造部门的试验数据或实际经验值所编写的，具有很高的借鉴价值。表1-17中所列为硬质合金外圆车刀的切削速度参考值。

总之，切削用量的具体数值应根据加工要求、机床性能、工艺手册，结合实际经验用类比方法确定，但同时，又应使切削速度、进给量及背吃刀量三者能相互配合，以形成最佳切削用量。

最后，在切削用量初步选定以后，尤其是粗加工用量，应该进行机床功率的校核，判断在选定的切削用量下，机床需要消耗的功率是否会超过其额定功率。否则，应对选择的切削用量进行调整，此时一般采取对进给量进行调整。

表 1-16　高速切削时按表面粗糙度和刀尖圆弧半径选择进给量的参考值

刀具	表面粗糙度 R_a(μm)	工件材料	k_r'	切削速度范围 v_c(m/min)	刀尖圆弧半径 r_ε(mm) 0.5	1.0	2.0
					进给量 f(mm/r)		
$k_r'>0°$ 的车刀	12.5	中碳钢	5°	不限制	—	1.00～1.10	1.30～1.50
			10°			0.80～0.90	1.00～1.10
		灰铸铁	15°			0.90～1.00	0.70～0.80
	6.3	中碳钢	5°	不限制	—	0.55～0.70	0.70～0.85
		灰铸铁	10°～15°			0.45～0.60	0.60～0.70
	3.2	中碳钢	5°	<50	0.22～0.30	0.25～0.35	0.30～0.45
				50～100	0.23～0.35	0.35～0.40	0.40～0.55
				>100	0.35～0.40	0.40～0.50	0.50～0.60
			10°～15°	<50	0.18～0.25	0.25～0.30	0.30～0.45
				50～100	0.25～0.30	0.30～0.35	0.35～0.55
				>100	0.30～0.35	0.35～0.40	0.50～0.55
		灰铸铁	5°	不限制	—	0.30～0.50	0.45～0.65
			10°～15°			0.25～0.40	0.50～0.55
	1.6	中碳钢	≥5°	30～50	—	0.11～0.15	0.14～0.22
				50～80		0.14～0.20	0.17～0.25
				80～100		0.16～0.25	0.23～0.35
				100～130	—	0.20～0.30	0.25～0.39
				>130		0.25～0.30	0.25～0.39
		灰铸铁	≥5°	不限制	—	0.15～0.25	0.20～0.35
	0.8	中碳钢	≥5°	100～110	—	0.12～0.18	0.14～0.17
				110～130		0.13～0.18	0.17～0.23
				>130		0.17～0.20	0.21～0.27
$k_r'=0°$ 车刀	12.5	中碳钢	0°	不限制	<5.0		
	6.3	灰铸铁					
	3.2	中碳钢	0°	≥50	<5.0		
		灰铸铁		不限制			
	1.6	中碳钢	0°	≥100	4.0～5.0		
	0.8						
	1.6	灰铸铁	0°	不限制	5.0		

表 1-17 硬质合金外圆车刀切削速度的参考值

工件材料	热处理状态	$a_p=0.3\sim2$ mm	$a_p=2\sim6$ mm	$a_p=6\sim10$ mm
		$f=0.08\sim0.3$ mm/r	$f=0.3\sim0.6$ mm/r	$f=0.6\sim1$ mm/r
		v_c(m/min)	v_c(m/min)	v_c(m/min)
低碳钢、易切钢	热轧	140～180	100～120	70～90
中碳钢	热轧	130～160	90～110	60～80
	调质	100～130	70～90	50～70
合金结构钢	热轧	100～130	70～90	50～70
	调质	80～110	50～70	40～60
工具钢	退火	90～120	60～80	50～70
灰铸铁	HBS＜190	90～120	60～80	50～70
	HBS＝190～225	80～110	50～70	40～60
高锰钢 ω(Mn)＝13%			10～20	
铜及铜合金		200～250	120～180	90～120
铝及铝合金		300～600	200～400	150～200
铸铝合金 ω(Si)＝13%		100～180	80～150	60～100

【任务实施】

一、刀具条件的合理选择

(一)刀具材料的选择

已知所要加工的工件材料为热轧 45 钢,可以选用硬质合金刀具或高速钢刀具。从提高切削效率的角度看,应首选耐热性更好的 YT 类硬质合金刀具材料。

由于是进行粗加工和半精加工,刀具所要承受的切削力较大,需要有较高的强度和韧性,所以选用钴含量较大的硬质合金牌号 YT15。

(二)刀具几何参数的选择

1. 粗车刀具的参数选择

图 1-94 所示工件为光轴,该类工件的粗车甚至半精车多数采用切削效率高的强力车削,这是选用大背吃刀量、大进给及略低切削速度的切削方式。在这种方式下,须满足必要的刀具耐用度要求,刀具的散热能力应予以相应的提高,且刀头强度能够承受大切削力的作用。为此,选用 75°主偏角的外圆车刀作为粗车刀具。

在强力车削时,为保证刀具耐用度,改善大进给带来的表面粗糙度,粗车刀具应选择较大的前角 γ_o、较小的后角 α_o、小的副偏角 k_r' 和负的刃倾角 λ_s,而且沿主切削刃磨出负倒棱,在副切削刃上磨出一段修光刃并使用过渡刃。同时,在前刀面上磨制出外斜式断屑槽,使断屑稳定可靠,不憋屑,不缠绕。

以上75°强力车刀的刀具参数选择,着重体现“锐字当先,锐中求固”的特点,使刀具很好地发挥其切削能力。

2. 半精车刀具的参数选择

半精车时的刀具选用90°的外圆车刀,其参数的选择不再赘述。表1-18所示为刀具的几何角度。

表1-18　粗车和半精车刀具的几何角度

工序	前角 γ_o (°)	后角 α_o (°)	副后角 α_o' (°)	主偏角 k_r (°)	副偏角 k_r' (°)	刃倾角 λ_s (°)	刀尖圆弧半径 r_ε(mm)
粗车	15	6	6	75	15	-6	0.75
半精车	15	8	8	90	10	4	0.5

二、切削用量的合理选择

图1-94所示光轴工件,其工序划分以及各工序的表面粗糙度和尺寸精度都有明确的要求,所以按粗加工和半精加工分别选择其切削用量。

(一)粗车

(1)背吃刀量的选择:根据已知条件,工件的双边总余量 $A=8$ mm,所以取 $a_p=4$ mm。

(2)进给量的选择:查表1-15得,取 $f=0.5$ mm/r。

(3)切削速度的选择:工件材料为热轧45钢,由表1-17可知,当 $a_p=4$ mm,$f=0.5$ mm/r,$v_c=100$ m/min 条件下,可保证 $T=60$ min。

(4)换算并确定机床主轴转速 n,则

$$n=\frac{1\,000v_c}{\pi d_w}=\frac{1\,000\times100}{3.14\times60}=530.8(\text{r/min})$$

从CA6140车床主轴箱铭牌上查得,可选用的主轴转速挡位为450 r/min。故实际切削速度为

$$v_c=\frac{\pi d_w n}{1\,000}=\frac{3.14\times60\times450}{1\,000}=85(\text{m/min})$$

(5)机床功率的校核:利用单位切削力 p 求解主切削力 F_c 的方法,近似地校核机床功率。

由表1-7、表1-8、表1-9各查得:单位切削力 $p=1\,962$ N/mm^2,进给量对单位切削力的修正系数 $K_{fp}=0.925$,切削速度对主切削力的修正系数 $K_{v_cF_c}=1.02$。

$$切削功率\ P_c=\frac{F_cv_c}{60\,000}=\frac{pa_pfv_cK_{f_p}K_{v_cF_c}}{60\,000}$$

$$=\frac{1\,962\times4\times0.5\times85\times0.925\times1.02}{60\,000}=5.24(\text{kW})$$

由机床说明书可知,CA6140车床的主电机额定功率 $P_W=7.5$ kW,取机床效率 η 值

为 80%，则机床的消耗功率 $P_E = P_c/\eta = 5.24/0.8 = 6.55$(kW) < 7.5 kW。因此，机床功率够用。

(二)半精车

(1)背吃刀量：工件的双边总余量 $A = 2$ mm，取 $a_p = 1$ mm。

(2)进给量：查表 1-16 可得，在 $R_a = 3.2$ μm，$k_r' = 10°$，$r_\varepsilon = 0.5$ mm，$v_c > 100$ m/min 时，$f = 0.3 \sim 0.35$ mm/r。取 $f = 0.31$ mm/r。

(3)切削速度：工件材料为热轧 45 钢，由表 1-17 可知，在 $a_p = 1$ mm，$f = 0.31$ mm/r，$T = 60$ min的条件下，$v_c = 130 \sim 160$ m/min。取 $v_c = 150$ m/min。

(4)换算并确定主轴转速 n，则

$$n = \frac{1\,000 v_c}{\pi d_w} = \frac{1\,000 \times 150}{3.14 \times 52} = 919(\text{r/min})$$

从机床主轴箱铭牌上查得，实际主轴转速挡位为 900 r/min。故实际切削速度

$$v_c = \frac{\pi d_w n}{1\,000} = \frac{3.14 \times 52 \times 900}{1\,000} = 147(\text{m/min})$$

【思考与习题】

1. 试述三个切削变形区的变形特点。

2. 切屑有哪些类型？各种切屑有什么特征？在什么条件下形成？

3. 什么是积屑瘤？其有何特点？积屑瘤对切削加工有什么影响？如何控制？

4. 什么是加工硬化？如何表示？实际加工中通常可采用哪些措施来减少加工硬化？

5. 已加工表面质量如何衡量？已加工表面粗糙度产生的原因是什么？采用哪些措施可以降低已加工表面的粗糙度？

6. 试述切削用量三要素和主偏角对各切削分力和切削温度的影响规律。

7. 试述刀具的正常磨损形式和原因。

8. 说明下列情况下刀具几何参数应具有的特点。

(1)锐中求固；(2)散热条件良好；(3)系统刚性不足；(4)抗冲击；(5)精加工；(6)加工高硬度、高强度材料。

9. 切削温度是影响刀具磨损的主要原因，这种说法是否正确？为什么？

10. 如果选定切削用量后发现超过机床功率，应如何解决？

项目二　车削加工

引　言

车削加工是指在车床上，利用工件的旋转运动和刀具的直线运动或曲线运动，用车刀切削工件，以改变毛坯的尺寸、形状，达到零件要求的加工方法。

车削加工是机械加工中应用最为广泛的方法之一，主要用于回转体零件的加工，并可借助于标准夹具（如四爪单动卡盘、花盘弯板等）或专用夹具，在车床上完成非回转体零件上的回转表面加工。在普通精度的车床上，加工外圆表面的精度可达 IT7～IT6，表面粗糙度 R_a 值可达 1.6～0.8 μm。在精密级和高精密级车床上，用合适的刀具（如金刚石车刀）还可完成高精度零件（如磁盘的盘基）的超精密加工。

单元一　车　床

【学习目标与任务】

学习目标：

1. 掌握卧式车床的工艺范围、主要部件及其功用。
2. 掌握 CA6140 型卧式车床的传动原理，能阅读 CA6140 型卧式车床的传动系统图。
3. 能进行 CA6140 型卧式车床的传动链分析与调整计算。
4. 掌握 CA6140 型卧式车床中典型机构与装置的结构、功能。
5. 了解其他类型车床的特点。

学习任务：车床的调整与操纵。

【任务引入】

按图 2-1 所示螺纹小轴给定的机床运动参数，进行机床的调整和操纵。

【知识指引】

一、车床概述

（一）车床的运动与工艺范围

车床类机床主要用于加工各类回转表面。由于大多数机器零件都具有回转表面，车床的通用性又较广，因此车床的应用极为广泛，在金属切削机床中所占比例最大，占机床总数的 1/3～1/2。

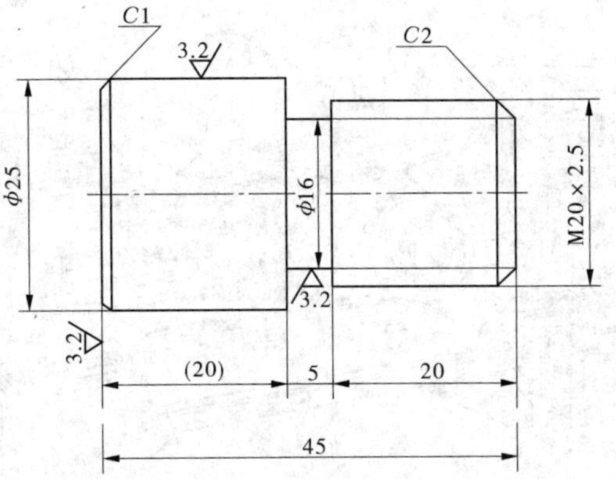

图 2-1　螺纹小轴

1. 车床的机床运动

车床能够提供的表面成形运动有：主轴带动工件的旋转运动、刀具的直线移动或合成移动。前者是车床的主运动，后者是车床的进给运动，包括纵向进给运动（车圆柱面）、横向进给运动（车端面）、螺纹进给运动（车螺纹）、曲线进给运动（车成形回转面）。

2. 车床的工艺内容

在车床上完成的加工任务，主要是使用车刀的车削加工。其实有些车床（如卧式车床、转塔车床等）还可以使用各种孔加工刀具，如钻头、铰刀以及螺纹刀具等，进行钻孔、铰孔、功螺纹等加工内容。

图 2-2 所示为卧式车床上所能加工的典型表面。

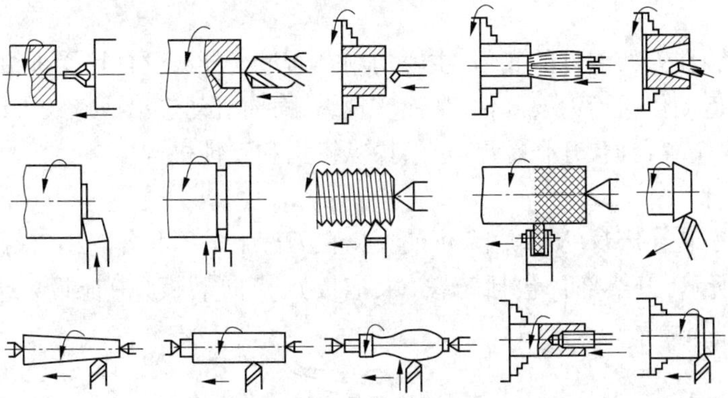

图 2-2　卧式车床的加工内容

3. 车床的类型

根据被加工零件的类型及尺寸的不同，车床有多种类型。常用的类型有卧式车床、落地车床、转塔车床、立式车床、单轴自动车床、半自动车床、仿形及多刀车床、数控车床和车削中心以及各种专门化车床、专业车床等。在所有车床类机床中，卧式车床应用最广。

（二）卧式车床

图 2-3 所示为卧式车床的外形与构造，其主要的组成部件有主轴箱、进给箱、溜板箱、刀架、尾座、床身。

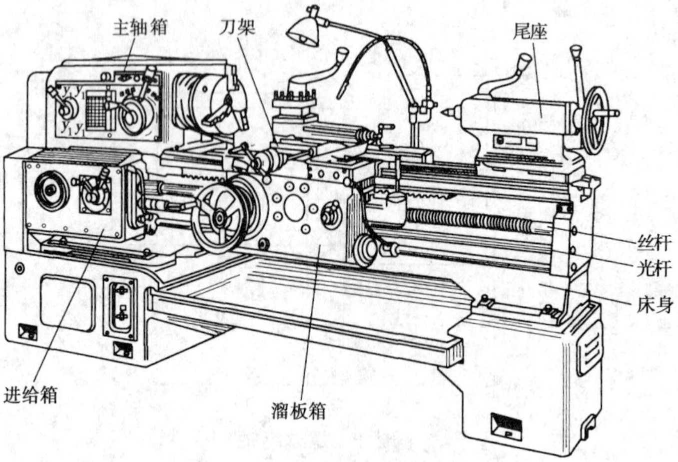

图 2-3　卧式车床外形图

1. 卧式车床的主要部件及其功用

1) 主轴箱

主轴箱固定在床身左上部，其功用是支承主轴部件，并使主轴及工件获得所需的旋转速度。箱内安装有主轴部件、主运动的变速和换向机构、开停与制动装置以及操纵机构。

2) 进给箱

进给箱固定在床身的左前壁，其主要功用是实现进给运动传动比的变换，用于调整、改变机动进给量或螺纹加工时的螺距。进给箱内安装有基本变速机构、倍增机构、移换及操纵机构。

3) 溜板箱

溜板箱安装在刀架部件的底部，主要功用是通过光杆或丝杆接受进给箱传来的运动，并将溜板箱的运动传递给刀架部件，从而实现纵、横向机动进给或螺纹进给。溜板箱内有超越离合器、安全离合器、开合螺母、进给操纵机构和互锁机构。

4) 刀架部件

刀架部件安装在床身的导轨上，可使夹持在刀架上的刀具作纵向、横向或斜向进给运动。如图 2-4 所示，刀架部件包括床鞍（大拖板）、横向溜板（中拖板）、刀架溜板（小拖板）、转盘、方刀架。

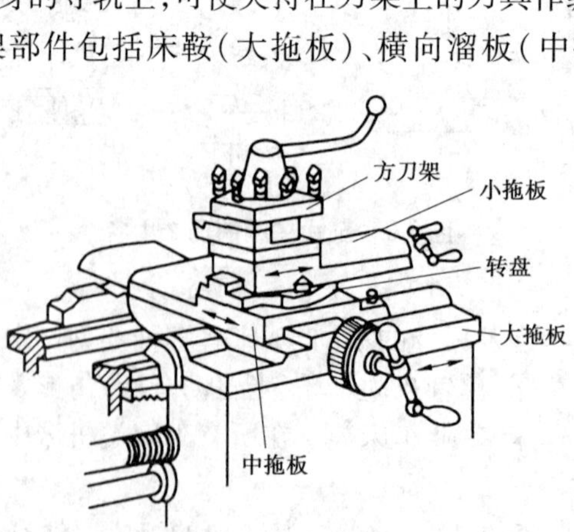

图 2-4　刀架

5）尾座

尾座安装在床身的导轨上，可根据工件长度调整其纵向位置。尾座的功用是安装顶尖以支承工件，也用于安装孔加工刀具进行孔加工。如图 2-5 所示，尾座主要由套筒、尾架体、调节螺钉、底座等组成。

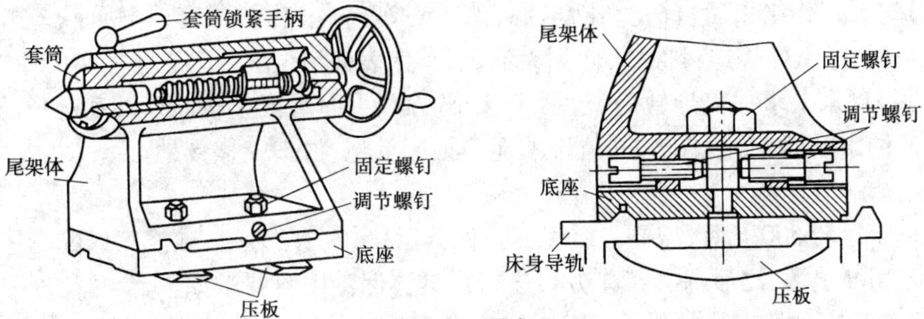

图 2-5　尾座

6）床身

床身通过螺栓固定在左、右床腿上，用于支承其他部件，并使它们保持准确的相对位置。

7）光杆和丝杆

光杆和丝杆将进给箱的运动传递给溜板箱。机动进给车外圆、端面时，用光杆传动；螺纹进给时，用丝杆传动。丝杆和光杆不得同时使用。

2. CA6140 型卧式车床的技术参数

普通车床的通用性能好，它适用于各种轴类、套筒类和盘类零件上回转表面的加工。

CA6140 型卧式车床的加工范围较广，但它的结构复杂且自动化程度低，常用于单件、小批量生产，主要技术参数如表 2-1 所示。

表 2-1　CA6140 型卧式车床的主要技术参数

名称		技术参数
工件最大直径	在床身上	400 mm
	在刀架上	210 mm
主轴	最大通过直径	48 mm
	正转转速级数	24 级
	正转转速范围	10 ~ 1 400 r/min
	反转转速级数	12 级
	反转转速范围	14 ~ 1 580 r/min
进给量	纵向	0.028 ~ 6.33 mm/r
	横向	0.014 ~ 3.16 mm/r
刀架	刀杆支承面至中心高距离	26 mm
	刀杆截面 $B \times H$	25 mm × 25 mm
电动机功率	主电动机	7.5 kW

(三)车床的维护与保养

为了维护车床的加工精度、保证加工质量、延长使用寿命,必须学会对车床进行合理的维护和保养。

1. 车床的日常保养

(1)每天工作结束后,首先切断电源,然后对车床各表面、罩壳、导轨面、丝杆、光杆、各位置手柄、操纵杆等进行擦拭,做到无油污、车床表面清洁。

(2)每周末要求保养导轨面,包括床身导轨面、小中滑板导轨面及转动部位的清洁润滑。保证油眼畅通、油标清晰,并清洗油绳和护床毛毡,清扫工作场地。

2. 车床一级保养

当车床运转500 h后,需要一级保养。保养以操作工人为主,维修工人配合进行。保养时首先切断电源,之后保养工作方可进行。具体保养内容要求如下:

(1)清洁床身外表及各罩盖,清洁丝杆、光杆和操纵杆,检查螺钉、手柄是否齐全。

(2)清洗滤油器,使之无杂物;检查主轴是否松动;调整摩擦片和制动器。

(3)清洗刀架,调整中、小滑板间隙(塞铁间隙、丝杆与螺母间隙)。

(4)清洗齿轮轴并换油,调整齿轮啮合间隙。

(5)清洗尾座,保持内外清洁。

(6)清洗冷却泵、滤油器、盛液盘,畅通油路、油孔,清洁油线、油毡。

(7)清扫电动机、电器箱,电器装置稳固齐全。

二、CA6140型卧式车床的传动系统

CA6140型卧式车床由一个主电机带动,执行两类共四条传动链:主运动传动链,进给传动链,包括纵向、横向机动进给传动链,螺纹进给传动链。其中,螺纹进给传动链为内联系传动链,其余为外联系传动链。

需要说明的是,在车床设计时,为使用统一的进给操纵机构,对机动进给链的结构作了一定调整,将其首端件由运动源(电机轴)变更为机床主轴,末端件仍为刀架。事实上,在采取这样的结构调整后,不但未改变机动进给链外联系的性质,而且因缩短了机动进给链的长度,机动进给量能以主轴转一周时刀架的单位移动量来计算,从而简化了参数计算,方便了工艺制定。

(一)传动系统图及其分析方法

传动系统图是表达机床全部运动关系的示意图,各传动元件在图中用简单的规定符号表示,并标明与运动有关的参数:电动机功率 P 、转速 n 、齿轮与蜗轮齿数 z 、齿条模数 m 、丝杆导程 L 和头数 k 、带轮直径 D 等。

1. 传动系统图的绘制方法

传动系统图是按照各传动轴运动传递的先后顺序,以展开图的形式绘制在能反映机床外形和各主要部件相互位置的投影面上。绘制传动图时,各轴依次以罗马数字Ⅰ、Ⅱ、Ⅲ、…表示;对于展开后失去联系的传动副,要用大括号或虚线连接起来,以表示它们的传动关系。

CA6140型卧式车床的传动系统图,如图2-6所示。

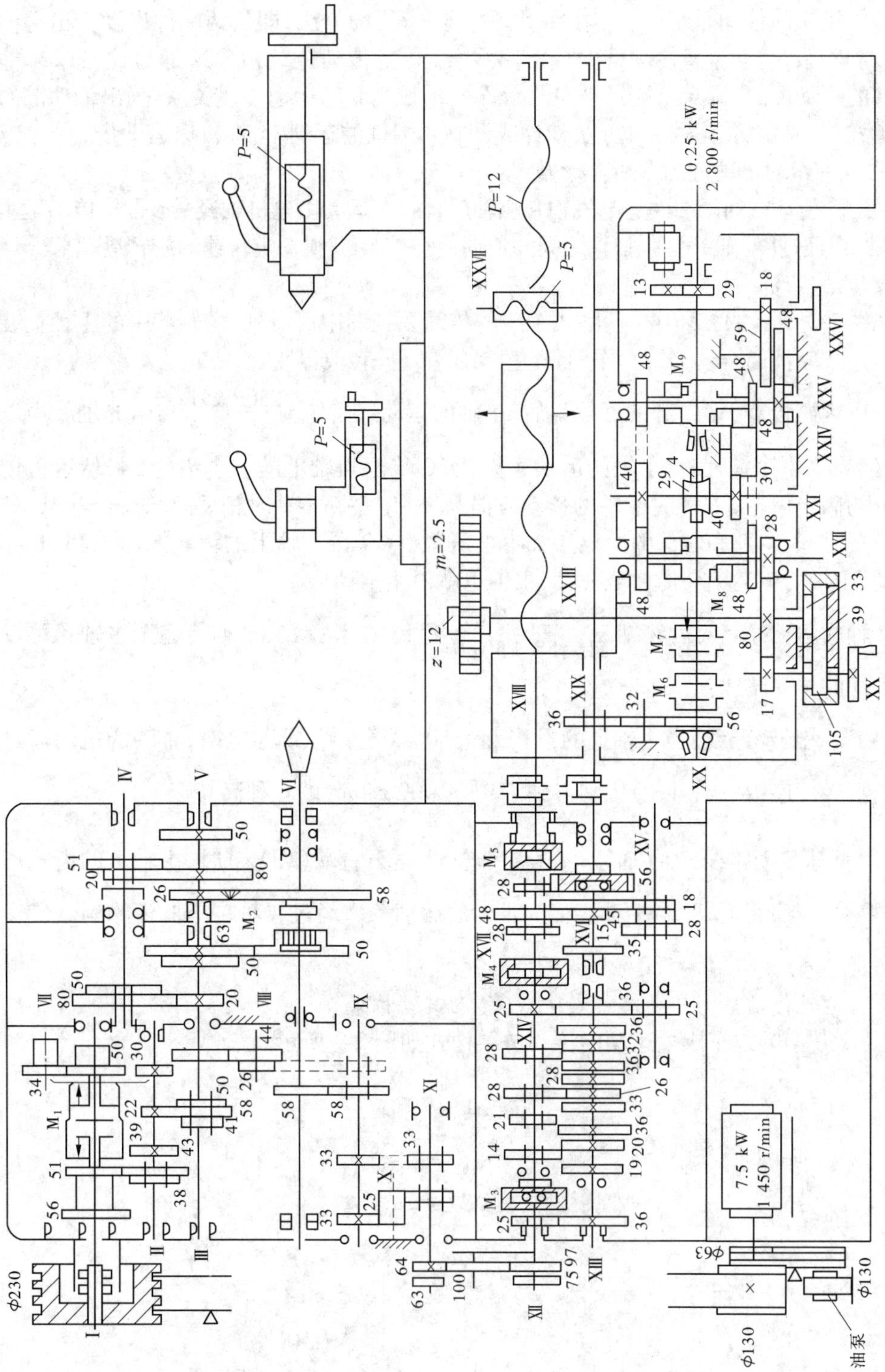

图2-6　CA6140型卧式车床的传动系统图

2. 传动系统图的分析方法

分析机床的传动系统图，采用“抓两头，连中间”的方法，即从两端件出发找出它们之间的传动联系，建立整条传动链的传动路线表达式（传动链结构式），通过比较末端件与首端件的运动形式，确定末端运动量与首端运动量之间的运动传递关系，列出传动链的运动平衡式（传动链方程式）。据此，计算或调整末端件的运动量，即机床运动量。

（二）主运动传动链的分析与调整

主运动传动链的两端件是电机轴和主轴（Ⅵ轴）。运动由电机轴经V形带轮传动至主轴箱的Ⅰ轴，再经过Ⅰ、Ⅱ、Ⅲ、Ⅳ、Ⅴ、Ⅵ轴之间的传动，使主轴Ⅵ获得一定转速的旋转运动。

1. 传动路线

从图2-6所示的CA6140型卧式车床的传动系统图中可看到，主轴箱中的Ⅰ轴上装有双向多片式摩擦离合器 M_1，其作用是使主轴正转、反转或停止。

在压紧离合器 M_1 左部的摩擦片后，Ⅰ轴的运动经齿轮副 $\frac{56}{38}$ 或 $\frac{51}{43}$ 传给Ⅱ轴。当压紧离合器 M_1 右部摩擦片时，Ⅰ轴的运动经齿轮50传至Ⅶ轴上的空套齿轮34，然后再传给Ⅱ轴上的固定齿轮30，此时Ⅱ轴的传动方向与经 M_1 左部传动时相反。当离合器 M_1 处于中间位置时，其左部和右部的摩擦片都不被压紧，空套在Ⅰ轴上的齿轮56、51和50都不会转动，Ⅰ轴的运动不会传递至Ⅱ轴，主轴也就停止不动。

Ⅱ轴的运动经三对齿轮副 $\frac{39}{41}$、$\frac{22}{58}$、$\frac{30}{50}$ 传至Ⅲ轴。运动从Ⅲ轴传递至主轴Ⅳ可以有两条不同的传动路线：

（1）高速传动路线：当主轴上的滑移齿轮50移至左端（即 $\overleftarrow{M_2}$）时，Ⅲ轴的运动通过齿轮副 $\frac{63}{50}$ 直接传递给主轴Ⅵ，使主轴得到450～1 400 r/min的6种高转速。

（2）低速传动路线：当主轴上的滑移齿轮50移至右端（即 $\overrightarrow{M_2}$）时，主轴上的齿式离合器 M_2 啮合，空套齿轮58与主轴连接。Ⅲ轴的运动依次经过Ⅳ轴、Ⅴ轴、齿轮副 $\frac{26}{58}$ 传递至主轴Ⅵ，使主轴获得10～500 r/min的低转速。

2. 主运动传动链的传动路线表达式（传动链结构式）

CA6140型卧式车床主运动的传动链结构式如图2-7所示。

$$\text{电动机} — \frac{\phi130}{\phi230} — \mathrm{I} — \left\{ \begin{array}{l} \dfrac{M_1\text{左啮合}}{(\text{正转})} — \begin{bmatrix} \dfrac{51}{43} \\ \dfrac{56}{38} \end{bmatrix} \\ \dfrac{M_1\text{右啮合}}{(\text{反转})} — \dfrac{50}{34} — \mathrm{VII} — \dfrac{34}{30} \end{array} \right\} — \mathrm{II} — \left\{ \begin{array}{c} \dfrac{39}{41} \\ \dfrac{22}{58} \\ \dfrac{30}{50} \end{array} \right\} —$$

$$\mathrm{III} — \left\{ \begin{array}{l} \begin{bmatrix} \dfrac{20}{80} \\ \dfrac{50}{50} \end{bmatrix} — \mathrm{IV} — \begin{bmatrix} \dfrac{20}{80} \\ \dfrac{51}{50} \end{bmatrix} — \mathrm{V} — \dfrac{26}{58} — \overleftarrow{M_2} \\ \dfrac{63}{50} — \overrightarrow{M_2} \end{array} \right\} — \mathrm{VI}(\text{主轴})$$

图2-7　CA6140型卧式车床主运动的传动链结构式

3. 主轴的转速计算

按照（旋转）主运动的传动链运动平衡式，经过传动链上带轮副以及主轴箱中一系列齿轮副的传动后，主轴的转速 $n_{主轴} = i \times n_{电机}$。其中，i 为传动链的总传动比，且

$$i = \frac{D_{主}}{D'_{从}} \times (1 - \varepsilon) \times \frac{z_{Ⅰ-Ⅱ}}{z'_{Ⅰ-Ⅱ}} \times \frac{z_{Ⅱ-Ⅲ}}{z'_{Ⅱ-Ⅲ}} \times \frac{z_{Ⅲ-Ⅵ}}{z'_{Ⅲ-Ⅵ}}$$

式中　$D_{主}$、$D'_{从}$——主动带轮、从动带轮的直径（$D_{主} = 130$ mm，$D'_{从} = 230$ mm）；

$z_{Ⅰ-Ⅱ}$、$z'_{Ⅰ-Ⅱ}$——Ⅰ轴传动到Ⅱ轴的主动轮、从动轮的齿数；

$z_{Ⅱ-Ⅲ}$、$z'_{Ⅱ-Ⅲ}$——Ⅱ轴传动到Ⅲ轴的主动轮、从动轮的齿数；

$z_{Ⅲ-Ⅵ}$、$z'_{Ⅲ-Ⅵ}$——Ⅲ轴传动到Ⅵ轴的主动轮、从动轮的齿数；

$n_{电机}$——电动机转速，$n_{电机} = 1\ 450$ r/min；

ε——V 形带的滑动系数，可近似地取 $\varepsilon = 0.02$。

由此，主轴转速为

$$n_{主轴} = 1\ 450 \times \frac{130}{230} \times (1 - 0.02) \times \frac{z_{Ⅰ-Ⅱ}}{z'_{Ⅰ-Ⅱ}} \times \frac{z_{Ⅱ-Ⅲ}}{z'_{Ⅱ-Ⅲ}} \times \frac{z_{Ⅲ-Ⅵ}}{z'_{Ⅲ-Ⅵ}}$$

从传动链结构式中可以看到，主轴反转时的转速要大于正转时的转速。采用这样一种设计，其原因在于，主轴的反转通常不会用于切削加工，主要用于车削螺纹时避免发生“乱牙”现象，在不断开螺纹进给传动链的情况下，丝杆反转，刀架退回，因此主轴需要较高的反转转速，以减少退刀时间。

4. 主轴转速的调整

在齿轮传动系统中，转速的调整模式是有级调速，各级传动轴之间的传动副数量的乘积就是末端被调整轴转速的级数。

主运动的转速调整结果，可用“转速图”来表示。图 2-8 显示了 CA6140 型卧式车床正转时的转速级数与分级转速。图上依次连接各轴线上的节点（转速点），形成主运动的各条传动路线，并在主轴竖线上表达其终点转速。这种图称为“转速图”。

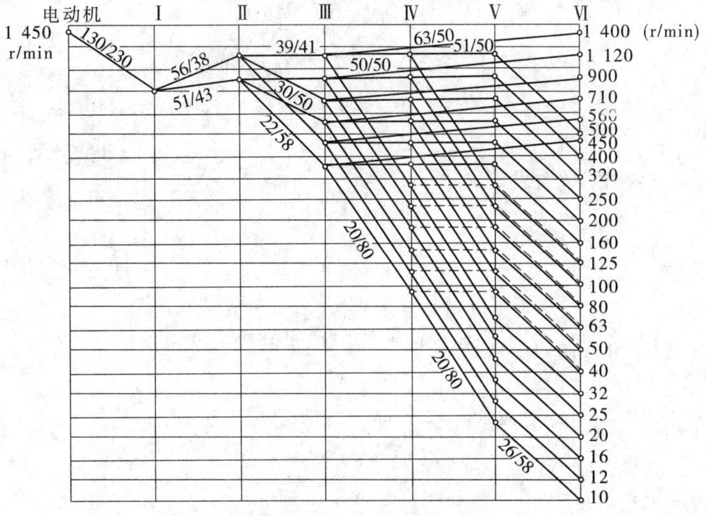

图 2-8　CA6140 型卧式车床的主轴转速图

由 CA6140 型卧式车床的主运动传动系统图和传动链结构式可知，正转时转速的理论级数为 $2\times3\times(2\times2+1)=30$ 级。Ⅲ轴—Ⅳ轴之间有四个传动比，分别为

$$u_1=\frac{20}{80}\times\frac{20}{80}=\frac{1}{16};u_2=\frac{50}{50}\times\frac{51}{50}\approx1;u_3=\frac{20}{80}\times\frac{51}{50}\approx\frac{1}{4};u_4=\frac{50}{50}\times\frac{20}{80}=\frac{1}{4}$$

其中，u_3 和 u_4 基本相同，实际上在这四个传动比中只有三个不同值，在操作机构设计时会将传动路线 $\frac{20}{80}-\frac{51}{50}$ 舍去。

这样，主轴正转时的转速级数为 $2\times3\times(3+1)=24$ 级。同理，主轴反转时的转速级数为 $1\times3\times(3+1)=12$ 级。

(三)进给传动链的分析与调整

卧式车床的进给传动链分为螺纹进给传动链和机动进给传动链两类。在车床设计中，所有进给传动链的首端件都设置成机床主轴，末端件则为刀架。因此，无论是螺纹进给，还是机动进给，它们的进给量都以主轴转一周时的刀架单位移动量来计算。

图 2-9 所示为 CA6140 型卧式车床的进给运动的传动路线表达总式。

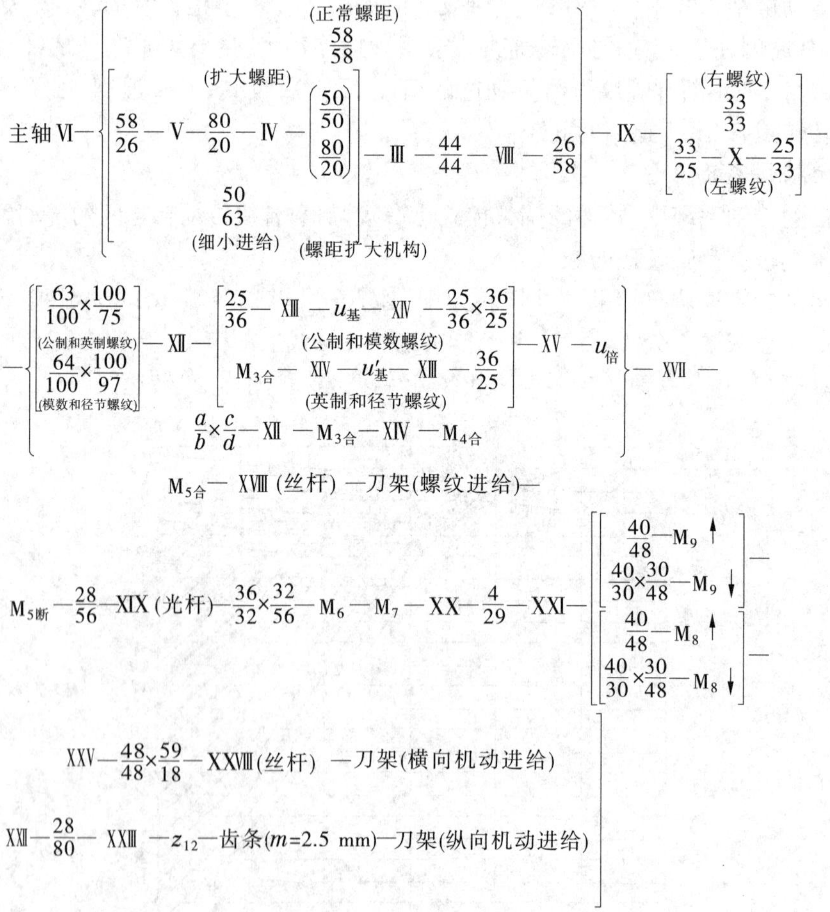

图 2-9 CA6140 型卧式车床的进给运动的传动路线表达总式

1. 螺纹进给传动链

任何螺纹加工,必须在螺纹类型、导程、单位制式、螺纹旋向、螺纹标准化等方面对机床的能力提出要求,以适应工艺范围和加工质量的变化。其具体要求如下:

螺纹类型:包括普通螺纹和模数螺纹(蜗杆)两大类;每类的单位制式有公制(米制)与英制(英寸制)。二者合并后,螺纹的加工类型为公制螺纹、英制螺纹、模数螺纹(公制蜗杆)、径节螺纹(英制蜗杆)四大类。

加工导程范围:正常螺距(加工导程≤车床丝杆导程)与扩大螺距(加工导程>车床丝杆导程)。

螺纹旋向:右旋与左旋。

螺纹标准化:标准螺纹(加工的螺距、牙数或模数值呈分段的等差数列,段与段之间是倍数关系)与非标准螺纹。

由此,凡所涉及的螺纹进给传动链,必须设置相关的换置机构,才能有效地完成螺纹加工任务。

图 2-10 为 CA6140 型卧式车床的螺纹进给传动链结构式。

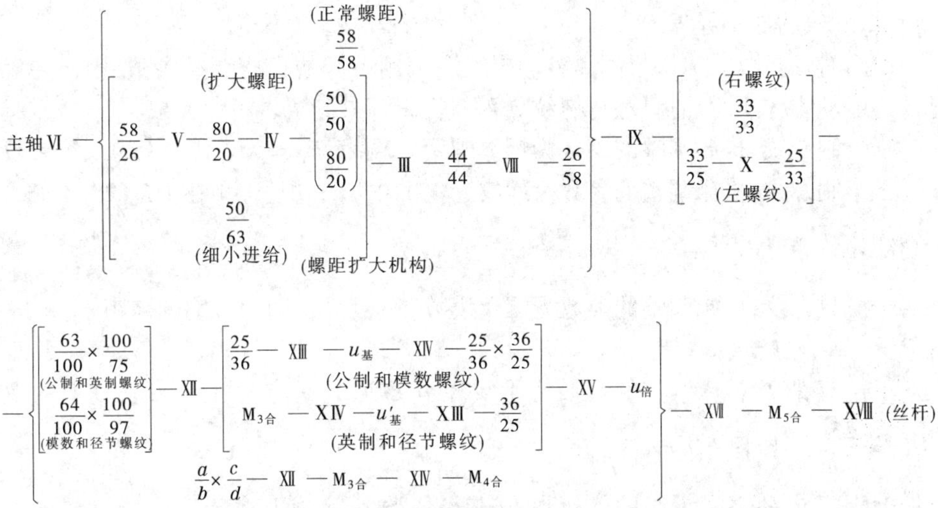

图 2-10　螺纹进给的传动链结构式

1)螺纹进给的传动路线(传动链结构式)分析

如图 2-10 所示,在螺纹进给的传动路线中,主轴Ⅵ与轴Ⅸ之间设有螺距换置机构 $u_{扩}$。轴Ⅸ与轴Ⅺ之间设有旋向换置机构 $u_{旋}$。轴Ⅺ与轴Ⅻ之间的挂轮为螺纹类型换置机构 $u_{挂}$,当选择$\frac{63}{100}\times\frac{100}{75}$或$\frac{64}{100}\times\frac{100}{97}$挂轮组时,加工标准螺纹,且前者是螺纹加工时挂轮,后者是蜗杆加工时挂轮;当选择其他组合$\frac{a}{b}\times\frac{c}{d}$的挂轮时,可以加工非标准螺纹或精密螺纹。在进给箱中,离合器 M_3、M_4 是螺纹制式的换置机构,它们决定着轴Ⅻ至轴ⅩⅦ的传动方式,当 M_3、M_4 均不啮合时,轴Ⅻ的运动经过轴ⅩⅢ与轴ⅩⅣ之间的换置机构 $u_{基}$,以及轴

XV、轴XVI、轴XVII之间的换置机构 $u_{倍}$ 到达XVII轴，这是公制螺纹加工路径；当 M_3 啮合、M_4 不啮合时，轴XII的运动经轴XIV、轴XIII、轴XV、轴XVI到达XVII轴，这是英制螺纹加工路径；当 M_3、M_4 都啮合时，轴XII的运动直接经轴XIV到达XVII轴，这是非标准螺纹或精密螺纹加工路径。

此后，离合器 M_5 一旦啮合，轴XVII的运动传递给丝杆XVIII，带动刀架移动。

2）螺纹进给传动链的运动方程与机床调整参数

主轴VI的旋转运动，经过上述进给链一系列的传动后，到达车床丝杆，通过丝杆螺母副，将旋转运动转换为刀架的直线移动。此时，刀架的移动量 $f_{刀架}$ 与主轴的转速之间的关系为：主轴 $n_{主}$ 转一周时，刀架移动一个单位的距离，螺纹进给时，即为加工导程 $P_{工件}$；而机动进给时，即为刀具进给量 f。

因此，螺纹进给的传动链运动方程为

$$f_{刀架} = P_{工件} = 1_{主轴} \times i \times P_{丝杆}$$

式中　i——螺纹进给链的总传动比，$i = u_{扩} \times u_{旋} \times u_{挂} \times u_v \times u_{基} \times u_{倍}$，其中 u_v 为传动链中的定比传动机构的传动比；

$P_{丝杆}$——车床的丝杆螺距，CA6140 型车床的 $P_{丝杆} = 12$ mm。

所以，螺纹的加工导程 $P_{工件} = 1_{主轴} \times u_1 \times u_2 \times u_3 \times u_v \times u_{基} \times u_{倍} \times 12$。

与此同时，螺纹加工时，不同类型的螺纹应采用不同的机床调整参数，因此在确立各类螺纹的运动方程式时，需要理清螺纹导程与机床调整参数之间的关系。

对于公制螺纹，机床调整的参数为螺纹螺距 t，导程 $P_t = kt$，其中 k 为螺纹头数。

对于英制螺纹，机床调整的参数为螺纹牙（扣）数 α，它是定义在 1 in（25.4 mm）长度上的螺纹牙数，导程 $P_\alpha = \dfrac{25.4k}{\alpha}$。

对于模数螺纹，机床调整的参数为螺纹模数 m，其导程即为分度圆齿距 q，$q = \pi m$，导程 $P_m = kq = k\pi m$。

对于径节螺纹，机床调整的参数为螺纹径节 DP，它是定义在 1 in 长度上的螺纹模数，$DP = \dfrac{25.4}{m}$，导程 $P_{DP} = \dfrac{25.4k\pi}{DP}$。

综上所述，依据各种螺纹的传动路线，获得各类螺纹的调整情况。

3）标准公制螺纹的机床调整

当主轴VI的运动直接传递给IX轴时，在离合器 M_3、M_4 脱开，离合器 M_5 接合，选用挂轮 $\dfrac{63}{100} \times \dfrac{100}{75}$ 的条件下，获得一条正常螺距下标准公制螺纹的传动链。

正常螺距下，公制螺纹进给传动的运动量调整方程为

$$P_t = kt = 1 \times \frac{58}{58} \times \frac{33}{33} \times \frac{63}{100} \times \frac{100}{75} \times \frac{25}{36} \times u_{基} \times \frac{25}{36} \times \frac{36}{25} \times u_{倍} \times 12 = 7u_{基}\,u_{倍}$$

当 $k = 1$ 时，螺距 $t = 7u_{基}\,u_{倍}$。

在上式中，$u_{基}$ 为轴XIII与轴XIV之间的换置机构的传动比，共 8 个取值。这些传动比除 $\dfrac{6.5}{7}$ 和 $\dfrac{9.5}{7}$ 用于其他种类的螺纹车削外，其余的按等差数列规律排列，这套变速组称为车床

进给箱的基本变速组。而式中的 $u_{倍}$ 则为轴XV ~轴XVII之间的换置机构的传动比,共 4 个取值,这组传动比可实现螺纹导程值的倍数关系变化,称为车床进给箱的增倍变速组。这 12 个传动比的取值如下所示:

$$u_{基1}=\frac{26}{28}=\frac{6.5}{7},u_{基2}=\frac{28}{28}=\frac{7}{7},u_{基3}=\frac{32}{28}=\frac{8}{7},u_{基4}=\frac{36}{28}=\frac{9}{7}$$

$$u_{基5}=\frac{19}{14}=\frac{9.5}{7},u_{基6}=\frac{20}{14}=\frac{10}{7},u_{基7}=\frac{33}{21}=\frac{11}{7},u_{基8}=\frac{36}{21}=\frac{12}{7}$$

$$u_{倍1}=\frac{18}{45}\times\frac{15}{48}=\frac{1}{8},u_{倍2}=\frac{28}{35}\times\frac{15}{48}=\frac{1}{4}$$

$$u_{倍3}=\frac{18}{45}\times\frac{35}{28}=\frac{1}{2},u_{倍4}=\frac{28}{35}\times\frac{35}{28}=1$$

由上可知,利用基本变速组中的各传动副,可以车削出按等差数列排列的基本螺距;利用增倍变速组的各传动副,可以把 8 种基本螺距缩小至 1/2、1/4 或 1/8。因此,将基本变速组与增倍变速组串联使用,可以得到常用的按等差数列排列的标准公制螺纹。表 2-2 为CA6140 型卧式车床可加工的公制螺纹。

表 2-2 CA6140 型卧式车床可加工的公制螺纹

$u_{倍}$	$u_{基}$							
	$\frac{26}{28}$	$\frac{28}{28}$	$\frac{32}{28}$	$\frac{36}{28}$	$\frac{19}{14}$	$\frac{20}{14}$	$\frac{33}{21}$	$\frac{36}{21}$
$\frac{18}{45}\times\frac{15}{48}=\frac{1}{8}$	—	—	1	—	—	1.25	—	1.5
$\frac{28}{35}\times\frac{15}{48}=\frac{1}{4}$	—	1.75	2	2.25	—	2.5	—	3
$\frac{18}{45}\times\frac{35}{28}=\frac{1}{2}$	—	3.5	4	4.5	—	5	5.5	6
$\frac{28}{35}\times\frac{35}{28}=1$	—	7	8	9	—	10	11	12

从表 2-2 中可看到,在正常螺距路径下加工的公制螺纹的最大导程为 12 mm。如果需要加工导程大于 12 mm 的螺纹,就必须使用如图 2-11 所示的螺距扩大机构,将IX轴上的滑移齿轮 58 右移,与VIII轴上的空套齿轮 26 啮合,使正常螺距路径置换成为螺距扩大路径。

在螺距扩大路径下,主轴VI的运动经轴V、轴IV、轴III、轴VIII传递至轴IX,标准螺纹加工时,VI轴至IX轴之间的传动比为

$$u_{扩1}=\frac{58}{26}\times\frac{80}{20}\times\frac{50}{50}\times\frac{44}{44}\times\frac{26}{58}=4$$

$$u_{扩2}=\frac{58}{26}\times\frac{80}{20}\times\frac{80}{20}\times\frac{44}{44}\times\frac{26}{58}=16$$

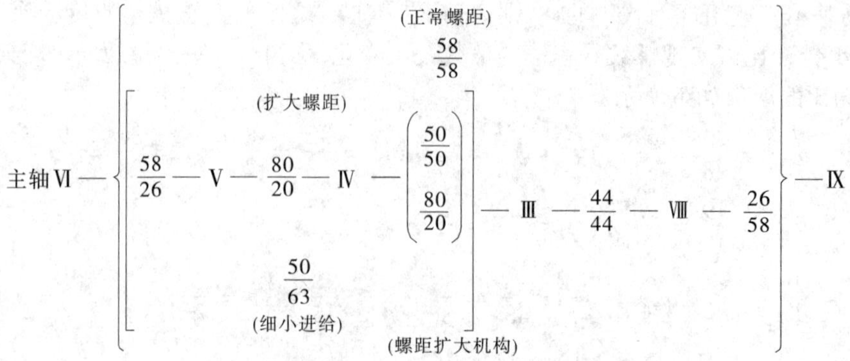

图 2-11　CA6140 型车床螺距扩大机构

这表明,当Ⅸ轴以后的传动链路线不发生改变时,通过螺距扩大机构,可使主轴与丝杆之间的传动比放大 4 倍或 16 倍,即车削出的螺纹导程也相应扩大 4 倍或 16 倍,由此,CA6140 可以加工出导程为 14 ~ 192 mm 的 24 种标准公制螺纹。

同时,由于螺距扩大机构的传动元件是主运动传动链上的传动元件,只有当主轴上的 M_2 接合后,主轴在低速状态下运转时,才能使用螺距扩大机构车削大导程螺纹。即主轴的转速为 10 ~ 32 r/min 时,螺纹导程可扩大 16 倍;主轴转速为 40 ~ 125 r/min 时,螺纹导程可扩大 4 倍。

4)标准英制螺纹的机床调整

在标准公制螺纹的传动链上,啮合离合器 M_3 后,会改变ⅩⅢ轴与ⅩⅣ轴之间的主从关系,使原来的公制螺纹路径变换成为英制螺纹路径。

在正常螺距下,英制螺纹进给传动链的运动量调整方程为

$$P_\alpha = \frac{25.4k}{\alpha} = 1 \times \frac{58}{58} \times \frac{33}{33} \times \frac{63}{100} \times \frac{100}{75} \times u'_{基} \times \frac{36}{25} \times u_{倍} \times 12 \approx \frac{4}{7} \times 25.4 u'_{基} u_{倍}$$

式中,$u'_{基} = \dfrac{1}{u_{基}}$,代入即得:$\alpha = \dfrac{7}{4} \times k \times \dfrac{u_{基}}{u_{倍}}$。当 $k = 1$ 时,$\alpha = \dfrac{7}{4} \times \dfrac{u_{基}}{u_{倍}}$。

与标准公制螺纹相同,改变 $u_{基}$ 与 $u_{倍}$ 的传动副,就可以车削出按分段等差数列排列的各种 α 值的标准英制螺纹。当然,使用螺距扩大机构,同样可以车削 α 值大的英制螺纹。

5)模数螺纹的机床调整

在标准公制螺纹的传动链上,将挂轮 $\frac{63}{100} \times \frac{100}{75}$ 换置成 $\frac{64}{100} \times \frac{100}{97}$ 后,原来的公制螺纹路径变换成为模数螺纹路径。

在正常螺距下,模数螺纹进给传动链的运动量调整方程为

$$P_m = k\pi m = 1 \times \frac{58}{58} \times \frac{33}{33} \times \frac{64}{100} \times \frac{100}{97} \times \frac{25}{36} \times u_{基} \times \frac{25}{36} \times \frac{36}{25} \times u_{倍} \times 12 = \frac{7}{4}\pi u_{基} u_{倍}$$

即 $m = \dfrac{7}{4k} u_{基} u_{倍}$,若适当改变 $u_{基}$ 和 $u_{倍}$,可以车削出按分段等差数列排列的各种模数的标准螺纹。

如果使用螺距扩大机构,可以加工出 $m = 3.25 \sim 48$ mm 的 28 种模数螺纹。

6)径节螺纹的机床调整

在标准模数螺纹的传动链上,啮合离合器 M_3 后,会改变XIII轴与XIV轴之间的主从关系,使原来的模数螺纹路径变换成为径节螺纹路径。

在正常螺距下,径节螺纹进给传动链的运动量调整方程为

$$P_{DP} = \frac{25.4k\pi}{DP} = 1 \times \frac{58}{58} \times \frac{33}{33} \times \frac{64}{100} \times \frac{100}{97} \times u'_{基} \times \frac{36}{25} \times u_{倍} \times 12 = \frac{25.4\pi}{7}\frac{u_{倍}}{u_{基}}$$

即

$$DP = 7k\frac{u_{基}}{u_{倍}}$$

CA6140 型车床可以加工 $DP = 1 \sim 96$ 牙/in 的径节螺纹。

7)非标准及较精密螺纹的机床调整

将进给箱中的三个离合器 M_3、M_4、M_5 全部接合后,轴XII、轴XIV、轴XVII、丝杆XVIII连成一体。这时运动直接从轴XII传至丝杆,加工螺纹的导程可通过挂轮 $\frac{a}{b} \times \frac{c}{d}$ 来选择。

这种情况下,由于主轴到丝杆的传动路线大为缩短,减少了传动元件的制造和装配误差对加工螺纹导程的影响,因而可以加工出精度较高的螺纹。

此时,螺纹进给传动链的运动量调整方程为

$$P_{工件} = 1 \times \frac{58}{58} \times \frac{33}{33} \times \frac{a}{b} \times \frac{c}{d} \times 12$$

即

$$P_{工件} = \frac{a}{b} \times \frac{c}{d} \times 12$$

2.机动进给传动链

CA6140 型卧式车床的进给传动链,从主轴传至进给箱中XVII轴后,若轴上的滑移齿轮 28 处于左端,与离合器 M_5 脱开,并与轴XVI右端的齿轮 56 啮合,则切断了进给箱与丝杆的联系,螺纹进给停止。此时,进给箱传来的运动通过齿轮副$\frac{28}{56}$传至光杆,由光杆传入溜板箱。

在溜板箱内,光杆传入的运动,分别传至齿轮齿条机构和横向进给丝杆XXVII,使刀架实现纵向或横向机动进给。图 2-12 为机动进给的传动链表达式,图中齿式双向离合器 M_8、M_9 分别用于控制纵向、横向机动进给的方向。

CA6140 型卧式车床在溜板箱中设置了换向装置,机动进给的运动量调整由进给箱中的螺纹传动路线来执行。CA6140 型卧式车床可以通过 4 条不同的螺纹传动路线,实现纵向进给量和横向进给量各 64 种调整,即 0.028 ~ 6.33 mm/r 的纵向进给量调整范围,0.014 ~ 3.165 mm/r 的横向进给量调整范围。

表 2-3 列出了 CA6140 型卧式车床纵向进给量。这里需要提醒注意的是,在相同的螺纹传动路线下,由于溜板箱中纵向进给元件的总传动比值 $\frac{28}{80} \times \pi \times m \times z$ 为横向进给元件传动比值 $\frac{48}{48} \times \frac{59}{18} \times P_{丝杆}$ 的两倍,因此同级的横向进给量是纵向进给量的一半。

$$
\text{主轴VI} - \left\{\begin{array}{l}\text{公制螺纹传动路线}\\ \text{英制螺纹传动路线}\end{array}\right\} - \text{XVII} - \frac{28}{56} - \text{XIX (光轴)} -
$$

$$
\frac{36}{32}\times\frac{32}{56} - M_6\ \text{(超越离合器)} - M_7\text{(安全离合器)} - \text{XX} - \frac{4}{29} - \text{XXI} -
$$

$$
\left[\begin{array}{l}
\left[\begin{array}{l}\frac{40}{48} - M_9 \uparrow\\ \frac{40}{30}\times\frac{30}{48} - M_9 \downarrow\end{array}\right] - \text{XXV} - \frac{48}{48}\times\frac{59}{18} - \text{XXVII (丝杆)} - \text{刀架(横向进给)}\\
\left[\begin{array}{l}\frac{40}{48} - M_8 \uparrow\\ \frac{40}{30}\times\frac{30}{48} - M_8 \downarrow\end{array}\right] - \text{XXII} - \frac{28}{80} - \text{XXIII} - z_{12} - \text{齿条(}m=2.5\text{ mm)} - \text{刀架(纵向进给)}
\end{array}\right]
$$

图 2-12　机动进给的传动链表达式

表 2-3　CA6140 型卧式车床纵向进给量　（单位：mm/r）

传动路线表达式类型	细小进给量	标准进给量				较大进给量	加大进给量 4	加大进给量 16
$u_{基}$	$u_{倍}$							
	1/8	1/8	1/4	1/2	1	1	1/2	1/4
26/28	0.028	0.08	0.16	0.33	0.66	1.59	3.16	6.33
28/28	0.032	0.09	0.18	0.36	0.71	1.47	2.93	5.87
32/28	0.036	0.10	0.20	0.41	0.81	1.29	2.57	5.14
36/28	0.039	0.11	0.23	0.46	0.91	1.15	2.28	4.56
19/14	0.043	0.12	0.24	0.48	0.96	1.09	2.16	4.32
20/14	0.046	0.13	0.26	0.51	1.02	1.03	2.05	4.11
33/21	0.050	0.14	0.28	0.56	1.12	0.94	1.87	3.74
36/21	0.053	0.15	0.30	0.61	1.22	0.86	1.71	3.42

1）标准进给量的调整

机动进给运动经由正常螺距下的公制螺纹传动路线传动时，获得标准进给量 f_1 。纵向标准进给量 $f_{纵1}$ 的调整方程为

$$
f_{纵1} = 1\times\frac{58}{58}\times\frac{33}{33}\times\frac{63}{100}\times\frac{100}{75}\times\frac{25}{36}\times u_{基}\times\frac{25}{36}\times\frac{36}{25}\times u_{倍}\times\frac{28}{56}\times\frac{36}{32}\times\frac{32}{56}\times
\frac{4}{29}\times\frac{40}{48}\times\frac{28}{80}\times\pi\times 2.5\times 12
= 0.71u_{基}\,u_{倍}
$$

由此，可获得 0.08 ~ 1.22 mm/r 32 种纵向标准进给量。

2）较大进给量的调整

机动进给运动经由正常螺距下的英制螺纹传动路线传动时，获得较大进给量 f_2 。

纵向较大进给量$f_{纵2}$的调整方程为

$$f_{纵2}=1\times\frac{58}{58}\times\frac{33}{33}\times\frac{63}{100}\times\frac{100}{75}\times u'_{基}\times\frac{36}{25}\times u_{倍}\times\frac{28}{56}\times\frac{36}{32}\times\frac{32}{56}\times\frac{4}{29}\times\frac{40}{48}\times\frac{28}{80}\times\pi\times2.5\times12=1.473\frac{u_{倍}}{u_{基}}$$

当$u_{倍}=1$时，$f_{纵2}=\frac{1.473}{u_{基}}$，由此可获得0.86～1.59 mm/r 8种纵向较大进给量。

3）加大进给量的调整

机动进给运动经由螺距扩大机构下的英制螺纹传动路线传动，主轴以较低的12级转速（10～125 r/min）运转时，可把进给量扩大4倍或16倍，获得加大进给量f_3。

在4倍螺距扩大路径下，纵向加大进给量$f_{纵3}$的调整方程为

$$f_{纵3}=1\times\frac{58}{26}\times\frac{80}{20}\times\frac{50}{50}\times\frac{44}{44}\times\frac{26}{58}\times\frac{33}{33}\times\frac{63}{100}\times\frac{100}{75}\times u'_{基}\times\frac{36}{25}\times u_{倍}\times\frac{28}{56}\times\frac{36}{32}\times\frac{32}{56}\times\frac{4}{29}\times\frac{40}{48}\times\frac{28}{80}\times\pi\times2.5\times12=5.894\frac{u_{倍}}{u_{基}}$$

当$u_{倍}=\frac{1}{2}$时，$f_{纵3}=\frac{5.894}{u_{基}}$，可获得1.71～3.16 mm/r 8种纵向加大进给量。

在16倍螺距扩大路径下，纵向加大进给量$f_{纵3}$的调整方程为

$$f_{纵3}=23.576\frac{u_{倍}}{u_{基}}$$

当$u_{倍}=\frac{1}{4}$时，$f_{纵3}=\frac{5.894}{u_{基}}$，可获得3.42～6.33 mm/r 8种纵向加大进给量。

4）细小进给量的调整

在螺距扩大机构中，有一条路线将主轴运动通过齿轮副$\frac{50}{63}$直接传至Ⅲ轴，这条路线下，主轴以高速（450～1400 r/min）转动，不能用于螺纹进给。但当它与公制螺纹传动路线组合在一起时，能把进给量变得更加细小，获得细小进给量f_4。

纵向细小进给量$f_{纵4}$的调整方程为

$$f_{纵4}=1\times\frac{50}{63}\times\frac{44}{44}\times\frac{26}{58}\times\frac{33}{33}\times\frac{63}{100}\times\frac{100}{75}\times\frac{25}{36}\times u_{基}\times\frac{25}{36}\times\frac{36}{25}\times u_{倍}\times\frac{28}{56}\times\frac{36}{32}\times\frac{32}{56}\times\frac{4}{29}\times\frac{40}{48}\times\frac{28}{80}\times\pi\times2.5\times12=0.253u_{基}u_{倍}$$

当$u_{倍}=\frac{1}{8}$时，$f_{纵4}=0.031\,6u_{基}$，可获得0.028～0.053 mm/r 8种细小进给量。

3. 刀架快速移动传动链

刀架的纵、横向快速移动，是为了减轻工人的劳动强度及缩短加工辅助时间，由装在

溜板箱右侧的快速电动机(0.25 kW,2 800 r/min)传动的。快速电动机的运动由齿轮副$\frac{13}{29}$传至轴XX,然后经轴上蜗轮副$\frac{4}{29}$传至溜板箱内的纵向齿轮齿条副或横向丝杆螺母副,使刀架在纵向或横向获得快速移动。

为了避免快速移动与进给箱传来的工作进给运动发生干涉,在溜板箱内装有超越离合器 M_6,用于断开或接通工作进给运动。

三、CA6140 型卧式车床的典型结构

(一)主轴箱内的结构

图 2-13 是 CA6140 型卧式车床的主轴箱展开图,沿轴线Ⅳ—Ⅰ—Ⅱ—Ⅲ—Ⅵ剖开。由于主轴箱内存在空间传动联系,展开以后,会拉开一些轴之间的距离,读图时应予以注意。

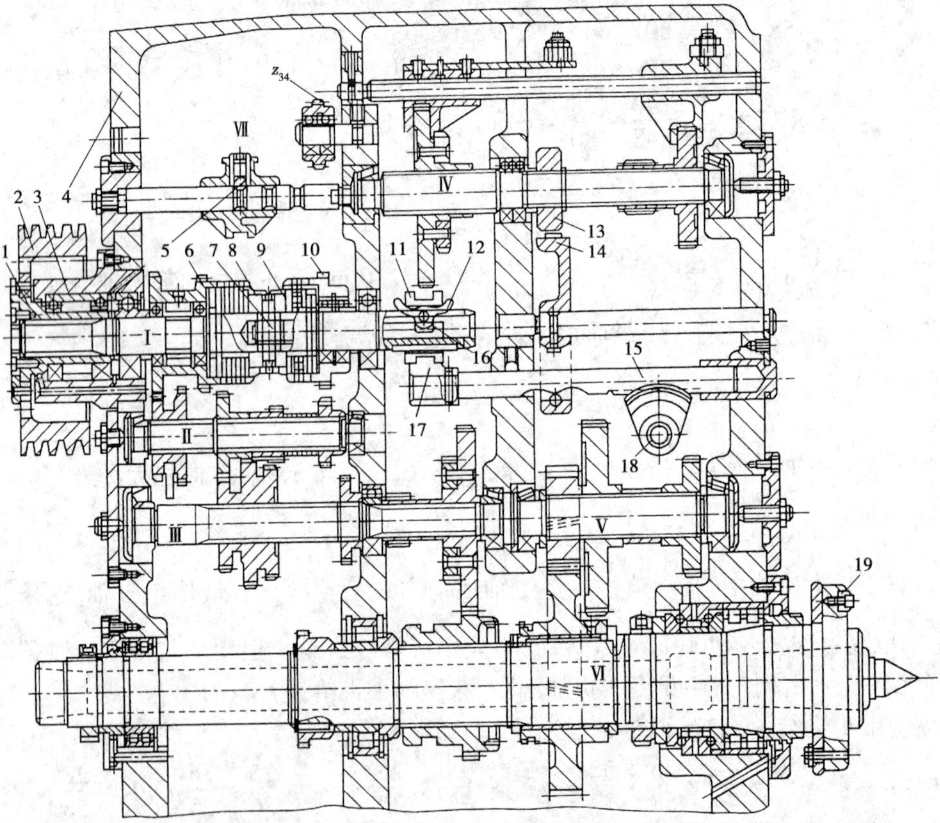

1—花键套;2—带轮;3—法兰;4—主轴箱体;5—钢球;6、10—齿轮;7—销;8、9—螺母;11—滑套;12—元宝杠杆;13—制动盘;14—制动带;15—齿条;16—拉杆;17—拨叉;18—扇形齿轮;19—圆键

图 2-13　CA6140 型卧式车床的主轴箱结构

主轴箱内的主要部件包括主轴及其轴承、双向多片式摩擦离合器和制动装置、传动轴及其轴上零件。

1. 双向多片式摩擦离合器和制动器的结构与操纵

双向多片式摩擦离合器安装在轴Ⅰ上（M_1），用于控制主轴Ⅵ的启停与正反转。由于摩擦离合器靠摩擦力传递动力，当机床超载时，摩擦片打滑，能在一定程度上起到过载保护的作用。

如图2-14所示为双向多片式摩擦离合器的剖视结构。双向多片式摩擦离合器由内摩擦片（件3）、外摩擦片（件2）、压套（件4）、止推片（件9、10）等零件组成。其中，内摩擦片以花键与轴Ⅰ连接，外摩擦片以凸齿与空套齿轮连接，内、外摩擦片通过压套夹紧在止推片上，从而发生联系，在轴Ⅰ与空套齿轮间传递动力。

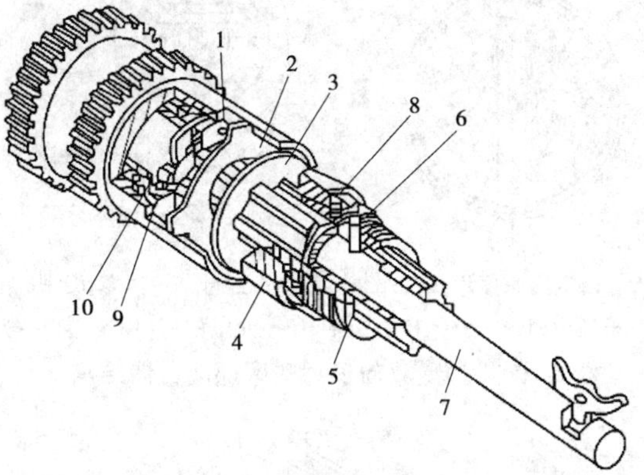

1—止推片螺钉；2—外摩擦片；3—内摩擦片；4—压套；5—Ⅰ轴；6—长销；
7—拉杆；8—弹簧销；9、10—止推片

图2-14　双向多片式摩擦离合器的剖视结构

图2-15所示是双向多片式摩擦离合器结构。轴Ⅰ为半中空结构，轴Ⅰ右半段的孔内装有拉杆（件9）。当操纵机构拨动拨叉（件13）向右或向左移动时，会带动滑套（件10）压下摆块（件12），使其绕销轴（件11）顺时针或逆时针摆动，从而推动拉杆（件9）向左或向右移动。拉杆通过固定在其左端的长销（件6），带动压套（件5）及其螺母（件4）压紧左侧或右侧离合器的内、外摩擦片，从而将轴Ⅰ的运动传至空套齿轮（件1或件8），使主轴得以正转或反转。但当滑套处于中间位置时，左右离合器的内外摩擦片都松开，传动断开，主轴停转。

制动器安装在轴Ⅳ上，其功用是当摩擦离合器松开后，克服惯性作用，使主轴迅速制动，以缩短加工辅助时间。

双向多片式摩擦离合器与制动装置采用一套联动的操纵机构，使用一个启停手柄同时控制离合与制动。如图2-16所示为摩擦离合器和制动装置的操纵机构。

制动装置是由安装在轴Ⅳ上的制动盘（件16）、制动带（件15）、杠杆（件14）以及调整装置等组成的。制动带一端固定在杠杆上端，另一端与箱体连接。当杠杆绕其心轴逆时针摆动时，拉紧制动带，使其包紧在制动轮上，通过轮、带之间的摩擦力使主轴得到迅速制动。

主轴操纵从手柄（件21）上提或下压开始，通过轴20、轴22、曲柄（件19）以及扇形齿轮（件18），使齿条轴（件17）向右或向左移动，齿条轴上左端的拨叉（件24）以及滑套（件

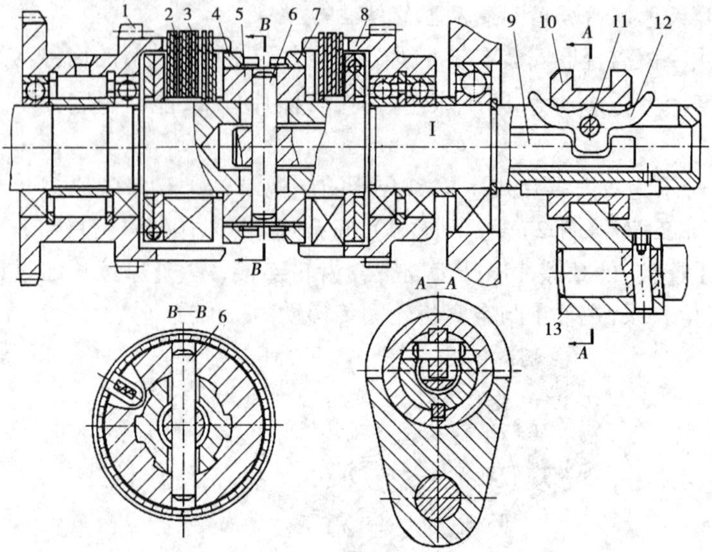

1、8—齿轮;2—内摩擦片;3—外摩擦片;4—螺母;5—压套;6—长销;7—螺母;
9—拉杆;10—滑套;11—销轴;12—元宝杠杆(摆块);13—拨叉

图 2-15 双向多片式摩擦离合器结构

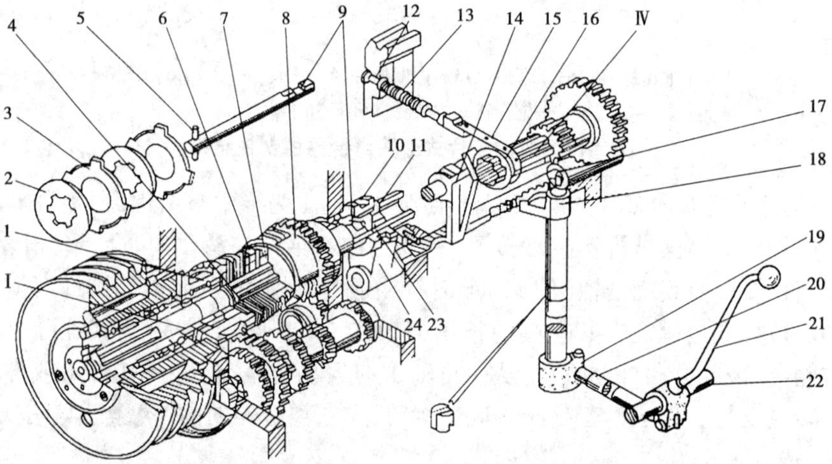

1、8—齿轮;2—内摩擦片;3—外摩擦片;4—止推片;5—销;6—调节螺母;7—压块;9—拉杆;
10—滑套;11、23—元宝杠杆;12—调节螺钉;13—弹簧;14—杠杆;15—制动带;16—制动盘;
17—齿条轴;18—扇形齿轮;19—曲柄;20、22—轴;21—手柄;24—拨叉

图 2-16 摩擦离合器和制动装置的操纵机构

10)跟随向右或向左移动,最终使摩擦离合器实现左侧接合或右侧接合,带动主轴正转或反转。此时,制动装置的杠杆(件 14)下端处于齿条轴左端的弧形凹槽内,制动带处于放松状态。

当操纵手柄处于中间位置时,齿条轴和滑套也处于中间位置,摩擦离合器松开。此时,杠杆下端被齿条轴上两凹槽间的凸起部位顶起,使其绕心轴逆时针摆动,制动时拉紧,对主轴制动。

2. 主轴部件的结构与间隙调整

主轴部件是主轴箱内的关键部件，主要由主轴、主轴支承及安装在主轴上的齿轮等组成，如图 2-17 所示。

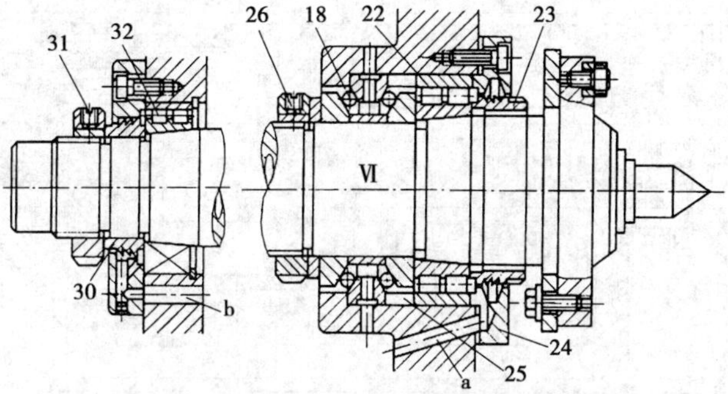

18—双向角接触推力球轴承；22、32—双列圆柱滚子轴承；23—前螺母；24—端盖；
25、30—轴套；26、31—圆螺母；a、b—回油通道

图 2-17　卧式车床的主轴部件

主轴是外部有花键、内心真空的阶梯轴。CA6140 型车床的主轴内孔（ϕ48 mm）是为了通过棒料，或用于通过夹紧装置机构；主轴孔前端加工有莫氏 6 号锥孔，用于安装前顶尖。

主轴部件采用三支承结构（前、后支承为主，中间支承为辅）：前、后支承处分别装有双列圆柱滚子轴承，中间支承为圆柱滚子轴承；为承受左右两个方向的轴向力，前支承处装有一个双向角接触推力球轴承。目前，为改良主轴箱体的工艺性，CA6140 型车床在主轴部件的结构上采用了二支承结构：前支承仍采用双列圆柱滚子轴承；后支承采用一个角接触球轴承，用于承受向右方向的轴向力，采用一个推力球轴承，用于承受向左方向的轴向力。

主轴部件都有一定的间隙调整机构，用于调整主轴轴承的径向间隙和轴向间隙，使主轴部件在工作时其支承处于零间隙或少量过盈的状态，有利于保证主轴部件的刚度和回转精度。

轴承间隙的调整，是通过拧动定位螺母（前螺母 23）、调整螺母（圆螺母 26、31）和锁紧螺钉，使轴承内圈能沿主轴轴颈作轴线移动，在锥面作用下，轴承内圈作径向微量胀大，达到消除间隙的目的。

3. 传动轴及其轴承

主轴箱内传动轴一般采用二支承结构，对于较长的传动轴，如轴Ⅲ、轴Ⅳ，为增加轴的刚性采用三支承结构。大部分传动轴采用圆锥滚子轴承支承，以便从任何一端都能调整轴承的轴向间隙和径向间隙。

传动轴的轴向定位方式有两种：一种是一端定位，如轴Ⅰ；另一种是两端定位，如轴Ⅱ、轴Ⅲ、轴Ⅳ、轴Ⅴ。

传动轴与轴上齿轮的连接有滑移、固定、空套三种方式。一般通过花键连接，轴向定位多采用轴肩、隔套、弹簧挡圈等元件。空套齿轮一般空套在轴承外圈或铜套上。

(二)进给箱内的结构

进给箱由以同心轴形式布置的传动轴组成,如图 2-18 所示。

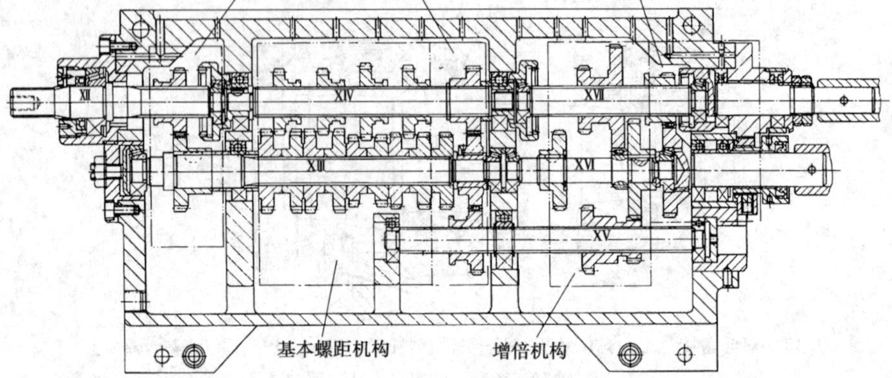

图 2-18　CA6140 型车床的进给箱结构

箱内的三个内齿式离合器 M_3、M_4、M_5 的左、右两半分别联接在轴XII、XIV、XVII、XVIII的左、右两端,并采用外套球轴承、内装圆锥滚子轴承的方式对轴支承。

(三)溜板箱内的结构

溜板箱内的主要部件有超越离合器、安全离合器、机动进给的操纵机构、开合螺母机构、互锁机构等。

1. 超越离合器和安全离合器的结构与工作原理

溜板箱内安装有超越离合器和安全离合器两种保护装置。超越离合器是为了在转换机动进给与刀架快移时,避免发生运动干涉的装置。安全离合器是为了防止过载和发生偶然事故时避免机床损坏的保护装置。如图 2-19 所示为超越离合器和安全离合器的结构。

在 CA6140 型车床上使用的是单向超越离合器 M_6,由空套齿轮(件 6)、星形轮(件

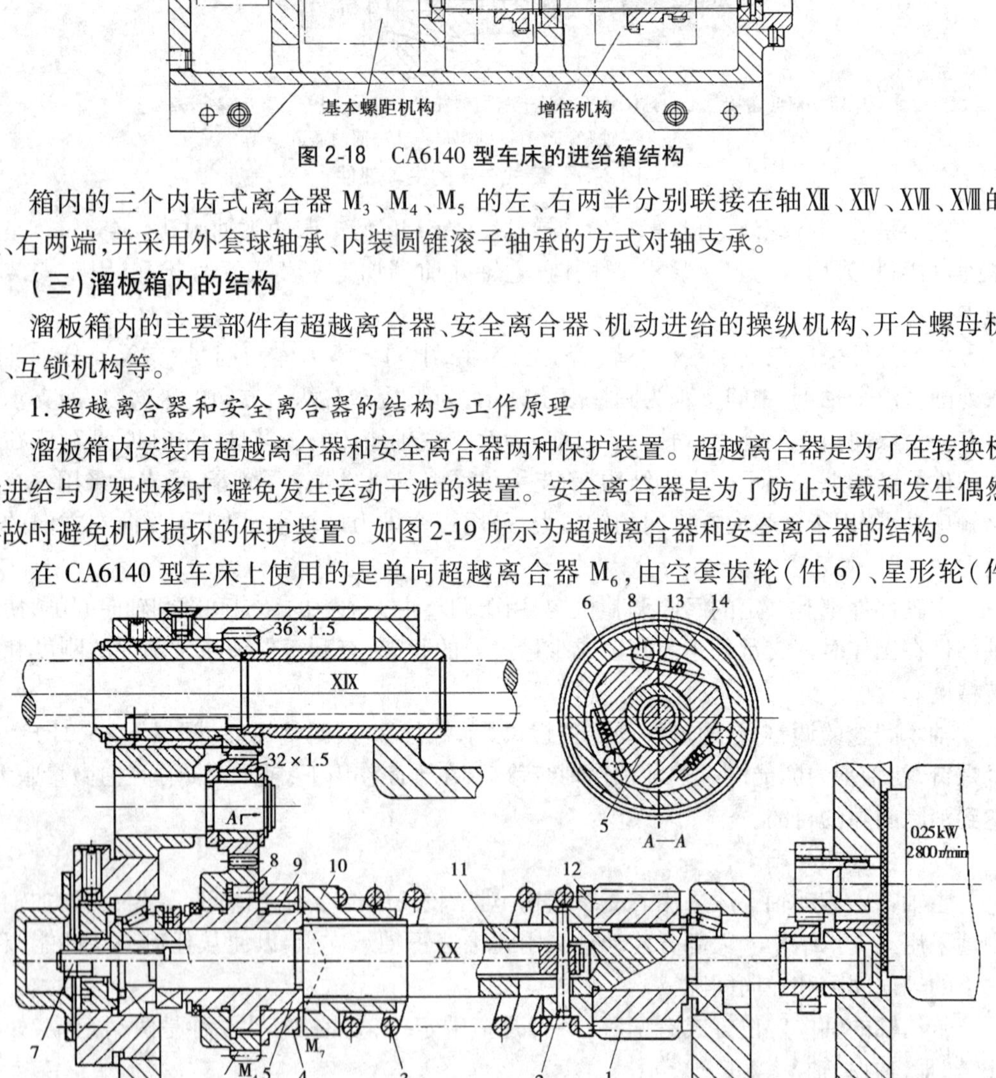

1—齿轮;2—推销;3、14—弹簧;4—安全离合器左半部;5—星形轮;6—空套齿轮;7—调整螺母;8—滚柱;9—键;10—安全离合器右半部;11—调整拉杆;12—弹簧座;13—推块

图 2-19　超越离合器和安全离合器的结构

5)、滚柱(件8)、推块(件13)、弹簧(件14)组成。M_6 通过星形轮空套并安装在轴XX上,同时空套齿轮也空套在星形体上。

安全离合器 M_7 由端面带有螺旋形齿爪的左、右两半部(件4和件10)组成。左半部用键(件9)连接在 M_6 的星形轮上,与轴XX空套,右半部与轴XX用花键连接。正常情况下,左、右半部由弹簧(件3)压紧在一起,能够将来自星形轮的运动传至轴XX。而弹簧弹力大小的调整,则是由调整螺母(件7)、调整拉杆(件11)、推销(件2)带动弹簧座(件12)沿轴XX发生移动,从而改变弹簧的压缩量来完成的。

因此,当刀架机动进给时,由光杆传来的运动由超越离合器 M_6 的星形轮传给安全离合器 M_7 的左、右半部,再传至轴XX。在这个过程中,M_6 中的三个圆柱滚柱(件8)分别在弹簧(件14)的弹力以及滚柱与空套齿轮间摩擦力的作用下,楔紧在空套齿轮与星形轮(件5)之间,带动星形轮跟随空套齿轮同向旋转,将进给运动经过安全离合器 M_7 传至轴XX。

当按下快移电机启动按钮,使刀架作快速移动时,运动由齿轮副$\frac{13}{29}$传至轴XX,通过 M_7 星形轮获得一个与空套齿轮同向、转速快得多的旋转运动。结果,滚柱压缩弹簧,退出楔缝,脱开星形轮与空套齿轮的传动联系。这时,光杆XIX及空套齿轮仍作旋转,但不再传动至轴XX。

当快速电机停止转动时,在弹簧和摩擦力的作用下,滚柱再度楔紧在空套齿轮与星形轮之间,光杆传来的运动又正常接通。

通常情况下,安全离合器在弹簧的弹力作用下,左、右两半部相互接合传递运动。相应的轴向切削载荷由弹力来平衡。当刀架上的载荷增加时,M_7 传递的扭矩以及作用在螺旋形齿爪上的轴向力也将增大。当轴向力超过设定的弹力后,弹力已不能再保持左、右两半部的接合,从而产生打滑现象,使传动断开,保护传动元件不会因过载而损坏。

2. 机动进给的操纵机构

图2-20所示为纵、横向机动进给的操纵机构。

CA6140型车床的纵向、横向机动进给由同一个手柄(件1)操纵,控制进给运动的接通、断开和换向。手柄的扳动方向与刀架的运动方向一致。

当左右扳动手柄时,手柄座绕销轴(件2)摆动,手柄座下端的开口槽通过球头销(件4)拨动轴(件5)轴向移动,再经杠杆(件11)和连杆(件12)使凸轮(件13)转动,凸轮上的曲线槽又通过圆销(件14)带动轴(件15)以及固定其上的拨叉(件16)向前或向后移。拨叉拨动离合器 M_8 使之与轴XXII上的两空套齿轮之一啮合后,接通纵向机动进给运动,刀架相应地向左或向右移动。

当前后扳动手柄时,手柄座、轴(件23)带动轴上的凸轮(件22)转动,拨叉(件17)随后拨动离合器 M_9 使之与轴XXV上的空套齿轮之一啮合,接通横向机动进给运动。

当手柄处于中间位置时,离合器 M_8 和 M_9 均处于中间位置,机动进给传动链断开。当需要沿某一方向的快移运动时,可将手柄扳至该方向,并按下手柄顶端的按钮S,这时快移电机接通,实现刀架的快速移动。

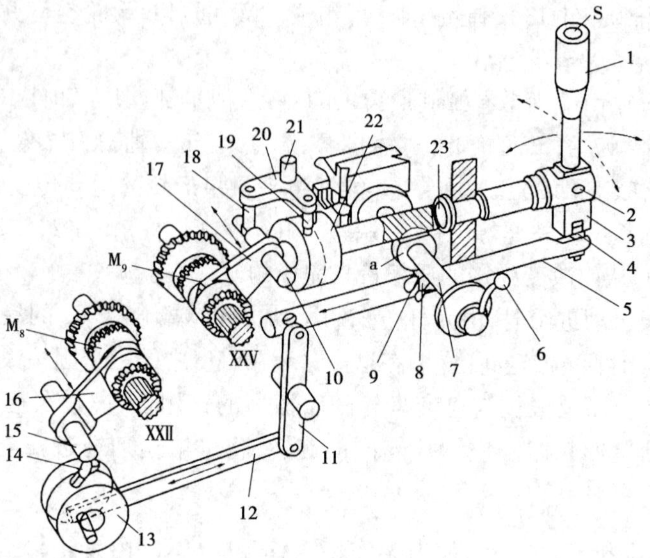

1—手柄;2—销轴;3—手柄下段;4—球头销;5、7、10、15、21、23—轴;6—开合螺母手柄;8—弹簧销;9—球头销;11、20—杠杆;12—连杆;13、22—凸轮;14—圆销;16、17—拨叉;18、19—圆销

图 2-20　纵、横向机动进给的操纵机构

3. 开合螺母和互锁机构的结构与原理

开合螺母用于接通或断开丝杆传至溜板箱的螺纹进给运动,这时不允许机动进给(或快移运动)接通,否则会损坏机床。为防止发生上述事故,溜板箱内设有互锁机构,以保证开合螺母合上时,机动进给不能接通;反之,当机动进给时,开合螺母无法合上。

图 2-21 是开合螺母的结构,图 2-22 为互锁机构的工作原理图。

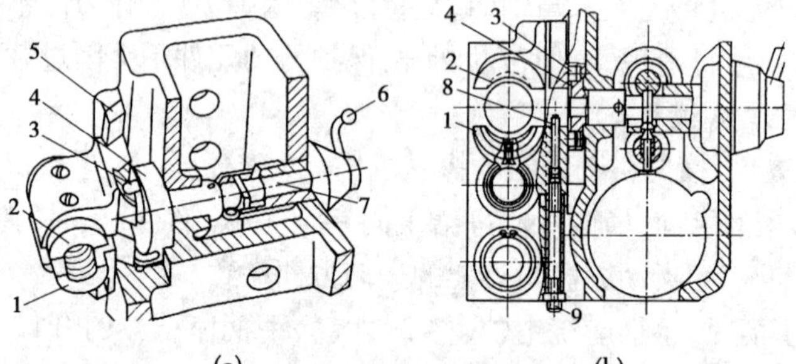

1、2—半螺母;3—圆柱销;4—槽盘;5、9—螺钉;6—手柄;7—轴;8—销钉

图 2-21　开合螺母的结构

图 2-20 中,显示了机动进给和开合螺母均未接通时互锁机构的位置。互锁机构由开合螺母操纵轴(件 7)上的凸肩 a、轴 5 上的球头销(件 9)和弹簧销(件 8)及支承套组成。

当向下扳动手柄(件 6)使开合螺母接通时,则图 2-22(a)所示操纵轴(件 7)顺时针转动一个角度,其上凸肩 a 嵌入轴(件 23)的凹槽中,将轴(件 23)卡住使其不能转动。同时凸肩 a 又将装在支承套横向孔中的球头销(件 9)压下,使它的下端插入轴(件 5)的孔中,将轴(件 5)锁住使其不能左右移动。这时,纵向、横向机动进给都不能接通。

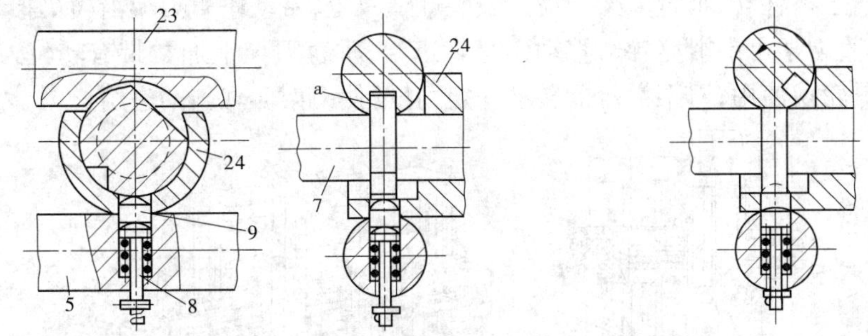

5、7、23—轴;8—弹簧销;9—球头销;24—支承套;a—凸肩

(a)开合螺母接通　(b)开合螺母脱开，横向机动进给接通

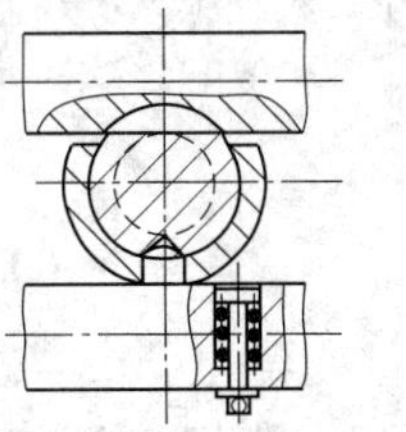

(c)开合螺母脱开，纵向机动进给接通

图2-22　互锁机构的工作原理图

当接通机动进给时,若横向进给,因轴23转动了位置,其上的凹槽不再对准凸肩a,使轴(件7)无法转动(见图2-22(b));若纵向进给,则因轴(件5)沿轴线移动了一个距离,其上的横向孔与球头销错位,使球头销不能向下移动,将轴(件7)锁住使之无法转动(见图2-22(c))。所以,在接通机动进给后,开合螺母无法再合上。

(四)卧式车床附件

CA6140型卧式车床用于回转表面的加工,在工件安装时,需要使工件回转中心与车床主轴轴线重合,以保证工件定位准确;同时还要夹紧工件,以承受切削力,并防止工件飞出。在车床上,常使用通用夹具,即车床的装卡附件来完成上述要求。

卧式车床的常用附件包括三爪卡盘、四爪卡盘、顶尖、心轴、中心架、跟刀架、花盘与弯板。它们的结构和装卡要求在前面章节中已作详细介绍,这里不再赘述。

四、其他车床

(一)立式车床

立式车床主要用于加工径向尺寸较大而轴向尺寸较短的盘类零件,适用于加工形状复杂的大型、重型工件,因此在机械制造行业中应用得较多。

立式车床分为单柱和双柱两种形式,前者用于加工直径小于1 600 mm的工件,后者可以加工直径大于2 000 mm的工件,其最大加工直径可达25 000 mm。图2-23是立式车床的外形图。

立式车床结构的主要特点是:它的主轴轴线处于垂直位置,安装工件使用的花盘(或卡盘)处于水平位置,在垂直和侧面两个方向上各自安装有刀架。横梁安装在立柱上,可沿立柱上的导轨上下移动;垂直刀架的滑座安装在横梁上,带动垂直刀架沿横梁移动作横向进给;同时垂直刀架可沿滑座导轨移动作垂直进给;垂直刀架上通常带有转位刀架,用于安装几组刀具轮换使用;刀架滑座能转动一定角度,使刀架实现斜向进给。

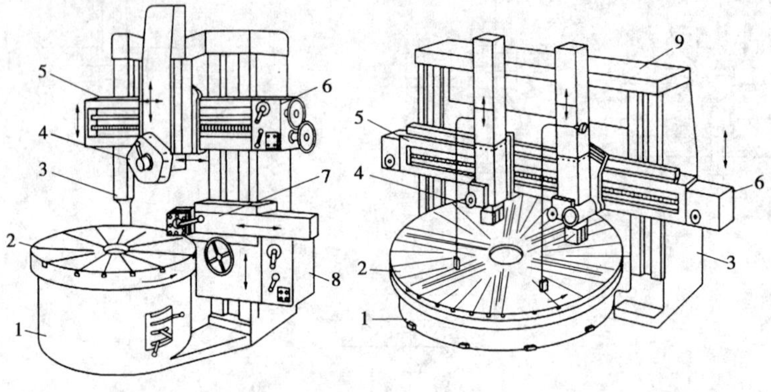

(a) 单柱式立式车床　　(b) 双柱式立式车床

1—底座;2—工作台;3—立柱;4—垂直刀架;5—横梁;6—垂直刀架进给箱;
7—侧刀架;8—侧刀架进给箱;9—顶梁

图 2-23　立式车床的外形图

(二)转塔车床

转塔车床主要用于外形复杂且具有内孔的成批工件的加工。

与卧式车床不同的是,转塔车床没有丝杆,以一个可转动的六角刀架代替了卧式车床上的尾座,可以按加工顺序一次性地安装钻头、镗刀、铰刀、丝锥等孔加工刀具以及夹持特殊刀夹中的车刀,能与四方刀架上的刀具一起同时对工件进行加工,是一种多刀、多任务加工的高效机床。

如图 2-24 所示为转塔车床的外形图。如果转塔车床的六角刀架绕水平轴旋转,则称为回轮车床。如图 2-25 所示为回轮车床及刀架的外形图。

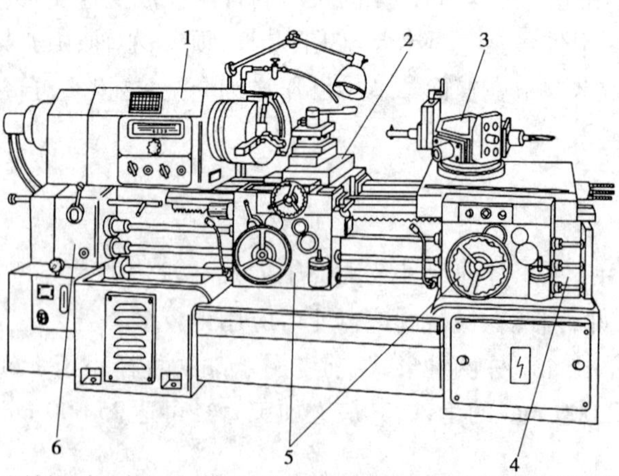

1—主轴箱(床头箱);2—横刀架(四方刀架);3—转塔刀架(六角刀架);
4—床身;5—横刀架、转塔刀架溜板箱;6—进给箱

图 2-24　转塔车床的外形图

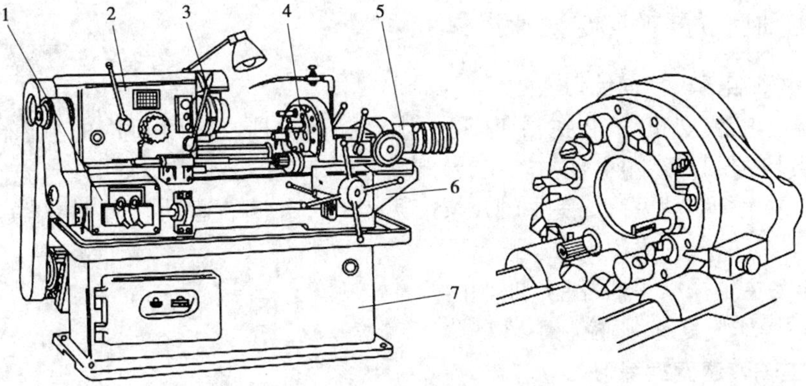

1—进给箱;2—主轴箱;3—主轴及夹头;4—回轮刀架;5—定程装置;6—床身;7—底座

图 2-25　回轮车床及刀架的外形图

(三)落地车床

落地车床又称花盘车床或地坑车床,适用于车削直径为 800 ~4 000 mm 的直径大、长度短、质量较轻的盘形、环形工件或薄壁筒形工件,适用于单件、小批量生产。

落地车床无床身、无丝杆、无尾座,如图 2-26 所示。

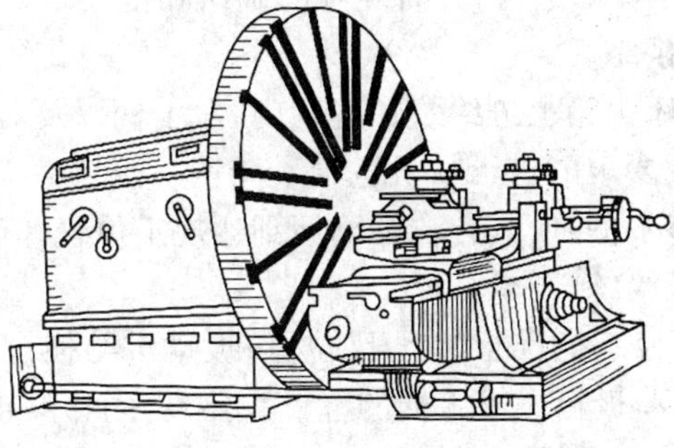

图 2-26　落地车床的外形图

【任务实施】

图 2-1 所示螺纹小轴,它的车削加工分为阶台轴与螺纹两部分依次完成。两部分需要分别依据确定的切削用量,对照铭牌作出相应的机床调整后,再进行机床操纵。

以下为卧式车床的操纵练习。

一、手动进给的操作

(1)先不启动车床,空刀下单手转动大、中、小滑板的手轮或手柄,分清滑板的进、退刀方向,要求反应灵活,动作准确。

(2)两手交替,分别操纵床鞍手轮和中、小滑板手柄,进行刀具的手动进给练习,力求双手交替、动作自如地转动手轮或手柄,使滑板不间断地均匀、慢速移动。

二、主轴启、停、换向与变速操作

(一)主轴启、停、换向练习

(1)接通电源、热机后,将主轴变速手柄挂入指定的挡位,记下此时的主轴转速。

(2)推上主轴操纵手柄,使主轴正转,观察此时卡盘的运动状态。

(3)压下主轴操纵手柄,使主轴反转,观察此时卡盘的运动状态,并与主轴正转时比较。

(4)拉平主轴操纵手柄,使主轴停止。

将上述操作反复练习,控制手感。

(二)主轴转速变换练习

(1)主轴停转,待停稳后将主轴变速手柄挂入空挡。

(2)根据主轴转速铭牌显示的转速与变速手柄的对应关系,调整变速手柄的位置。

(3)按指定的转速,确定主轴转速所处挡位的高低,并挂入手柄;若推拉不到正常位置,可用手扳动卡盘后再推拉到位。

(4)推上启动操纵手柄,使主轴正转,观察此时卡盘的运动状态,与变速前比较。

三、机动进给量的操纵与进给量变换

以下练习均在主轴空转下进行,并有老师的确认和指导。

(一)机动进给量变换练习

(1)熟悉、掌握车床床头箱上进给量铭牌的内容、手柄以及对应关系。

(2)在铭牌表上查找要求的进给量下进给量调整手柄的对应位置。

(3)扳动进给量调整手柄,使其各自准确地到达规定位置即可。

(二)纵、横向机动进给练习

启动主轴正转,将离合手柄推至"走刀"位置,扳动进给换向手柄至"正向"位置。在光杆转动的条件下,变换溜板箱操纵手柄的位置,不断启动和停止纵向或横向机动进给的变向和快移,熟悉、掌握操作要领。

(三)低速下螺纹车削的进给与退刀练习

(1)启动主轴正转,将离合手柄推至"螺纹"位置,调整进给换向手柄至"正向"位置,在丝杆转动的条件下,合上开合螺母,使刀具纵向进给。

(2)进给终了前,调整操作姿势,一只手握住启停操纵手柄,另一只手掌控中滑板手柄。在进给终了时,不要提起开合螺母,先横向退刀,同时压下启停操纵手柄,开"反车",使丝杠驱动刀具返回原位置。在操作过程中,左右手应协调配合,注意退刀方向。

(四)滑板上刻度盘的使用与刻度计算练习

(1)熟悉、掌握各拖板刻度盘的分度值。

(2)正确计算车刀沿进给方向应移动的格数,尤其是中滑板横向摇进的格数。

(3)缓慢转动床鞍手轮,使刀尖轻轻碰到端面,横向退刀,消除间隙后使大拖板的刻度对准"0"。

(4)缓慢转动中滑板手柄,使刀尖轻轻接触工件外圆,纵向退刀,消除间隙后将中拖板的刻度对准"0"。

(5)使用刻度盘时,由于丝杆与螺母之间有间隙,当手柄转动过量需退回时,应反转约一圈,再转至所需位置。

四、注意事项

(1)操作时要注意力集中;变换车床转速时,应先停车。

(2)在车床运转下操纵时,要注意防止左右前后碰撞,以免发生事故。

(3)开"反车"退刀,不能用于高速车削螺纹。

(4)练习时,必须严格执行安全操作规程。

【思考与练习】

1. 根据CA6140型卧式车床的传动系统图,简要说明其传动系统中各离合器 $M_1 \sim M_9$ 的功用。

2. 简要说明CA6140型卧式车床的传动系统图的中细小进给量的传动路线表达式。

3. 在CA6140型卧式车床的传动系统中,当主轴转速分别为40 r/min、160 r/min及400 r/min时,能否实现螺距扩大4倍及16倍?为什么?

4. 为什么选用丝杆和光杆分别担任螺纹车削与外圆车削的传动?如果只使用其中一个既车螺纹又车外圆,会发生什么问题?

5. 当CA6140型卧式车床主轴正转后,光杆获得了旋转运动,但是接通溜板箱中的离合器 M_8 或 M_9 后,却没有产生进给运动,试说明原因。

6. 根据CA6140型卧式车床的传动系统图,指出一条螺距为32 mm的公制螺纹加工的传动链结构式,并给出加工时主轴的转速,基本变速组、增倍变速组的传动比值。

7. 在CA6140型卧式车床上能获得的最大、最小正转转速是多少?分别列出它们的传动链结构式和运动平衡式。

8. 根据双向多片式摩擦离合器的结构图,说明摩擦离合器的功能、工作原理和操作方法。

9. 根据超越离合器及安全离合器的结构图,说明它们的功能、工作原理。

10. 传动系统如图2-27所示,当主轴旋转一周时,要求工作台移动 $L_{工件}$ 距离,试导出所需换置机构 $\frac{a}{b} \times \frac{c}{d}$ 的换置公式。

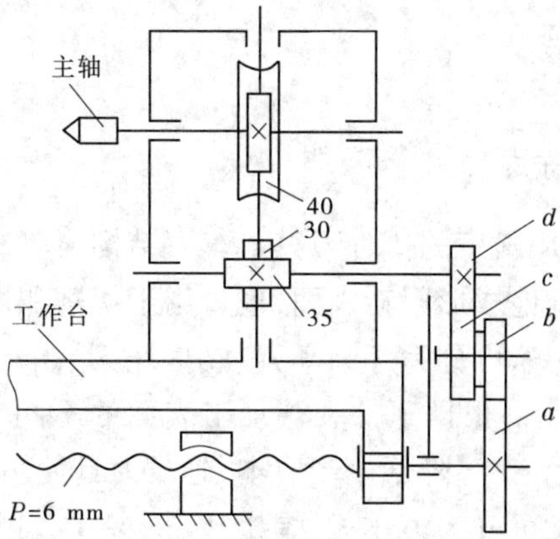

图2-27

单元二　阶台轴的车削加工

【学习目标与任务】

学习目标:

1. 认识车刀的类型与用途,了解车刀的安装要求。

2. 认识外圆柱面和槽面的加工方法,会车削工件端面、阶台、沟槽。

3. 会使用测量轴类零件的常用量具。

学习任务:任务1,外圆、端面和阶台的车削;任务2,沟槽的车削与工件切断。

【任务引入】

加工如图2-28所示阶台锥轴,确定其切削用量、工艺措施及工艺过程。

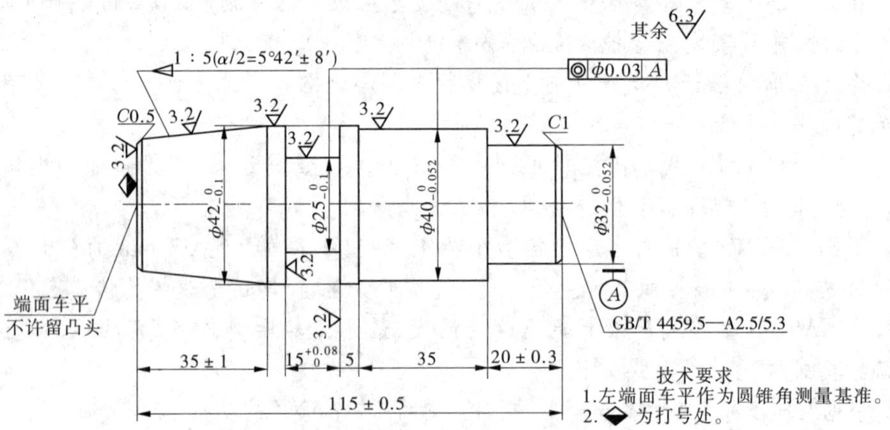

图2-28　阶台锥轴

【知识指引】

一、车刀的类型和特点

车刀是金属切削中应用最广的一种刀具。车刀结构简单,用于各种车床上,可加工外圆、端面、内孔、螺纹以及其他成形回转表面,也可用于切槽和切断。

车刀的种类很多,按用途可分为外圆车刀、端面车刀、内孔车刀、切断刀、螺纹车刀以及成形车刀,如图2-29所示。根据工件和被加工表面的不同,合理地选用不同种类的车刀能保证加工质量、提高生产率、降低生产成本、延长刀具使用寿命。

按车刀结构的不同,又可分为整体式、焊接式、机夹式、可转位式四种类型,如图2-30所示。其特点及用途如表2-4所示。

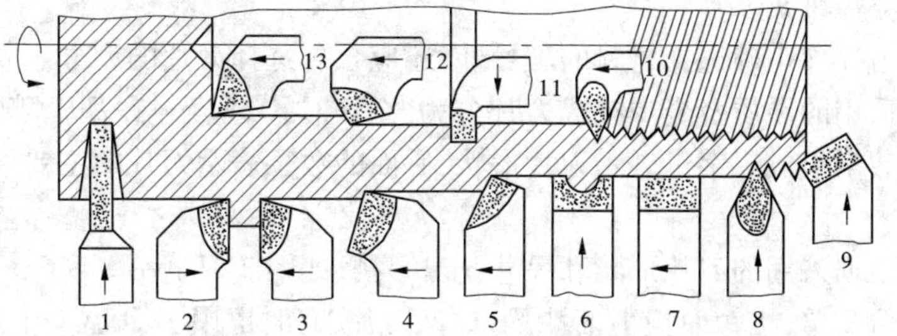

1—切断刀;2—90°左偏刀;3—90°右偏刀;4—弯头车刀;5—直头车刀;6—成形车刀;7—宽刃精车刀;
8—外螺纹车刀;9—端面车刀;10—内螺纹车刀;11—内槽车刀;12—通孔车刀;13—盲孔车刀

图 2-29 车刀的种类和用途

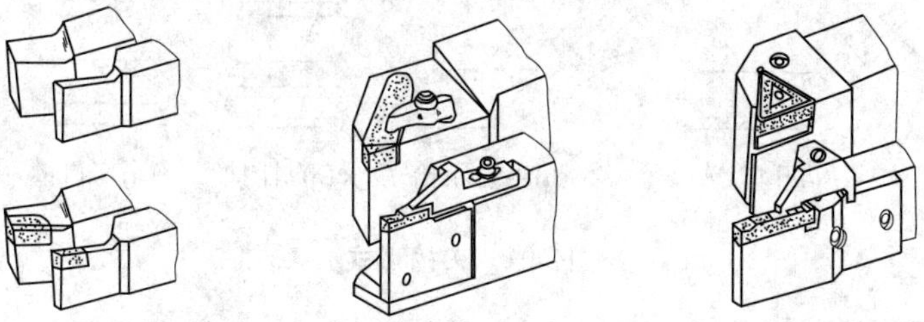

(a)整体式车刀、焊接式车刀 (b)机夹式车刀 (c)可转位式车刀

图 2-30 车刀的结构类型

表 2-4 车刀结构类型的特点及用途

名称	特点	用途
整体式	用整体高速钢制造,刃口可磨制得较锋利	小型车床或加工有色金属
焊接式	焊接硬质合金或高速钢刀片,结构紧凑,使用灵活	各类车刀,特别是小刀具
机夹式	避免了焊接产生的应力、裂纹等缺陷,刀杆利用率高,刀片可集中刃磨获得所需参数,使用灵活方便	外圆、端面、镗孔、切断、螺纹车刀等
可转位式	避免了焊接式刀具的缺点,切削刃磨钝后刀片可快速转位,无须刃磨刀具,生产效率高,断屑稳定,可使用涂层刀片	大中型车床,加工外圆、端面,镗孔,特别适用于自动线、数控车床

(一)焊接式车刀

焊接式车刀是由一定形状的刀片和刀杆通过钎焊连接而成的。一般刀片选用硬质合金,刀杆使用碳素结构钢(45 钢)制造。

硬质合金焊接式车刀的缺点是,其切削性能主要取决于工人的刃磨技术水平。此外,刀杆不能重复使用,焊接应力和缺陷会制约焊接车刀的应用。

因此,焊接式车刀的质量由刀片型号,刀杆和刀槽的形状、尺寸,焊接工艺和刃磨质量等因素决定。

1. 硬质合金焊接式刀片

硬质合金刀片除正确选择材料的牌号外,还应合理选择刀片的型号。

我国目前采用的硬质合金焊接式刀片分为 A、B、C、D、E 五类,刀片型号由一个字母和一个或两个数字组成。字母表示刀片形状,后面的数字表示刀片的主要尺寸。

2. 刀槽形式

刀杆上应根据采用的刀片形状和尺寸开出刀槽,如图 2-31 所示。

开口槽制造简单,接触面积小,适用于 C 型刀片,有时也用于 D 型。半封闭槽焊接后刀片牢固,但制造复杂,只能采用立铣刀单件加工,适用于 A、B 型刀片。封闭槽能增加焊接面积,制造困难,适用于 E 型刀片。切口槽可使刀片焊接牢固,但制造复杂,适用于 D 型刀片,用于车槽、切断刀。

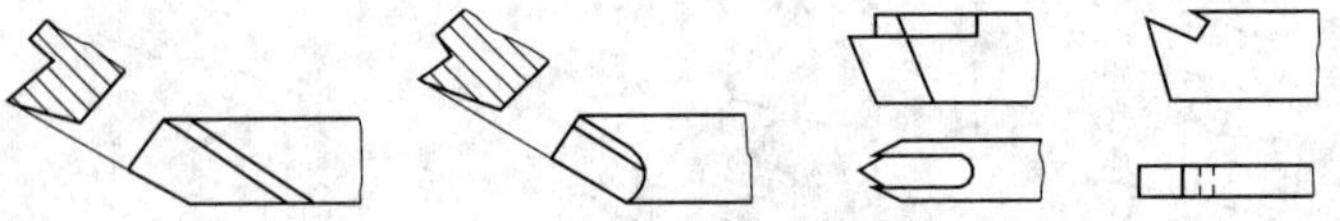

(a)开口槽　(b)半封闭槽　(c)封闭槽　(d)切口槽

图 2-31　刀槽形式

3. 车刀刀杆与刀头形状和尺寸

焊接式车刀刀杆常用中碳钢制造,截面有矩形、方形和圆形三种。普通车床多采用矩形截面。当切削力较大时,可用方形截面。圆形截面多用于内孔车刀。

矩形和正方形刀杆的截面尺寸,一般可按机床中心高查表选取,见表 2-5。刀杆长度可按刀杆高度 H 的 6 倍估算,并选用标准尺寸系列,如 100 mm、125 mm、150 mm、175 mm 等。切断车刀工作部分的长度需大于工件的半径,内孔车刀的刀杆长度需大于工件孔深。

表 2-5　常用车刀刀杆截面尺寸

机床中心高(mm)	150	180 ~ 200	180 ~ 200	180 ~ 200
正方形刀杆截面 H^2(mm^2)	16^2	20^2	25^2	30^2
矩形刀杆截面 $B \times H$(mm × mm)	12 × 20	16 × 25	20 × 30	25 × 40

刀头形状可分为直头和偏(或弯)头两种,如图 2-32 所示。直头结构简单,制造方便;偏头通用性好,能车外圆和端面。刀头结构尺寸见相关手册。

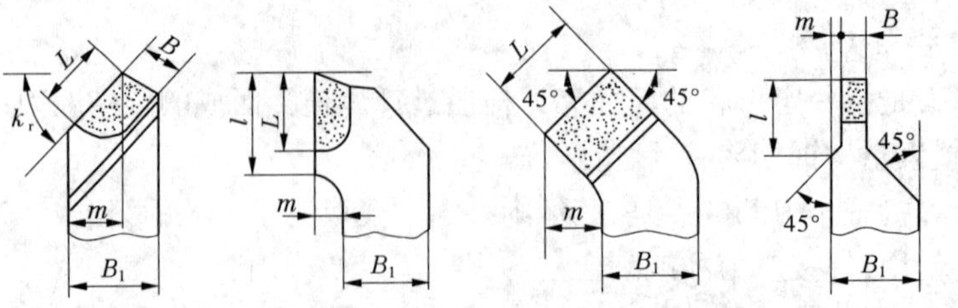

(a)直头外圆车刀　(b)90°偏头外圆车刀　(c)45°偏头车刀　(d)切断车刀

l—刀头长度;L—刀片长度;B—刀片宽度;m—刀尖至刀杆侧面的距离;B_1—刀杆宽度

图 2-32　常用焊接式车刀

(二)机夹式车刀

机夹式车刀也称机夹可重磨式车刀,是用机械加固的方法,将预先刃磨好的刀片固定在刀杆上。这种车刀是针对硬质合金焊接式车刀的缺陷而设计的。与焊接式车刀相比,避免了因焊接引起的刀片硬度下降和裂纹等缺陷,能延长刀具寿命;刀杆可重复使用,提高了刀杆材料的利用率,使刀杆成本降低;刀片可以多次刃磨,并得到回收。但机夹式车刀在使用过程中仍需要刃磨,不能完全避免热应力和热裂纹,其切削性能仍取决于刃磨技术,而且刀杆制造复杂。

机夹式车刀没有标准化,结构形式很多。目前常用的机夹式车刀有切断刀、切槽刀、螺纹刀等。常用机夹式车刀的夹紧结构有上压式、自锁式、弹性压紧式等,如图 2-33 所示。

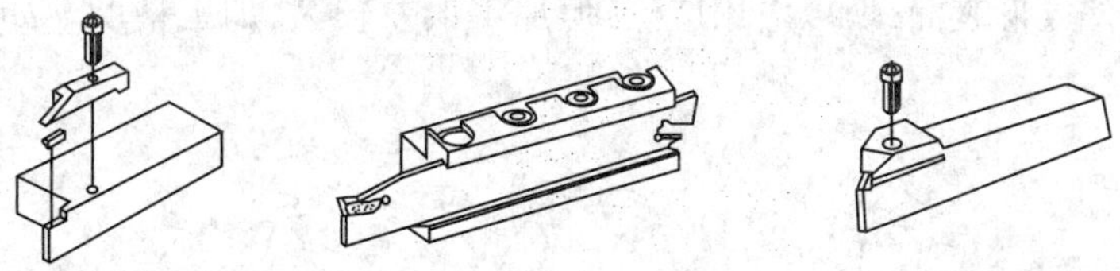

(a)上压式 (b)自锁式 (c)弹性压紧式

图 2-33 机夹式车刀的夹紧结构形式图

(三)可转位式车刀

可转位式车刀是使用可转位硬质合金刀片的机夹式车刀,如图 2-34 所示。刀垫(件 2)和刀片(件 3)套装在刀杆(件 1)的夹固元件(件 4)上,由该元件将刀片压向支承面而紧固。车刀的前后,角靠刀片在刀杆槽中安装后获得。

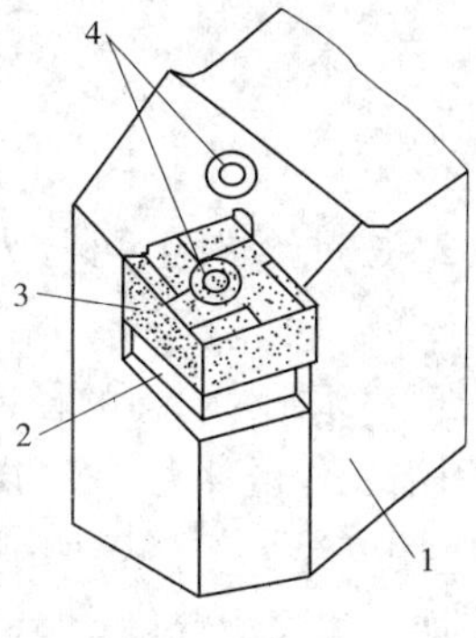

1—刀杆;2—刀垫;3—刀片;4—夹固元件

图 2-34 可转位式车刀的组成

可转位式车刀除具有焊接式车刀和机夹式车刀的优点外,还具有不需要刃磨、快速转位更换切削刃、几何参数稳定等特点,完全避免了因焊接和刃磨引起的热效应和热裂纹。其几何参数完全由刀片和刀杆上的刀槽保证,切削性能稳定,切削效率高。目前,可转位式车刀的应用与日俱增,但由于刃形和几何参数受到刀具结构和工艺限制,它还不能完全取代焊接式车刀和机夹式车刀。

(四)成形刀具

成形刀具是一种高生产效率的专用刀具,其刃形是根据工件的廓形设计的。主要用于大批量生产,在普通卧式车床、转塔车床、半自动及自动车床上加工内外回转体成形表面。由于大多数成形车刀均按径向进给,又称之为径向成形车刀。

与普通车刀相比,用成形车刀加工时,成形表面的廓形精度不受工人操作水平的影响,加工质量稳定;为保证成形表面的廓形准确,成形车刀的前角一般为 0°,刀具磨钝后只需重磨前刀面,可重磨的次数多,所以成形车刀刃磨方便简单,刀具的使用寿命长;一把成形车刀,相当于多把不同刃形的车刀组合在一起同时参与切削,生产效率高。但是,成形车刀的刃形复杂，刀具制造成本高；成形车刀的切削刃工作长度较长，进给力大，易引起振动，加工时要求工艺系统具有较高的刚性。

1. 成形车刀的种类和用途

（1）按结构和形状，成形车刀可分为平体、棱体和圆体三种，如图 2-35 所示。

平体成形车刀（见图 2-35（a））的形状与普通车刀相似，结构简单、成本低，但重磨次数不多，刀具使用寿命较短，常用于加工简单的外成形表面，如螺纹、圆弧等。

棱体成形车刀（见图 2-35（b））的刀体呈棱柱形，刀头和刀杆分别制作，利用燕尾榫装夹在刀杆燕尾槽中，可重磨次数比平体成形车刀多。刀体刚性较好，用于加工外成形表面。

圆体成形车刀（见图 2-35（c））的刀体为带孔回转体，并磨出容屑缺口和前刀面，利用刀体内孔与刀杆连接。圆体成形车刀的切削刃分布在圆周表面上，允许重磨的次数最多，可用于加工内外成形表面，所以应用广泛，但加工误差较大，加工精度不如前两种成形刀具的高。

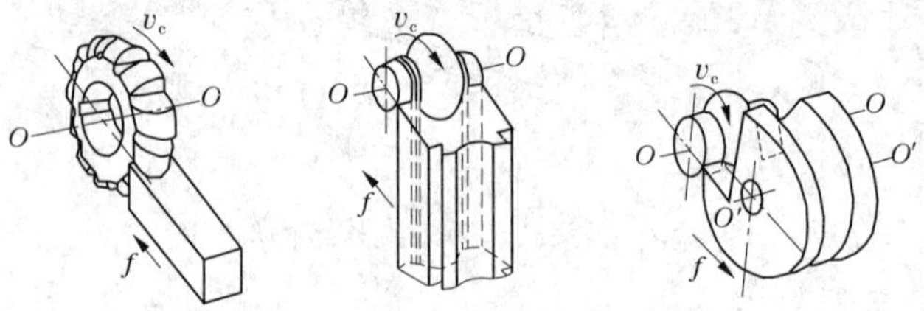

(a)平体　(b)棱体　(c)圆体

图 2-35　径向进给成形车刀

（2）按进给方向，可分为径向进给成形车刀和切向进给成形车刀，如图 2-35 和图 2-36 所示。

图 2-35 所示的均为径向进给成形车刀。刀具工作时，切削刃沿工件的半径方向切入，切削行程短，生产效率高，因此应用广泛。但由于切削刃宽，径向切削力大，易引起振动，使加工表面粗糙度增大，所以不适用于加工细长和刚性差的工件。

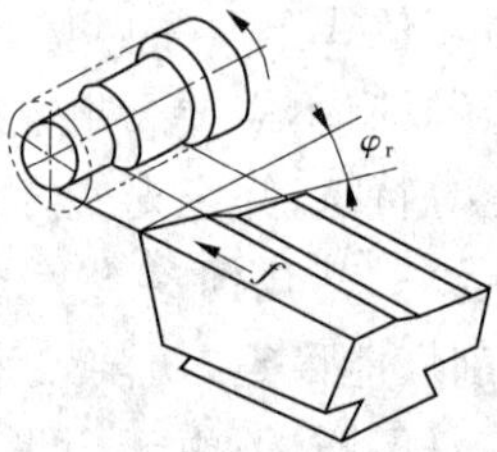

图 2-36　切向进给成形车刀

如图 2-36 所示，当用切向进给成形车刀加工时，切削刃沿工件已加工表面的切线方向切入，切削刃相对于工件有较大的倾斜角。所以，切削刃是逐渐切入、逐渐切出的，始终只有一部分切削刃工作。因而切削力较小，切削过程平稳，但切削行程较长，生产效率低，适用于加工细长、刚性较差且廓形深度差别小的外成形表面。

2. 成形车刀的安装

成形车刀的加工精度不仅取决于刀具廓形的设计和制造，而且与刀具的安装有关。

成形车刀的几何角度是在假定工作平面内刃磨制得的，而后通过与工件安装成一定的位置形成所需的工作角度。因此，安装时应注意以下几点：

（1）刀刃最外缘应与工件的中心等高，这是成形车刀的设计原则，安装时必须遵从。

(2)刀具装夹必须牢固,避免切削过程中因振动或较大的切削力使刀具或夹具的薄弱部位产生变形,影响到刀具的安装精度。

(3)在安装棱体成形车刀时,车刀轴线应倾斜一个 α_p 角度,形成所需的前角和后角。

(4)在安装圆体成形车刀时,应使车刀中心高出工件中心一个设计距离,让刀尖与工件中心等高。

3. 成形车刀的刃磨

(1)成形车刀用钝后的刃磨,不仅影响被加工表面的表面质量,还会影响刃形,使加工工件产生形状误差。

(2)棱体和圆体成形车刀都只刃磨前刀面,并且要求刃磨后仍保持原始的前角和后角不变。

(3)刃磨一般在万能工具磨床上用碗形砂轮沿前刀面进行。如图 2-37 所示,刃磨车刀时,使棱体成形车刀的前刀面与砂轮的工作端面平行,使圆体成形车刀的中心与砂轮的工作端面偏移 $h = R\sin(\alpha_f + \gamma_f)$。

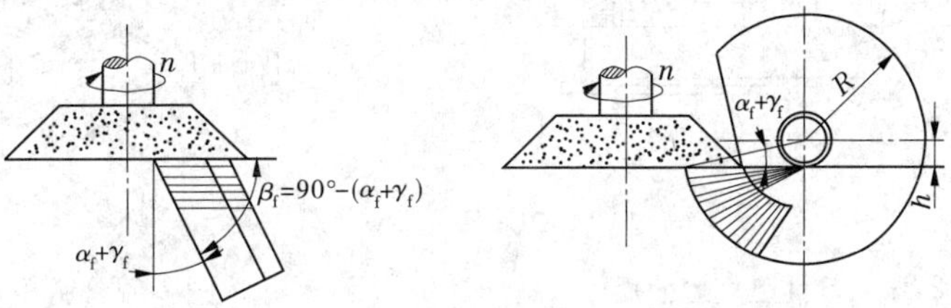

(a)棱体成形车刀　(b)圆体成形车刀

图 2-37　成形车刀的刃磨

二、车刀的安装

(一)车刀安装的基本要求

(1)车刀刀尖应与工件旋转中心等高。否则,会改变车刀的实际前角与后角。而且当车刀车至中心时会使刀尖损坏,在端面中心留下凸台,如图 2-38 所示。

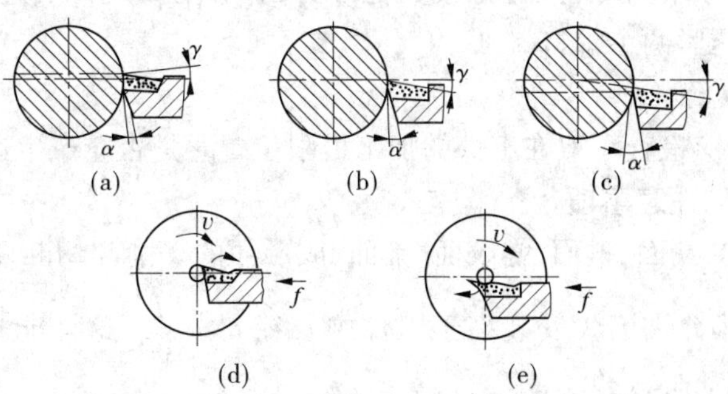

图 2-38　刀尖不对准工件中心时前、后角的变化

(2)车刀刀杆应与车床轴线垂直。否则,将改变刀具的主偏角和副偏角的大小。

(3)车刀伸出刀架部分应尽量短些。一般伸出长度不大于刀柄厚度的 2 倍,约为 1.5 倍,否则刀具刚性下降,车削时容易产生振动。

(4)车刀应牢固地拧紧在刀架上。

(二)车刀安装的基本步骤

(1)将车刀置于垫片上。

先用棉纱将刀架装刀面、车刀刀柄底面及垫片擦拭干净,然后挑选数片垫片重叠后垫在车刀刀柄下面(垫片数量应尽量少,太多会降低刀柄与刀架的接触刚度),使车刀刀尖达到工件中心高度,如图2-39所示。

(2)确定车刀的伸出长度后,调整刀尖高。

刀尖对准中心的方法有:目测调试法安装车刀;用钢直尺测量主轴中心高后安装车刀;参照尾座顶尖的高度安装车刀,如图2-40所示。

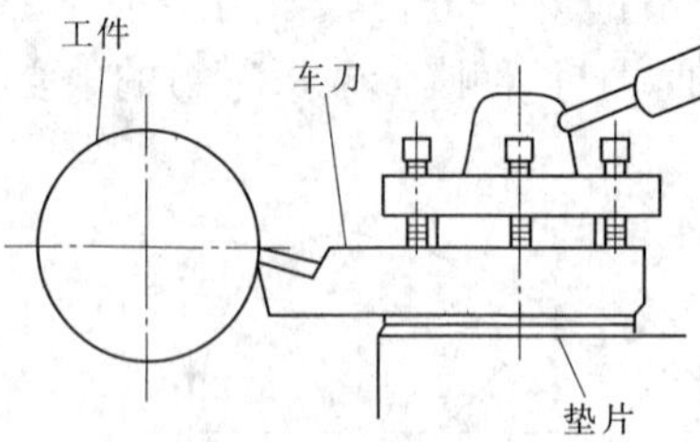

图2-39 刀具垫片的使用

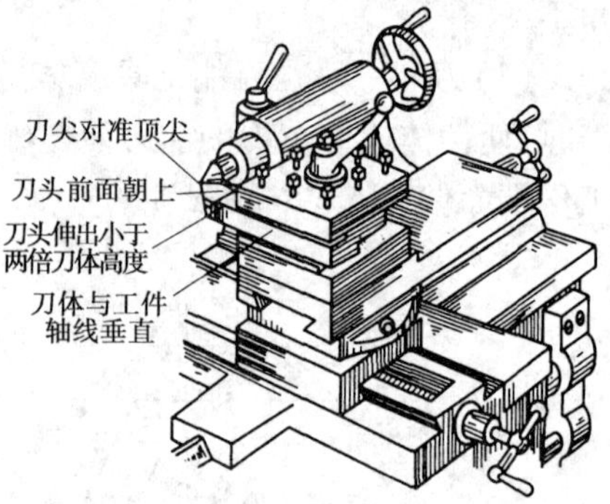

图2-40 调整刀尖位置

(3)调整车刀刀尖角中心线位置。

安装切断刀和螺纹刀时,切断刀按端面对刀,螺纹刀用样板对刀,以调整刀尖角中心线的位置,使其与工件轴线严格保持垂直,以使切断刀的两个副偏角相等和螺纹刀的左右刀刃对称。

(4)拧紧螺栓。

拧紧时,应先拧紧中间螺钉,再拧紧其他螺钉,拧紧力要均匀,使刀杆与垫片接触紧密,交替拧紧,至少压紧两个螺钉。

(5)检查极限位置。

车刀安装好后,应检查车刀在工件的加工极限位置时是否会产生运动干涉或碰撞。

(三)车刀安装的注意事项

(1)实际车削中,端面、槽面、螺纹面、锥面、成形面的车削和切断要求刀尖对准中心。但外圆和内孔的车削允许刀尖安装高于工件中心约 $h=\frac{d}{100}$,这样能减小振动,防止“扎刀”以及减小后刀面与孔壁的摩擦,有利于切削。

(2)内孔车刀在安装时,应特别注意刀杆中心线要大致平行于纵向进给方向,伸出长度应尽量小但不小于车孔深度。

(3)切断刀、切槽刀安装时,刀杆不宜伸出太长;切断刀、切槽刀的主刀刃应与工件轴线保持平行。

(4)螺纹刀安装时,应区分粗车刀和精车刀,粗车刀可采用法向垂直装刀,利于排屑;精车刀采用轴向水平装刀,确保牙形准确。

三、车削外圆、端面和阶台

外圆柱面是构成机器零件中轴类、套类零件的基本表面之一。外圆柱面包括端面、阶台及沟槽等加工表面,是组成零件几何形状的基本要素。因此,车削外圆柱面是切削加工的基本操作。

(一)外圆车刀的选用

常用的外圆车刀按刀头形状有直头车刀和弯头车刀,按其主偏角 k_r 有 90°、45°、75°三种外圆车刀,按用途又分外圆粗车刀和外圆精车刀,如图 2-41 所示。

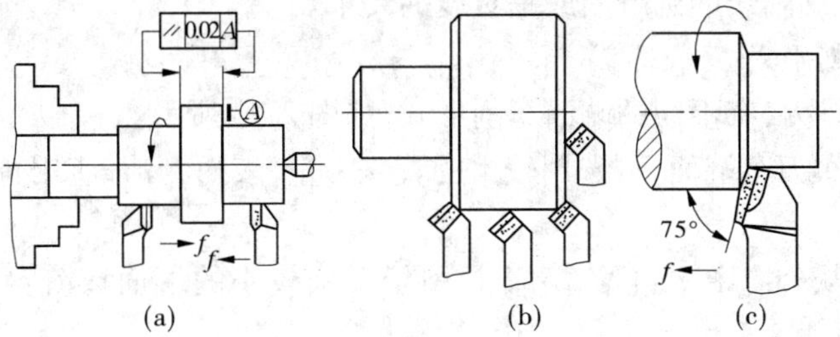

图 2-41　外圆车刀

(1)90°外圆车刀(也称偏刀)。按进给方向分为左偏刀和右偏刀两种(见图 2-41(a))。左偏刀简称反偏刀,主切削刃在刀头右侧,由左向右进给。右偏刀即正偏刀,由右向左进给,其主偏角大于 90°,一般用于车外圆、端面和阶台。

(2)45°弯头车刀。主偏角为 45°,刀尖角为 90°,也有左右之分。常用于车削工件端面和倒角,如图 2-41(b)所示。

(3)75°车刀。主偏角为 75°,刀尖角大于 90°,刀头强度好,常用于强力车削和粗车,如图 2-41(c)所示。

(二)车削操作要点

(1)检查毛坯尺寸,装夹工件。

根据零件的类型、定位基准的要求,合理选择工件的装夹方法,稳固夹紧工件。

(2)调整车床。

根据零件的加工要求和选定的切削用量,调整主轴转速和机动进给量。车床的调整或变速必须在停车时进行。

(3)对刀操作。

对刀操作的目的是建立进刀时滑板的移动起点。一把外圆车刀,需进行端面对刀和外圆对刀,以分别设置大滑板和中滑板的刻度起点,从而有效地控制每次进给时轴向和径向的进刀量。

对刀时,先启动车床,使刀具与工件端面和外圆轻微接触,以此作为调整吃刀量的起点。为方便读数,往往会同时调整滑板的刻度,使之对准“0”。

(4)刀架背吃刀量的控制。

车削工件时，利用中滑板或小滑板的刻度盘，正确设置刀架的背吃刀量。

(5)试切。

由于刻度盘和横向进给丝杆都存在间隙误差，往往不能满足较高进刀精度的要求。为了准确定出背吃刀量、保证工件的加工尺寸精度，需要在刻度盘进刀后，采用试切的方法，从而定出背吃刀量。

(6)进刀。

根据零件的工艺方案，合理确定进给次数，尽可能利用机动进给切削。进给结束后，需要注意刀具的退刀方式。

(三)端面车削的方法

机器上很多零件都有端面，一般情况下，轴类零件的端面加工质量，除常规的表面粗糙度外，还有对工件轴线的圆跳动或垂直度的要求。

1. 端面的车削形式

对应不同的车刀，有不同的端面车削形式，如图 2-42 所示。

(1)45°弯头车刀车端面，可选用较大的背吃刀量，表面光洁，应用较多，如图 2-42(a)所示。

(2)90°偏刀从外向中心进给车端面，用于车削较小的端面或阶台面，如图 2-42(b)所示。

(3)90°偏刀从中心向外进给车端面，用于车削带孔的端面或阶台面，如图 2-42(c)所示。

(4)左偏刀车端面，刀头强度好，用于车削较大端面，尤其是铸、锻件的大端面，如图 2-42(d)所示。

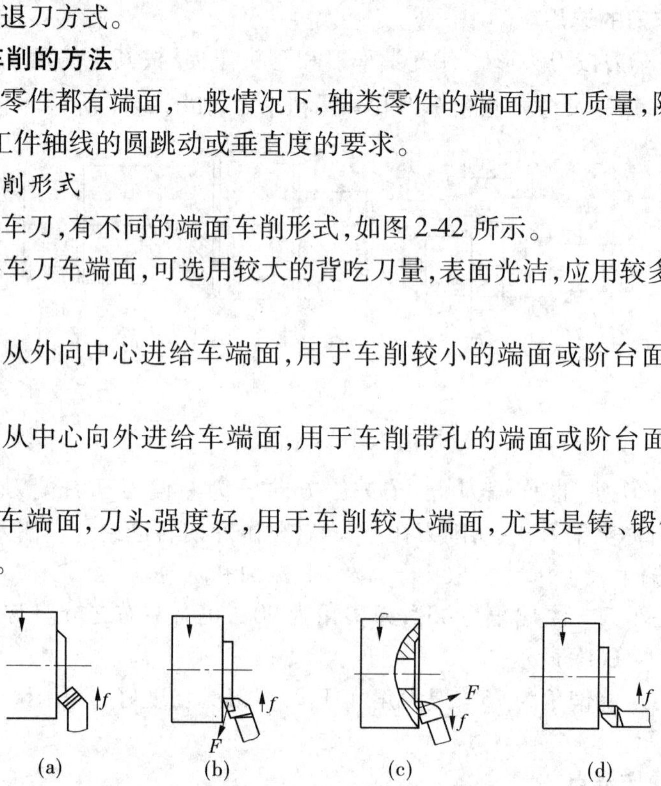

图 2-42　端面车削形式

2. 工件装夹

用卡盘单夹或一端夹住，另一端搭中心架安装工件，工件伸出长度不宜太长，一般小于 50 mm。工件安装后、车床启动前，用手盘动卡盘一周，检查有无碰撞、工件是否夹紧等。

3. 端面车削的特点

(1)车削时，先启动车床使工件旋转。车削端面时切削速度由外向中心逐渐减小，使端面粗糙度增大，因此应采用较高的转速。

(2)移动床鞍和中滑板使刀具靠近工件端面后，为防止刀架受力发生纵向移动而产生端面凹凸的现象，应将床鞍紧固在床身上，用小滑板调整切深，控制背吃刀量。

(3)双手交替摇动中滑板手柄车削端面时，要求进给连续、速度均匀，当接近工件中心时应放慢进给速度。

(4)测量工件长度。先车削的一端尽量少车,余量应放在工件另一端。车端面前可先倒角,防止表面硬层损坏刀尖。

(四)车削外圆阶台的方法

阶台实际上是外圆与端面的连接形式,车削阶台不仅要车削外圆,还要车削环形端面。因此,既要保证外圆尺寸,又要保证阶台长度尺寸,更要保证阶台端面与轴线的垂直度。

根据相邻两段圆柱直径之差,阶台外圆有低阶台(高度小于5 mm)和高阶台(高度大于5 mm)两种。按阶台形式,车削低阶台时,选用90°偏刀,垂直安装;车削高阶台时,可选用75°强力车刀,按主偏角约93°倾斜安装,分多次进给,切除阶台的大部分余量,留0.5～1 mm精车余量。

1. 阶台位置的控制

阶台位置的控制方法有多种,归纳为刻度盘控制法和刻线法两类。

(1)用床鞍刻度盘控制。一般卧式车床床鞍刻度盘的一格等于1 mm,其车削长度误差在0.3 mm左右。车削前须摇动床鞍手轮进行端面对刀,横向退刀并调整床鞍刻度盘归"0"。车削时,根据阶台长度,计算出刻度盘应转动格数,从而控制阶台位置。

(2)单件生产时,可采用钢尺或内卡钳度量、刀尖在工件上划线的方法来控制,如图2-43所示。车削时走刀至刻痕处即可。

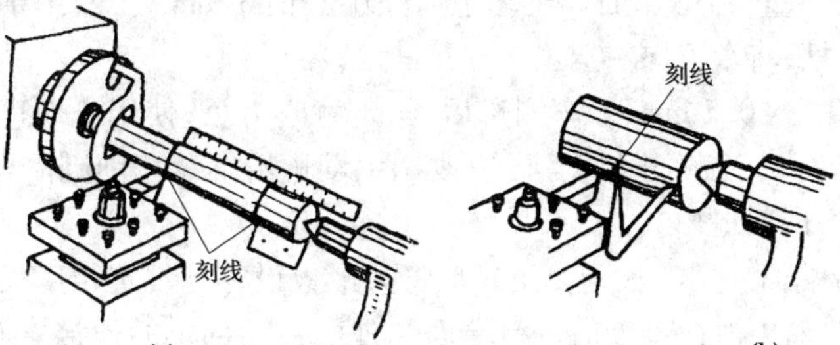

图2-43　刻线法确定阶台位置

(3)成批生产时,采用样板或挡铁定位来控制。

车削前,在车床导轨的适当位置安置定位挡块,使其对应各个阶台长度。车削时走刀至挡块位置即可。

2. 刻度盘的应用

(1)中滑板的刻度盘装在横向进给的丝杆端头上,当摇动横向进给丝杆一圈时,刻度盘也随之转动一圈,这时固定在中滑板上的螺母就带动中滑板、刀架及车刀一起移动一个螺距。CA6140型车床的中滑板丝杆螺距为5 mm,刻度盘分为100格,当手柄摇转一圈时,中拖板就移动5 mm;当刻度盘每转过一格时,中滑板移动量为$\frac{5}{100}=0.05$ mm。

(2)小滑板的刻度盘可以用来控制车刀短距离的纵向移动,其刻度原理与中滑板刻度盘的相同。

（3）消除刻度盘的空行程：由于丝杆和螺母之间的配合存在间隙，滑板会产生空行程，即当丝杆带动刻度盘转动时，滑板并未立即带动车刀移动。所以，用刻度盘时要反向转动适当的角度，消除配合间隙，然后再慢慢转动刻度盘至所需的格数，如图 2-44（a）所示。如果多移动了几格，不能直接摇回（见图 2-44（b）），而必须反向将刻度盘转回半周以上消除全部的空行程，再转到所需的刻度位置（见图 2-44（c））。

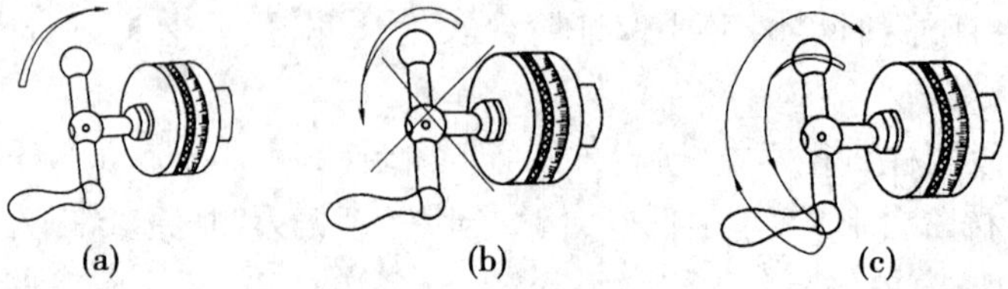

图 2-44　刻度盘的使用

3. 调整切削条件，操纵车床车削工件

（1）开动机床，手动进给粗车端面后，端面对刀，使右偏刀靠近端面，将大滑板的刻度对准“0”。车刻线痕，再外圆对刀，使刀尖接触外圆，调整中滑板的刻度对准“0”。

（2）粗车阶台外圆。调整切削条件，选择切深，试切削外圆 1 mm、停车测量后，给定背吃刀量，进行纵向机动进给，车至刻痕线为止。粗车时，各部应留精车余量 0.5 ~1 mm。

（3）改变切削条件，精车端面和阶台外圆。将大滑板的刻度对准“0”，以刀架（小滑板）送进给定背吃刀量，精车端面。机动进给至中心前 5 mm 处，改用手动进给到底。而后，转动大滑板手柄，将车刀向右退出。

试切削外圆 0.1 ~0.5 mm、停车测量后，给定背吃刀量，使用机动进给。精车阶台外圆至阶台端面 1 ~2 mm 处停止机动进给，改用手动进给继续车削到阶台为止（不要车削阶台）。而后，车刀向后退出。

（4）精车阶台端面。用滑板刻度正确地将大滑板设定到规定长度尺寸，用手动进给，以精车阶台外圆时的中滑板刻度值进行端面和外圆夹角部位的连接。而后，同时转动大滑板手柄和中滑板手柄，将车刀向右后方退出。

（五）外圆、端面的测量

1. 外圆尺寸的测量

外圆尺寸指外圆面的直径和轴向长度。对于外圆尺寸的测量，常用的量具有游标卡尺、千分尺。测量外径时，一般选用游标卡尺，精度要求较高时选用千分尺。两用游标卡尺可测量长度尺寸。

1）游标卡尺

游标尺按其用途可分为三种：游标卡尺、游标深度尺和游标高度尺。图 2-45 所示为常用游标卡尺，即两用游标卡尺和双面游标卡尺。

游标卡尺使用前，应先擦净卡尺，合拢卡爪，检查尺身和游标的零线是否对齐，如未对齐，应送计量部门检查。

现以 1/50 的游标卡尺为例，如图 2-46 所示，游标卡尺的刻线原理和读数方法如下。

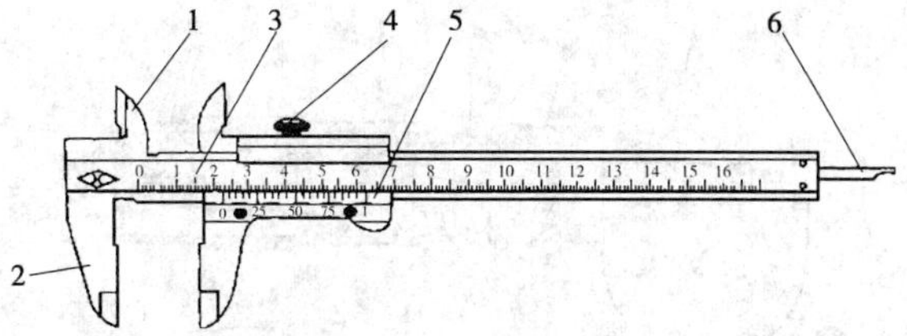

1—内测量爪；2—外测量爪；3—尺身；4—螺钉；5—游标；6—深度尺

(a) 两用游标卡尺

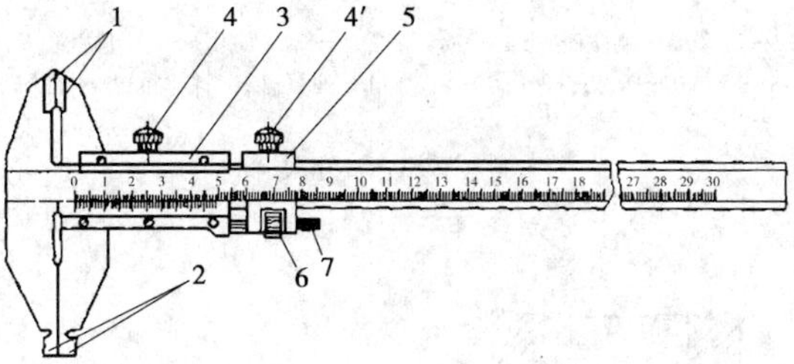

1—上测量爪；2—下测量爪；3—游标；4、4′—螺钉；5—微调游框；6—微动螺母；7—小螺杆

(b) 双面游标卡尺

图 2-45 游标卡尺

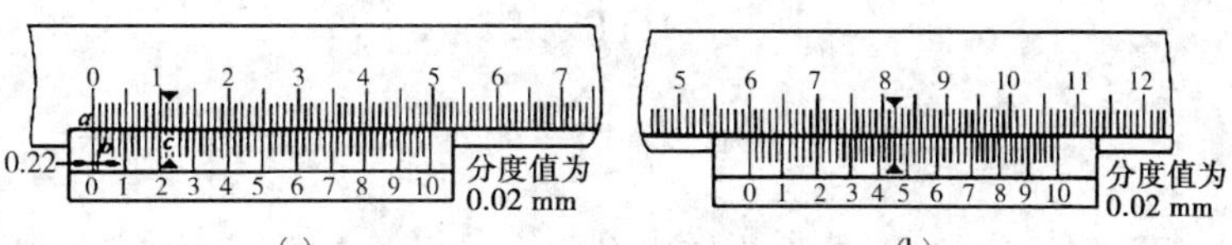

(a) (b)

图 2-46 游标卡尺的识读

当尺框与内外测量爪贴合时，游标的零线对准尺身的零线。尺身上每一小格为 1 mm，游标上每一小格为 0.02 mm。测量后识读尺寸时，根据游标零线以左尺身上的最近刻度，读出“整毫米数值”；根据游标零线以右刻度与尺身刻度对准时的总刻线数乘以 0.02，读出“小数值”。将上面整数和小数两项数值加起来，即为被测量的总尺寸。

2）千分尺

千分尺的测量精度为 0.01 mm，按其用途分为外径千分尺、内径千分尺、深度千分尺、螺纹千分尺等，图 2-47 所示为外径、内径千分尺外形。千分尺测量范围为 0 ~ 25 mm、25 ~ 50 mm、50 ~ 75 mm、75 ~ 100 mm 等，规格按 25 mm 长度划分。

千分尺读数方法如图 2-48 所示。读出距边线最近的轴向刻度线数（应为 0.5 mm 的整数倍），再读出与轴向刻度中线重合（对齐）的微分筒刻度线数。以上两部分读数之和为测得的总尺寸。

在使用千分尺测量前，应对千分尺进行校零。即将砧座与螺杆贴合，看圆周（微分筒）刻度零线是否与中线零点对齐，如有误差，应记下差值，测量时根据误差值修正读数。

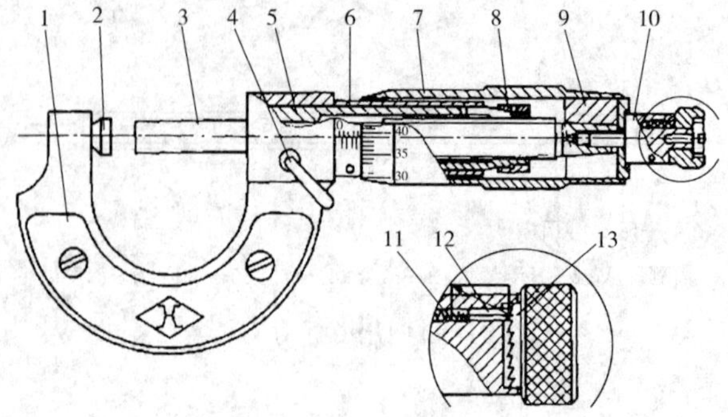

1—尺架;2—砧座;3—测微螺杆;4—锁紧装置;5—螺纹轴套;6—固定套管;7—微分筒;8—螺母;9—接头;10—测力装置;11—弹簧;12—棘轮爪;13—棘轮

(a)外径千分尺

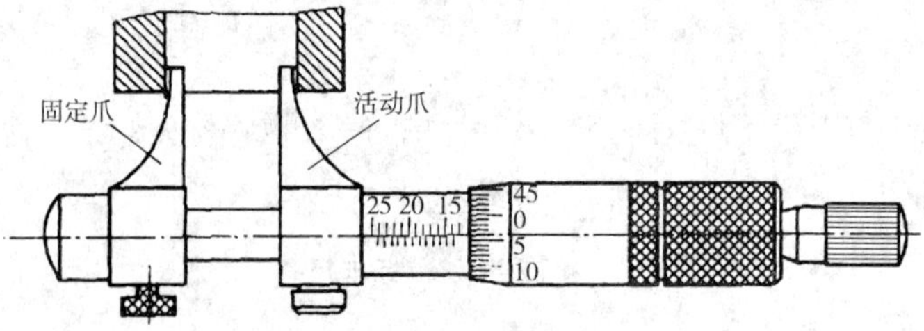

(b)内径千分尺

图2-47　千分尺

测量时,左手握住尺架部位,右手旋转微分筒。当测微螺杆快接近工件时,必须使用右端棘轮(此时严禁使用微分筒),并以较慢的速度使之与工件接触。当棘轮发出“嘎嘎”打滑声时表示压力合适,应停止旋转。

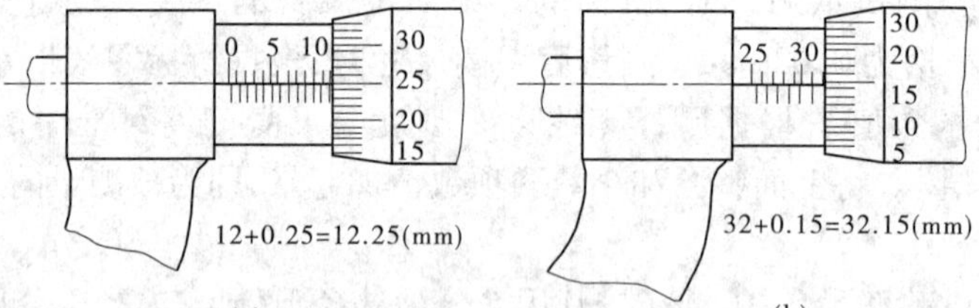

(a)　　(b)

图2-48　千分尺的识读

2. 圆跳动的测量

外圆柱面的圆跳动包括径向圆跳动和端面圆跳动。圆跳动测量通常使用百分表。

1)百分表

百分表的主要结构为齿轮传动或杠杆齿轮传动机构,它们将测杆的线位移变为指针的回转运动,测量精度为0.01 mm。百分表是精密测量中用途很广的指示式量具,属于比较量具,只能测出相对值而不能测出绝对值,主要用于工件校正、安装,测量内孔以及对形位精度的测量。

常见的百分表头有钟表式和杠杆式两种。百分表头的刻度盘上有大指针和小指针,大指针转一圈,同时小指针只转一格。刻度盘在圆周上有100个等分刻度线,大指针每格为0.01 mm,小指针每格为1 mm。测量时,大、小指针所示读数之和为尺寸的变化量。百分表的测量范围为小指针处的刻度范围。

在使用百分表前,应先将大指针对准“0”位。使用时,应将其安装在专用的百分表架上。测量时,钟表式百分表的量杆必须垂直于被测量的工件表面,如图2-49所示。

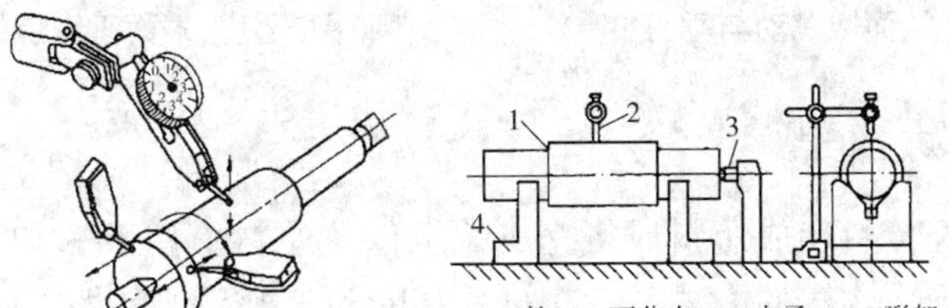

1—工件; 2—百分表; 3—支承; 4—V形架

(a)杠杆式百分表测量　　(b)钟表式百分表测量

图2-49　用百分表测量圆跳动

2)径向圆跳动的测量

将工件支承在车床的两顶尖之间,如图2-49所示。百分表的测头与工件被测部分的外圆接触,并预先将测头压下1 mm以消除误差。当工件转过一周,百分表读数的最大差值就是该测量面上的径向圆跳动误差。按上述方法测量若干个截面,各截面上测得的最大跳动值即为工件的径向圆跳动。

3)端面圆跳动的测量

将百分表测头与所测量的端面接触,并预先使测头压下1 mm。当工件转过一周,百分表读数的最大差值就是该直径测量面上的端面圆跳动误差。按上述方法在端面的若干直径处测量,各直径处测得的最大跳动值即为工件的端面圆跳动,如图2-50所示。

3. 端面对轴线的垂直度的测量

虽然端面圆跳动和端面对轴线的垂直度有一定的联系,但两者却有不同的概念。端面圆跳动是端面上任一直径处测得的轴向跳动,而垂直度是整个端面的垂直误差。如图2-50(a)所示,由于工件端面为倾斜平面,其端面圆跳动量为Δ,垂直度也为Δ,两者相等。而图2-50(b)所示的工件,其端面为一凹面,端面的圆跳动为零,但垂直度误差却不为零。

因此,测量端面对轴线的垂直度前,首先检查其端面圆跳动是否合格,若符合要求再测量端面的垂直度。

对于精度要求较低的工件,可以用直角尺通过透光检查,如图2-51(a)所示。对于精度要求较高的工件,可按图2-51(b)所示,将轴支撑在置于平板上的标准套中,然后用百分表从端面中心点逐渐向边缘移动。百分表指示读数的最大值就是端面对轴线的垂直度。上述操作也可在三爪自定心卡盘上进行。

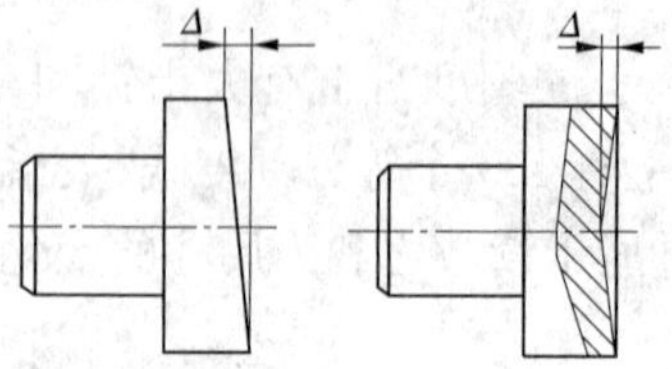

(a) (b)

图 2-50 端面圆跳动与垂直度

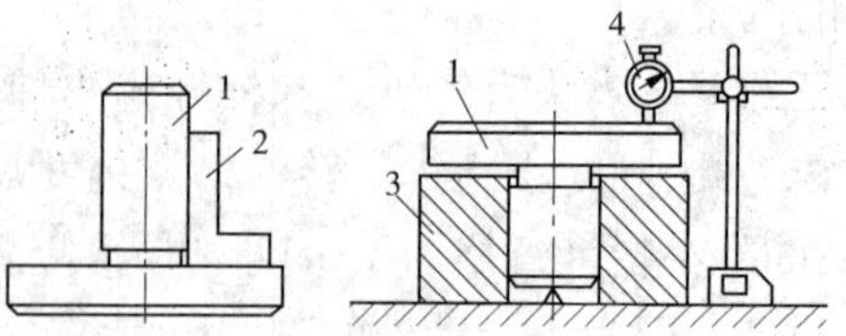

(a) (b)

1—工件;2—直角尺;3—标准套;4—百分表

图 2-51 端面垂直度的测量

四、工件的切断、车槽

在车床上将较长棒料切成短料或将完成的工件从原料上切下的加工方法称为切断。而在工件表面上车削出沟槽的方法称为车槽。切断和车槽是切削加工中很重要的技术。

(一)沟槽的作用与常见形式

1. 沟槽的作用

轴类零件上的外沟槽和内沟槽多属于退刀槽,用于车削螺纹或磨削时便于退刀,否则无法完成加工;同时在轴上或孔内装配其他零件时,也便于确定其轴向位置。端面槽的主要作用是减轻质量,有些槽还有装卡弹簧或密封圈的作用。

2. 沟槽的常见形式

沟槽中,以外沟槽的形式最为多样,而内沟槽和端面槽因加工控制不易,则大多采用直沟槽的形式。

常见的外沟槽有外圆直沟槽、45°外沟槽、外圆端面沟槽、圆弧沟槽等形式,如图 2-52 所示。

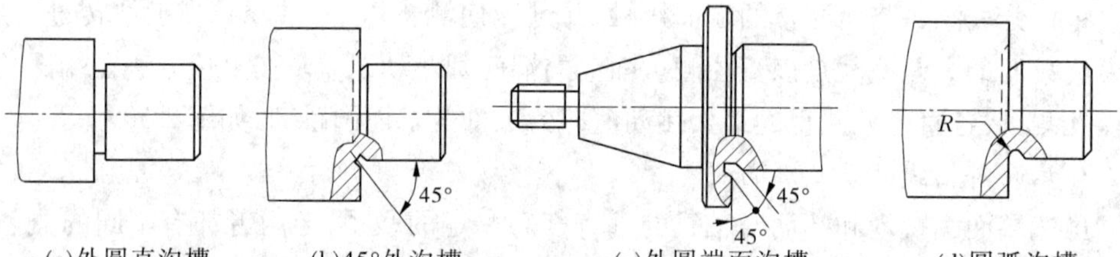

(a)外圆直沟槽 (b)45°外沟槽 (c)外圆端面沟槽 (d)圆弧沟槽

图 2-52 常见的外沟槽

(二)切断刀和车槽刀

切断刀和车槽刀都有一条主切削刃和一个主偏角、两条副切削刃和两个副偏角,它们的几何形状基本相似,刃磨方法也基本相同,只是刀头部分的宽度和长度有区别。切断刀与外圆直沟槽刀经常也通用。

1. 高速钢切断刀、直槽车刀

如图 2-53 所示为高速钢切断刀的几何角度,主偏角 $k_r=90°$;副偏角是两个对称的角度 $k_r'=1°\sim2°$;主切削刃宽度一般为 5 ~ 6 mm;刀头长度 $L=h+(2\sim3)$ mm ,式中 h 为工件的半径或槽深。

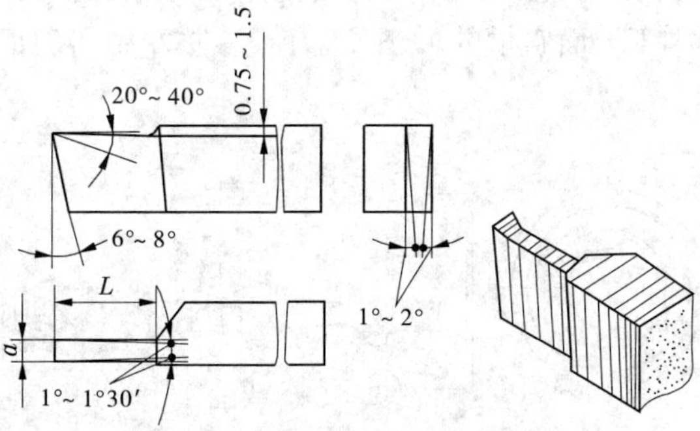

图 2-53 高速钢切断刀的几何角度

2. 硬质合金切断刀

硬质合金切断刀的刀头用硬质合金刀片焊接而成,适宜于高速切削,但排屑条件差,刀头强度不足,因而常将主切削刃磨制成人字形,底部磨成弧形。硬质合金切断刀的几何角度如图 2-54 所示。

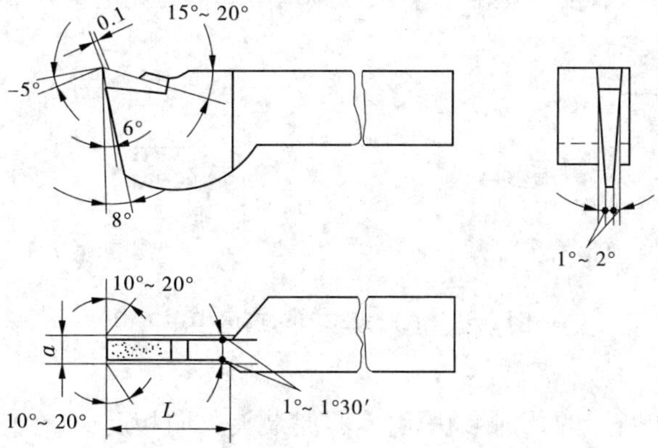

图 2-54 硬质合金切断刀的几何角度

3. 弹性切断刀

为节省高速钢材料,将切断刀刀头做成片状,转卡在弹性刀杆上。当进给过快时,刀头在弹性刀杆的作用下,会自动退缩产生让刀,可防止“扎刀”现象发生,也不易折断,如图 2-55 所示。

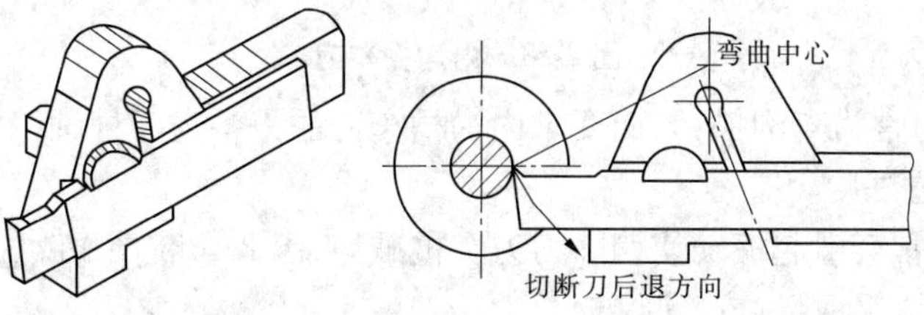

图 2-55 弹性切断刀的几何角度

4. 端面直槽车刀

端面直槽车刀的几何形状是外圆车刀与内孔车刀的综合。其中,刀尖 a 处的副后刀面的圆弧半径 R 必须小于端面直槽的大圆弧半径,以防左副后刀面与工件端面槽孔壁相撞,如图 2-56 所示。

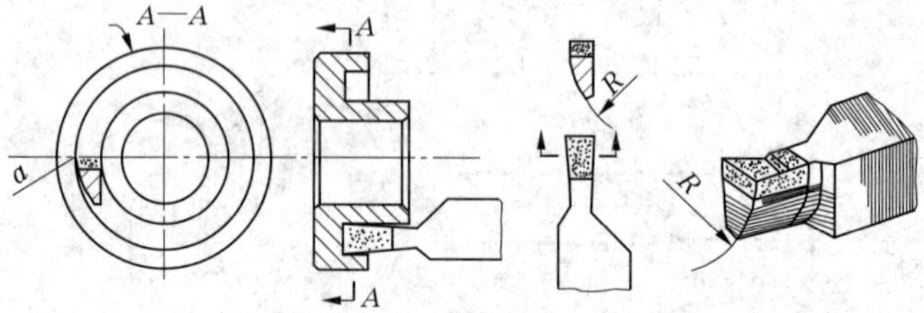

图 2-56　端面直槽车刀的几何形状

5. 弯头车槽刀

T 形槽和燕尾槽是在端面直槽的内外两侧面上车出径向直槽形成的两种端面槽。车削时,需要使用弯头车槽刀。

为了避免弯头车槽刀与直槽侧面圆弧相撞,应将弯头车槽刀刀头侧面磨制成弧形,刀刃宽度应等于槽宽 a,刀头长度 L 则应小于 b,否则弯头车槽刀无法进入槽内,如图 2-57 所示。

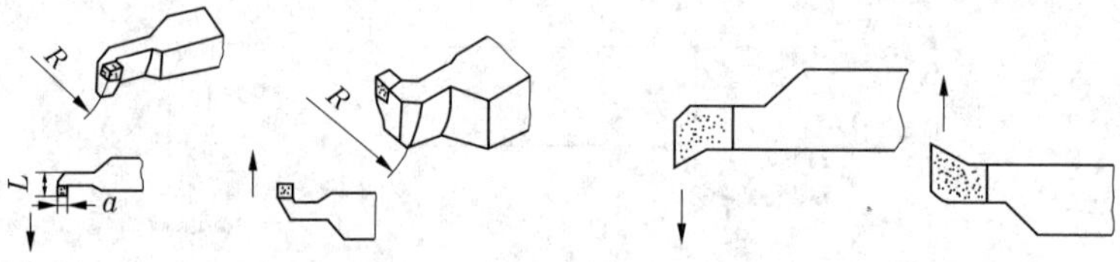

(a)T形槽车刀　　　　(b)燕尾槽车刀

图 2-57　T 形槽车刀与燕尾槽车刀

6. 内沟槽车刀

内沟槽车刀与切断刀的几何形状相似,只是装夹方向相反,且在孔内车槽。

如图 2-58 所示,加工小孔的内沟槽车刀制成整体式(见图 2-58(a)),加工大孔的内沟槽车刀可做成槽刀的刀头,然后装夹在刀杆上使用(见图 2-58(b))。

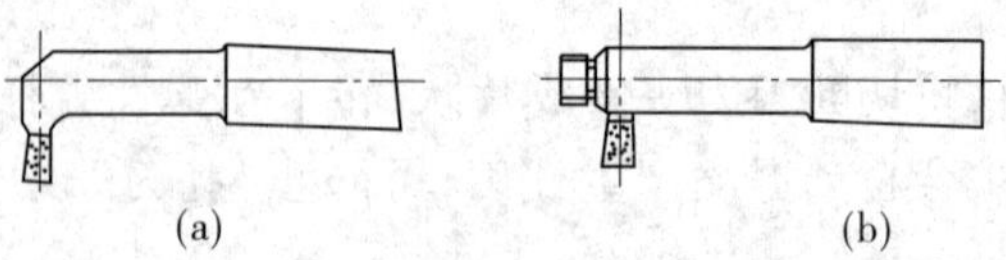

(a)　　　　(b)

图 2-58　内沟槽车刀

由于内沟槽通常为直沟槽,因而要求内沟槽车刀的刀头与刀杆轴线垂直。

(三)切断的方法

切断工件时,常会引起振动使切断刀刀头被破坏,因此切断操作除应根据工件情况选择正确方法外,还应采取措施减小振动。

1. 切断方法

切断工件的方法包括直进法、左右借刀法、反切法,如图 2-59 所示。

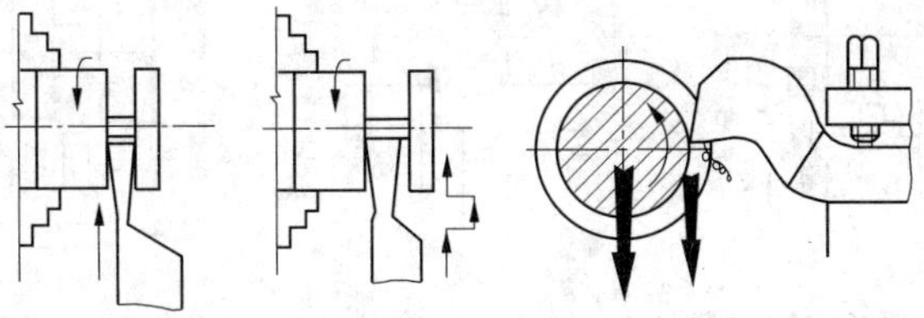

图 2-59 切断工件的方法

(1)直进法:垂直于工件方向切断的方法,如图 2-59(a)所示。

(2)左右借刀法:在车床工艺系统刚性不足的情况下进行切断的方法,如图 2-59(b)所示。该法要求切断刀在轴线方向上反复地往返移动,同时两侧径向进给,直至工件切断。

(3)反切法:利用反切刀横向进给而工件做反向运动,切削大型工件的方法,如图 2-59(c)所示。反向切断时,作用于工件上的切削力与主轴重力方向一致,因此主轴不容易发生跳动,切断较平稳。

2. 切断时的注意事项

(1)直进法切断效率高,但容易造成刀头折断,对车床、切断刀刃磨安装要求较高。

(2)适当增大前角,可减小切削阻力;适当减小后角,刀刃可起消振作用,防止工件振动。

(3)改变刀柄形状、增大刀柄的刚性,可减弱或消除切断时的振动现象。

(4)切断大直径工件时宜采用反切法,既可防止振动,排屑也方便。

(5)反向切断时,卡盘与主轴的连接部分必须有保险装置,防止卡盘开倒车而脱离主轴,引发事故。

(6)切断钢件时,必须使用切削液;中途如要停车,应先退刀;不能对用"两顶尖"方式安装的工件进行切断,否则切断时工件飞出会造成事故;对用"一夹一顶"方式安装的工件,不应将工件完全切断。

(四)车槽的方法

沟槽主要分外沟槽、内沟槽、端面槽三类。其中,外沟槽的车削方法是基础。

1. 外沟槽的车削方法

(1)对精度要求不高的外圆直沟槽,采用一次直进法,如图 2-60(a)所示。

(2)对有精度要求的外圆直沟槽,采用粗、精车分开的方法,留有精车余量,先粗车,再精车,如图 2-60(b)所示。

(3)对尺寸较大而宽的外沟槽,可采用分刀直进法粗车,并在槽壁和槽底留出精车余量,精车时换用左右偏刀车成,如图 2-60(c)所示。

(4)车削梯形槽时,对较宽的梯形槽,应先切直槽而后改用成形车刀车成,如图 2-61 所示;对于较窄的梯形槽,可用成形车刀一次车成。

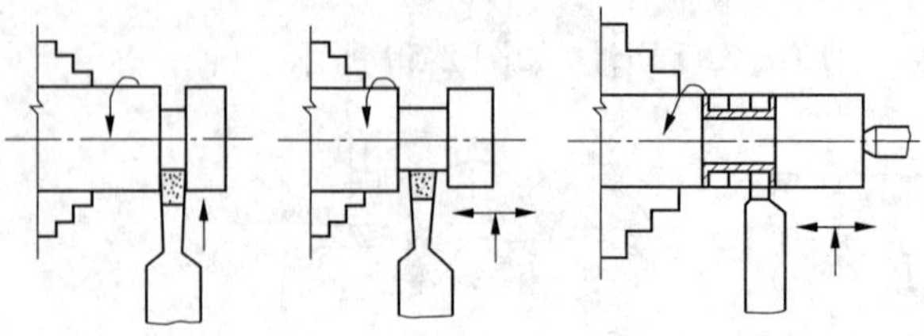

图 2-60 直沟槽的车削

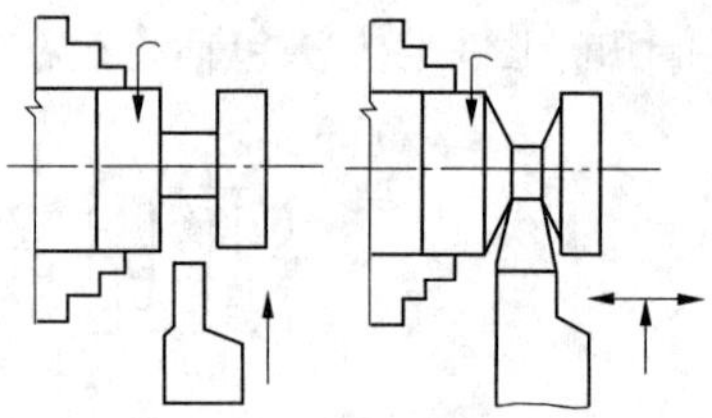

图 2-61 较宽梯形槽的车削

(5)45°方向斜沟槽可转动小滑板成 45°方向后,用小滑板进刀完成。圆弧沟槽、外圆端面沟槽的车削与 45°外沟槽的方法相似,但车刀的刀头形状如图 2-62 所示。

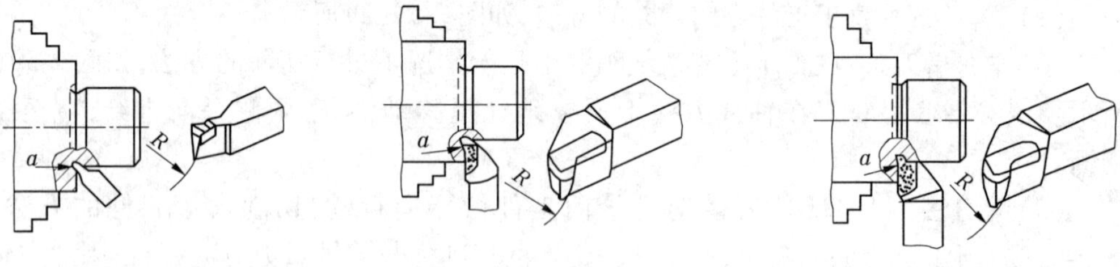

(a)45°外沟槽车刀 (b)圆弧沟槽车刀 (c)外圆端面沟槽车刀

图 2-62 斜沟槽

2. 内沟槽的车削方法

内沟槽的车削方法与外圆直沟槽的方法相似,采用直进法一刀车成,或分刀车削,如图 2-63 所示。车削内沟槽时,须注意确认车刀在孔内的进刀与退刀位置。

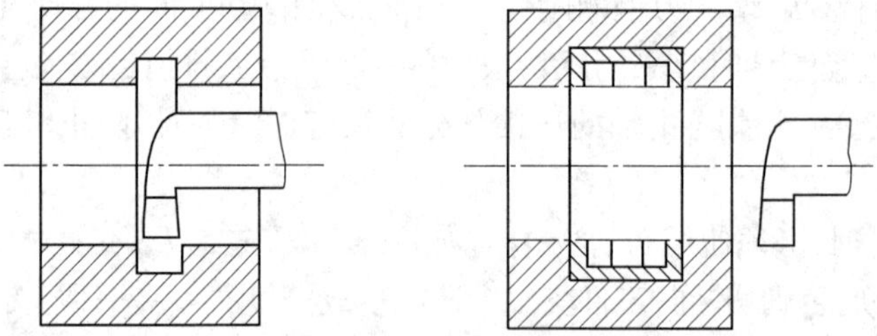

图 2-63 车内沟槽的方法

(1)确定起始位置:使车刀主切削刃与孔壁轻微接触,同时将中滑板刻度调至"0",完成径向对刀。移动床鞍(大滑板)和中滑板,使车刀副切削刃与工件端面轻微接触,调整床鞍刻度至"0",完成轴向对刀。

(2)确定车刀在槽内进给的终止位置:根据沟槽深度计算出中滑板刻度的进给格数后,记下刻度值或用记号笔在终止刻度位置做出标记。

(3)确定车刀在孔内的退刀位置:使车刀主刃离开孔壁 0.2 ~0.3 mm,作为车刀的退刀位置,并在中滑板刻度盘上做出退刀位置标记。

(4)控制车刀在孔内的轴向位置:根据沟槽外侧与工件端面的距离计算出床鞍刻度

的进给格数后，记下刻度值或在刻度盘上做出标记；也可以直接在车刀刀杆上刻线或做出长度标记。但需要注意的是，轴向对刀使用的是左副刀刃，在计算刀杆进给深度时应加上一个车刀宽度“b”，如图 2-64 所示。

(5)进刀。移动床鞍和中滑板，使车刀到达要求的孔内轴向位置，并使主刃靠近孔壁（不要发生接触）。启动车床，均匀地转动中滑板手柄，使车刀横向进给，进给速度不宜过大。当中滑板刻度到达标记位置时，车刀不用马上退出，应稍作停留，使槽底光整。横向退刀时，要仔细确认车刀主刃是否已到达预定的退刀位置，然后再纵向向外退出车刀，避免发生刀头撞槽或刀柄与孔壁擦碰。

3. 端面槽的车削方法

端面直槽与外圆直沟槽的进给方向是相互垂直的，如图 2-65 所示，二者的加工操作与尺寸控制方法对应相反。

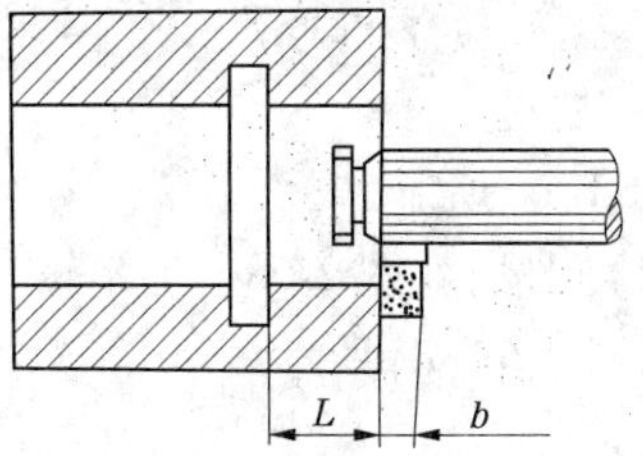

图 2-64　内沟槽轴向尺寸的控制

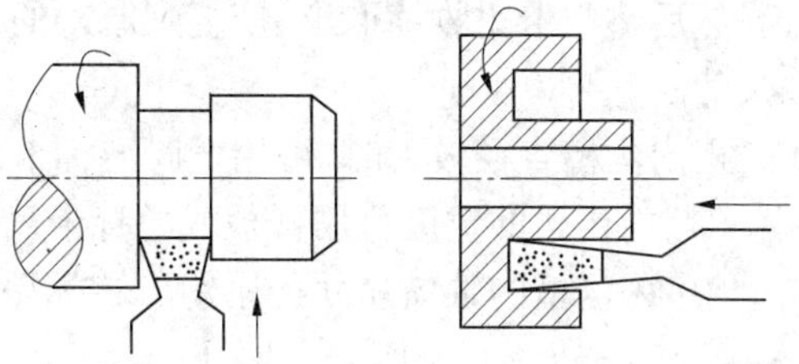

图 2-65　车削外圆直沟槽与端面直槽

车削端面直槽时，使用刀架进刀（即小滑板进给）。对刀时，需要同时将床鞍刻度和小滑板刻度调整至“0”，并紧固床鞍。

T 形槽和燕尾槽的车削相对复杂一些，采用三把刀分三步车出。一般是先用端面直槽刀车出直槽后，再用外侧弯头车槽刀车外侧沟槽，最后用内侧弯头车槽刀车出内侧沟槽，如图 2-66、图 2-67 所示。侧沟槽的加工操作与内沟槽的方法一致。

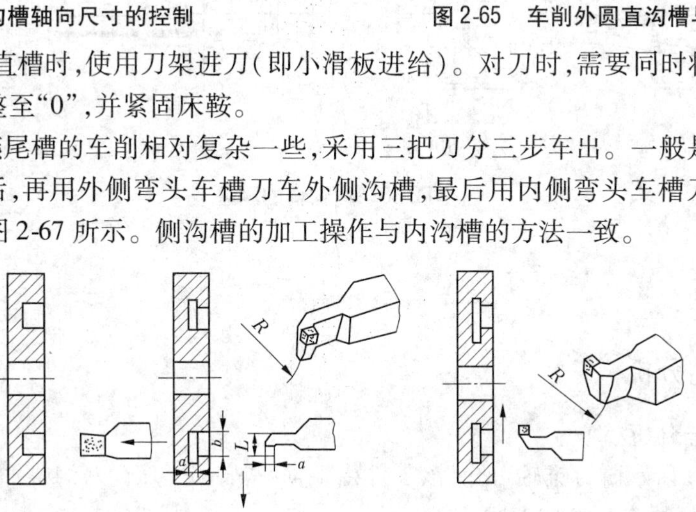

图 2-66　T 形槽的车削

（五）沟槽的测量

沟槽的测量包括槽宽、槽深和轴向尺寸。

1. 外圆直沟槽的测量

对于测量精度要求低的沟槽，一般采用钢直尺和卡钳测量。对于精度要求较高的沟槽，可用千分尺测量沟槽直径，用样板或游标卡尺测量沟槽宽度。

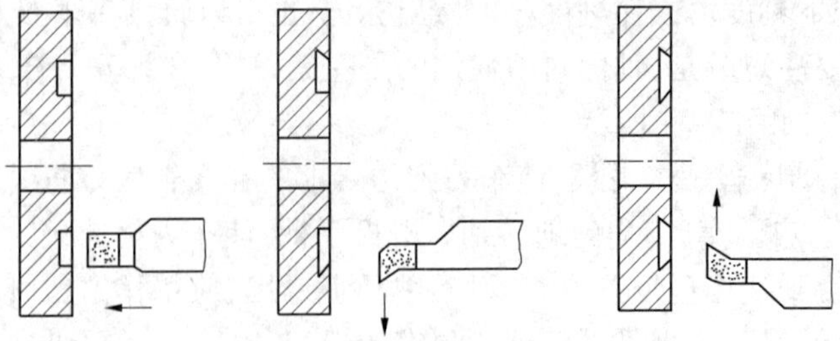

图 2-67　燕尾槽的车削

2. 内沟槽的测量

(1)内沟槽的深度一般使用弹簧内卡钳测量,如图 2-68(a)所示。测量时,先将内卡钳收缩,放入沟槽内后,调整卡钳螺母,使卡脚与槽底表面接触,测出内沟槽直径,锁紧螺母。然后将内卡钳收缩取出,恢复到原来的尺寸,再用钢直尺、游标卡尺或外径千分尺读取尺寸。

当内沟槽直径较大时,可用弯脚游标卡尺测量,如图 2-68(b)所示。

(2)内沟槽的宽度可用样板或游标卡尺(当孔径较大时)测量,如图 2-68(c)所示。

(3)内沟槽的轴向尺寸可用钩形游标深度卡尺测量,如图 2-68(d)所示。

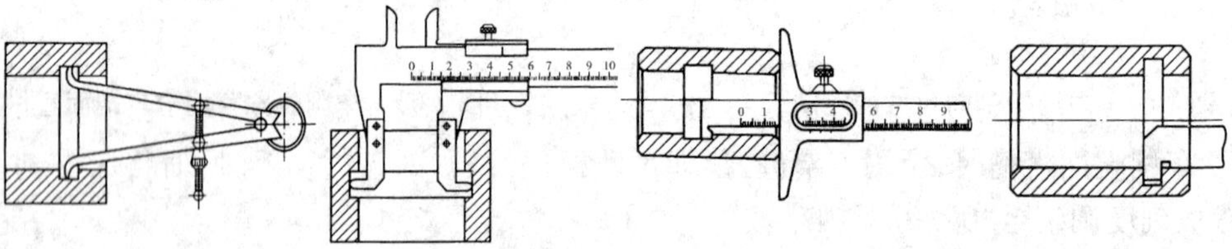

(a)　(b)　(c)　(d)

图 2-68　内沟槽的测量

【任务实施】

一、工艺分析

(一)图样分析

由图 2-28 所示阶台锥轴可知,该零件由端面、外圆阶台面、外沟槽面、外圆锥面及倒角组成,其主要技术要求如下所述。

1. 尺寸精度

外圆 $\phi42_{-0.1}^{\ 0}$ mm 精度为 IT10 级,外圆 $\phi40_{-0.052}^{\ 0}$ mm 精度为 IT8 级,外圆 $\phi32_{-0.052}^{\ 0}$ mm 精度为 IT7 级,沟槽底面 $\phi25_{-0.1}^{\ 0}$ mm 精度为 IT10 级,沟槽宽度 $15_{\ 0}^{+0.08}$ mm 精度为 IT10 级。其余尺寸按 IT14 级加工。

2. 位置精度

该零件以 $\phi32_{-0.052}^{\ 0}$ mm 外圆为基面,要求沟槽底面 $\phi25_{-0.1}^{\ 0}$ mm 对基面的轴线的同轴度误差不大于 0.03 mm。

3. 表面粗糙度值

该零件的主要加工表面的表面粗糙度值均为 3.2 μm,其余未注表面的粗糙度值为 6.4 μm。

(二)毛坯选择

该零件无特殊性能要求,可选用 45 钢材料。零件外圆尺寸相差不大,可选用热轧棒料进行加工。

(三)工件装夹

该零件的锥轴部分在工件的左端,一次装夹中无法完成所有主要表面的加工,须进行二次装夹。零件的长度直径比较大(为 2.5 ~ 3),为提高工件的刚性,应使用顶尖辅助装夹,采用"一夹一顶"方式装夹工件。

(四)刀具选取

端面和外圆车刀选用硬质合金车刀,刀片材料选用 YT15。端面车刀选用 45°弯头车刀,外圆车刀选用 90°的右偏刀和左偏刀,左偏刀用于沟槽侧面车削。

切槽刀选用高速钢的弹性车刀,刀宽 3 mm。

钻中心孔选用高速钢 A 型中心钻头。

(五)切削用量的选取

1. 背吃刀量

粗车端面、外圆时选取 $a_p = 1.5 \sim 3$ mm。精车端面、外圆时选取 $a_p = 0.1 \sim 0.5$ mm。

2. 切削速度及主轴转速

(1)粗车外圆、端面时,取切削速度 $v_c = 80$ m/min,转速 560 r/min。

(2)精车外圆、端面时,取切削速度 $v_c = 100$ m/min,转速 710 r/min。

(3)粗车沟槽时,取切削速度 $v_c = 40$ m/min,转速 320 r/min,手动进给。

(4)精车沟槽侧面时,取切削速度 $v_c = 50$ m/min,转速 400 r/min,手动进给。

(5)精车沟槽底面时,转速取 710 r/min。

3. 进给量

粗车端面、外圆时,进给量 f 取 0.2 ~ 0.4 mm/r。精车端面、外圆时,进给量 f 取 0.1 ~ 0.2 mm/r。精车沟槽时,进给量 f 取 0.1 ~ 0.2 mm/r。

二、工艺准备

(一)加工准备

(1)工件材料:下料准备 ϕ45 mm × 116 mm 的 45 钢热轧棒料一段。

(2)设备与辅具:CA6140 型车床,K250 三爪卡盘,回转后顶尖。

(3)刀具:装卡左、右偏刀和 45°弯头车刀所选用的硬质合金可转位刀片。刃磨弹性切断刀的高速钢刀片角度。选取 ϕ2.5 mm 的 A 型中心钻头及钻夹头。

(4)量具:准备钢直尺、游标卡尺(0.02 mm/(0 ~ 150 mm))、千分尺(25 ~ 50 mm)、游标万能角度尺、百分表、样板。尺、表须校准零位。

(二)技能准备

(1)掌握图 2-28 所示工件的形状和技术要求。

（2）将偏刀、弯头刀、车槽刀安装在刀架上，并调整对准中心，车槽刀刀头中心线与主轴轴线垂直。

（3）用三爪自定心卡盘装夹毛坯外圆，工件伸出长度为45 mm，校正夹紧。

（4）将中心钻头装入钻夹头内紧固，然后将锥柄擦净，用力推入尾座套筒内。调整好尾座与工件轴线的同轴度。

（5）根据切削用量要求调整机床。

三、工艺过程及工步内容

（1）车平端面，不许留凸头。选取转速560 r/min，钻A型中心孔。

（2）用“一夹一顶”方式装夹工件，用三爪自定心卡盘装夹 $\phi45$ mm 外圆，夹持长度10 mm左右，用钢直尺测量。另一端用后顶尖支承。

（3）粗车外圆 $\phi42$ mm 至尺寸 $\phi42.5$ mm。用游标卡尺检查两端直径，若有锥度，调整尾座与主轴轴线的同轴度。

（4）粗车外圆 $\phi40$ mm 至尺寸 $\phi40.5$ mm，长度至54 mm刻线处。

（5）粗车外圆 $\phi32$ mm 至尺寸 $\phi32.5$ mm，长度至19 mm刻线处。

（6）调整机床，精车外圆 $\phi42_{-0.1}^{0}$ mm 至要求尺寸，用游标卡尺测量。表面粗糙度 R_a 为3.2 μm。

（7）精车外圆 $\phi40_{-0.052}^{0}$ mm 至要求尺寸。车至阶台时改用手动进给至 55 ± 0.3 mm，用游标卡尺测量。表面粗糙度 R_a 为3.2 μm。

（8）精车外圆 $\phi32_{-0.052}^{0}$ mm 至要求尺寸，长度控制至 20 ± 0.3 mm。表面粗糙度 R_a 为3.2 μm。

（9）调整机床，粗车外圆沟槽。沟槽底径车至 $\phi24.5$ mm，槽两侧车至74.5 mm、60.5 mm刻线处。

（10）调整机床，分别用左、右偏刀精车外圆沟槽两侧，控制沟槽宽度 $15_{0}^{+0.08}$ mm 至要求尺寸，表面粗糙度 R_a 为3.2 μm。用游标卡尺或样板测量尺寸。

（11）精车外圆沟槽底径 $\phi25_{-0.1}^{0}$ mm 至要求尺寸，表面粗糙度 R_a 为3.2 μm。车削前检查车槽刀的平行度，机动进给至距离边角部约2 mm处开始手动进给，车刀不能触碰到两侧面。

（12）工件右端面倒角，即 $C1$。

（13）检测工件各尺寸合格后，卸下工件，调头装夹。

（14）工件调头，用三爪自定心卡盘装夹 $\phi40$ mm 外圆（包铜皮），用百分表校正 $\phi42$ mm 外圆，圆跳动误差在0.01 mm以内，并夹紧。

（15）车平端面，不留凸头。

（16）调整机床，车削外圆尺寸至 $\phi42$ mm，并于距离端面15 mm处接刀。

（17）转动小滑板 $5°42'\pm8'$ 车圆锥面，锥长35 mm ±1 mm，表面粗糙度 R_a 为3.2 μm。圆锥端面轻倒角。用游标万能角度尺检查工件锥度。

（18）检查质量合格后卸下工件。

【思考与练习】

1. 车削前,为什么要开车对刀?操作方法如何?

2. 为什么有位置精度要求的表面须在一次装夹中加工?如若不能,应怎样装夹工件才能保证其位置精度的要求?

3. 造成切断刀折断的原因有哪些?安装切断刀时,刀尖与工件中心不等高会造成什么结果?

4. 车削如图 2-69 所示的轴类零件,写出其车削加工的工艺过程。

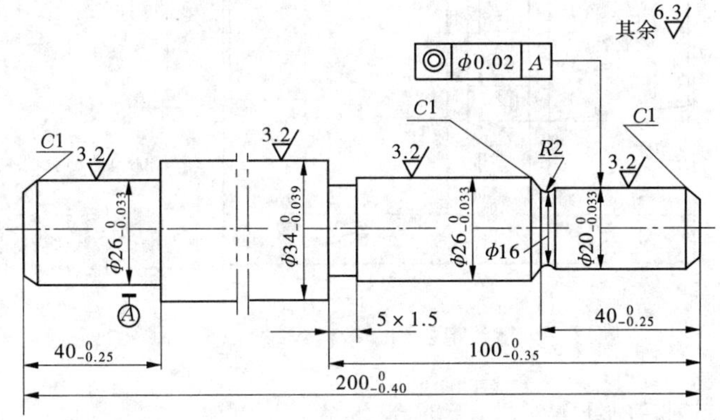

图 2-69 阶台轴

单元三 圆锥面的车削加工

【学习目标与任务】

学习目标:

1. 掌握圆锥的参数计算方法。

2. 掌握常用圆锥车削方法的原理和特点,能转动小滑板车削圆锥体。

3. 掌握圆锥的测量方法及其计算。

学习任务:任务 1,车削外圆锥;任务 2,车削内圆锥。

【任务引入】

如图 2-70 所示阶台锥轴,调头装夹工件,完成工件左端圆锥体的车削。

【知识指引】

机床与刀具中存在许多锥体结构和圆锥配合,如车床的主轴锥孔与顶尖的配合、尾座锥孔与麻花钻头锥柄的配合等。

圆锥体是圆柱面的特殊形式。圆锥面的配合具有定心程度高、能做无间隙配合的特点,锥角在 30°以下时可以传递较大的转矩,因此圆锥面可以用作精密配合面,此时一般都有较高的精度要求。当然，也有一些零件的锥面不具有配合性质，它们的车削精度一般要求较低。

车削圆柱面时，进给方向与工件的旋转轴线相互平行，刀架总是行走在床身导轨上。而车削圆锥面时，进给方向则要求与工件的旋转轴线成一定的角度，才能形成两条圆锥母线。

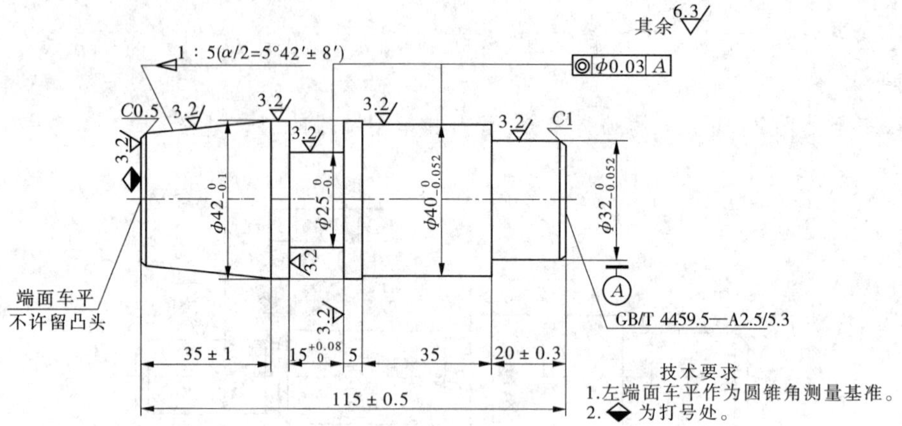

图 2-70　阶台锥轴

一、圆锥的基础知识

(一) 标准工具圆锥

常用的标准工具圆锥有两种：莫氏圆锥，米制圆锥。

1. 莫氏圆锥

莫氏圆锥在机械制造业中是应用最为广泛的一种。莫氏圆锥共分七个号，分别是 0、1、2、3、4、5、6 号。号数不同，圆锥的尺寸和锥角也不同，号数越大，圆锥相应的尺寸也增大。莫氏圆锥的锥度见表 2-6。

表 2-6　莫氏圆锥的锥度

号数	锥度	圆锥角 α	圆锥半角 α/2	tanα/2
0	1:19.212 =0.052 05	2°58′46″	1°29′23″	0.026
1	1:20.048 =0.049 88	2°51′20″	1°25′40″	0.024 9
2	1:20.020 =0.049 95	2°51′32″	1°25′46″	0.025
3	1:19.092 2 =0.051 96	2°52′25″	1°26′12″	0.025 1
4	1:19.254 =0.051 938	2°58′24″	1°29′12″	0.026
5	1:19.002 =0.052 626 5	2°0′45″	1°30′22″	0.026 3
6	1:19.18 =0.052 138	2°59′4″	1°29′32″	0.026 1

2. 米制圆锥

米制圆锥与莫氏圆锥有相同的地方，也是以号码编制的。米制圆锥分为 4、6、80、

100、120、140、160 和 200 号八种，它的号码表示圆锥大端直径。米制圆锥的锥度固定不变，即 $C=1:20$，记忆方便。

(二)圆锥的基本参数与尺寸计算

圆锥的基本参数包括圆锥半角 $\alpha/2$（圆锥角 α）、圆锥大端直径 D、圆锥小端直径 d、锥长 L、锥度 C，如图 2-71 所示。锥度 C 是圆锥大小端直径差与锥长之比，即 $C=\frac{D-d}{L}$。

在图样上，一般会标注 D、d、L，或者是标注 D、L、C，所标注圆锥的尺寸主要用于换算圆锥半角 $\alpha/2$。

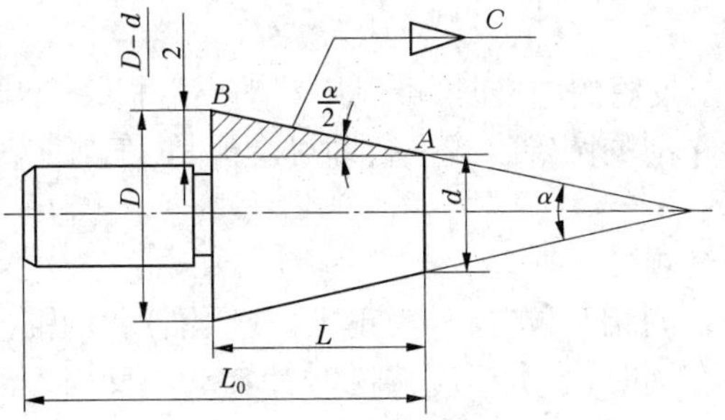

图 2-71　圆锥的计算

1. 圆锥半角 $\alpha/2$ 与其他参数的关系

车削圆锥时，往往需要调整小滑板的角度，或调整尾座的位置，所以必须算出圆锥半角 $\alpha/2$。圆锥半角的计算公式为

$$\tan\frac{\alpha}{2}=\frac{D-d}{2L}$$

当圆锥半角在 6°以内时，可采用近似公式计算：

$$\frac{\alpha}{2}\approx 28.7\times\frac{D-d}{L}$$

其他参数与圆锥半角 $\alpha/2$ 的关系为

$$D=d+2L\tan\frac{\alpha}{2}$$

$$L=\frac{D-d}{2\tan\frac{\alpha}{2}}$$

2. 锥度 C 与其他参数的关系

对于有配合要求的锥面，一般需标注锥度符号。根据锥度的定义，D、d、L 与锥度 C 的关系为

$$D=d+CL$$

$$L=\frac{D-d}{C}$$

圆锥半角 $\alpha/2$ 与锥度 C 的关系为

$$\tan\frac{\alpha}{2}=\frac{C}{2}$$

由上述参数间的相互关系可得出：

$$\tan\frac{\alpha}{2}=\frac{C}{2}=\frac{D-d}{2L}$$

$$\frac{\alpha}{2}\approx 28.7\times\frac{D-d}{L}\approx 28.7\times C$$

二、外圆锥的车削方法

根据工件的精度和批量的不同，常用的车削外圆锥面的方法有转动小滑板法、偏移尾座法、靠模法、宽刀刃车削法。

(一)转动小滑板法

如图 2-72 所示，车削较短的圆锥时，可以用转动小滑板一个圆锥半角 $\alpha/2$ 的方法，使车刀的运动轨迹与所要车削的圆锥素线平行即可。但是，车削前，需要确定小滑板转动的方向与角度大小。

1. 小滑板转动方向的确定

圆锥体依照其大小端的相互位置，分为正锥(或顺锥)和倒锥(或背锥)。正锥的锥度方向为左端大、右端小，车削时，小滑板应按逆时针转动。反之，车削倒锥时，小滑板按顺时针转动。

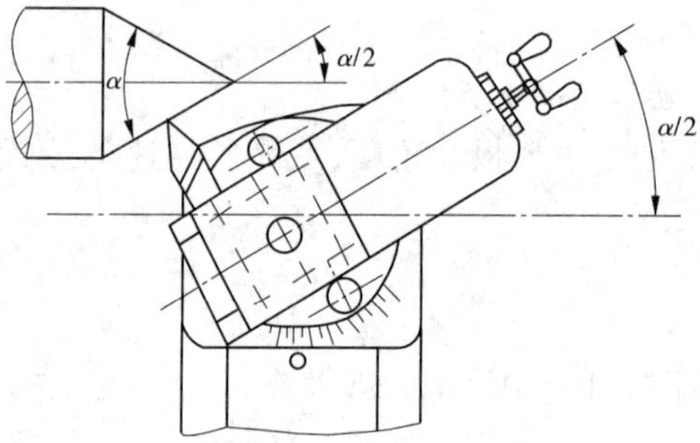

图 2-72　转动小滑板车削圆锥体

2. 小滑板角度的找正

圆锥半角的计算，使转动小滑板有了依据，但这个角度不可能在初次转动时就十分准确，会在车削时形成角度的误差。因此，在车削精度要求较高的圆锥面时，需要用校表(百分表)或圆锥套规涂色法来找正小滑板所转过的角度。而车削精度要求不高的圆锥面时，可以用样板或游标万能角度尺来找正角度。

3. 外圆锥车削的基本步骤

(1)按圆锥大端直径及锥体部分的长度，车出圆柱体。

(2)调整小滑板镶条松紧及行程距离。

(3)利用端面中心对刀，使刀尖严格对准工件中心。

(4)转动小滑板，用扳手将转盘螺母松开，把转盘顺着圆锥素线方向转动至所需要的圆锥半角 $\alpha/2$ 的刻度线上后，拧紧螺母。

(5)移动床鞍、中滑板，使刀尖与工件轴端接触，此时小滑板前端面应与中滑板侧面平齐。将中滑板刻度置于“0”位，作为粗车的起始位置。

(6)转动中滑板刻度向前进给,调整切削深度后开动机床,双手交替均匀地摇动小滑板手柄,待切削刃脱离工件后,小滑板快速退复原位。如此反复进给,粗车至圆锥小端留有 0.5 ~1 mm 余量。粗车时,应找正小滑板角度。

(7)精车圆锥时,应提高机床主轴转速,双手缓慢均匀地摇动小滑板手柄精车圆锥体。对于精度要求高的圆锥,采用锋钢刀低速车削,并加充足的切削液。

(8)精车后,用游标万能角度尺、圆锥套规检验圆锥度(角)或接触面积。

4. 转动小滑板车削圆锥体的特点

(1)能车削圆锥角度较大的工件,可超出小滑板的刻度范围。

(2)能车出整个圆锥体和圆锥孔,操作简单。

(3)只能手动进给,劳动强度大,而且不易保证表面质量。

(4)受小滑板行程的限制,只能加工锥面不长的工件。

(二)偏移尾座法

在两顶尖之间车削外圆锥时,床鞍带动刀架平行于主轴轴线移动,尾座横向偏移一段距离后,工件旋转轴线与纵向进给方向相交成一个角度 $\alpha/2$,工件因此车削成为圆锥,如图 2-73 所示。

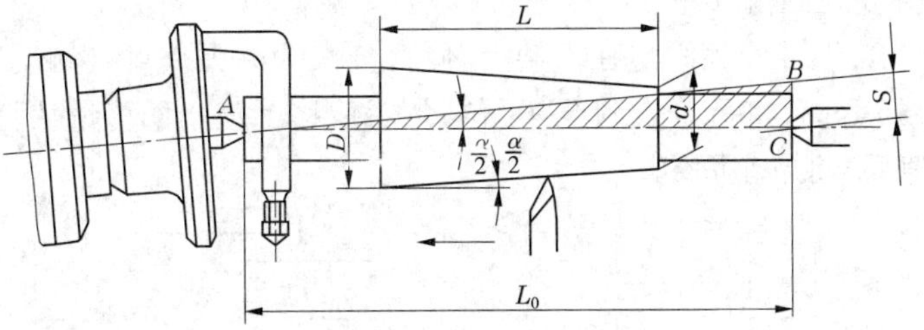

图 2-73　偏移尾座法车圆锥

1. 尾座偏移量 S 的计算

用偏移尾座法车削圆锥时,尾座的偏移量不仅与圆锥长度有关,而且还与两顶尖之间的距离有关,这段距离可近似看作工件总长 L_0。根据图 2-73,尾座偏移量 S 可由下式计算:

$$S = L_0 \tan\frac{\alpha}{2} = L_0 \times \frac{D-d}{2L} = \frac{C}{2}L_0$$

2. 尾座的调整方法

1)尾座偏移方向的确定

计算得出尾座偏移量 S 后,移动尾座上部。车削正圆锥时,尾座应偏向操作者;车削倒圆锥时,尾座应偏离操作者。

2)调整操作的方法

松开尾座紧固座的螺母,用内六角扳手拧松尾座上部需偏移一侧的螺钉,再拧紧另一侧的螺钉,就在尾座上部螺钉一侧对机床主轴轴线产生一个尾座偏移量 S。

3)控制尾座偏移量 S 的方法

调整尾座时,其偏移量的控制有以下几种方法:

(1)应用尾座下层的刻度控制偏移量。

如图 2-74 所示,从偏移尾座上层零线所对准的下层刻线上读出偏移量。采用这种方法比较简单,但由于刻线上标出的距离是以毫米(mm)为单位的,因此很难将偏移量控制准确。

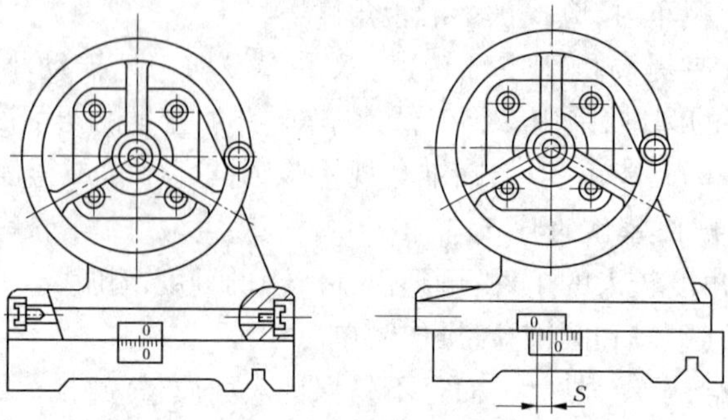

图 2-74　利用尾座刻度偏移尾座

(2)应用中滑板刻度控制偏移量。

如图 2-75 所示,在刀架上夹一铜棒,使铜棒与尾座套筒轻微接触,记下中滑板刻度值。根据尾座偏移量 S 退出铜棒,然后偏移尾座上部,直至套筒接触铜棒。

(3)应用百分表控制偏移量。

如图 2-76 所示,把百分表固定在刀架上,使百分表的测头垂直接触尾座套筒,并与机床中心(主轴轴线)等高,将百分表调至“0”位,然后偏移尾座。偏移量从百分表中直接读出,当达到计算值后,将尾座固定。

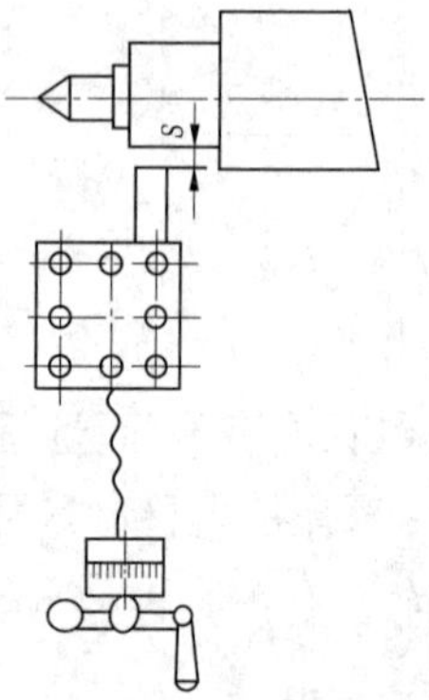

图 2-75　应用中滑板刻度偏移尾座

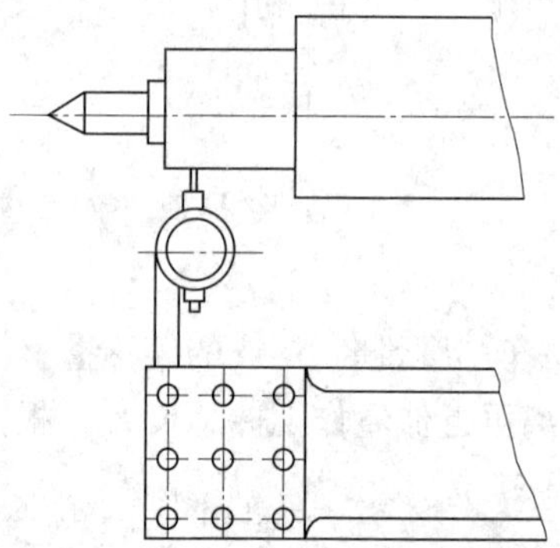

图 2-76　应用百分表偏移尾座

(4)应用锥度量棒控制偏移量。

如图 2-77 所示,把锥度量棒装夹在两顶尖之间,并把百分表固定在刀架上,使测头垂直接触量棒的圆锥母线,并与机床中心等高。偏移尾座,然后纵向移动刀架,观察两百分表的读数是否一致。如读数不一致,再调整尾座,直至两端读数一致。

使用这种方法找正锥度操作简便,而且精度高。使用这种方法时,所用的量棒总长度应等于加工工件的长度,否则找正的锥度是不正确的。

3. 偏移尾座法车削圆锥体的特点

(1)工件必须采用两顶尖装夹。

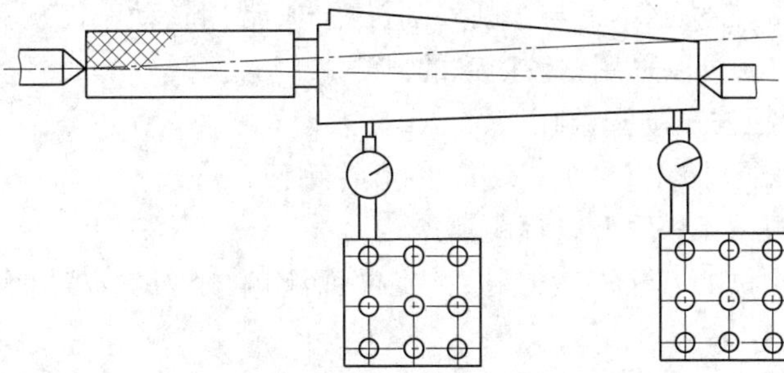

图 2-77　用锥度量棒控制偏移量

(2)偏移尾座法只适宜于加工锥度较小、长度较长的外圆锥工件。

(3)尾座偏移后不能加工端面,否则会影响工件垂直度。

(4)前后顶尖最好采用球形顶尖支承,以防中心孔损坏。

(三)靠模法

靠模法是刀具按照靠模进给对工件进行加工的方法,适用于车削长度较长、精度要求较高的圆锥,如图 2-78 所示。

采用靠模法车削圆锥的优点是调整锥度既方便又准确;因中心孔接触良好,所以锥面质量高;可以机动进给车外圆锥和内圆锥。但靠模装置的角度调节范围小,一般在 12°以内,适用于批量生产。

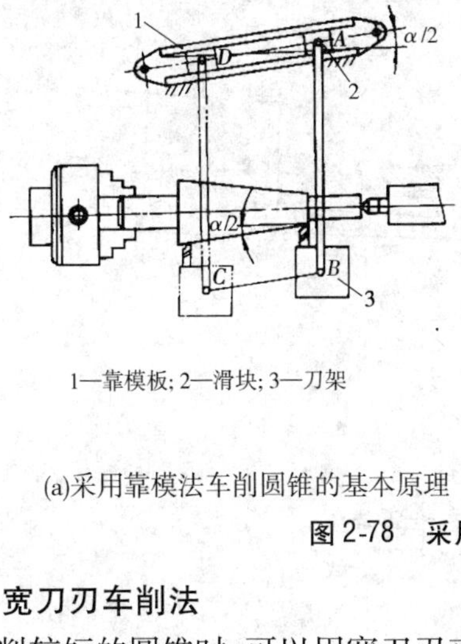

1—靠模板; 2—滑块; 3—刀架

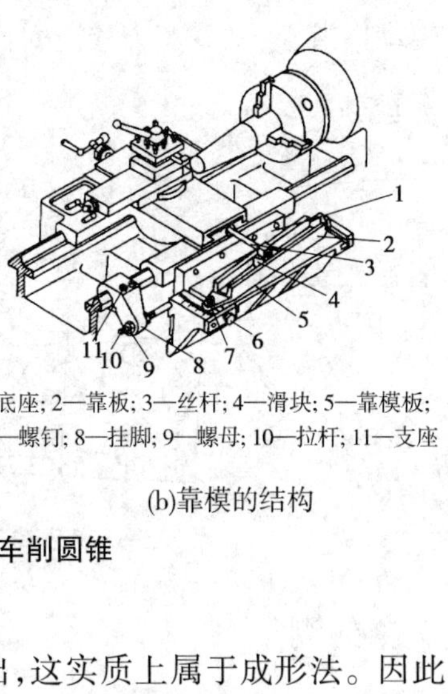

1—底座; 2—靠板; 3—丝杆; 4—滑块; 5—靠模板;
6、7—螺钉; 8—挂脚; 9—螺母; 10—拉杆; 11—支座

(a)采用靠模法车削圆锥的基本原理　　(b)靠模的结构

图 2-78　采用靠模法车削圆锥

(四)宽刀刃车削法

在车削较短的圆锥时,可以用宽刀刃直接车出,这实质上属于成形法。因此,宽刀刃的切削刃必须平直,切削刃与主轴轴线的夹角应等于工件圆锥半角 $\alpha/2$。

使用宽刀刃车削圆锥时,车床需具有很好的刚性,否则容易引起振动。当工件的圆锥斜面长度大于切削刃长度时,也可以用多次接刀的方法加工,但接刀处必须平整光滑。

三、内圆锥的车削方法

由于内圆锥的车削工作在孔内进行,不易观察,所以车削圆锥孔比车削圆锥体更加困难。装夹工件时最好使锥孔大端处于外端,呈倒锥状态,方便观察。

车削内圆锥孔的方法基本上与车削外圆锥相同，常用转动小滑板法和靠模法。对于加工要求不高的锥孔，可以采用钻铰内锥的方法。

（一）转动小滑板法车削圆锥孔

（1）选用小于锥孔小端直径 1 ~ 2 mm 的麻花钻钻孔。

（2）调整小滑板镶条松紧及行程距离。

（3）用钢板尺测量的方法安装刀具，并在端面涂色，用刀尖在端面画线的方法，使其刀尖对准工件中心。

（4）转动小滑板角度至圆锥半角。车内孔正锥时，转动方向与车外圆正锥相反；如车内孔倒锥，转动方向与车外圆正锥相同。

（5）当锥形塞规能塞进孔内一半长度时，用涂色法检查，并找正锥度。

（6）内孔车刀刀柄直径必须以锥孔小端可通过为原则，防止车削时刀柄与小端内径相碰。

（二）车配套圆锥的方法

在单件或小批生产配套的内、外圆锥时，如果两次调整小滑板角度，不仅生产效率低，锥面精度也不高。可采用反向装刀法和主轴反转法车削圆锥孔，如图 2-79 所示。由于小滑板的角度没有改变，一次可获得接触面较好的圆锥配合。

（1）车削外圆锥，获得正确的圆锥半角 $\alpha/2$ 和圆锥直径。

（2）不变动小滑板角度，将主轴正转，反向安装车刀（切削刃向下）；或将主轴反转，正向安装车刀。刀具安装时，刀尖严格对准工件中心。

（3）转动中滑板手柄，车刀移向对面车削。

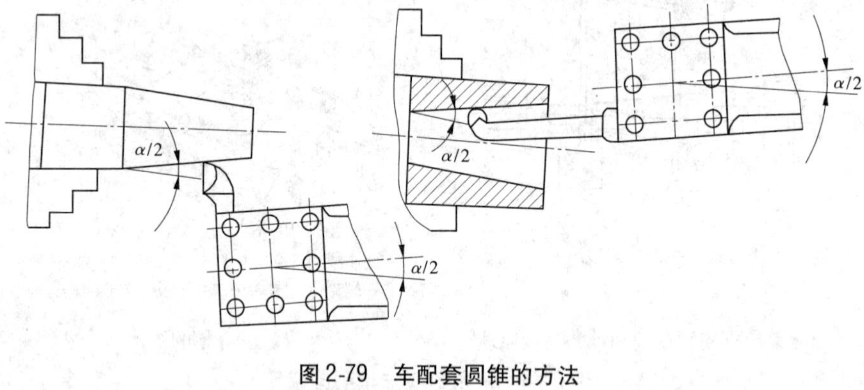

图 2-79 车配套圆锥的方法

四、圆锥的测量

（一）用游标万能角度尺检测圆锥角度

对于角度或精度要求不高的圆锥表面，可以用游标万能角度尺测量。它可以测量 0° ~ 320°范围内的任何角度，测量精度一般为 2′ ~ 5′，刻线原理与游标卡尺相同。

如图 2-80 所示为游标万能角度尺测量工件的方法。测量时，游标万能角度尺的直尺通过工件中心与工件端（平）面靠平，基尺与工件圆锥面接触。

读数时，先从游标的零线位置读出所指主尺的度数（整数位），再加游标上的刻线与主尺重合的格数乘以精度值（如 2′）的得数，即为工件的角度。

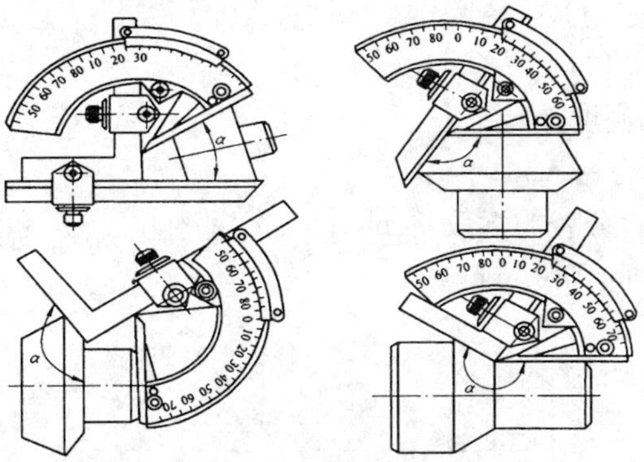

图 2-80 用游标万能角度尺检测锥度

找正角度时,通过基尺透光的大小来调整小滑板的角度,反复多次,直至达到要求。

(二)用圆锥量规检测锥度

对于配合精度要求高的锥度零件,一般使用圆锥量规测量,采用涂色检验法,以检查接触面积大小来评定锥度的精度,如图 2-81 所示。

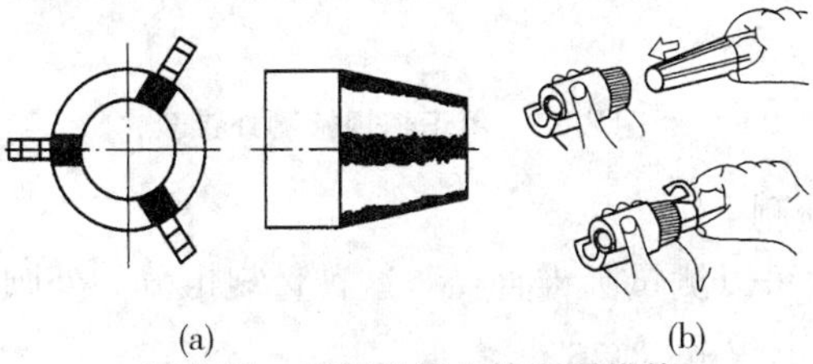

(a) (b)

图 2-81 用圆锥量规检测圆锥体

具体的检验方法是:在工件表面上顺着素线,相隔 120°薄而均匀地涂上三条显示剂。然后把套规(外圆锥所用的量规)轻轻套在工件上,转动少半圈(多了会造成误判),取下套规,观察工件锥面上显示剂擦去的情况。如果显示剂擦去均匀,说明圆锥接触良好,锥度正确;如果小端的擦去,大端的没擦去,说明圆锥角小了;反之,说明圆锥角大了;如果两端擦去,中间未擦去,说明车刀刀尖没有严格对准工件中心,从而形成的双曲线误差。

上述现象与结论是用套规测量外圆锥时得到的。如果测量内圆锥,应使用圆锥塞规。如果显示剂擦拭现象与外圆锥时相同,则与外圆锥的结论相反。如果中间显示剂擦去、两端未擦去,说明存在内圆锥面双曲线误差。

(三)用正弦规检测锥度和锥角

正弦规是利用三角函数正弦关系间接测量角度的一种精密量具。它由一块准确的钢质长方体和两个相同的精密圆柱体组成。两圆柱体之间的中心距要求很精确,中心连线与长方体工作平面严格平行。

如图 2-82 所示为用正弦规检测外锥套。首先根据被测工件的基本圆锥角计算量块组高度 H,然后将量块组放在平板上与正弦规圆锥之一相接触。在正弦规的工作平面上放置被测工件,使锥体轴心线垂直于正弦规两圆柱的轴线。再用百分表分别测量被测圆锥上的 a、b 两点的高度。据此,可计算锥度误差和锥角误差。

$$H = L\sin\alpha$$

$$\Delta C = n/M$$

$$\Delta\alpha = 2 \times 10^5 \Delta C$$

式中 ΔC——锥度误差；

$\Delta\alpha$——锥角误差(″)；

H——量块组的高度，mm；

L——正弦规中心距，mm；

n——a、b 两点百分表的读数差，mm；

M——a、b 两点间距离，mm。

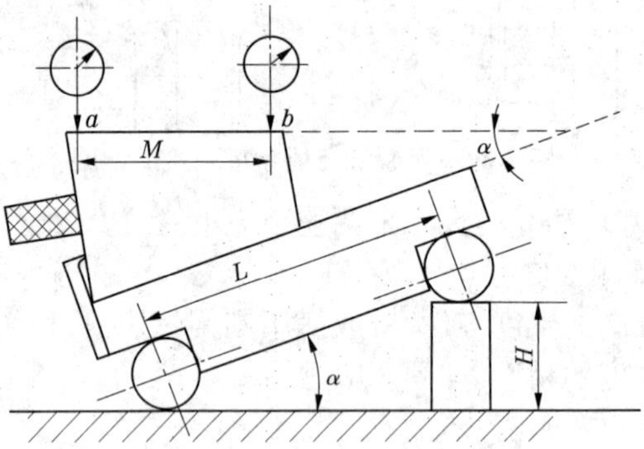

图 2-82 用正弦规检测外锥套

(四)圆锥直径的检测

使用圆锥界限量规可以测量圆锥直径。这种量规也分为外圆锥用的套规和内圆锥用的塞规两种，如图 2-83、图 2-84 所示。

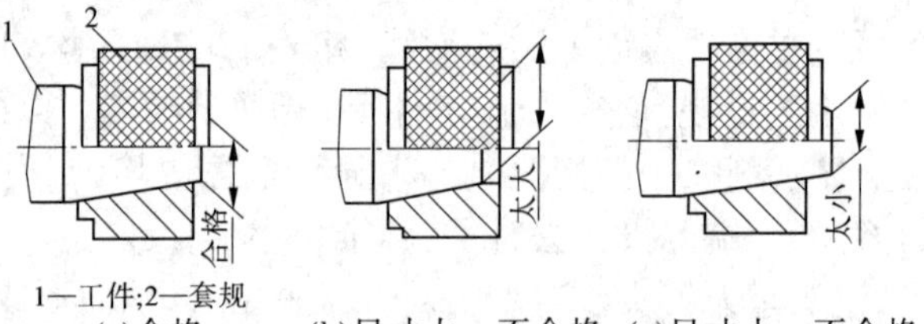

(a)合格　(b)尺寸大，不合格　(c)尺寸小，不合格

图 2-83 用圆锥套规检测外圆锥尺寸

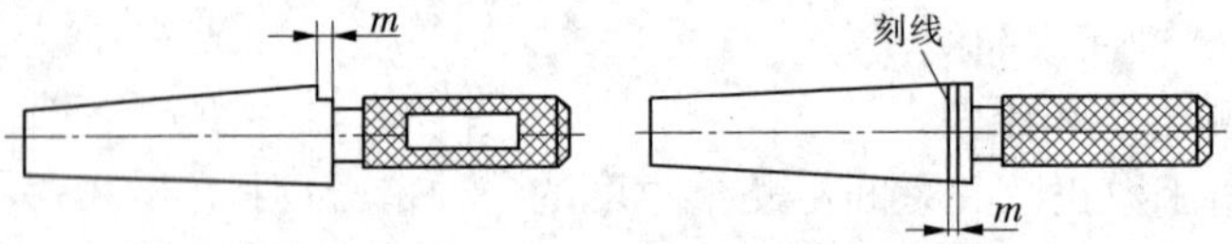

(a)圆锥塞规

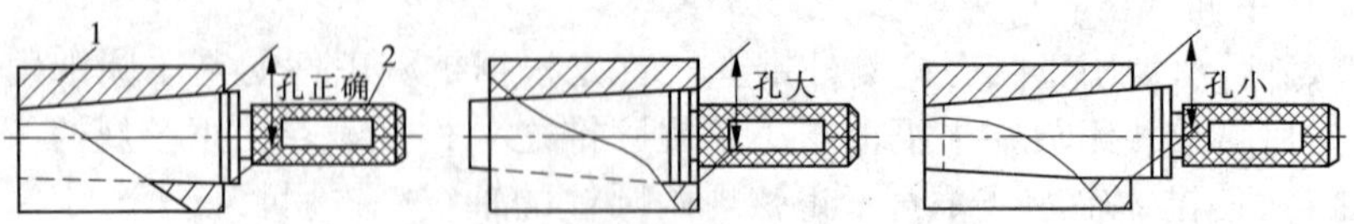

(b)用圆锥塞规检测圆锥尺寸

图 2-84 用圆锥塞规检测内圆锥尺寸

1. 外圆锥直径的检测

根据工件直径和公差，在圆锥套规小端轴向开有缺口，以限定最大圆锥直径（过端）和最小圆锥直径（止端）。

测量时，如果锥体的小端平面在缺口之间，则视为合格。若锥体未进入缺口，则圆锥直径大了，未达到要求尺寸；若锥体超出了缺口，则圆锥直径小了，不合格，如图 2-83 所示。

2. 内圆锥直径的检测

根据工件的直径及公差要求，在圆锥塞规大端开有一个轴向距离为 m 的阶台（或刻线），分别表示过端和止端。测量锥孔时，若大端平面在两端面之间，说明锥孔尺寸合格。若锥孔的大端平面超过了止端刻线，则锥孔尺寸大了，不合格；若两刻线都没有进入锥孔，则锥孔小了，未达到要求尺寸，如图 2-84 所示。

【任务实施】

图 2-70 所示锥轴工件，右端表面已加工。现调头装夹，完成圆锥体的车削。

一、工艺准备

（1）掌握图 2-70 所示工件中圆锥体部分的形状和工艺要求。

（2）将硬质合金外圆粗车刀、高速钢外圆精车刀安装于刀架上，并严格对准工件旋转中心，避免在圆锥表面发生双曲线误差。

（3）用三爪自定心卡盘装夹 $\phi40$ mm 外圆（包铜皮），用百分表校正 $\phi42$ mm 外圆，圆跳动误差在 0.01 mm 以内，并夹紧。

（4）选取主轴转速为 560 r/min，机动进给量 f 取 0.1 ~ 0.2 mm/r。

二、工艺过程及工步内容

（1）车平端面，不留凸头，以此作为测量圆锥角度的基准面，表面粗糙度 R_a 为 3.2 μm。

（2）粗车外圆 $\phi42$ mm 至要求尺寸，并在距离端面 35 mm 处之前接刀。

（3）用转动小滑板法粗车圆锥面。用游标万能角度尺检查锥度，并找正小滑板角度。留 0.5 mm 的精车余量。

（4）精车圆锥面。

①调整主轴转速至 710 r/min，一次的背吃刀量最大为 0.05 mm，最后一次的背吃刀量为 0.02 mm，慢而均匀地手动进给。

②精车刀切削刃始终保持锋利，圆锥表面应一刀车出，不要接刀，不能中断进给。充分浇注切削油。

③采用涂色法，用圆锥套规检查接触情况。用小型测微计修正小滑板角度，然后修正车削一次，背吃刀量控制在 0.05 mm 以内。上述过程反复进行，直到接触面积达 80%。

④用圆锥界限量规检测圆锥直径，用移动床鞍法控制背吃刀量，完成圆锥精车。表面粗糙度 R_a 为 3.2 μm。然后倒角 $C0.5$。

（5）检查质量合格后，卸下工件。

【思考与练习】

1. 车削外圆锥,用套规检验锥度时,发现大端接触,小端没有接触,说明什么问题?如何解决?

2. 车削圆锥时,车刀没有对准工件中心,对工件质量有何影响?

3. 车削 $C=1:20$ 外圆锥,用套规测量时,工件小端离开套规尺寸测量中心 8 mm,问背吃刀量多少才能使直径尺寸合格?

4. 用正弦规测量一莫氏 4 号圆锥,正弦规中心距为 200 mm,计算量块组的高度。若 a、b 两点间距离为 100 mm,百分表读数差为 0.02 mm(见图 2-82),确定锥角误差。

5. 已知圆锥体 $D=40$ mm,$d=35$ mm,$L=120$ mm,$L_0=200$ mm(见图 2-73),用偏移尾座的方法加工时,尾座偏移量是多少?

6. 转动小滑板法车锥度有何优点?

单元四　套类零件的车削加工

【学习目标与任务】

学习目标:

1. 掌握麻花钻的结构与几何角度的特征。
2. 掌握钻削加工及其过程和特点。
3. 掌握内孔车刀的形式与安装要求。
4. 掌握孔加工的操作方法。
5. 了解其他类型的孔加工刀具。

学习任务:任务 1,钻孔;任务 2,内孔的车削。

【任务引入】

如图 2-85 所示为端套,完成其外圆面、端面、两端的不通孔、内沟槽的车削任务。

【知识指引】

机器中的套类零件和盘类零件都带有圆柱孔,这些孔起着支承和定位的作用,因此有比较高的尺寸精度(IT8 ~ IT7)和形位精度要求,以及较小的粗糙度值。

套类零件车削的主要内容是车削内孔。车削内孔时刀具在工件内部进行,进给过程观察不易,排屑和冷却比较困难,加之刀具刚性差、工件装夹时容易产生变形,因此这类表面的车削较外圆车削更加困难。

一、孔加工刀具

孔的加工包括实心(或实体)材料上的钻孔,毛坯孔上的扩孔、车孔与铰孔。

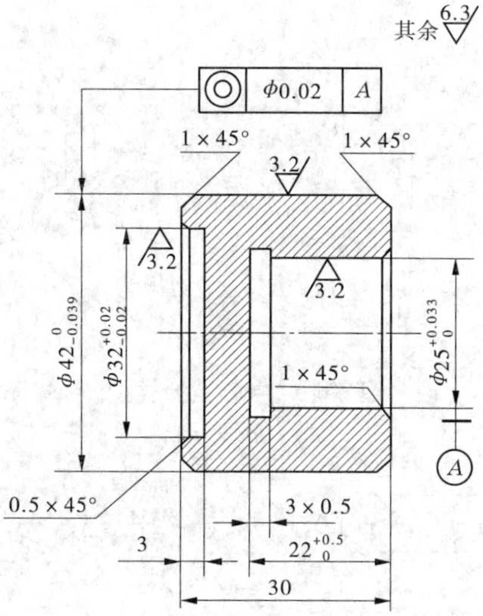

图 2-85 端套

(一)在实体工件上加工孔的刀具

在实体工件上加工孔的刀具主要是各类钻头,如麻花钻、中心钻、深孔钻等。

1. 麻花钻

这是目前孔加工中应用最广的刀具,主要用来在实体材料上钻出较低精度的孔,或作为攻螺纹、扩孔、铰孔、车孔、镗孔的预加工,特别适合直径小于 30 mm 孔的加工,麻花钻有时也可当作扩孔钻使用。采用麻花钻钻孔的加工精度一般可达 IT13 ~ IT11,表面粗糙度 R_a 为 5.0 ~ 12.5 μm。

2. 中心钻

钻孔前,先加工中心孔,这样有利于钻头的导向,防止孔的偏斜,中心钻是用于加工零件中心孔的刀具。

中心孔的形状、尺寸现在已标准化。根据中心孔的结构特点,分为无护锥中心孔(A 型)、带护锥中心孔(B 型)、带螺孔中心孔(C 型)、带圆弧中心孔(D 型)等四种类型,常用 A、B 型,如图 2-86 所示。

A 型中心孔,一般适用于不需多次装夹或不保留中心孔的零件。

B 型中心孔,一般适用于多次装夹的零件。

相应地,常用的中心钻有 A 型和 B 型两种,直径在 ϕ6.3 mm 以下的中心孔常用高速钢制成的中心钻钻出,如图 2-87 所示。

3. 深孔钻

通常把孔深与直径之比大于 5 的孔称为深孔,加工深孔的钻头称为深孔钻。深孔钻有很多种,常用的有内排屑深孔钻、外排屑深孔钻、喷吸钻及套料钻等。

(二)对毛坯孔进行加工的刀具

1. 扩孔钻

扩孔钻是用于扩大已有孔的孔径或提高孔的加工精度的刀具。它既可以用作孔的最

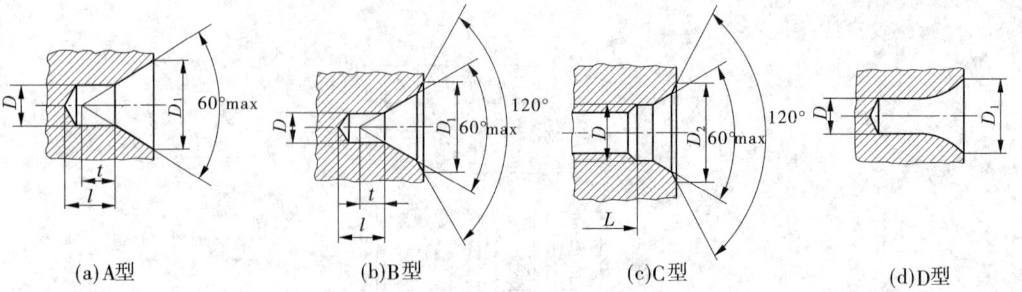

图 2-86　中心孔的类型

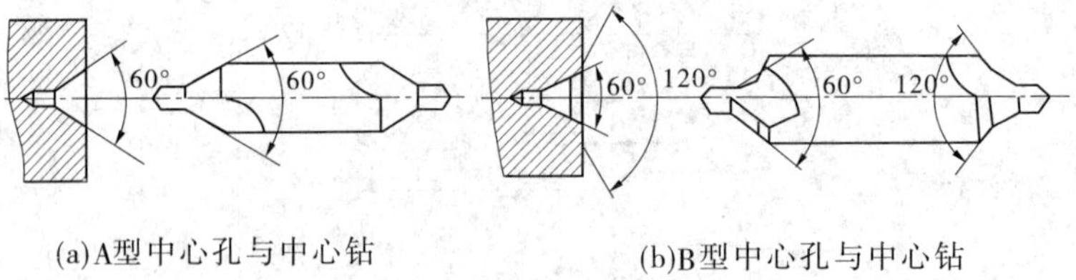

图 2-87　中心钻与中心孔

终加工，也可以作为铰孔和磨孔的预加工，在成批或大批生产时应用较广。它所达到的精度等级为 IT10 ~ IT9，表面粗糙度 R_a 为 6.3 ~ 3.2 μm。

扩孔钻外形与麻花钻相似，但齿数较多，通常是 3 ~ 4 齿，如图 2-88 所示。扩孔钻的切削刃不必自外缘直至中心，无横刃，钻心直径较大，所以扩孔钻的强度和刚性较麻花钻好；加工时导向性好，切削过程平稳，加工质量和生产效率也比麻花钻高。扩孔钻的直径规格一般为 10 ~ 100 mm，直径小于 15 mm 的一般不扩孔。

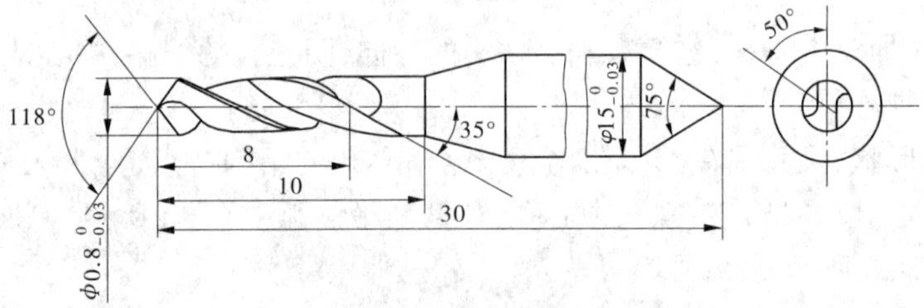

图 2-88　高速钢整体式扩孔钻

扩孔钻按刀具切削部分材料来分，有高速钢和硬质合金两种。常见的结构形式有高速钢整体式（见图 2-88）、硬质合金镶齿套式（见图 2-89）和硬质合金可转位式等。对于大直径的扩孔钻，常采用可转位刀具。在小批量生产时，常用麻花钻改制，将麻花钻外缘前角修磨得小些，用于扩孔。

2. 车孔刀

用麻花钻及扩孔钻只能达到一般的精度要求。对于精度和表面粗糙度要求都较高的套类零件，需要用内孔车刀车削，称为车孔，这是常用的孔加工方法之一，可以作粗加工和精加工。车孔精度可达到 IT8 ~ IT7 公差等级，表面粗糙度 R_a 可达 3.2 ~ 1.6 μm，如果方

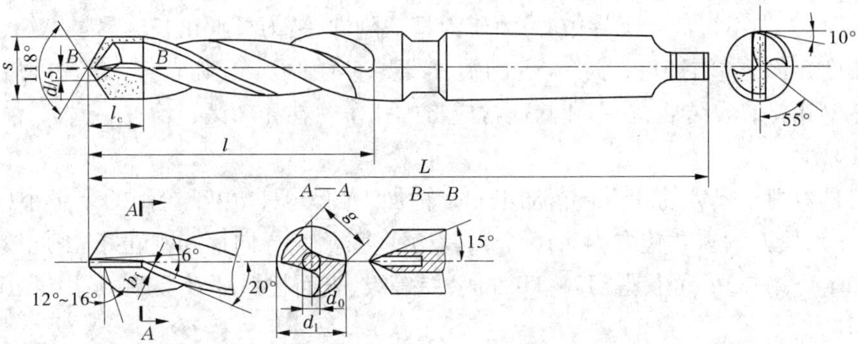

图 2-89 硬质合金镶齿套式扩孔钻

法适当 R_a 可达 0.8 μm。

1) 内孔车刀的分类

内孔车刀分为通孔车刀和盲孔车刀两种，如图 2-90 所示。

通孔车刀切削部分的几何形状与弯头外圆车刀相似，但内孔车刀的刀体细长，刀头较小。为防止振动，主偏角一般为 60° ~ 75°，副偏角取 15° ~ 30°；为减轻主后刀面与孔壁之间的摩擦，一般磨成双后角。

盲孔车刀用于车削不通孔或阶台孔，其切削部分的形状与偏刀基本相似，主偏角 k_r > 90°，一般取 90° ~ 93°，副偏角取 8° ~ 10°。刀尖到刀杆外侧的垂直距离应小于孔的一半，否则孔底无法车平。

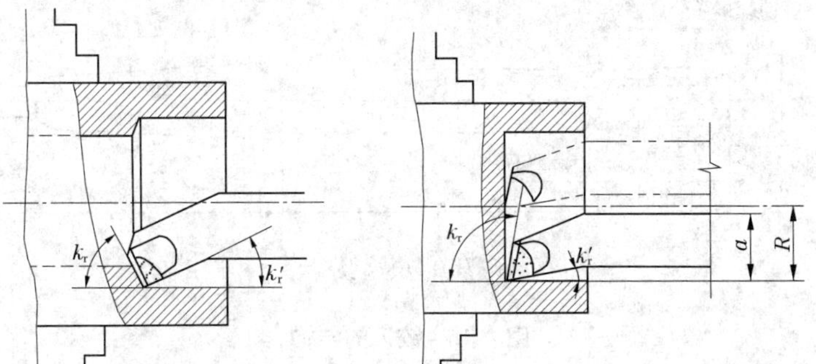

(a)通孔车刀　　(b)盲孔车刀

图 2-90 内孔车刀

2) 内孔车刀存在的问题

内孔车刀的刚性和排屑是车孔的两个主要问题。

为增强内孔车刀的刚性，应尽量增加刀杆的横截面面积和尽量缩短安装后的伸出长度。通过控制切屑流向来解决排屑问题，精车内孔时，采用前排屑，使切屑流向待加工面，使用正刃倾角的车刀，刃倾角一般取 2° ~ 3°，而薄壁工件可取 5° ~ 6°；粗车内孔时，采用后排屑，使用负刃倾角的车刀。

3) 内孔车刀的安装

安装时,刀尖不得低于工件中心;由于刀杆的刚性差,刀杆伸出长度尽量缩短,一般大于加工长度 5 mm 左右即可;刀杆与孔的轴心线要基本平行,否则车到一定深度后刀柄可能会与孔壁相碰。安装后,在车孔前通常应将内孔车刀在孔内试走检查一遍。

3. 铰刀

铰刀是对中小尺寸的孔进行精加工和半精加工的刀具。由于铰削的余量小(一般小于0.1 mm),铰刀的齿数较多(4 ~ 16 个),其槽底直径大,导向性和刚性好,因此铰削的加工精度和生产率较高,可获得 IT7 ~ IT6 的公差等级、表面粗糙度 R_a 为1.6 ~0.4 μm,在生产中应用广泛。

1) 铰刀的种类与结构

铰刀按工作方式分为手用铰刀和机用铰刀两种,如图 2-91(a)、(b)所示。

铰刀包含工作部分、颈部及柄部。工作部分由引导部分、切削部分、校准部分组成,机用铰刀的校准部分又分为圆柱修光部分和倒锥部分。

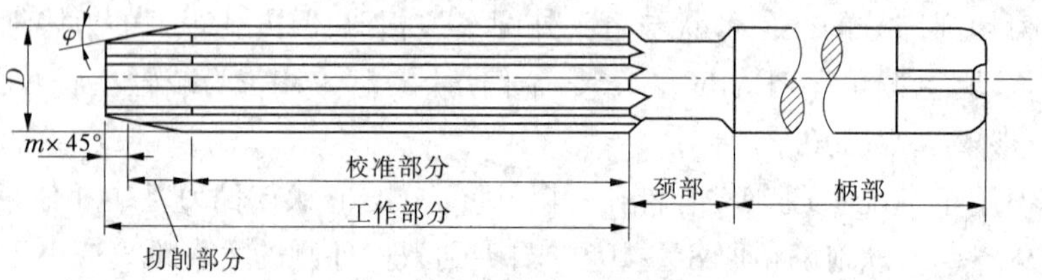

(a)手用铰刀

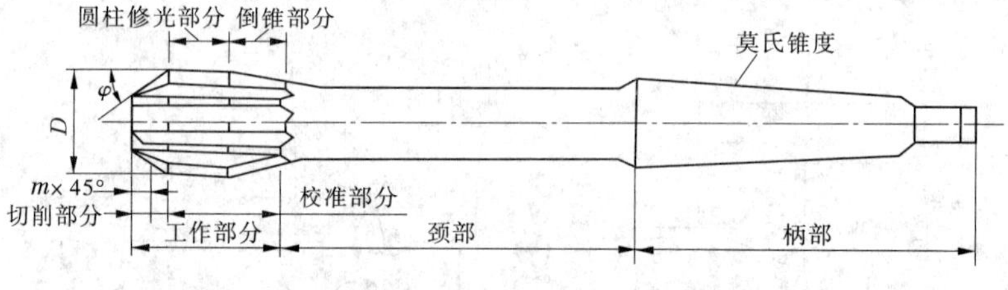

(b)机用铰刀

图 2-91　铰刀的结构

引导部分的作用是将铰刀头部导入孔内,其导入角 φ 一般为 45°。切削部分也呈锥形,担负主要的切削工作。校准部分用于校准孔径、修光孔壁与导向,修光部分后面的倒锥用于减少铰刀与孔壁之间的摩擦和防止铰削后孔径增大。

对于手用铰刀,为增强导向作用,校准部分应长些。对于机用铰刀,为减少主轴和铰刀同轴度误差的影响和避免摩擦的扩大,校准部分应短些。

铰削时,由于切削振动、刀齿的径向跳动、刀具与工件的安装误差以及积屑瘤等原因,常会出现铰出的孔径大于铰刀直径的"扩张"现象。但是,有时也会因工件热变形的恢复,而出现铰出的孔径小于铰刀直径的"收缩"现象。经验证明,用高速钢铰刀铰孔,一般会发生扩张,用硬质合金铰刀铰孔,一般会发生收缩。

2）铰刀的几何角度

铰刀的前角一般磨制成0°。粗铰塑性材料时，为减少变形和抑制积屑瘤，取 $\gamma_p = 5° \sim 15°$。硬质合金铰刀为防止崩刀，可取 $\gamma_p = 0° \sim 5°$。

铰刀作为精加工刀具，可取较大的后角 α_p，但为使铰刀的重磨尺寸变化小些，应取较小的后角，一般取 $\alpha_p = 6° \sim 8°$。另外，在铰刀的校准部分必须磨制出0.05～0.3 mm宽的刃带，使铰刀的副后角 $\alpha_p' = 0°$，以起修光和导向作用，也便于铰刀的制造和检验。

铰刀的主偏角 k_r 可视为切削部分的半锥角。主偏角过大，会使切削部分过短，使背吃抗力增大，造成铰削时定心精度差；主偏角过小，会由于切削厚度 a_c 过小产生较大的切削变形，同时使切削宽度 a_w 增大，造成卷屑和排屑困难。因此，用机用铰刀加工钢件等塑性材料时，取主偏角 $k_r = 15°$；加工铸铁等脆性材料时，取主偏角 $k_r = 3° \sim 5°$；加工盲孔时，取主偏角 $k_r = 45°$。而对于手用铰刀，为减轻劳动强度、减小切削力及改善切入时的导向性，通常取主偏角 $k_r = 1° \sim 1°30'$。

硬质合金铰刀一般没有刃倾角。高速钢直槽铰刀在铰削塑性材料时，在其切削部分的切削刃上磨制出与铰刀轴线成15°～20°的轴向刃倾角，可使铰刀工作更平稳，适用于加工余量较大的通孔。

3）铰刀的安装

铰刀在车床上的安装方法有两种：一是直接将锥柄铰刀的刀柄（直柄铰刀先装入钻夹头或过渡套筒后）插入尾座锥孔的套筒中装夹；二是采用浮动套筒装置来装夹铰刀。

在车床尾座的套筒锥孔中直接安装铰刀时，对车床尾座要求较高，需要找正尾座水平中心，使铰刀轴线与主轴轴线严格重合，否则，铰出的孔径尺寸将大于铰刀本身尺寸。为了避免偏差，最好先试铰。

如果铰刀中心对准轴线比较困难，可使用浮动套筒装置，如图2-92所示。它利用锥套（件2）和套筒（件1）之间的间隙而产生浮动，铰削时，铰刀通过微量偏移，自动调整铰刀轴线与孔中心线重合，消除车床尾座与主轴的同轴度误差，实现铰刀自定心。

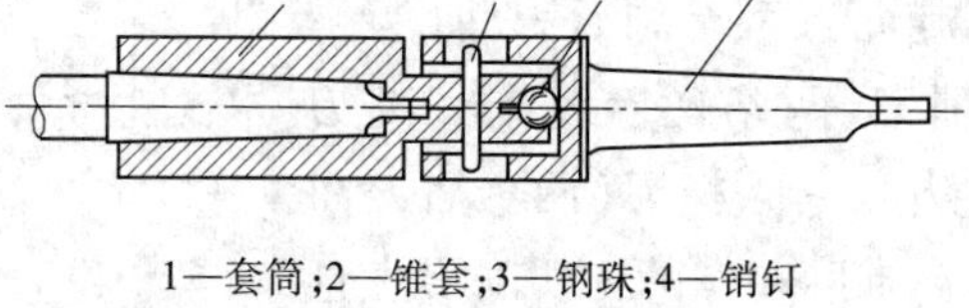

1—套筒；2—锥套；3—钢珠；4—销钉

图2-92　浮动套筒装置

二、麻花钻与钻削

钻削是使用钻头加工孔的工艺方法，麻花钻是目前应用最广的刀具。掌握麻花钻的结构特点，有助于认识钻削过程的特点。

（一）麻花钻的几何结构与刀具角度

麻花钻按刀柄的不同，有直柄和莫氏锥柄两种。直柄一般用于直径小于13 mm的钻头。直径大于12 mm的钻头为莫氏锥柄麻花钻。

1. 麻花钻的几何结构

标准麻花钻由工作部分、装夹部分(颈部和柄部)组成,如图 2-93 所示。

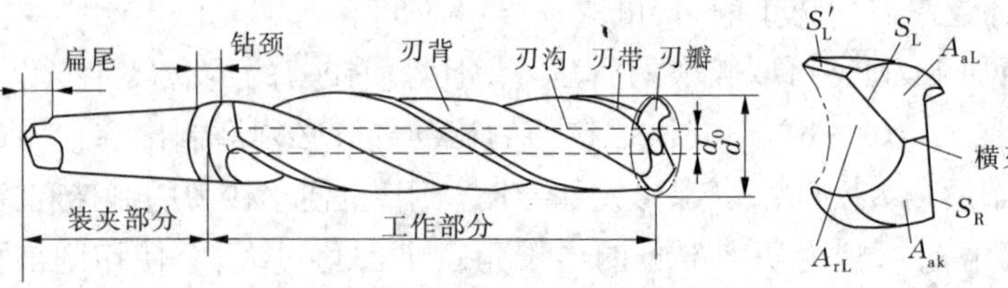

图 2-93 麻花钻的组成

1)装夹部分

柄部是钻头的装夹部分,用于与机床连接并传递扭矩。锥柄后端做出扁尾,便于使用楔铁将钻头从钻套中取出。

颈部是柄部与工作部分的连接部位,用于磨削时砂轮退刀和打印标记(钻头的规格和厂标)。为方便制造,直柄麻花钻一般不制作颈部。

2)工作部分

麻花钻的工作部分为两条螺旋槽,因其外形很像麻花而得名。它是钻头的主要部分,由切削部分和导向部分组成。

(1)导向部分。

钻头的导向部分由两条螺旋形的刃瓣组成,两刃瓣由钻心连接。两刃瓣的刃沟与刃背构造出两条螺旋槽,用以排屑和导入切削液,并形成前刀面。刃瓣的圆柱刃背上制造有两条螺旋形棱面,称为刃带,用以控制孔的廓形、导向和修光孔壁,并形成副后刀面。

导向部分是切削部分的备磨部分。

(2)切削部分。

钻头的切削部分可看作两把反向安装的内孔车刀,由两个螺旋(槽)前刀面、两个圆锥后刀面(刃磨方法若不同,也可能是螺旋面)、两个副后刀面(刃带棱面)形成的两条主切削刃、两条螺旋线副切削刃(螺旋槽与刃带相交的棱边)、一条横刃(两个后刀面在钻心处的交线)组成。标准麻花钻的主切削刃为直线,非标准麻花钻的主切削刃为曲线,如图 2-94 所示。

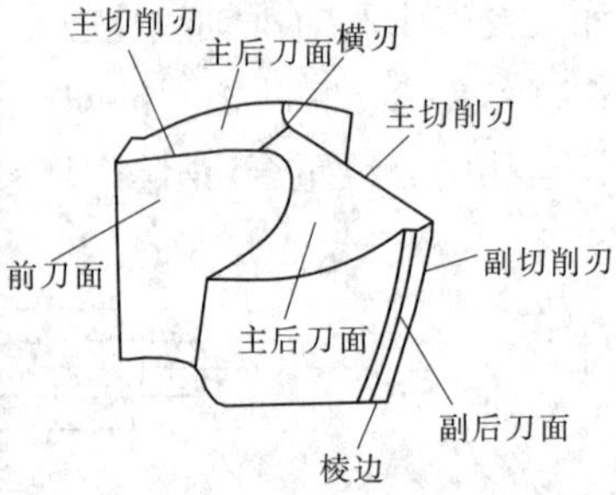

图 2-94 麻花钻切削部分的几何形状

2. 麻花钻的结构参数

麻花钻的结构参数是指在制造中所获得的尺寸和有关角度,它们是决定钻头几何形状的独立参数,包括钻头直径 d、钻心直径 d_0、螺旋角 β、直径倒锥、刃带参数等几项。

(1)钻头直径 d:钻头两刃带间的垂直距离。它按标准尺寸系列或螺孔底径尺寸设计。

(2)钻心直径 d_0:钻心处与两螺旋槽沟底相切圆的直径。

钻心直径直接影响钻头的刚性与容屑空间的大小。一般钻心直径为钻头直径的0.15倍。对于标准麻花钻,为了提高钻头的刚性,钻心直径制成向钻柄方向逐渐增大的正锥,其正锥量取(1.4~2 mm)/100 mm。

(3)螺旋角β:钻头刃带棱边螺旋线展开成直线后与钻头轴线间的夹角。如图2-95所示,主切削刃上任意点x的螺旋角β_x可由下式计算:

$$\tan\beta_x = \frac{2\pi r_x}{L} = \frac{2\pi r}{L} \times \frac{r_x}{r} = \tan\beta \times \frac{r_x}{r}$$

式中 r——钻头半径,mm;

r_x——x点的半径,mm;

L——螺旋槽的导程,mm。

该式说明,麻花钻不同直径处的螺旋角不同,外径处螺旋角最大,越接近中心,螺旋角越小。标准麻花钻螺旋角β=18°~30°。

实际上,钻头的螺旋角相对于副切削刃的刃倾角,同时也是钻头的进给前角γ_{fx}。因此,螺旋角越大,钻头越锋利,但同时钻头的刚性会变差,散热条件会变坏。对于小直径钻头,为提高刚性,β角可设计得小些;钻软材料、铝合金时,为改善排屑效果,β角可设计得大些。

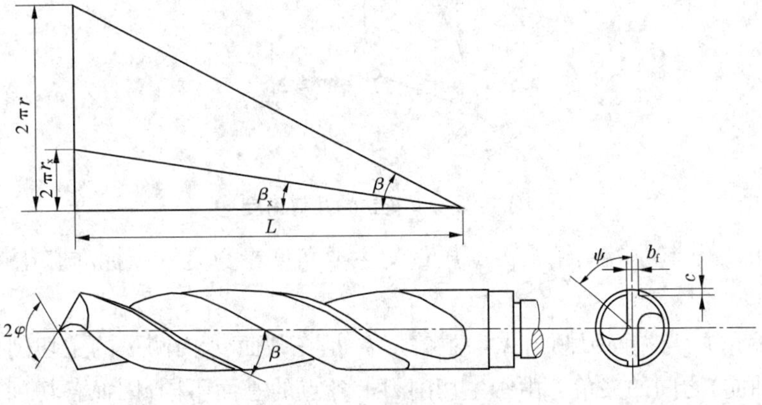

图2-95 麻花钻螺旋角

(4)直径倒锥:钻头直径做成沿钻柄方向逐渐减小的锥度,以减小刃带与孔壁的摩擦,相当于副偏角的作用。中等直径钻头的倒锥量为(0.05~0.12 mm)/100 mm。

(5)刃带参数:包括刃带宽度b_f、高度c和刃带后角,如图2-95所示。其中,刃带后角实际就是钻头的副后角,一般为0°,从而使刃带具有导向和修光作用。

3. 麻花钻的几何角度

与车刀不同,麻花钻的几何角度之间存在着性质上的区分:一些属于独立角度,如顶角2φ、后角α_f、横刃斜角ψ;另一些属于派生角度,如主偏角k_r、前角γ_o、端面刃倾角λ_t等。

所谓独立角度,是构成钻头切削部分几何形状的独立参数,可以根据加工条件,通过刃磨控制其取值大小。

所谓派生角度,是通过钻头的结构参数和独立角度换算获得的刀具角度。

麻花钻的几何角度如图 2-96 所示。

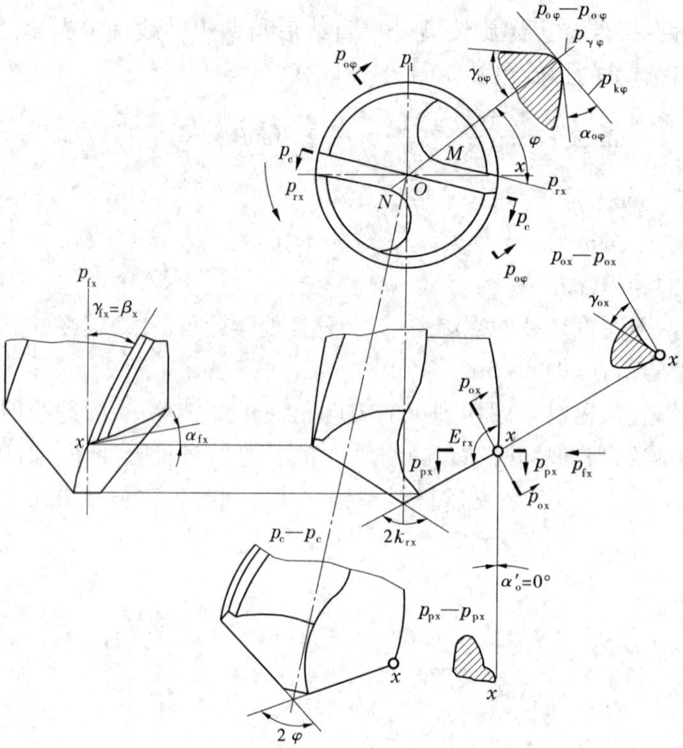

图 2-96 麻花钻的几何角度

(1)顶角 2φ。其是控制钻头刃磨质量的主要角度参数之一。标准麻花钻的顶角 2φ 一般为 118°。

(2)主偏角 k_r 与端面刃倾角 λ_t。主偏角 k_r 是在基面 p_r 内测量的主切削刃与进给方向(即钻头轴向)之间的夹角。由于主切削刃上各点的基面不同,因而各切削点处的主偏角也不相等,外缘处大,钻心处小。

端面刃倾角 λ_t 是在端平面 p_t 内测量的主切削刃与基面之间的夹角。主切削刃上 x 点处的端面刃倾角 λ_{tx} 为

$$\sin\lambda_{tx} = -\frac{d_0}{2r_x}$$

式中 d_0——钻头的钻心直径,mm;

r_x——切削刃上 x 点处的回转半径,mm。

可以看出,主切削刃上不同点的端面刃倾角 λ_t 是不等的,由内向外绝对值减小;各点的端面刃倾角均为负值,因而切屑向钻尾排出。

(3)副偏角 k'_r。其由钻头直径倒锥量来表示。中等直径钻头的倒锥量为(0.05 ~ 0.12 mm)/100 mm。

(4)前角 γ_o。麻花钻主切削刃上任一点 x 的前角 γ_{ox} 是在正交平面内测量的该点基面与其前刀面的夹角。它与 x 点处的螺旋角 β_x、端面刃倾角 λ_{tx}、主偏角 k_{rx} 有关。

$$\tan\gamma_{ox} = \tan\beta_x / \sin k_{rx} + \tan\lambda_{tx}\cos k_{rx}$$

由于切削刃上各点的上述角度不同,所以各点的前角也不同。切削刃上各点的前角变化很大,外缘处的前角最大,从外缘到钻心处,前角逐渐较小至负值,为 30° ~ -30°。因此,越靠近钻心处,切削条件越差。

在假定工作平面 p_f 内,各点的主偏角 $k_{rx} = 90°$,因此进给前角 γ_{fx} 也是螺旋角 β_x。

由于主切削刃的前角不是直接刃磨获得的,因而在钻头的工作图上一般不会标注其前角。

(5)后角 α_f。麻花钻主切削刃上任一点 x 的后角 α_{fx} 是在假定工作平面 p_f(即柱剖面 p_z)内测量的该点切削平面 p_s(或端平面 p_t)与后刀面的夹角,如图 2-97 所示。在该剖面内不仅测量方便,还能反映出后刀面与过渡表面间的摩擦关系及进给运动对后角的影响。

由于切削刃上各点的基面位置不同,因而钻头后角 α_f 的大小沿主切削刃变化,外缘处最小($\alpha_f = 8° \sim 10°$),在横刃与主切削刃的交接处最大($\alpha_f = 20° \sim 25°$)。因此,在刃磨后刀面时,后角 α_f 应满足外缘处小、钻心处大的要求。

(6)副后角 α_o'。钻头的副后刀面(刃带)是一条狭窄的圆柱面,因此副后角 $\alpha_o' = 0°$。

(7)横刃角度。横刃是两个主后刀面的交线,横刃角度是在端平面 p_t 内标注的,包括横刃斜角 ψ、横刃前角 $\gamma_{o\psi}$ 和横刃后角 $\alpha_{o\psi}$,如图 2-98 所示。

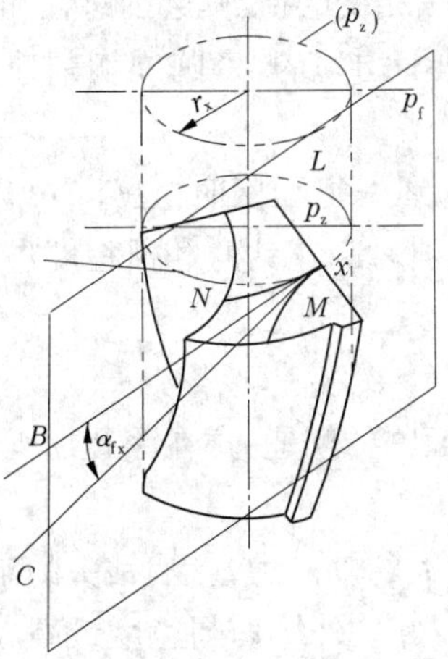

图 2-97 钻头的后角

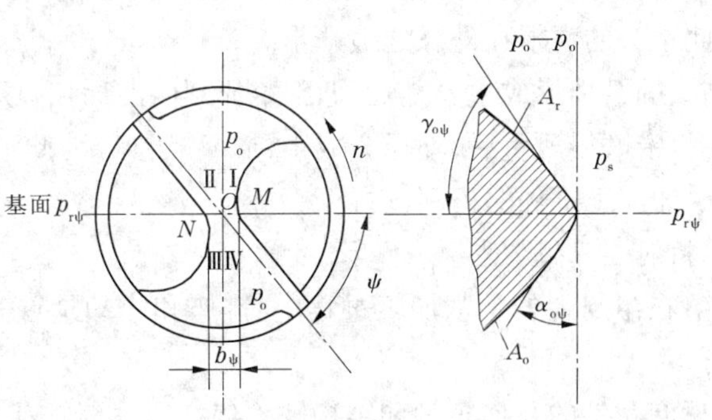

图 2-98 横刃角度

横刃斜角 ψ 是在端平面内横刃与主切削刃之间的夹角,它的大小与顶角 2φ 及钻心处后角 α_{fz} 的大小有关。后角越大,ψ 越小,横刃长度增大。因此,在刃磨麻花钻时,可以通过观察横刃斜角的大小来判断后角的刃磨质量,一般 $\psi = 50° \sim 55°$。

横刃通过钻头中心,横刃前角 $\gamma_{o\psi}$ 为负值,横刃后角 $\alpha_{o\psi} = 90° - |\gamma_{o\psi}|$。

4. 麻花钻的缺陷

标准麻花钻由于本身结构的原因,主要存在以下缺陷:

(1)主切削刃上各点处前角不相等,各点切削条件相差很大,切削速度也不相同。

(2)横刃较长,引钻时不易定心,钻削时容易引偏。同时,横刃的前角为负值,钻心处的切削条件较差。

(3)刃带棱边处无后角,摩擦严重。主切削刃与刃带棱边转角处的切削速度最高,刀尖角又较小,热量集中不易传散,因而磨损最快,也是钻头最薄弱的部位。

标准麻花钻结构上的这些特点,会严重影响其切削性能,在使用时应时常加以修磨。

(二)钻削过程的特点

1. 钻削变形的特点

钻孔是在半封闭的空间中进行的切削加工,钻头的主切削刃、横刃的几何角度又不甚合理,因此钻削的切削变形十分复杂,主要表现在以下几个方面:

(1)麻花钻近钻心处的切削刃具有较大的负前角,尤其是横刃,切削条件较差,切削时会产生刮削挤压,变形剧烈,导致钻削时产生很大的轴向抗力。

(2)麻花钻主切削刃各点处的前角、刃倾角不同,影响了切削变形、切屑的卷曲与流向,使断屑比较困难;排屑受螺旋槽的限制,加之钻心处的切削速度很低,切屑呈粒状,不能紧聚,又不能像带状切屑那样容易排出,所以占用空间较大,使钻头冷却效果受到影响。

(3)麻花钻刃带无后角,钻孔时与孔壁摩擦,加工塑性材料时容易产生积屑瘤,特别容易黏附在刃带上,使钻孔精度降低。

2. 钻头磨损的特点

钻头一般多用高速钢制造,引起钻头磨损的主要原因是相变磨损,其磨削过程和规律与车刀相同。由于钻头切削刃各点处的负荷(切削力)是不均匀的,外圆周切削速度最高,因此钻头的磨损在外缘处最严重。

钻头的磨损形成主要是后刀面磨损,当后刀面磨损达到一定程度时,还伴有刃带磨损。在刃带磨损严重后,外径会减小,形成顺锥。因此,必须对麻花钻的磨损程度进行限制,以保证加工过程的正常进行。

3. 钻削过程的特点

(1)在半封闭的钻削加工过程中,排屑和冷却是首先面临的问题,这在深孔加工中尤其突出。

(2)麻花钻的几何角度和结构缺陷使之工作时产生较大的轴向力,影响钻头的定心。麻花钻的直径受孔径限制,在深孔加工时刚性差、导向性不好。外缘切削速度最高,易于磨损。

(3)麻花钻的刃磨质量将影响加工质量,若两主切削刃不对称,则径向力会将钻头引偏。

因此,在钻削加工中,解决冷却、排屑、导向、刚性问题是保证加工质量的关键所在。

(三)钻削用量的选用

1. 背吃刀量 $a_p = \frac{d}{2}$ (d 为钻头直径)

直径小于 30 mm 的孔一次钻出;直径为 30 ~ 50 mm 的孔分两次钻削,先用(0.5 ~

0.7)d_w(d_w为加工的孔径)的钻头钻底孔,再用直径为d_w的钻头将孔扩大。这样有利于减小轴向抗力,提高钻孔质量。

2. 切削速度v_c

切削速度v_c是指钻头主切削刃外圆处的线速度,按$v_c=\frac{\pi dn}{1\,000}$计算,式中$d$为钻头直径(mm)。

用高速钢钻头钻削钢料时,切削速度一般取20~30 m/min,钻削铸铁时可略低一些。

3. 进给量f

小直径钻头的进给量主要受钻头刚性或强度限制,大直径钻头受机床进给机构动力及工艺系统的刚性限制。

普通麻花钻进给量f可按经验公式计算:$f=(0.01\sim0.02)d$。对于直径小于5 mm的小钻头,一般采用手动进给。如果采用先进的钻型与修磨方法,有效降低轴向力,可成倍提高进给量。

三、车床上的孔加工

(一)在车床上钻孔的基本操作

1. 麻花钻的装夹

(1)直径小于14 mm的直柄钻头常用钻夹头装夹,然后将钻夹头锥柄装入车床尾座套筒锥孔中。

(2)锥柄钻头可直接装在尾座套筒中。锥柄一般按标准莫氏锥度制造,如果钻头锥柄小于尾座套筒锥孔,需在锥柄上装一只与锥孔相同的套筒,然后装入尾座套筒锥孔内。拆卸套筒时,用楔铁从锥套后端腰形孔中插入,轻轻敲击楔铁,钻头就会被挤出。

一般CA6140型卧式车床的尾座套筒是莫氏4号,CA6150型的是莫氏5号。

(3)用V形块装夹直柄钻头,如图2-99所示。用两块V形块将直柄钻头装夹在刀架上,找正中心后,可利用纵向机动进给钻孔。

(4)用专业工具装夹钻头,如图2-100所示。将专业工具装在刀架上,锥柄钻头可插入专业工具的锥孔内。如果装夹直柄钻头,专业工件应是圆柱孔,侧面使用螺钉紧固。找正中心后,利用车床的纵向机动进给钻孔。

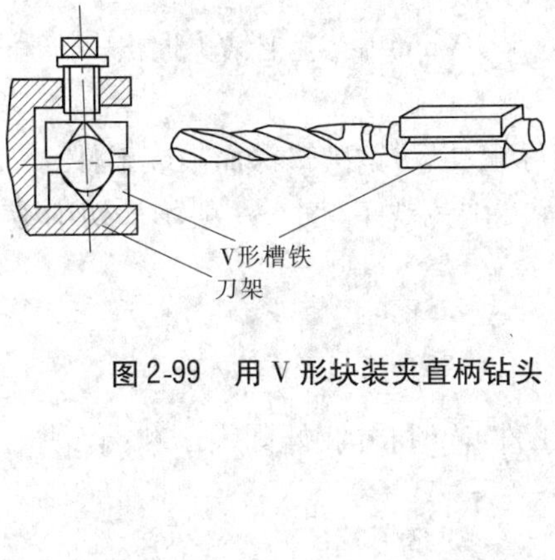

图2-99　用V形块装夹直柄钻头

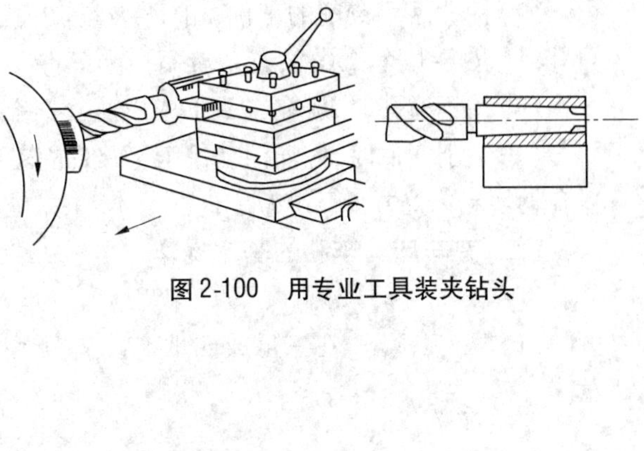

图2-100　用专业工具装夹钻头

2. 车床上钻孔的操作方法

(1)钻孔前先把工件端面车平,不许留有凸头,以利于钻头正确定心。

(2)找正尾座,使钻头中心对准工件旋转中心,否则可能会扩大孔径、折断钻头。然后,调整尾座位置,使钻头能进给至所需长度而套筒伸出的距离较短,而后将尾座位置固定。

(3)开动车床,缓慢均匀地转动尾座手轮,使钻头缓慢切入工件。起钻时的进给量要小,待钻头切削部分进入工件后,才可加大进给正常钻削。

(4)双手交替转动手轮,使钻头均匀地向前切削,并间断地减轻手轮压力,以便断屑。随着钻头进给的深入,排屑与冷却更加困难,要间歇性地将钻头从孔中及时退出,充分冷却,再继续钻孔。

(5)当孔将要钻穿时,横刃首先穿出,不再参与切削,轴向进给抗力会突然减小,由于螺旋槽的关系产生一股向前拉力。这时必须减慢进给速度,否则钻头容易被工件孔"卡死"而无法取出,或造成锥柄在尾座套筒内打滑而损坏锥柄或锥孔。

(6)用细长麻花钻或较小麻花钻钻孔时,钻头的刚性差。当钻头横刃接触端面时,由于横刃负前角的关系,在钻削中心未产生前,横刃会在端面打滑,使钻头发生摆动,若用力进给会造成钻头折断;若缓慢进给,由于钻头的摆动而使钻心位置不正,致使钻出歪斜的孔,同时孔径变大,钻头扭曲受损。因此,必须先解决钻头定心不稳的问题。为此,可采用方杆挡铁辅助支承钻头的方法,或先用中心钻钻出中心孔,再用麻花钻钻孔。

如图 2-101 所示,用装在刀架上的挡铁挡住钻头的摆动,使钻头定心在端面的中心位置,然后缓慢进给钻削。当中心位置定正,钻头棱边进入孔内后,挡铁退出,随即开始正常钻孔。

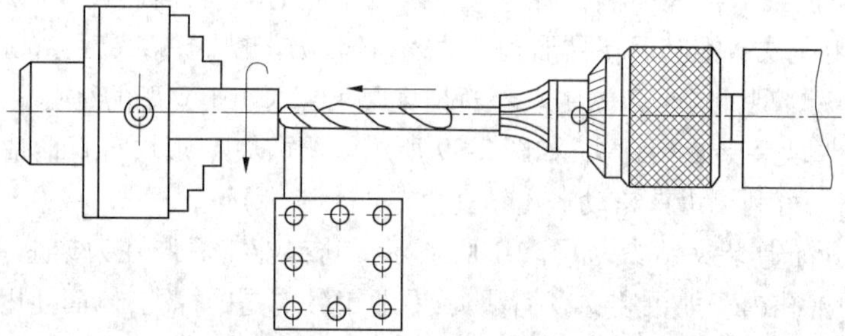

图 2-101　挡铁辅助支承钻头

(7)钻孔后要铰削的工件,由于余量较少,当钻入 1 ~ 2 mm 后,应把钻头退出,停车测量孔径,以防孔径扩大,没有余量而报废工件。

(8)钻不通孔时,应在钻头上或尾座套筒上打上标记,以防钻削过深而报废工件。

(9)钻削钢件时,应加注切削液,并经常退刀。而钻削铸铁工件时,一般不加切削液,避免切屑粉末磨损车床导轨。

(二)在车床上车孔的基本操作

1. 套类工件的装夹

(1)"一刀落"。在三爪或四爪卡盘上一次装夹工件,同时将内、外圆表面和端面加工出来,这样既没有定位误差,又可以达到很高的同轴度和垂直度,俗称“一刀落”,如图 2-102所示。

用四爪单动卡盘装夹工件时,注意将工件的端面和外圆两个部位作为校正面,使用划针和百分表多次反复校正,直到工件达到安装精度要求。

(2)用三爪自定心卡盘反爪装夹。当工件的位置精度要求不太高以及卡盘比较准确时,可以把工件与反爪的端面贴平,以外圆定位,夹紧后加工,如图 2-103(a)所示。

另外,还可以把端面挡铁的锥柄插入主轴锥孔,然后将端面挡铁的端面随机精车一次,再把工件装夹在三爪自定心卡盘上,使工件的端面紧贴挡铁端面,以此保证工件两端面的平行度,如图 2-103(b)所示。

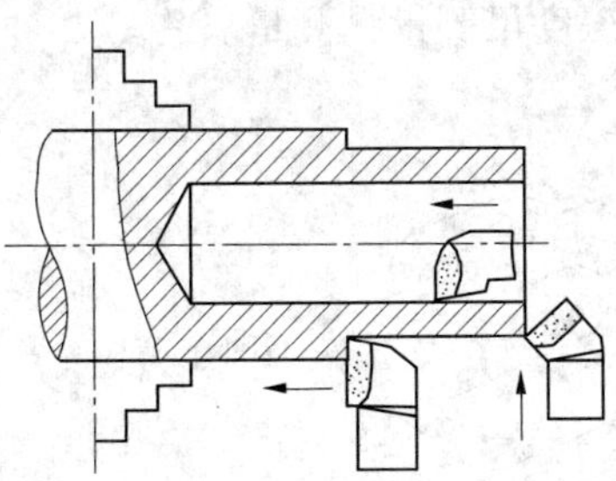

图 2-102 “一刀落”装夹工件

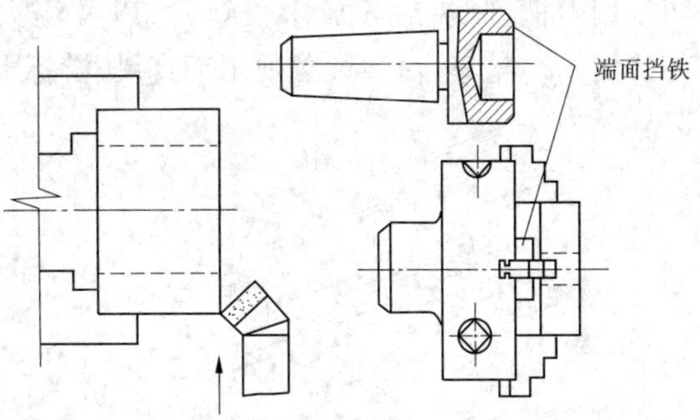

(a)以反爪安装 (b)用端面挡铁安装

图 2-103 以外圆和端面定位装夹工件

(3)用扇形软卡爪装夹。软卡爪是未经淬硬的卡爪,形状与硬卡爪相同。

使用时,把硬卡爪的前半部分拆下,换上软卡爪,用螺钉紧固在卡爪的下半部分,然后把卡爪车成所需的形状和尺寸,再装夹工件,如图 2-104(a)所示。

如果软卡爪是整体式的,可以在旧的硬卡爪夹持面上焊一块钢料,用内孔车刀车削其内表面,作为软卡爪,如图 2-104(b)所示。卡爪上车出一个台阶,使工件端面能正确定位。用这样的软卡爪装夹工件,以外圆定位,夹紧后加工,既能保证较高的定位基准,同时可以减少校正时间,防止夹伤工件表面,如图 2-105 所示。

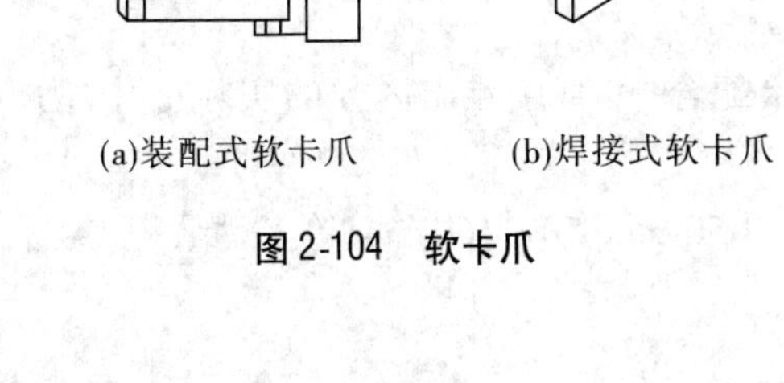

(a)装配式软卡爪 (b)焊接式软卡爪

图 2-104 软卡爪

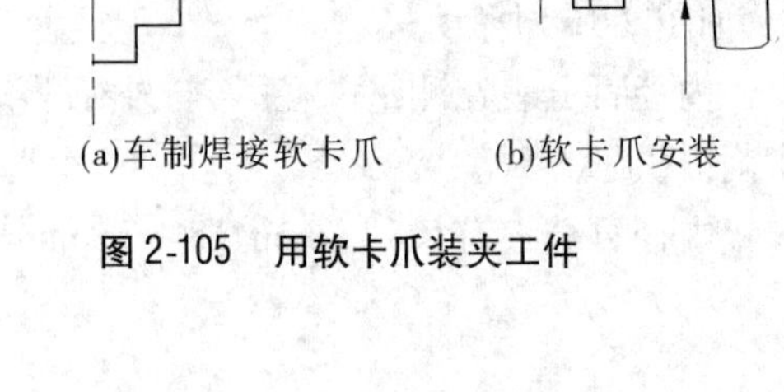

(a)车制焊接软卡爪 (b)软卡爪安装

图 2-105 用软卡爪装夹工件

2. 车孔的方法

车孔的方法基本上与外圆一样，必须先用试切法控制尺寸。需要注意的是，其横向进给和退刀方向与车外圆时相反。

(1)装夹工件，安装内孔车刀。

安装盲孔车刀时，刀尖应与工件旋转中心等高，否则孔底平面无法车平，而且车刀容易折碎。手动使车刀在孔内试走一遍，确认刀柄或刀架不会与工件相碰。

(2)开车对刀并试切。

(3)控制孔深。

车通孔时，车刀深度的控制可采用在车刀刀杆上作记号的方法；粗车盲孔或阶台孔时，可采用刀柄刻线，或安放限位铜片，以及用大拖板刻度盘的刻线等方法来控制，如图 2-106所示。精车盲孔时，必须用钢直尺、游标卡尺或深度尺等量具测量。

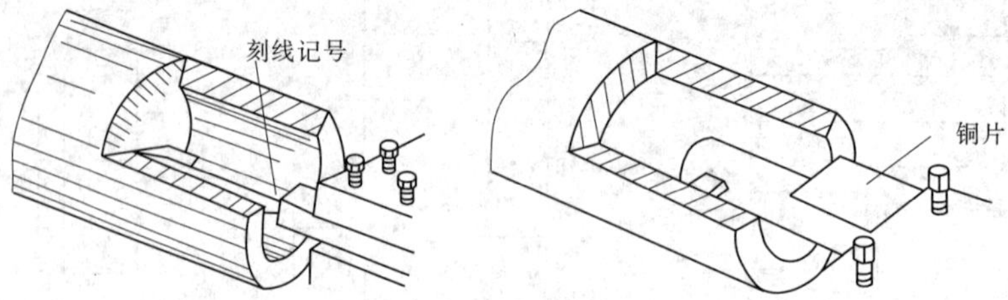

(a)刀柄上刻线法　　(b)铜片限位法

图 2-106　控制阶台深和孔深的方法

(三)圆柱孔的测量

为了保证孔的加工精度，必须根据工件批量、孔的形状、尺寸大小和精度要求，使用不同的量具进行测量。常用的内孔测量方法有：对于精度要求较高的孔，使用千分尺或内径百分表测量；在大批量生产时，使用塞规测量；在工件批量小、孔的精度要求不高时，使用游标卡尺测量；在单件或小批量车削内孔，且工件孔径很大或尺寸特殊，无法使用上述量具进行测量时，可使用内卡钳测量。

1. 使用内径百分表测量圆柱孔

图 2-107 所示为内径百分表。内径百分表可用来测量一定范围内的孔径尺寸，同时也可方便而又准确地检查圆柱孔的圆柱度、圆度误差。

内径百分表使用前必须先用外径千分尺按工件尺寸校正其测量范围，然后将可调测量棒上的紧固螺母拧紧，再转动百分表的刻度盘，使其指针对准“0”位。

内径百分表作为精车内径时的测量工具，一般在孔径还有 0.3 ~ 0.1 mm 余量时使用，它的测量误差一般控制在 0.005 mm 以内，是目前普遍使用的测量内径的精密量具之一，如图 2-108 所示。

内径百分表在测量内径时，与外径千分尺配合，可直接看出内径的实际尺寸，为下次车削提供了方便。

内径百分表有 0 ~ 18 mm、18 ~ 35 mm、35 ~ 50 mm、50 ~ 160 mm 等多种量程。

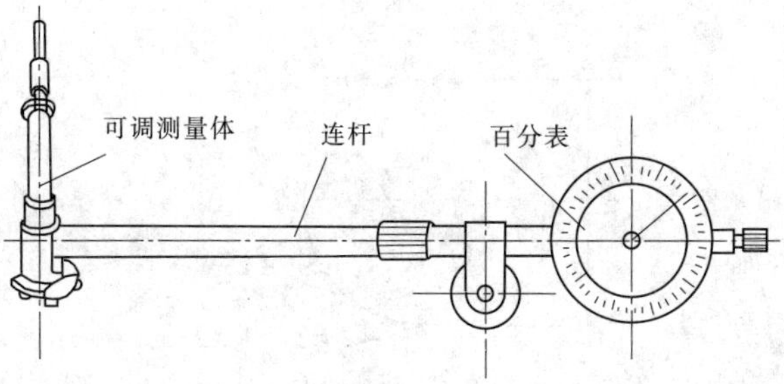

图 2-107　内径百分表

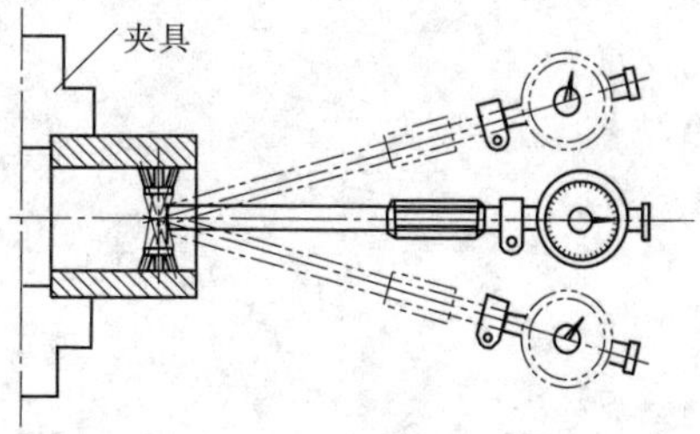

图 2-108　用内径百分表测量孔径

2. 使用内径千分尺测量圆柱孔

如图 2-109 所示，使用内径千分尺测量孔径时，内径千分尺应在孔内摆动，轴向摆动找出最小尺寸，径向摆动找出最大尺寸，这两个尺寸重合，就是孔的实际尺寸。

内径千分尺必须与外径千分尺“0”位对准。测量时由于手势轻重关系或最大尺寸未找正，会产生测量误差。因此，操作者应尽量与检验员保持一致的测量水平。

3. 使用塞规测量圆柱孔

圆柱塞规是按基本尺寸和偏差界限制成的标准量具，用来测量较精密的孔径。如图 2-110所示，其“过”端表示最小极限尺寸，“止”端表示最大极限尺寸。

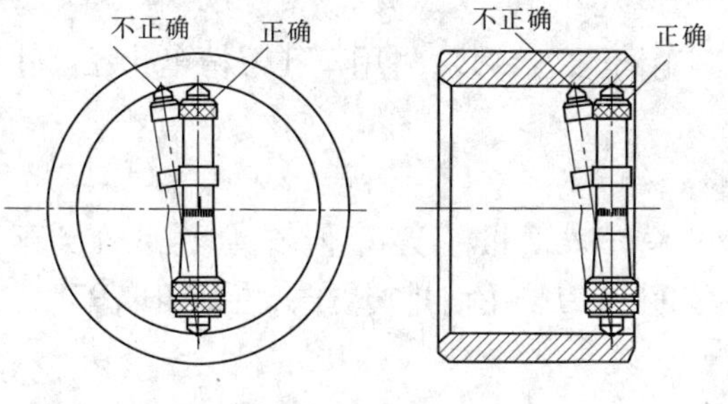

图 2-109　内径千分尺的使用方法

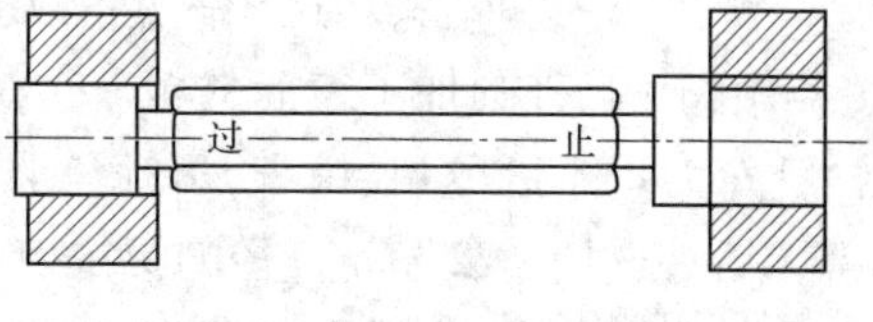

图 2-110　用塞规检验孔径

采用圆柱塞规检验的孔径一般小于 60 mm，它不但可以检验较短的阶台孔，而且可以检验较深的孔径。通过圆柱塞规所检验的孔，能保证装配的顺利进行，但对孔的圆度、圆柱度以及孔的实际尺寸不能确实反映。

4. 使用游标卡尺测量圆柱孔

在工件批量小、孔的精度要求不高，而且孔又较浅时，可用游标卡尺测量孔径和孔深。

5. 使用内卡钳测量圆柱孔

如图 2-111 所示，使用内卡钳测量孔径时，把内卡钳伸入孔内，一只卡脚固定不动，另一只卡脚摆动一个距离。但其摆动距 L 不能测量，因此采用内卡钳测量孔径的实际数据需要在生产实践中不断积累经验才能保证。

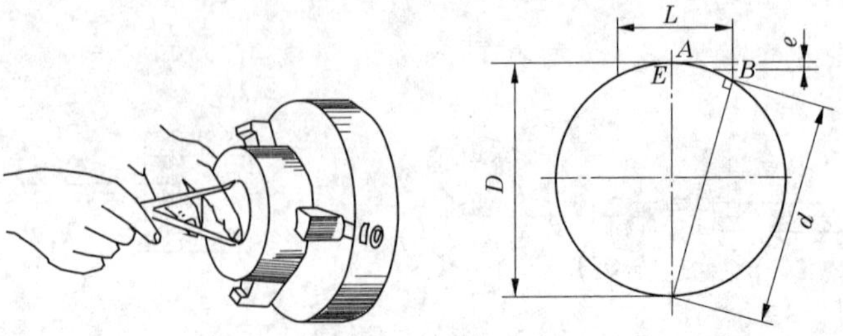

(a)用内卡钳测量孔径　　(b)内卡钳摆动距

图 2-111　内卡钳的使用

【任务实施】

一、工艺分析

(一)图样分析

(1)$\phi42_{-0.039}^{0}$ mm 外圆轴线与 $\phi25_{0}^{+0.033}$ mm 不通孔轴线有同轴度要求，应在一次装夹中完成车削。

(2)$\phi25_{0}^{+0.033}$ mm 不通孔可采用麻花钻钻孔，平顶钻锪平孔底平面，再用车刀精车孔径。

(3)$\phi32_{-0.02}^{+0.02}$ mm 不通孔采用尖头车刀车削至要求深度，再用车孔刀精车孔径尺寸。

(二)刀具的材料与角度选择

所用车刀和钻头均选用高速钢刀具材料。

由于内、外圆加工表面的粗车余量较小，精车表面粗糙度 R_a 值较高，因此外圆车刀、内孔车刀均不区分粗、精车，刃倾角取0°。内孔车刀采用前排屑方式，主偏角取93°。

钻头选用 $\phi22$ mm 直径的标准麻花钻。

(三)选择切削用量，并调整机床

(1)粗车外圆、端面时，$v_c=50$ m/min，转速取400 r/min，f 取0.08 ~0.12 mm/r。

(2)精车外圆、端面时，$v_c=70$ m/min，转速取560 r/min，f 取0.04 ~0.08 mm/r。

(3)粗车内孔时，$v_c=30$ m/min，转速取400 r/min，f 取0.06 ~0.10 mm/r。

(4)精车内孔时，$v_c=40$ m/min，转速取560 r/min，f 取0.04 ~0.08 mm/r。

(5)车内沟槽时，$v_c=30$ m/min，转速取320 r/min，手动进给。

(6)钻削 $\phi22$ mm 底孔以及锪孔底平面时，$v_c=25$ m/min，转速取320 r/min，手动进给。

二、工艺准备

(一)加工准备

(1)工件材料：一段尺寸为 $\phi48$ mm ×100 mm 的45 钢热轧棒料。

(2)设备与辅具：CA6140 型车床，K250 三爪卡盘，软卡爪。

(3)刀具:检查右偏刀、45°弯头车刀、内沟槽车刀、内孔车刀的刀具角度与刀面的表面粗糙度值。检查并修磨 ϕ22 mm 麻花钻的横刃与前角,选取平顶锪孔钻。选取 ϕ2.5 mm 的 A 型中心钻及钻夹头。

(4)量具:钢直尺,游标卡尺 0.02 mm/(0 ~ 150 mm),圆柱塞规,内卡钳,外径千分尺(25 ~ 50 mm),百分表。

(二)技能准备

(1)掌握图 2-85 所示工件的形状和工艺要求。

(2)刃磨并检查刀具,满足加工的要求。

(3)将偏刀、弯头车刀、车槽刀、内孔车刀先后安装在刀架上 ,并调整对准中心,车槽刀刀头中心线必须与主轴轴线垂直,内孔车刀刀尖可略微高于工件中心。

(4)用三爪自定心卡盘装夹毛坯外圆,工件伸出长度为 40 mm,校正夹紧。

(5)将钻头锥柄擦净,用力推入尾座套筒内。调整好尾座与工件轴线的同轴度。

三、工艺过程与工步内容

(1)用弯头车刀车平端面,不许留有凸头。

(2)调整机床粗车 ϕ42 mm 外圆至尺寸 ϕ43 mm,长度为 34 mm。

(3)调整车床钻 ϕ22 mm 不通孔。找正车床尾座后,装夹 ϕ22 mm 麻花钻,并在钻头上刻划 21 mm 的深度线。手动进给,分段钻削至 21 mm。换用平顶锪孔钻,锪平孔底平面。

(4)调整机床,粗车 ϕ25 mm 内孔至尺寸 ϕ24.5 mm。机动进给至 21 mm 刻线处后,转由手动进给至孔深 22 mm 处。

(5)调整机床,车内沟槽。注意正确设置槽刀的轴向、径向的起始位置和径向退刀位置。使用游标卡尺测量内沟槽的左侧与端面距离。

(6)调整机床,精车内孔 $\phi25^{+0.033}_{0}$ mm 至要求尺寸,表面粗糙度 R_a 达 3.2 μm。用圆柱塞规测量孔径。

(7)精车外圆 $\phi42^{0}_{-0.039}$ mm 至要求尺寸,长度 34 mm,表面粗糙度 R_a 达 3.2 μm。

(8)工件端面和孔口倒角 1 mm×45°。

(9)检测工件各尺寸合格后切断,总长度至 30.5 mm。

(10)工件调头,用软卡爪夹持 $\phi42^{0}_{-0.039}$ mm 外圆处(包铜皮),用百分表校正 $\phi42^{0}_{-0.039}$ mm 外圆,圆跳动误差在 0.01 mm 以内,夹紧工件。

(11)用 45°弯头车刀车平端面,不留凸头,使工件总长达到 30 mm。

(12)调整机床转速,钻出 2.5 mm 深的中心孔。重新安装外圆偏刀的方向,使之刀杆与工件的轴线平行,并且与中心等高。粗车 ϕ32 mm 不通孔至尺寸 ϕ31 mm×3 mm。

(13)精车 $\phi32^{+0.02}_{-0.02}$ mm 不通孔至要求尺寸,用内卡钳和外径千分尺测量孔径,用游标卡尺测量孔深。表面粗糙度 R_a 达 3.2 μm。

(14)工件端面倒角 1 mm×45°,孔口轻倒角 0.5 mm×45°。

(15)检验工件质量,合格后卸下工件。

【思考与练习】

1. 车孔的关键技术是什么？怎样改善内孔车刀的刚性？
2. 车削内孔比车削外圆困难,主要表现在哪些方面？
3. 铰孔时为什么要使用浮动铰杆？铰孔后孔径变化的原因是什么？
4. 标准麻花钻由哪些部分组成？各部分的作用如何？切削部分包括哪些几何参数？
5. 为什么在孔快钻穿时要减小进给量？
6. 如何保证套类零件的内外圆的同轴度、端面与孔轴向的垂直度？
7. 现有孔径为 $\phi27.6^{+0.021}_{0}$ mm 的通孔,用何种量具测量？为什么？

单元五　螺纹轴的车削加工

【学习目标与任务】

学习目标：

1. 掌握螺纹的类型与参数的尺寸计算。
2. 掌握螺纹车刀的特点与安装要求。
3. 掌握螺纹的车削方法与测量方法。

学习任务：任务1,普通三角形螺纹的车削;任务2,梯形螺纹的车削。

【任务引入】

如图2-112所示为螺纹套工件,确定其切削用量和工艺过程。

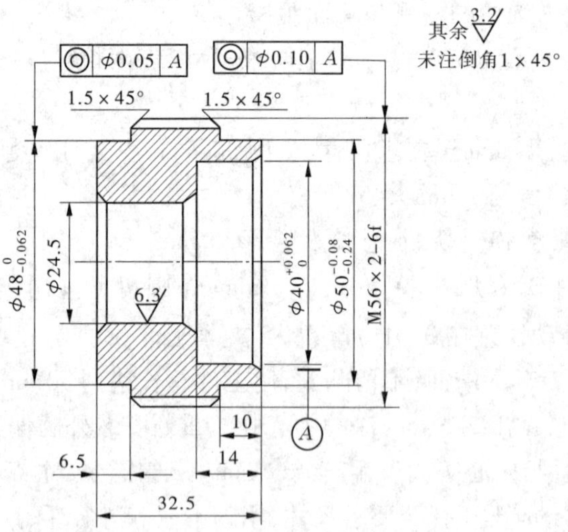

图2-112　螺纹套

【知识指引】

在机械产品中，经常见到带有螺纹的零件。螺纹作为主要连接零件、传动零件、紧固零件，应用广泛。螺纹的加工方法很多，但在一般的制造中，通常采用车削加工的方法。因此，掌握好螺纹的车削技术，必定成为车工的基本技能之一。

一、螺纹加工的基础知识

（一）螺纹的类型与代号

1. 螺纹的类型

螺纹有以下几种分类方法：

（1）按用途分，有紧固螺纹（螺栓、螺母等）、传动螺纹（丝杆、蜗杆等）、密封螺纹（管接头螺纹）。

（2）按牙型分，有三角形螺纹（60°或 55°）、梯形螺纹（30°或 29°）、矩形螺纹、锯齿形螺纹（3°/30°或 0°/45°等）和圆形螺纹，如图 2-113 所示。

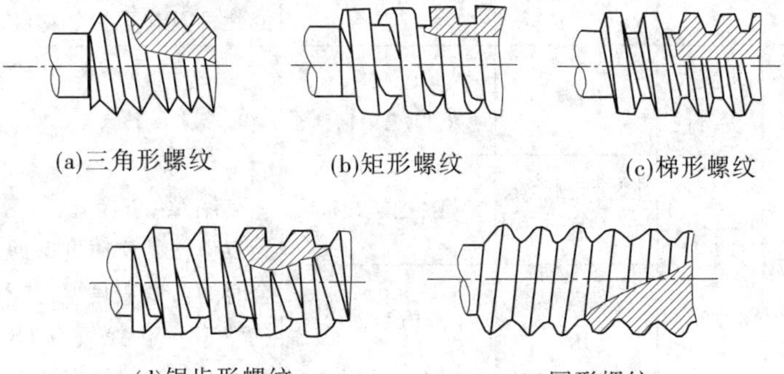

(a)三角形螺纹　(b)矩形螺纹　(c)梯形螺纹　(d)锯齿形螺纹　(e)圆形螺纹

图 2-113　螺纹的牙型

（3）按螺旋线方向分，有右旋螺纹和左旋螺纹。

（4）按螺旋线数目分，有单线螺纹和多线螺纹。圆柱体端面上只有一条螺纹起点的螺纹称单线螺纹，有两条或以上螺纹起点的螺纹叫多线螺纹。

（5）按螺纹母体形状分，有圆柱螺纹和圆锥螺纹。

（6）按螺纹标准分，有公制螺纹、英制螺纹、美制螺纹、统一螺纹。

2. 螺纹的特征代号

螺纹的种类、特征代号见表 2-7。

（二）三角形螺纹的要素与尺寸的计算

三角形螺纹按规格及用途分为普通螺纹（60°牙型角）、英制螺纹（55°牙型角）和管螺纹（60°或 55°牙型角）三种。三角形螺纹常用于固定、连接、调整或测量等。

1. 螺纹的要素与基本尺寸

螺纹要素由牙型、公称直径、螺距（导程）、线数、旋向和精度组成。螺纹的形成与配合取决于螺纹要素。只有当内外螺纹的要素相同时，才能相互配合。

表 2-7　螺纹的种类、特征代号

螺纹标准	螺纹牙型		特征代号	螺纹标注	附注
公制螺纹	三角形普通螺纹	粗牙	M	M12－5g6g－S	牙顶为平面，削平高度为 *H*/8，易于车削，牙底则为圆弧形，以增加螺纹强度。螺纹角为 60°
		细牙		M20×2－LH－6H	
	梯形螺纹		Tr	Tr20×8(P4)	传动效率较方螺纹稍小，磨损后可用螺帽调整。公制牙型角为 30°，英制牙型角为 29°
	锯齿形螺纹		B	B20×2LH	其又称为斜方螺纹，只适于单方向传动，如螺旋千斤顶、加压机等。内外螺纹大、小径的基本偏差为零；内螺纹中径公差带位置为 A，外螺纹中径公差带位置为 e、c
	矩形螺纹		无	/	传动效率大，仅次于滚珠螺纹，而磨损后无法用螺帽调整。一般用于虎钳的螺杆及起重机的螺纹
英制螺纹	管螺纹	非螺纹密封	G	G11/2A， G11/2－LH	英制螺纹的牙型角为 55°，削平高度为 *H*/6。螺纹精度等级为旋合螺纹配合时的松紧程度，外螺纹有 1A、2A、3A 三种等级，内螺纹有 1B、2B、3B 三种等级。等级数字越高，配合越紧
		螺纹密封	圆锥外螺纹 R	R1/2－LH	
			圆锥内螺纹 Rc	Rc1/2	
			圆柱内螺纹 Rp	Rp1/2	
	英制普通螺纹		in(″)	1/2″－16	
美制螺纹	粗牙		NC	3/8－16NC－2A	螺纹顶部与根部皆为平面，强度较佳。螺纹角亦为 60°，削平高度为 *H*/8。规格以每英寸有几牙表示
	细牙		NF	3/8－24NF－2A	
	特细牙		NEF	3/8－32NEF－2A	
	定螺距		NU	3/8－20UN－2A	
	圆锥管螺纹	一般密封	NPT	NPT3/8－LH	
		干密封	NPTF	/	
统一螺纹	粗牙		UNC	1/2－10UNC	由美国、英国、加拿大三国共同制定，为目前常用的英制螺纹。螺纹角亦为 60°，规格以每英寸有几牙表示
	细牙		UNF	1/4－28UNF－1B	
	特细牙		UNEF	3/8－32UNEF－2A	

如图 2-114 所示为三角形螺纹的各部分名称。

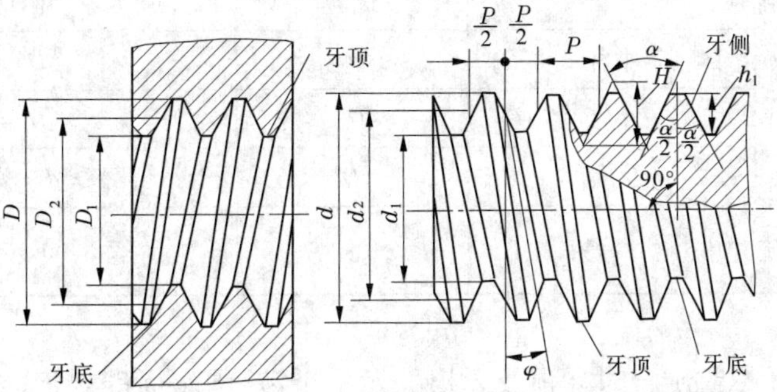

图 2-114　三角形螺纹

螺旋升角(φ)按 $\tan\varphi = \dfrac{kP}{\pi d_2}$计算。

图 2-115 所示为三角形普通螺纹牙形,其基本尺寸的计算公式见表 2-8。

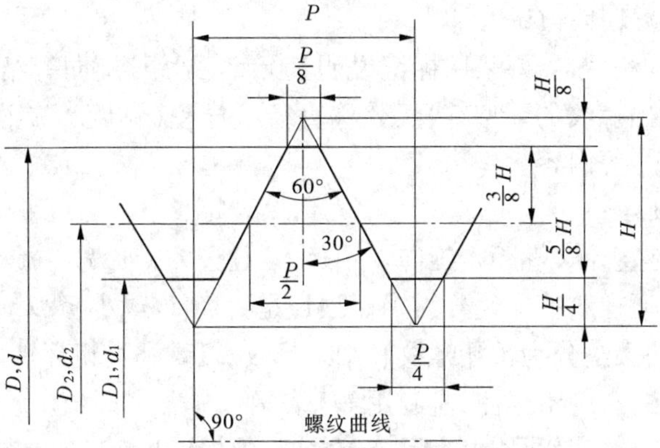

图 2-115　三角形普通螺纹牙形

表 2-8　三角形普通螺纹基本尺寸的计算公式

名称		代号	计算公式
外螺纹	牙型角	α	60°
	原始三角形高度	H	$H = 0.866P$
	牙型高度	h	$h = \frac{5H}{8} = \frac{5}{8} \times 0.866P = 0.5413P$
	中径	d_2	$d_2 = d - 2 \times \frac{3H}{8} = d - 0.6495P$
	小径	d_1	$d_1 = d - 2h = d - 1.0825P$
	大径	d	d = 公称直径

续表 2-8

名称		代号	计算公式
内螺纹	中径	D_2	$D_2 = d_2$
	小径	D_1	$D_1 = d_1$
	大径	D	$D = d =$ 公称直径
螺旋升角		φ	$\tan\varphi = \dfrac{kP}{\pi d_2}$

为了防止内、外螺纹旋合时牙顶及牙根处发生干涉,国家标准规定,外螺纹牙顶和内螺纹牙底均在 $H/8$ 处削平;外螺纹牙底和内螺纹牙顶在 $H/4$ 处削平。因此,螺纹牙型高度 $h = H - \frac{H}{8} - \frac{H}{4} = \frac{5H}{8} = 0.541\,3P$。它也称为螺纹的工作高度。

由于内、外螺纹的牙顶与牙底的倒平高度不同,因此内、外螺纹配合后,在各自牙顶与牙底处均留有间隙 z。

2. 普通三角形螺纹的标注

螺纹采用规定画法后,需要采用标记说明其牙型、螺距、旋向等结构要素。国家标准规定,螺纹代号应标出螺纹的牙型符号、公称直径×导程(螺距)、旋向、螺纹的公差带代号、螺纹旋合长度代号等内容。

标注格式如下所示:

特征代号　公称直径×螺距　旋向-中径、顶径公差带代号-旋合长度代号

其中,三角形普通螺纹特征代号为 M。顶径是大径 d_1 或小径 D_1 的统称。

螺纹根据螺距的大小分为粗牙螺纹和细牙螺纹。标注时,粗牙螺纹的螺距可省略。

螺纹旋向的标注:右旋不标注,左旋用 LH 表示。

螺纹中径、顶径公差带代号:由表示公差等级的数字和表示公差带位置的字母(外螺纹用小写,内螺纹用大写)组成,如 6H、6g。如果中径与顶径公差带代号相同,只需标注一个,不然则分别标注,如 5g6g。

旋合长度代号:螺纹旋合长度规定为短(S)、中(N)、长(L)三种,中等旋合长度不标注,特殊需要时可注明其旋合长度数值,如 M10-6g-40。

例如 M20×1.5-7H-L 表示:公称直径为 20 mm,螺距为 1.5 mm,中径和顶径公差带代号为 7H 的长旋合的细牙右螺旋内螺纹。

3. 三角形普通螺纹加工尺寸的计算

1) 螺纹加工总切深 K

在不考虑加工精度、配合精度的情况下,外螺纹加工的总切深 $K = h + (\frac{H}{4} - R) = \frac{7H}{8} - R$。$R$ 为刀尖圆弧半径,通常 R 的取值范围为 $\frac{H}{8} \sim \frac{H}{6}$。当 $R = \frac{H}{8}$ 时,$K = 0.649\,5P$。

车削加工内螺纹时,它的总切深 $K = h + R = \frac{5H}{8} + R$。其中,$R$ 为螺纹车刀的刀尖圆弧

半径。但内螺纹车刀往往为尖刀，刀尖圆弧 $R=0$，因此内螺纹的 $K=\frac{5H}{8}=0.541\,3P$。

2）螺纹顶径的加工尺寸

车削螺纹前，外螺纹大径 d、内螺纹小径 D_1 应在外圆或内孔车削中获得实际的加工尺寸。车削外圆时，外螺纹的实际大径尺寸不宜采用公称直径 d，应在公称直径值上减去 $0.1P \sim 0.15P$ 的加工挤压膨胀量后确定。内螺纹的实际加工小径（孔径）则按 $D_1=D-2K\approx D-1.1P$ 计算，而后加工到位。

（三）梯形螺纹及其基本尺寸的计算

梯形螺纹是应用很广的传动螺纹，用作传动丝杆。它们的使用精度都很高，车削时比普通螺纹困难。

梯形螺纹分为公制梯形螺纹（牙型角 30°）和英制梯形螺纹（牙型角 29°）两种。

1. 梯形螺纹的牙形及其标注

图 2-116 所示为梯形螺纹的牙形及其参数。

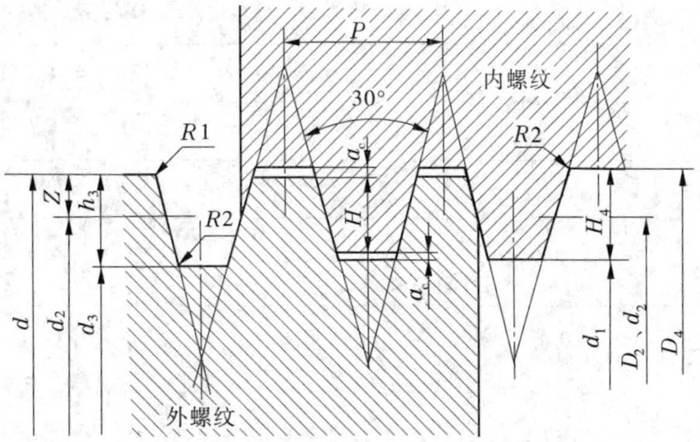

图 2-116 梯形螺纹的牙形及其参数

国标规定，公制梯形螺纹的牙型角为 30°，其代号用字母“Tr”及“公称直径 × 导程（螺距）旋向—螺纹公差带”表示，单位为 mm。左旋螺纹加“LH”，右旋螺纹则不标注。

例如 Tr30 ×5 －7H，表示：单线的右旋梯形内螺纹，公称直径为 30 mm，螺距为 5 mm，中径加工精度等级为 IT7。

Tr36 ×12（P6）－7e 表示：双线的右旋梯形外螺纹，公称直径为 36 mm，螺距为 12 mm，中径加工精度等级为 IT7。

2. 梯形螺纹的基本尺寸计算

表 2-9 所示为梯形螺纹各部分名称、符号及基本尺寸的计算公式。

（四）蜗杆的基本参数

蜗杆常用于减速运动的齿轮传动机构中，与蜗轮构成传动副。

蜗杆的齿形与梯形螺纹相似，在其轴向或法向剖面内为梯形。常用的蜗杆有公制蜗杆（齿形角 40°，又称模数螺纹）和英制蜗杆（齿形角 29°，也称径节螺纹）两种，在我国多采用公制蜗杆。

表 2-9　梯形螺纹各部分名称、符号及基本尺寸的计算公式

名称		代号	计算公式			
牙型角		α	$\alpha=30°$			
基本牙形高度		H_1	$0.5P$			
螺距		P	由螺纹标准规定			
			P	1.5～5	6～12	14～44
牙顶间隙		a_c	a_c	0.25	0.5	1
外螺纹	大径	d	公称直径			
	中径	d_2	$d_2=d-0.5P$			
	小径	d_3	$d_3=d-2h_3$			
	牙高	h_3	$h_3=0.5P+a_c$			
内螺纹	大径	D_4	$D_4=d+2a_c$			
	中径	D_2	$D_2=d_2$			
	小径	D_1	$D_1=d-P$			
	牙高	H_4	$H_4=h_3$			
牙顶高		Z	$Z=0.25P=\frac{H_1}{2}$			
牙顶宽		$f、f'$	$f=f'=0.366P$			
牙底槽宽		$W、W'$	$W=W'=0.366P-0.536a_c$			

公制蜗杆的齿形可以分为轴向直廓和法向直廓两种，如图 2-117 所示。

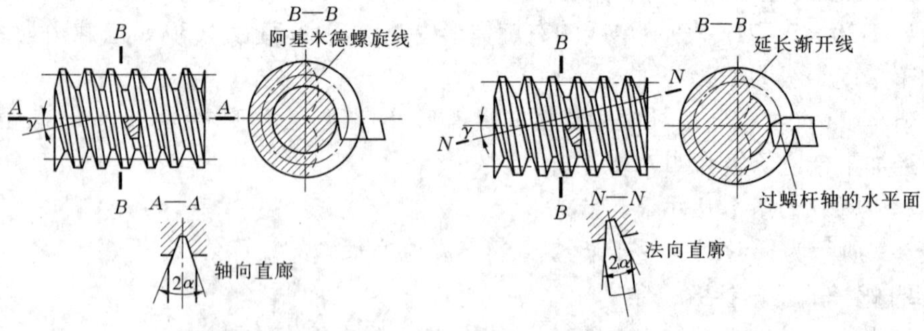

(a)轴向直廓　　(b)法向直廓

图 2-117　蜗杆齿形的种类

轴向直廓蜗杆(ZH)的齿形在蜗杆的轴向剖面内为直线，在法向剖面内为曲线，在端平面内为阿基米德螺旋线，因此也称为阿基米德蜗杆，如图 2-117(a)所示。

法向直廓蜗杆(ZN)的齿形在蜗杆齿根的法向剖面内为直线,在蜗杆的轴向剖面内为曲线,在端平面内为延长渐开线,因此也称为延长渐开线蜗杆,如图 2-117(b)所示。

蜗杆的基本参数以及规定的标准值都在蜗杆的轴向剖面内测量,如图 2-118 所示。

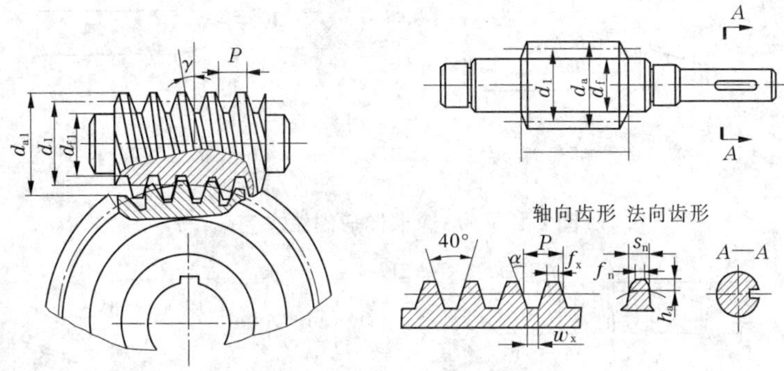

图 2-118　蜗杆的基本参数

二、螺纹车刀

螺纹车刀属于成形刀具,它的形状与螺纹牙形的轴向剖面形状相同,即车刀的刀尖角必须等于螺纹的牙型角。

(一)螺纹车刀的形状与角度

各类螺纹车刀的形状、角度如图 2-119 ~ 图 2-121 所示。

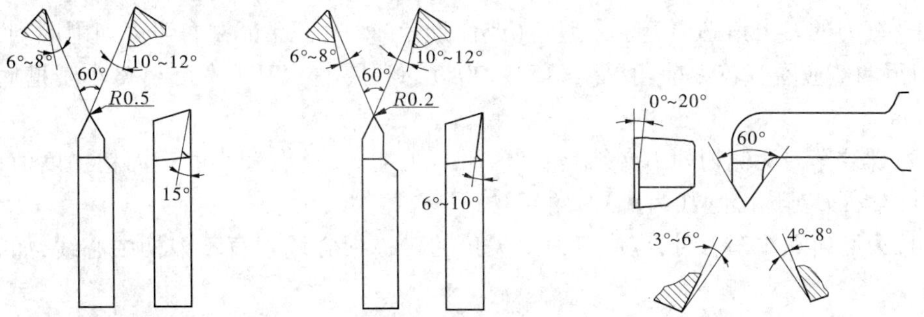

(a)外螺纹粗车刀　(b)外螺纹精车刀　(c)内螺纹车刀

图 2-119　高速钢三角形螺纹车刀

(二)螺纹车刀的刃磨要求

由于螺旋升角 φ(或导程角)对螺纹车刀的工作角度影响复杂,以及螺纹车刀径向前角 γ_p 对牙型的影响作用,在螺纹车刀刃磨时,必须符合以下基本要求:

(1)螺纹车刀两侧工作后角并不相等,刃磨时应考虑在车刀进给方向一侧加大一个螺旋升角量,而在另一侧减小一个螺旋升角量,使两侧工作后角相等,避免车刀后角与螺纹牙侧发生干涉。对于大直径、小螺距的三角形螺纹,这种影响可忽略不计。

(2)刃磨时,应区分粗车刀与精车刀。

刃磨高速钢螺纹粗车刀时,车刀应有 5° ~ 15°的径向前角,此时车刀左右刀刃之间的

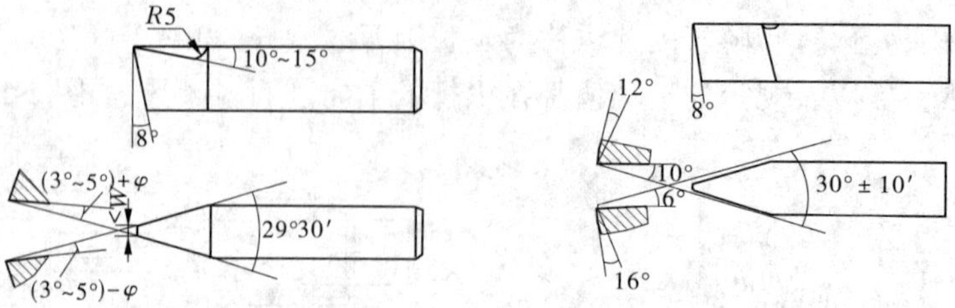

(a)梯形螺纹粗车刀　　(b)梯形螺纹精车刀

图 2-120　高速钢梯形螺纹车刀

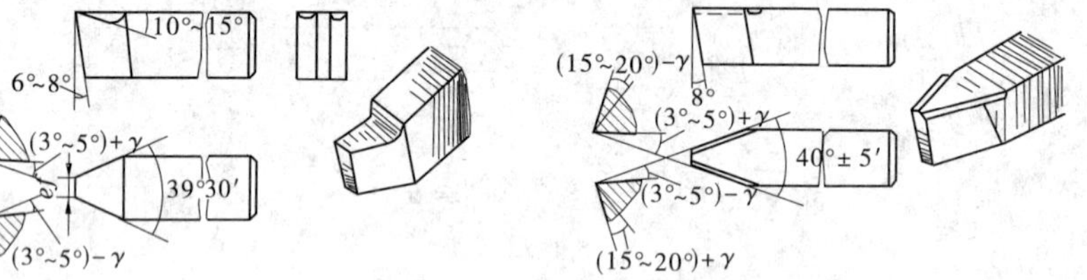

(a)蜗杆粗车刀　　(b)蜗杆精车刀

图 2-121　蜗杆车刀

夹角要相应小于牙型角(或齿形角)0.5°~1.5°。为留出加工余量,刀头宽度应小于槽宽(或齿槽宽),为1/3槽底宽度。

刃磨高速钢螺纹精车刀时,为保证正确的牙型与牙型角,车刀的径向前角 γ_p 一般磨制成0°,车刀的刀尖角必须等于牙型角(或齿形角)。为了保证左右刀刃切削顺利,前刀面的刀刃两侧应磨有较大前角(γ_o = 15°~20°)的卷屑槽。刀头宽度要略小于槽底宽度0.05 mm。

(3)螺纹车刀两侧切削刃必须是直线,平直无崩刃,具有较小的表面粗糙度值;刀头无歪斜、左右刃对称,牙型(齿形)半角相对。

(4)刃磨内螺纹车刀时,应使车刀刀尖角的对称中心线垂直于刀柄中心线,如2-122所示。

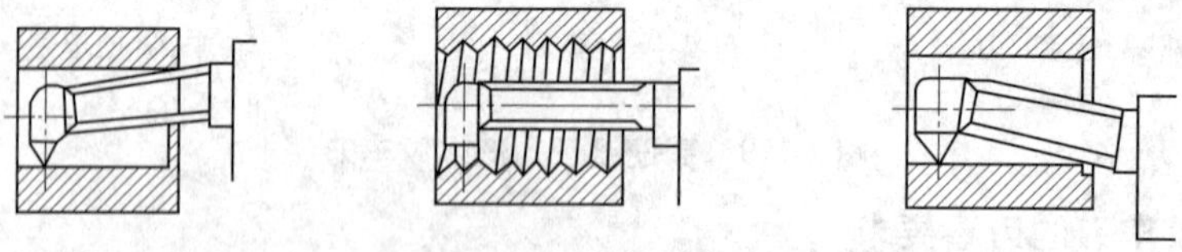

(a)错误　　(b)正确　　(c)错误

图 2-122　内螺纹车刀的刃磨要求

(5)硬质合金螺纹车刀的径向前角取0°。

(三)螺纹车刀安装的要求

(1)螺纹车刀的刀尖应与工件轴线等高(可根据尾座顶尖的高度检查)。

(2)螺纹车刀刀尖角的对称中心线必须垂直于工件轴线,并用样板找正或用游标万能角度尺校正，以免产生螺纹半角误差，如图 2-123 所示。

(3)梯形螺纹车刀的安装，分为轴向(水平)装刀和法向(垂直)装刀。

轴向(水平)装刀时，车刀的前刀面与工件轴线重合，螺纹在轴向剖面内牙型两侧是直线。它用于螺纹精车刀的安装。

法向(垂直)装刀时，车刀的前刀面垂直于螺纹的两个侧面，这样能保持左右刀刃的工作前角相等，使切削时排屑顺畅，但螺纹在轴向剖面内牙型两侧是曲线，而且存在牙型角误差，只能用于粗车刀的安装。

(4)螺杆车刀安装时，应根据蜗杆的齿形，采用不同的安装方法。

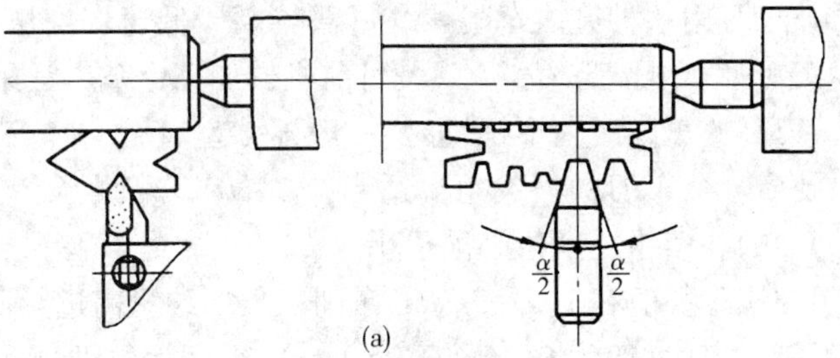

(a)

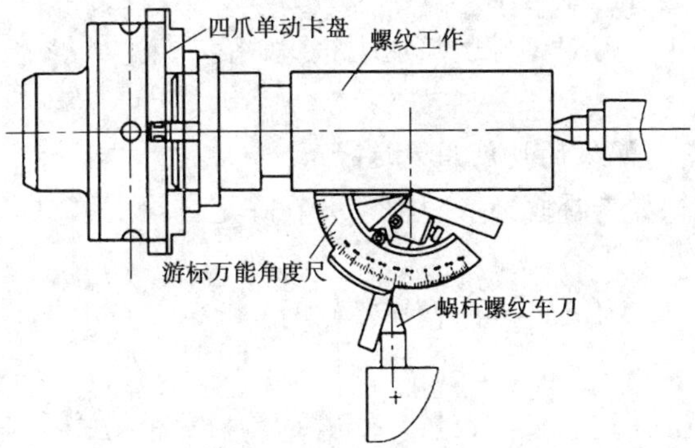

(b)

图 2-123 螺纹车刀的安装

车削轴向直廓蜗杆时，应采用水平装刀法，即装卡车刀时，应使车刀两侧刃组成的平面处于水平状态，且与蜗杆轴线等高。

车削法向直廓蜗杆时，应采用垂直装刀法。即装卡车刀时，应使车刀两侧刃组成的平面既通过蜗杆轴线的水平面，又与齿面垂直。

(5)车削阿基米德(轴向直廓)蜗杆时，为保证切削顺利，粗车时可选用垂直装刀法。但在精车时，一定要水平安装车刀，以保证牙型正确。

粗车蜗杆时，由于蜗杆的导程角较大，使前、后角发生较大的变化，切削很不顺利，因此常使用可调节的刀杆加以克服，如图 2-124 所示。

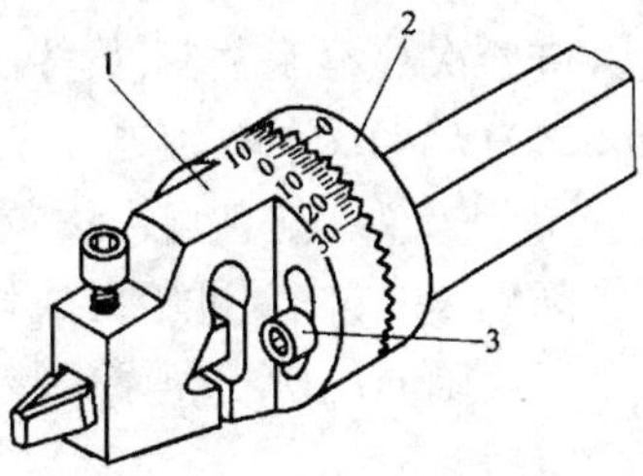

1—刀体；2—刀柄；3—锁紧螺钉

图 2-124 可调节的刀杆

三、螺纹的车削方法

(一)三角形螺纹的车削

车削三角形螺纹有低速车削和高速车削两种方法。

1. 低速车削三角形螺纹

一般选用高速钢螺纹车刀,分别用粗、精车刀对螺纹进行粗车和精车。这种方法可获得较高的精度和较小的表面粗糙度值,但车削效率很低。

2. 高速车削三角形螺纹

选用硬质合金车刀,用这种方法车削螺纹可获得高于低速切削法5倍以上的切削速度,走刀次数减少2/3,大大提高了生产率,是目前机械加工中被广泛采用的方法。

用硬质合金车刀高速车削三角形螺纹时,一般不分粗、精车刀。高速车削时,由于牙型角会扩大,所以硬质合金车刀的刀尖角要适当减少30′,车刀的径向前角取0°,而且车刀的前刀面和后刀面的表面粗糙度值必须很小。

高速车削适用的螺距一般在1.5~3 mm,车削一条螺纹只需进给3~5次。最后一次进给的背吃刀量不能太小(一般为0.15~0.25 mm),否则螺纹两侧表面粗糙度会较大,呈鱼鳞片状,严重时还会产生振动。

高速车削时,由于车刀对工件的挤压力很大,容易使工件膨胀,所以车削前工件的大径要小于公称直径。

3. 低速车削三角形螺纹的切削用量选择

低速车削螺纹时,要选择粗、精车用量,并在一定进给次数内完成车削。

1)切削速度

粗车螺纹时 $v_c = 10 \sim 15$ m/min;精车螺纹时 $v_c < 6$ m/min。

2)背吃刀量

车削三角形外螺纹时,总背吃刀量(总切深)K 与螺距的关系是 $K \approx 0.65P$。中滑板转过的总格数 m 可按 $m = 0.65P/a$ 计算。其中,a 为中滑板刻度盘每格移动的距离(mm),P 为工件螺距(mm)。

粗车时,$a_p = 0.25 \sim 0.5$ mm,且采用递减方式进刀;精车时,$a_p < 0.05$ mm。

3)进给次数

一般情况下,第一次进刀 $K/4$,第二次进刀 $K/5$,逐次递减,最后留出0.2 mm的精车余量。进给次数不能太少,具体次数应根据螺纹的要求确定,或查阅《车工手册》。

4. 三角形螺纹车削的进给方式

三角形螺纹车削有直进法、左右车削法、斜进法三种进给方式,如图2-125所示。在低速车削螺纹时,三种进给方式均可采用。而在高速车削螺纹时只能使用直进法,使切屑垂直于螺纹轴向排出或卷成球状。

1)直进法

只利用中滑板横向进刀,经数次纵向走刀车出螺纹。这种方法可以获得正确的牙型,但车刀双刃同时切削,易扎刀,使螺纹表面粗糙度较大。此法适用于 $P < 2$ mm 的三角形螺纹粗、精车,如图2-125(a)所示。

2)左右车削法

车削时,除利用中滑板横向进给外,同时利用小滑板将车刀向左或向右作微量移动(俗称赶刀),经多次纵向走刀,先后车出螺纹两侧的牙型。然后将车刀移至中间,用直进法把牙底部车光,保证牙底尺寸和清角,如图 2-125(b)所示。

这种车削方法操作比直进法复杂,但车刀只有单刃参与切削,排屑顺利,不易扎刀。由于受单侧进给的影响,有增大牙型误差的趋势。此法适用于除矩形螺纹外的各种螺纹的粗、精车,特别是 $P > 2$ mm 的三角形螺纹。

3)斜进法

当螺距较大时,其螺旋槽较深,螺纹总切深较大,为了避免两侧切削刃同时参与切削,并且方便操作,除中滑板直进外,小滑板也单向移动一个微量进给,这样重复多次走刀,直至车出牙型。

用这种方法切削螺纹,车刀同样只是单刃切削,不易扎刀,但获得的牙型不够准确,只适用于粗车,且每边牙侧应留 0.2 mm 的精车余量。精车时,必须用左右车削法使螺纹两侧获得较小的表面粗糙度,当两侧均车削到位后,再用直进法把牙底车削到位,保证牙底清晰,如图 2-125(c)所示。

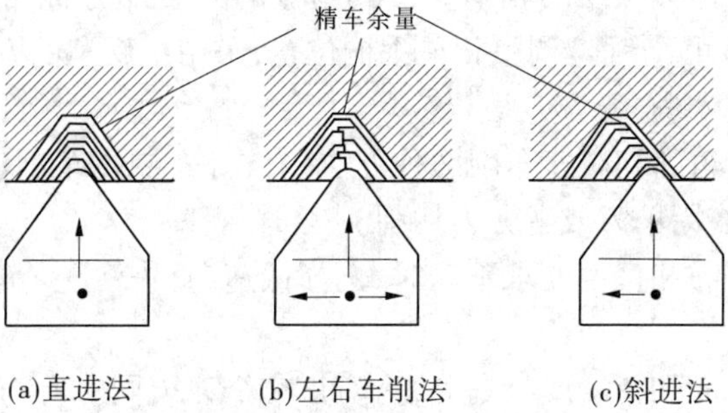

图 2-125 低速车削螺纹的进刀方法

5. 螺纹车削的退刀方式

螺纹车削常用的退刀方式有手动退刀和开倒顺车退刀两种。退刀方式的选择关系到是否会发生“乱牙”现象,这是螺纹车削操作中的一个重点。选择依据为:丝杆螺距与工件螺距的比值,当其为整数时,可任选一种方式退刀;当其不为整数时,应采用开倒顺车的方式退刀。

(1)手动退刀只适用于丝杆螺距是工件螺距的整数倍,否则会发生“乱牙”现象。

(2)开倒顺车退刀不能用于高速车削螺纹。同时注意卡盘上必须装有保险块,以防倒车时卡盘脱离,发生事故。倒顺车换向不能过快,以免机床因受到较大瞬时冲击而损坏。倒顺车车削时,转速不能过快,避免来不及退刀而发生“扎刀”现象。

(3)在车削螺纹过程中,如果中途换刀或车刀刃磨后,必须重新对刀,使车刀落入原来车出的螺旋槽中。对刀时,车刀不切入而按下开合螺母,待车刀移到工件表面处,立刻停车。摇动中、小滑板,使车刀刀尖对准螺旋槽,然后再开车,观察车刀刀尖是否在槽内,直至对准再开始车削。

6. 低速车螺纹的步骤

(1)装夹螺纹车刀与工件中心等高,并用样板对刀。

(2)按螺纹规格车出螺纹外圆和倒角,并按要求刻出螺纹长度终止线或事先车出退刀槽。

(3)调整车床,根据螺距和车床的铭牌,调整交换齿轮和进给箱手柄的位置;推入离合手柄,脱开光杆进给机构,改为丝杆传动。

(4)将车刀与工件轻微接触,对刀后调整中滑板刻度零位,以此作为螺纹车削背吃刀量的起始位置。

(5)试切。调整机床主轴转速,将螺纹车刀移至离工件端面 8 ~ 10 牙处,横向进给 0.05 mm 左右。开动机床,合上开合螺母,在工件表面上试切第一条螺旋槽,至螺纹长度终止线处退出车刀,开倒车将车刀退回工件右端,停车。用钢直尺或螺纹牙规检查螺距是否正确。

(6)用刻度盘调整背吃刀量,开车切削。小螺距螺纹用直进法车削;车削大螺距螺纹时,用斜进法和左右车削法进行。多次进给至车出正确牙型。

(二)梯形螺纹和蜗杆的车削

蜗杆的车削方法与梯形螺纹的相似。刀具两侧的刀刃都为直线,刀尖角分别为 40°与 30°。车削时,根据螺距(导程)调整相关手柄位置,采用正反车的方法。

1. 梯形螺纹的车削方法

梯形螺纹也有低速车削和高速车削两种方法,直进法、左右车削法两种进给方式,并根据螺距和精度要求,使用单刀或者分刀切削。

(1)当螺距 $P<4$ mm 和精度要求不高时,选择低速、直进法、少量的左右进给单刀直接车削完成。

(2)当螺距 $P>4$ mm 和精度要求高时,为防止三个刀刃同时参与切削产生振动和扎刀,一般选择低速、分刀车削的方法。

低速车削下的分刀方式,如图 2-126 所示。

梯形螺纹车刀左右车削,粗车螺距 $P=4\sim8$ mm 的梯形螺纹,再用梯形螺纹精车刀精车齿面至要求,如图 2-126(a)所示。

矩形螺纹车刀(切槽刀)直进,粗车螺距 $P=4\sim8$ mm 的螺旋直槽,再用梯形螺纹精车刀精车齿面至要求,如图 2-126(b)所示。这种方式下,要注意矩形螺纹车刀的刃磨,虽然其形状与车槽刀相似,但其进给后角应取 $(6°\sim8°)+\varphi$,刀头长度 $L=0.5P+(2\sim4)$ mm。

宽、窄矩形螺纹车刀分别直进,粗车螺距 $P>8$ mm 的螺旋阶梯直槽,再用带卷屑槽的梯形螺纹精车刀将齿面精车至要求,如图 2-126(c)所示。

(3)使用硬质合金车刀高速车削梯形螺纹,如图 2-127 所示。

高速车削梯形螺纹时,为防止切屑排出时擦伤螺纹齿面,必须使用直进法,而不能使用左右车削法。

当螺距 $P<8$ mm 时,采用单刀直进车削,如图 2-127(a)所示。

当螺距 $P>8$ mm 时,采用三刀直进车削。先用梯形车刀粗车成形,再用切槽刀将螺纹小径车至要求尺寸,最后用梯形精车刀车削螺纹,直至符合精度要求,如图 2-127(b)

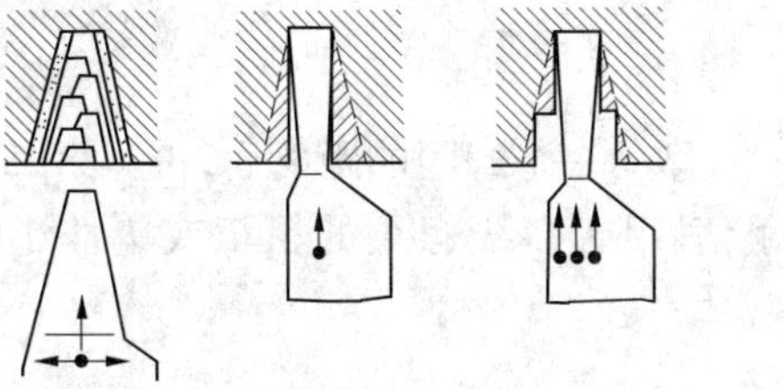

(a)左右车削　(b)直进车槽　(c)直进车阶梯槽

图 2-126　低速分刀车削梯形螺纹

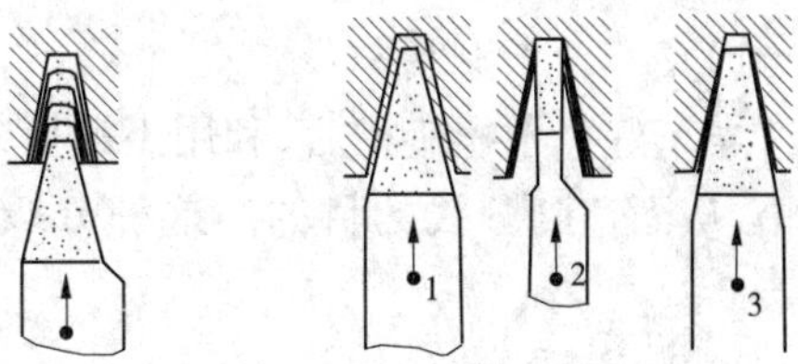

(a)单刀直进车削　(b)三刀直进车削

图 2-127　高速车削梯形螺纹

所示。

2. 梯形螺纹的车削步骤

(1)工件装夹。采用“一夹一顶”方法装夹，轴向采用限位阶台或限位支撑固定工件的轴向位置。

(2)车刀的安装。安装直槽车刀和梯形螺纹精车刀；装夹时，车刀与工件中心等高，并用样板对刀。

(3)调整车床。根据待车螺纹的螺距大小，查找车床床头箱上的铭牌，选定进给量调整手柄及换向手柄的位置；推入离合手柄，脱开光杆进给机构，改为丝杆传动。

(4)粗车梯形螺纹。对刀、试切、检测螺距后，采用开反车车削，车出螺旋直槽或阶梯槽，槽底直径等于螺纹小径。

(5)精车梯形螺纹。换刀后重新对刀，采用均匀的单面车削，控制进给量，防止“啃刀”和“扎刀”现象，将螺纹车至精度要求。

(6)螺纹检验。精度要求不高的梯形螺纹，可采用螺纹环规综合测量；精度要求较高的梯形螺纹，采用三针测量中径；其余尺寸进行单项测量。

(三)多线螺纹车削的分线方法

沿两条或两条以上的螺旋线形成的螺纹称为多线螺纹。多线螺纹每旋转一周，沿轴线方向移动 k 倍螺距(k 为螺纹线数)。所以，多线螺纹常用于快速进退机构。

螺纹线数的多少，可以从端面上螺距槽的数目看出，如图 2-128 所示。

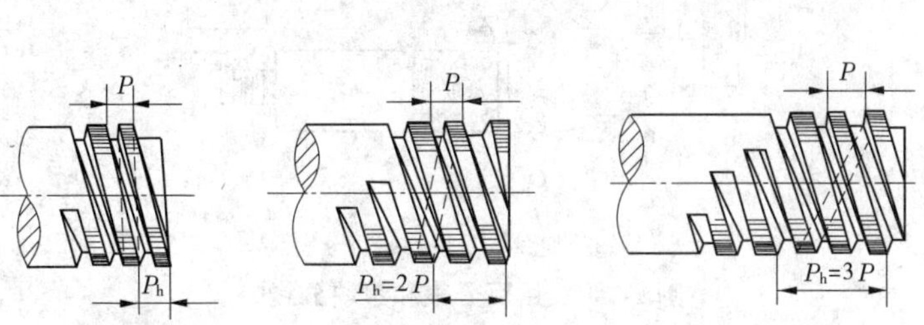

(a)单线螺纹　(b)双线螺纹　(c)三线螺纹

图 2-128　多线螺纹

车削多线螺纹时，必须完成螺纹的分线。多线螺纹的分线方法包括轴向分线法和圆周分线法两类。

1. 轴向分线法

1）用小滑板刻度分线

当车好一条螺旋槽后，利用小滑板刻度使车刀移动一个螺距的距离后，再车第二条螺旋槽，从而达到分线的目的。这种分线方法一般适用于多线螺纹的粗车或单件小批量生产。

2）用百分表分线

用百分表控制小滑板的移动量，如图 2-129 所示。根据百分表上的读数来确定小滑板的移动量，适用于分线精度要求较高的单件生产。但百分表的移动距离较小，在加工螺距较大或线数较多的螺纹时，可能使分线困难。

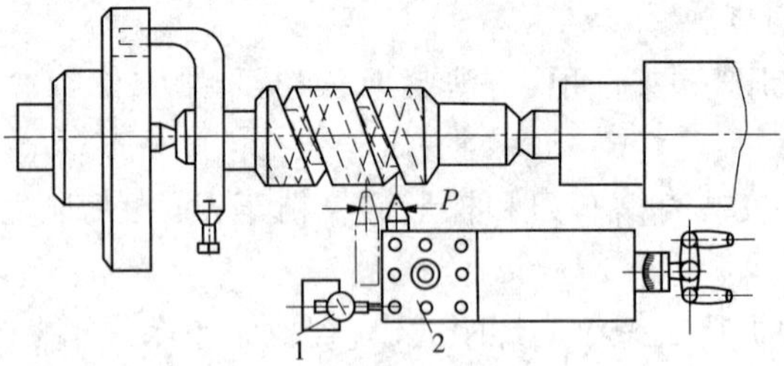

1—百分表；2—刀架

图 2-129　用百分表进行分线

3）用百分表和量块分线

如图 2-130 所示，用百分表和量块确定小滑板的移动量。用这种方法分线的精度较高，也适用于加工导程较大的多线螺纹。但在车削过程中，应经常找正百分表的零位，而且由于量块不能固定在机床上，精车时，为了保证分线精度，每次触头与量块接触的，松紧程度应完全一致。

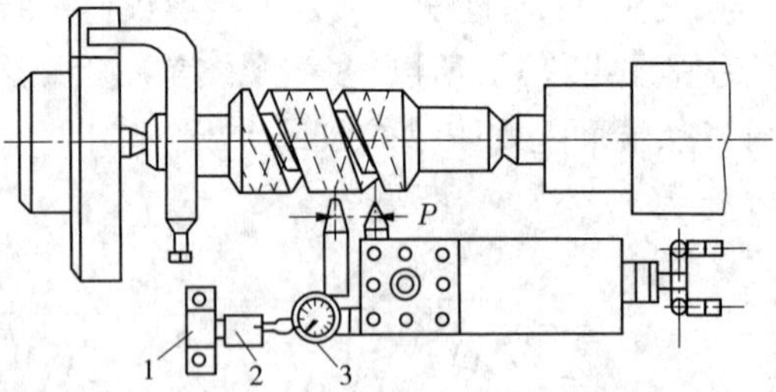

1—定位块；2—量块；3—百分表

图 2-130　用百分表和量块分线

2. 圆周分线法

1）利用三爪自定心卡盘或四爪单动卡盘分线

当工件采用两顶尖，并用三爪或四爪卡盘代替拨盘装夹时，可利用卡爪对二、三线的多线螺纹进行分线。在车好一条螺旋槽后，只需松开顶尖，把工件连同鸡心夹头转过一个角度，用卡盘上的另一只卡爪拨动再顶好顶尖，即可车削另一条螺旋槽。这种分线方法较简单,但精度较差。

2)利用交换齿轮分线

在正常螺距车削时,交换齿轮的转速与主轴转速相等。如果机床主轴交换齿轮的齿数是螺纹线数的整数倍,可以利用转动交换齿轮的方法进行分线,如图 2-131 所示。用这种方法分线的优点是精度较高,但工件的线数受交换齿轮的齿数限制,操作也比较麻烦,所以较少在成批生产中使用。

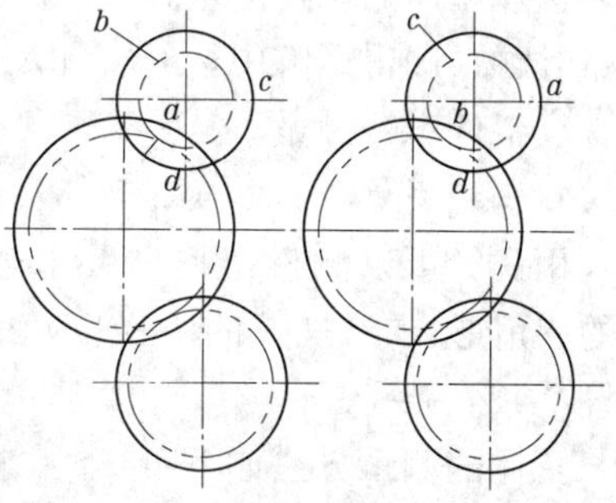

图 2-131 利用主轴交换齿轮分线

3)用分度插盘分线

如图 2-132 所示为车削多线螺纹用的分度插盘。插盘整体安装在车床主轴上,其插盘(件 4)上有等分精度很高的 12 个或 24 个定位插孔(件 2),它可以对 2、3、4、6、8 线及 12 线的螺纹进行分线。

车削多线内螺纹时,可把拨块(件 7)拆下,装上卡盘(件 5),用螺钉(件 6)紧固。

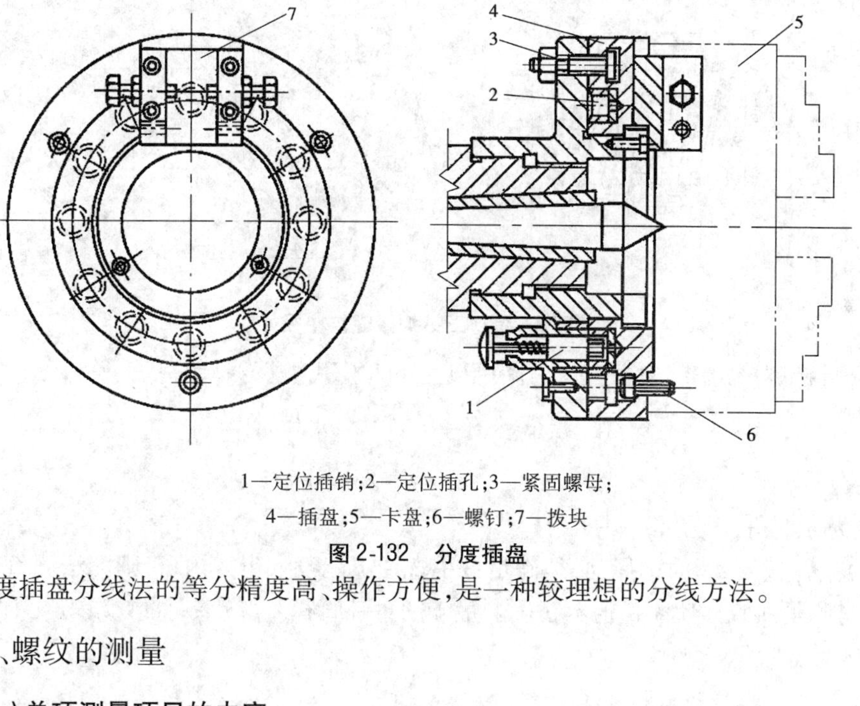

1—定位插销;2—定位插孔;3—紧固螺母;
4—插盘;5—卡盘;6—螺钉;7—拨块

图 2-132 分度插盘

分度插盘分线法的等分精度高、操作方便,是一种较理想的分线方法。

四、螺纹的测量

(一)单项测量项目的内容

1. 顶径测量

用游标卡尺测量即可。

2. 螺距测量

可以按第一刀在工件上划出的痕迹用钢尺测量;也可用螺距规沿轴向放入牙槽内,进行符合性检验。

3. 中径测量

选择适用的螺距测量头，插入螺纹千分尺的轴杆和砧座的孔中，在千分尺对准零位后测量、读数，即得螺纹中径的实际尺寸，如图 2-133 所示。螺纹千分尺适用于低精度要求的螺纹工件中径测量。

4. 三针测量

用三针可以测量出精度要求较高、螺旋升角小于 4°的三角形、梯形螺纹的中径以及蜗杆的分度圆直径，如图 2-134 所示。

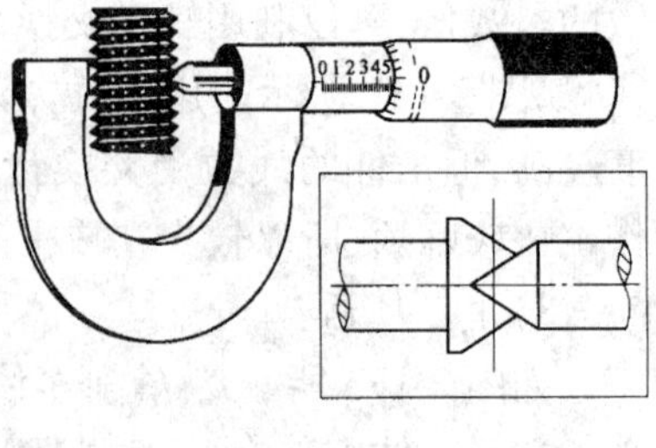

图 2-133　用螺纹千分尺测量中径

具体的测量方法如下：

(1)将三根直径相等的量针放在螺纹相对两侧面的螺旋槽中，再用千分尺量出两侧面量针顶点间的距离 M，然后用 M 值换算出螺纹中径的实际尺寸。

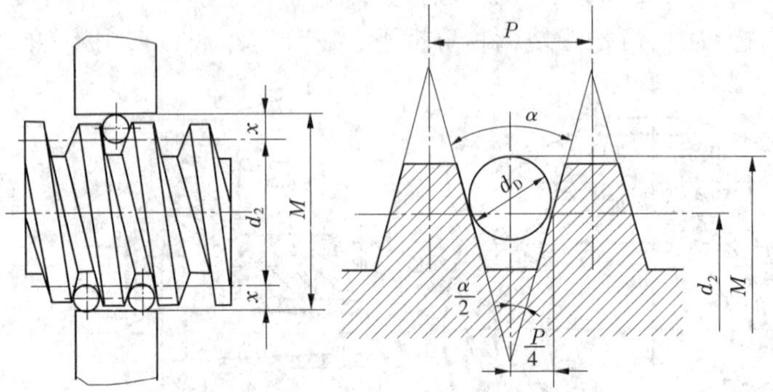

图 2-134　三针测量螺纹中径

(2)量针测量距 M 与中径 d_2 值间可以用下列公式换算：

$$M = d_2 + d_D\left(1 + \frac{1}{\sin\frac{\alpha}{2}}\right) - \frac{P}{2}\cot\frac{\alpha}{2}$$

式中，α 为牙型角；P 为螺距。

(3)量针直径 d_D 的选择，必须满足最小直径不能没入齿槽内，否则无法测量，最大直径不能与测量面脱离使测量值不正确。最佳的量针直径 d_D 应该使量针跟螺纹中径相切，可按下式计算：

$$d_D = \frac{P}{2\cos\frac{\alpha}{2}}$$

(4)对于三角形普通螺纹、公制梯形螺纹，测量距 M 及量针直径 d_D 的简化公式如下：

三角形普通螺纹，$M = d_2 + 3d_D - 0.866P$，量针直径最佳值 $d_D = 0.577P$。

公制梯形螺纹，$M = d_2 + 4.864d_D - 1.866P$，量针直径最佳值 $d_D = 0.518P$。

5. 单针测量

使用一根符合要求(直径最佳值 d_D)的量针，将其放入螺旋槽中，用千分尺测量出以外螺纹顶径为基准到量针顶点间的距离 A，A 值的计算值与测量值之间的差值即为螺纹中径的实际偏差，如图 2-135 所示。A 值的计算值按 $A=(M+d_0)/2$ 计算。

该方法的测量原理与三针测量相同，测量方法比较简单，但在测量前应先量出螺纹顶径的实际尺寸 d_0，因此测量精度不高。

6. 蜗杆齿厚的测量

图纸上一般标注蜗杆的轴向齿厚。由于蜗杆导程角较大，轴向齿厚无法直接测量，因此通常测量法向齿厚，通过公式计算出轴向齿厚。

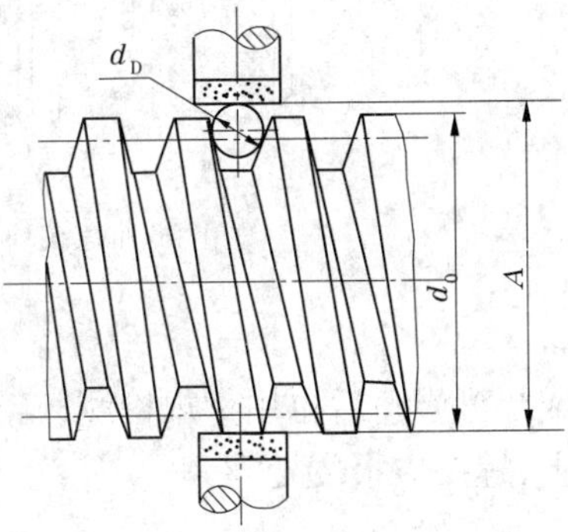

图 2-135　螺纹单针测量

蜗杆的法向齿厚及梯形螺纹中径牙厚，通常是使用齿厚游标卡尺来测量的。齿厚游标卡尺由互相垂直的齿高卡尺与齿厚卡尺组成，齿高卡尺用来设定齿顶高或牙顶高，齿厚卡尺用来测量蜗杆节径齿厚或梯形螺纹中径牙厚，如图 2-136 所示，其刻线原理和读法与一般游标卡尺相同，但读数不很清晰，容易出错。

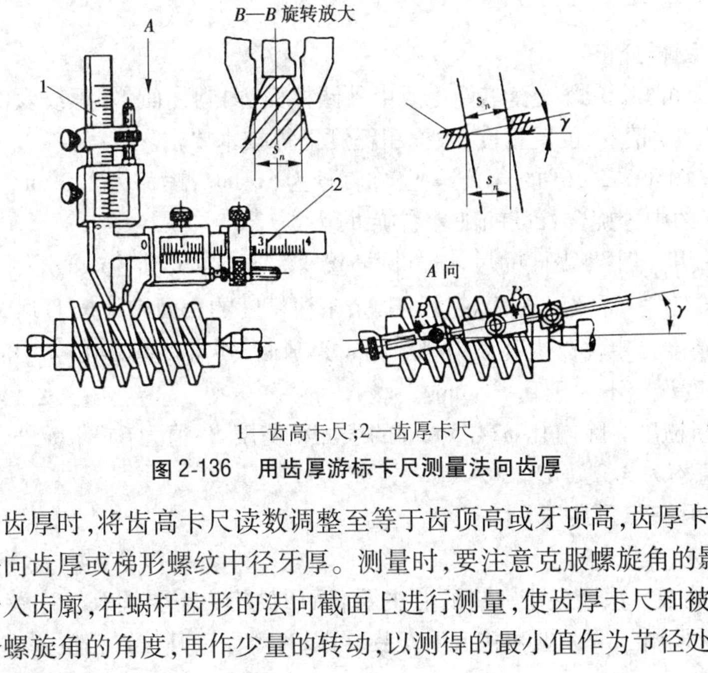

1—齿高卡尺；2—齿厚卡尺

图 2-136　用齿厚游标卡尺测量法向齿厚

测量法向齿厚时，将齿高卡尺读数调整至等于齿顶高或牙顶高，齿厚卡尺测得读数即为蜗杆节径法向齿厚或梯形螺纹中径牙厚。测量时，要注意克服螺旋角的影响，齿厚游标卡尺要法向卡入齿廓，在蜗杆齿形的法向截面上进行测量，使齿厚卡尺和被测蜗杆轴线大致相交成一个螺旋角的角度，再作少量的转动，以测得的最小值作为节径处的法向齿厚。

(二)综合测量

综合测量是采用螺纹量规对螺纹各部分主要尺寸同时进行检验的一种测量方法。它效率高、使用方便、互换性好，广泛应用于对标注螺纹或大批量生产的螺纹工件的测量。

螺纹量规包括环规和塞规两种，如图 2-137 所示，每种又有通规和止规之分。环规用于测量外螺纹，塞规用于测量内螺纹。

通规按螺纹中径的最小尺寸(下偏差)制造，止规按螺纹中径的最大尺寸(上偏差)制造。测量时，通规过、止规不过的为合格；当通规不过时，螺纹不合格，需返工修正直径、螺

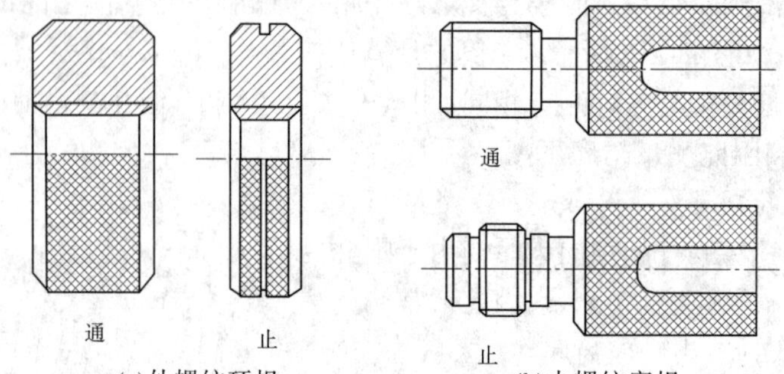

(a)外螺纹环规　(b)内螺纹塞规

图 2-137　螺纹量规

距或牙型半角后再用量规检测;若止规被旋进 2.5 圈(国家标准)/1.5 圈(国际标准)或以上,螺纹应报废处理。

【任务实施】

一、零件的工艺分析

(一)零件图样分析

由图 2-112 可知,该螺纹套零件主要由外圆柱面、内圆柱面、外螺纹及倒角组成,其主要加工表面有尺寸精度、位置精度、表面粗糙度值等技术要求。

(1)标记。M56×2-6f 的含义是:公称直径为 56 mm,螺距为 2.0 mm,中径和顶径公差带代号为 6f 的中等旋合长度的细牙右旋外螺纹。

(2)尺寸精度。主要表面的尺寸:外圆 $\phi48_{-0.062}^{\ 0}$ mm、$\phi50_{-0.24}^{-0.08}$ mm 分别为 IT9、IT11 级精度,内孔 $\phi40_{\ 0}^{+0.062}$ mm 为 IT9 级精度。其余未注精度的表面尺寸按 IT14 级加工。

(3)位置精度。零件以内孔 $\phi40_{\ 0}^{+0.062}$ mm 为基面,要求外圆 $\phi48_{-0.062}^{\ 0}$ mm 和螺纹顶径对基面的同轴度误差不大于 0.10 mm。

(4)表面粗糙度。除内孔 $\phi24.5$ mm 的表面粗糙度 R_a 值为 6.3 μm 外,零件其余表面的粗糙度 R_a 值均为 3.2 μm。

(二)工件装夹与刀具

1. 工件装夹

该零件不能在一次装夹中完成所有主要表面的加工,需要调头二次装夹。该零件的长度直径比小,采用三爪卡盘和软卡爪安装,可以有效保证其位置精度要求。

2. 刀具选用

内孔、外圆选用硬质合金刀具,刀片材料选用 YT15。端面和倒角选用 45°弯头车刀,外圆选用 90°右偏刀,内孔选用 93°内孔车刀。外螺纹车刀、切断刀选用高速钢车刀,切断刀刃宽 3 mm。钻头选用高速钢麻花钻,钻头直径为 $\phi23$ mm。

(三)切削用量的选择

1. 背吃刀量

(1)内、外圆表面,粗车时选用 1.5~2 mm,精车时选用 0.3~0.5 mm。

(2)车削外螺纹时,第一次走刀选取 0.3 ~ 0.4 mm,以后各次走刀切深逐次减小,最后一刀切深小于 0.02 mm。

2. 主轴转速(切削速度)

(1)内、外圆表面及端面,粗车时选取 560 r/min,精车时选取 710 r/min。

(2)钻削 ϕ23 mm 底孔时选取 320 r/min,手动进给。

(3)低速车削 M56 ×2 外螺纹,粗车时选取 50 r/min,精车时选取 32 r/min。

3. 进给量

(1)内、外圆表面及端面,粗车时选取 0.2 ~ 0.3 mm/r,精车时选取 0.06 ~ 0.12 mm/r。

(2)车削外螺纹时选取 2 mm/r。

(四)M56 ×2 的加工参数计算

总切深 $K = 0.65P = 1.3$ mm。螺纹外圆直径(实际大径)$d = 56 - 0.13P = 55.74$ mm。

二、工艺准备

(一)加工准备

(1)工件材料:下料准备尺寸为 ϕ60 mm ×80 mm 的 45 钢热轧棒料一段。

(2)设备与辅具:选用 CA6140 型车床,K250 型三爪卡盘。

(3)刀具:刃磨并检查高速钢螺纹车刀和切断刀的刀具角度与刀面(刀刃)的表面粗糙度值。修磨 ϕ23 mm 麻花钻的横刃与外缘前角。

(4)量具:准备钢直尺、游标卡尺 0.02 mm/(0 ~ 150 mm)、百分表、圆柱塞规、螺纹环规、螺纹牙规。检查校准游标卡尺、百分表的零位。

(二)技能准备

(1)掌握图 2-112 所示工件的形状和技术要求。

(2)将外圆车刀、端面车刀、切断刀、内孔车刀、螺纹车刀先后安装在刀架上,并对准工件中心。螺纹车刀和切断刀的刀柄中心线必须与工件轴线垂直。

(3)用三爪卡盘装夹毛坯外圆,工件伸出长度为 40 mm,校正后夹紧。

(4)将钻头锥柄擦净,用力推入尾座套筒内。调整好尾座与工件轴线的同轴度。

(5)根据切削用量要求调整机床。

三、工艺过程与工步内容

图 2-112 所示螺纹套工件的车削加工工艺过程与工步内容如下:

(1)车平端面,不许留有凸头。

(2)钻 ϕ23 mm 底孔,孔深 38 mm。

(3)车螺纹外圆至 $\phi 56^{-0.20}_{-0.33}$ mm,长 38 mm。

(4)车外圆 $\phi 50^{-0.08}_{-0.24}$ mm 至要求尺寸,长 10 mm,表面粗糙度 R_a 值为 3.2 μm。

(5)端面倒角至要求。

(6)车内孔 ϕ24.5 mm 至要求尺寸,长 35 mm,表面粗糙度 R_a 值为 6.3 μm。

(7)粗车内孔 ϕ40 mm,保留 0.5 mm 的精车余量。

(8)精车内孔 $\phi40^{+0.062}_{0}$ mm 至要求尺寸,长 14 mm,表面粗糙度 R_a 值为 3.2 μm。

(9)孔口、端面倒角,并去毛刺。

(10)车螺纹 M56 ×2 -6f 至要求尺寸。

(11)工件切断,总长至 33 mm。

(12)工件调头,用软卡爪夹持 $\phi50^{-0.08}_{-0.24}$ mm 外圆处(包铜皮),用百分表校正外圆,圆跳动误差在 0.01 mm 以内,夹紧工件。

(13)车平端面,使工件总长为 32.5 mm。

(14)粗车外圆 $\phi48$ mm,保留 0.5 ~1 mm 的精车余量。

(15)精车外圆 $\phi48^{0}_{-0.062}$ mm 至要求尺寸,长 6.5 mm,表面粗糙度 R_a 值为 3.2 μm。

(16)孔口、端面倒角,并去毛刺。

(17)检验工件尺寸。

【思考与练习】

1. 什么叫螺距与中径? 螺旋升角的含义是什么?

2. 车螺纹时,左右后角会发生什么变化? 怎样确定两侧后角刃磨时的角度值?

3. 车螺纹时,车刀左右两侧的前角会发生什么变化? 如何改进?

4. 利用开合螺母车削螺纹时,发现车削某些螺距时产生“乱牙”,这是什么原因? 如何解决?

5. 梯形螺纹的完整标记由哪些内容组成? 举例说明。

6. 用三针测量 Tr32 ×6 -8e 梯形螺纹,已知中径 d_2 为 29 mm,试确定钢针直径及外径千分尺读数值。

7. 多线螺纹的分线方法有哪些? 哪种分线方法精度较高?

8. 已知小滑板螺距为 4 mm,刻度共分为 100 格,车导程为 9 mm 的三线螺纹,小滑板应转过多少格?

单元六　偏心工件的车削加工

【学习目标与任务】

学习目标:

1. 掌握偏心工件的车削原理。
2. 掌握偏心工件的车削方法与步骤。
3. 掌握偏心距的测量方法。

学习任务:车削偏心轴。

【任务引入】

如图 2-138 所示为偏心轴工件,完成其工艺分析及车削加工。

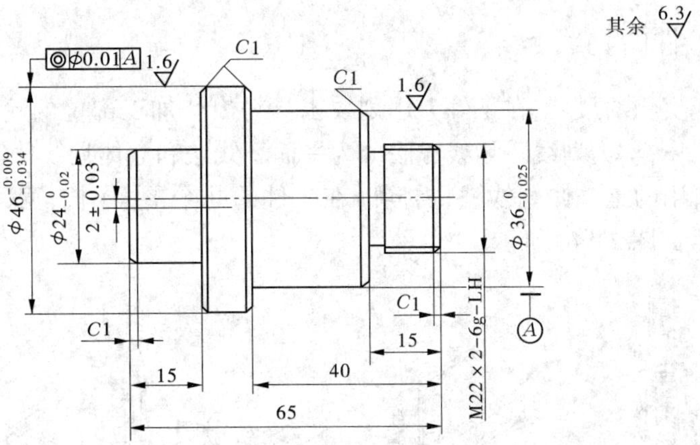

图 2-138　偏心轴

【知识指引】

外圆与外圆的轴线或内孔与外圆的轴线平行而不重合的零件，称为偏心零件，如图 2-139所示。外圆与外圆偏心的轴类零件叫偏心轴；外圆与内孔偏心的套类零件叫偏心套。两条平行轴线之间偏离的距离叫偏心距，用 e 表示。

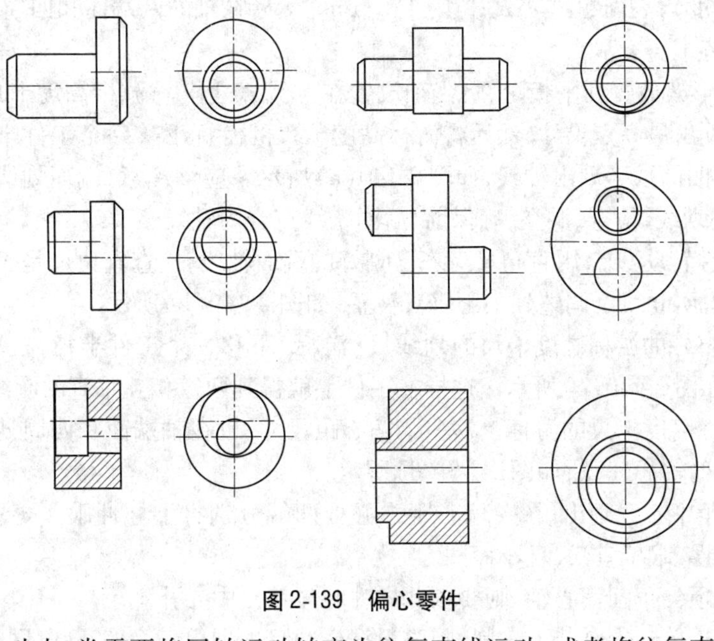

图 2-139　偏心零件

在机械传动中，常需要将回转运动转变为往复直线运动，或者将往复直线运动转变为回转运动，这时通常会利用偏心零件来实现。

实际上，无论是偏心轴还是偏心套，基本都会采用在车床上加工，二者的加工原理基本相同。车削时，关键是要控制两条平行轴线间的平行度和偏心距的尺寸精度。

一、偏心工件的划线

根据图样或实物的尺寸，在工件上用划线工具划出待加工部位的轮廓线或定位基准的点、线、面的工作，称为划线。划线方法分为平面划线法和立体划线法。

偏心工件所用的是立体划线法，需同时在工件的几个平面（长、宽、高或其他倾斜方向）上进行划线，如图 2-140 所示。

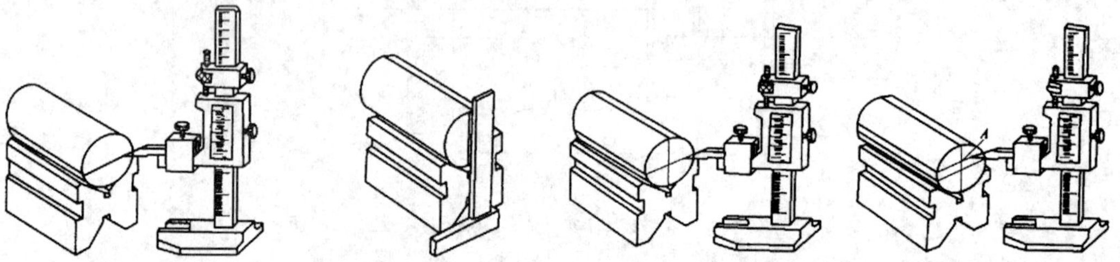

(a) 划出水平线　(b) 转 90°并校正　(c) 划出十字轴线　(d) 划出偏心轴线

图 2-140　偏心工件划线

偏心工件划线具体步骤如下：

（1）将工件毛坯车削成一个直径为 D、长度为 L 的光轴。两端面须与轴线垂直（否则会影响找正精度），表面粗糙度 R_a 值为 1.6 μm。然后在轴的两端面和四周外圆上涂一层蓝色显示剂，待干。

（2）将 V 形架放置在平板上，将光轴放置在 V 形架上。将游标高度卡尺划针移到工件最高点，并读出最高点尺寸，然后将游标高度卡尺的游标下移一个工件半径的距离，在工件的端面和四周水平划出轴线，如图 2-140（a）所示。应该注意，端面划线时，工件需要转过 180°二次划线，检查、调整，确保前、后两条线重合为轴线。

（3）将工件转动 90°，用直角尺对齐已划好的端面轴线，检查直角尺是否与轴线对齐。如果对齐，则说明此线已调整到中心垂直位置，如图 2-140（b）所示。

（4）将调整好的游标高度卡尺的划线尺（游标）下移一个工件半径，在端面和四周划出十字轴线，如图 2-140（c）所示。这样在工件上就得到两道相互垂直的圈线。

（5）将游标高度卡尺的游标上移一个偏心距尺寸，也在轴端面和四周划出一道圈线，并找到偏心轴的轴心 A 点，如图 2-140（d）所示。

（6）偏心距中心线划出后，在偏心距中心处两端分别打上样冲眼。要求样冲眼的中心位置准确无误，眼坑宜浅，且小而圆。

若采用两顶尖车削偏心轴，则要依此样冲眼先钻出中心孔。

若采用四爪单动卡盘装卡车削，则要根据样冲眼先划出一个偏心圆，同时须在偏心圆上均匀地、准确无误地打上几个样冲眼，以便找正。

二、偏心工件的车削方法

车削偏心工件的关键在于装夹，只要装夹工件时确保工件偏心部分的轴线与车床主轴的回转中心重合，就可以用内、外圆的车削方法车削出偏心工件。因此，偏心工件的车削方法常以工件的装夹方法来划分。

车削偏心工件时，常用的装夹方法有：用三爪自定心卡盘装夹工件、用四爪单动卡盘装夹工件、用两顶尖装夹工件、用双重卡盘或偏心卡盘装夹工件，此外，还可以使用专用夹具车削偏心工件。

（一）用四爪单动卡盘车削偏心工件

对于加工精度要求不高、偏心距较小、形状短而复杂的偏心套或偏心短轴，在单件小批生产时，可采用四爪单动卡盘进行装夹。

（1）先按偏心工件划线的方法将工件划线，把划好线的工件装夹在四爪单动卡盘上，用划针按已划好的偏心圆找正偏心轴线，使之与主轴轴线基本重合，如图 2-141（a）所示。

（2）用百分表校正工件。

由于划线找正方法不能达到精度要求，利用百分表校正偏心工件，可以获得 0.02 mm 以内的控制误差。但由于百分表量程一般为 10 mm，用百分表找正偏心只适用于偏心距在 5 mm 以内的偏心工件。

①如图 2-141（b）所示，将百分表触头垂直对准工件的光轴外圆，使百分表压缩量为 0.5 ~1 mm，移动床鞍沿外圆高点 *A* 平行移动到点 *B*，同时记下两点的读数。根据两点读数的误差，判断工件轴线的偏斜。若读数不同，则要校正工件。

②校正点 *A* 用卡爪调整，校正点 *B* 用木锤或铜棒轻敲。

③主轴转过 90°，用上述方法校正工件侧素线，检查找正工件轴线的偏斜，使偏心轴轴线与主轴轴线平行。

（3）校正偏心距。

用手缓慢转动卡盘，使工件转过一周，百分表显示值的最大值与最小值之差的一半即为偏心距。按此法校正 *A*、*B* 两点处的偏心距，使二者偏心距基本一致，偏心轴线也随即与主轴轴线重合，如图 2-141（c）所示。

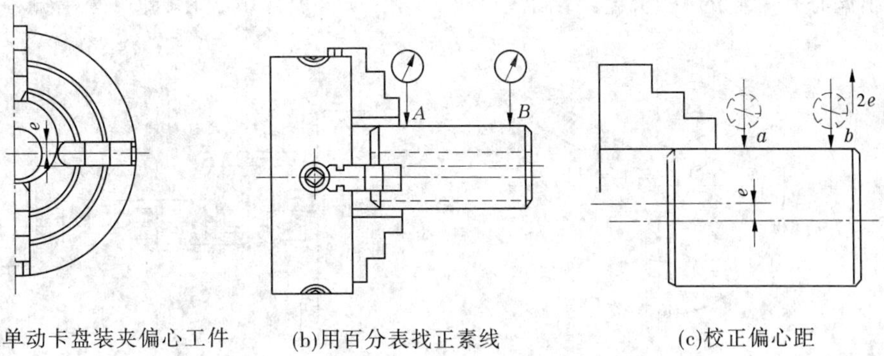

(a)用四爪单动卡盘装夹偏心工件　(b)用百分表找正素线　(c)校正偏心距

图 2-141　按划线法找正偏心工件

（4）按偏心工件车削要领操作。

（二）用三爪自定心卡盘车削偏心工件

由于在四爪卡盘上车削偏心工件时校正相对麻烦，因此在三爪自定心卡盘上车削形状比较简单、长度较短、偏心距较小、精度不高的单件或小批量偏心工件，是一个简单快捷的选择。

如图 2-142 所示，先将被加工工件的外圆和长度车好，两端面车平。在三爪中任意一个爪与工件接触之间垫上一块预先确定好的垫片，使该爪发生的位移量等于一个偏心距。然后装夹工件，找正后夹紧。

1. 垫片厚度的计算

垫片厚度 x 可按下列公式计算：

$$x = 1.5e \pm k;\ k = 1.5\Delta e$$

式中 x——垫片厚度，mm；

e——偏心距，mm；

k——偏心距修正值，正负值按实测结果确定，mm；

Δe——试切后实测偏心误差，mm。

2. 注意事项

（1）应选用硬度较高的材料做垫，以防止挤压变形。

（2）垫片与卡爪接触的部位应制成与卡爪相同的圆弧面，防止产生间隙，造成偏心距误差。

（3）装夹工件时工件轴线应与主轴轴线平行，不能歪斜，以免产生位置误差。

（4）加工精度较高的工件时，除用上述公式计算垫片的厚度外，还要用百分表实际测量。如果偏心距不正确，应调整垫片厚度，才能车削。

（三）在前、后两顶尖上车削偏心工件

较长的偏心轴，只要轴的两端面能钻中心孔，有鸡心夹头的位置，都可以安装在两顶尖之间进行车削。该方法的优点是不需要用很多时间找正中心，加工精度较高，但中心孔的打孔精度较难保证，是车削偏心轴、曲轴的常用装夹形式。

如图 2-143 所示，先将工件基准圆和端面车好（车去两端中心孔），在工件两端面对应划出偏心孔中心的位置，重新钻出中心孔，用两顶尖顶住中心孔，即可车出偏心工件。

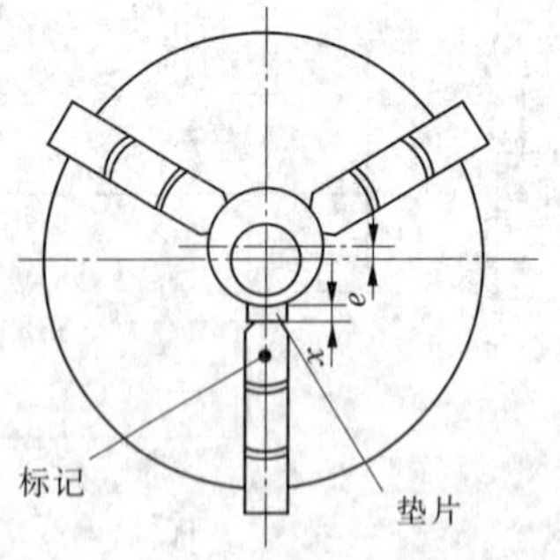

图 2-142　用三爪自定心卡盘装夹偏心工件

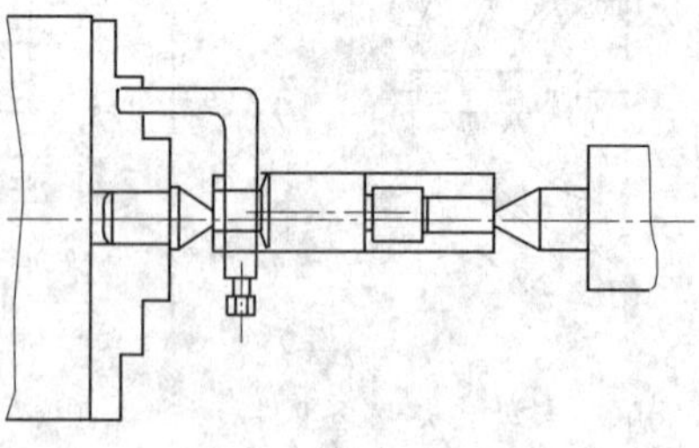

图 2-143　在两顶尖间装夹车偏心工件

（四）用偏心卡盘装夹车削偏心工件

如图 2-144 所示，偏心卡盘分为两层，底盘（件 2）用螺钉固定在车床主轴的法兰上，偏心体（件 3）与底盘燕尾槽相互配合。偏心体上装有三爪自定心卡盘（件 5）。利用丝杠（件 1）来调整卡盘的中心距，偏心距 e 的大小可在两个测量头（件 6、件 7）之间测得。当偏心距为零时,测量头6和7正好相碰。当转动丝杠时,测量头7逐渐离开测量头6,离开的尺寸即是偏心距。如果偏心距要求很精确,两测量头之间可用量块测量。偏心距调整好后,用四个锁紧螺母(件4)紧固,把工件装夹在三爪自定心卡盘上,就可以进行车削。

由于偏心卡盘的偏心距可用量块或百分表测得,因此可获得较高的精度。偏心卡盘调整方便,通用性强,生产效率高,是大批量加工精度较高的短轴、盘、套等偏心工件的比较理想的夹具。

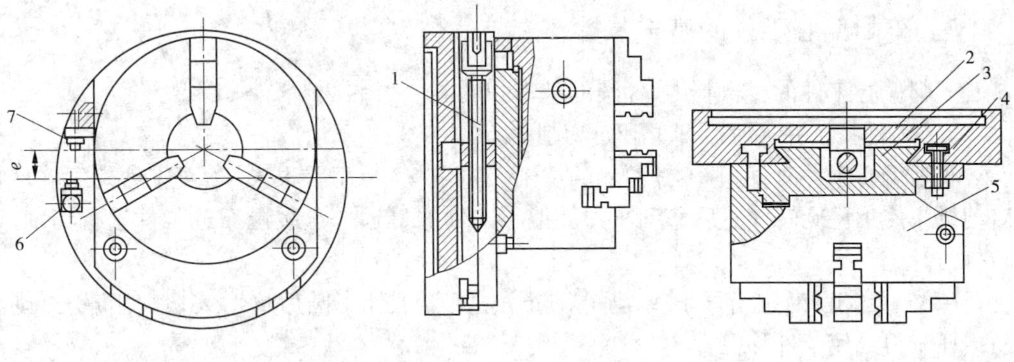

1—丝杆;2—底盘;3—偏心体;4—锁紧螺母;5—三爪自定心卡盘;6、7—测量头

图2-144 偏心卡盘

(五)用双重卡盘装夹车削偏心工件

当大批量加工长度较短、偏心距较小的偏心工件时,为减少找正偏心的时间,也可采用双重卡盘车削偏心工件,在一批工件的加工过程中只需校正一次偏心。

这种装夹方法采用十字线找正法将首件找正,检测合格后再大批量生产,如图2-145所示。将三爪自定心卡盘安装在四爪单动卡盘上,先将一根光轴装夹在三爪自定心卡盘上,调整四爪单动卡盘,使三爪自定心卡盘和光轴一起向上偏移,用百分表确定偏心距 e,最终确认三爪卡盘在四爪卡盘中的位置。加工时,卸下光轴,装上工件,即可加工出偏心工件。

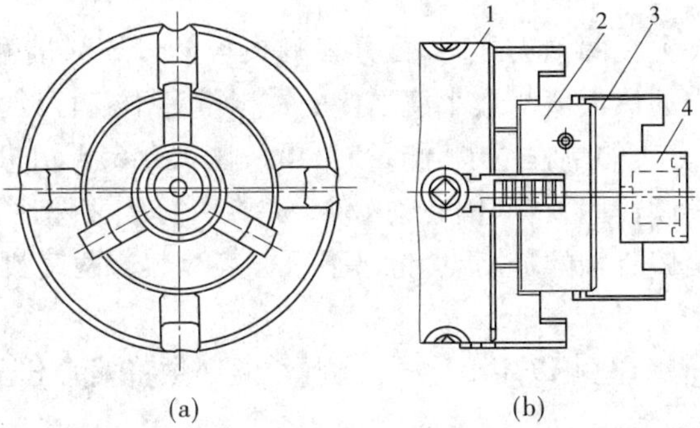

1—四爪单动卡盘;2—三爪自定心卡盘;3—软卡爪;4—偏心工件

图2-145 双重卡盘装夹偏心工件

该方法将两只卡盘重叠在一起,刚性较差,应选择较低的切削用量。若采用这种方

法，在车削前应认真装卡三爪自定心卡盘，在四爪单动卡盘与三爪自定心卡盘的接触部位加铜垫片，以增加三爪自定心卡盘的稳定性。另外，在校正后应安装平衡铁，以防止车削时发生振动。

（六）使用专业夹具车削偏心工件

当大批量加工精度要求较高的偏心工件时，可以制造专用夹具装夹和加工。

此外，对于大型的偏心工件，可用花盘、弯板和V形块装夹。

三、车削偏心工件的基本步骤

车削偏心工件的步骤与内、外圆的基本相同。

(1)工件找正并夹紧后即可开始切削。

车削偏心工件时，由于工件两侧的切削余量不均匀，相差很大，车刀应远离工件后再启动机床使工件旋转。然后移动车刀从偏心工件的最远一点缓慢靠近工件进行切削，以防打刀。

(2)初始切削时进给量小些，背吃刀量浅些，等工件车圆后再增大切削用量，否则容易损坏车刀或使工件移位。

(3)复查偏心距。当剩余加工余量为0.5~1 mm时，应当复查偏心距是否符合要求。

将百分表沿外圆母线轴向移动，检查偏心轴轴线是否与主轴轴线平行；用手缓慢转动卡盘使工件旋转一周，检查偏心距是否符合要求。若偏心距超差或偏心轴轴线偏斜，须拧紧卡爪微调偏心距或用铜棒校正工件外端，使偏心轴轴线与主轴轴线重合。

四、偏心距的测量

偏心距的测量通常有两种方法：在两顶尖间直接测量偏心距和在V形架上间接测量偏心距。

（一）在两顶尖间测量偏心距

对于两端有中心孔、偏心距较小的偏心轴，可在两顶尖间测量偏心距。测量方法如图2-146所示。

测量时，把工件装夹在两顶尖之间，百分表触头与偏心外圆接触，用手将偏心轴转动一周，百分表上指示出的最大值与最小值之差的一半就等于偏心距。

若偏心距不在百分表的量程范围，测量时，可按图2-146所示，用百分表找出偏心轴的最低点，记录百分表读数后，转动偏心轴180°，并在百分表表座底部安放两倍于偏心距的量块，用百分表找出偏心轴的最高点，记录下百分表读数。两读数值之差的一半即为偏心距误差。

偏心距较小的偏心套也可以用上述方法测量，但必须将偏心套套在心轴上，再装夹在两顶尖之间测量。

（二）在V形架上测量偏心距

对于偏心距较大或无中心孔的工件，可在V形架上测量偏心距。测量方法如图2-147所示。

若偏心距(e < 5 mm)小于百分表量程，将偏心工件的基准外圆置于V形架槽中，使

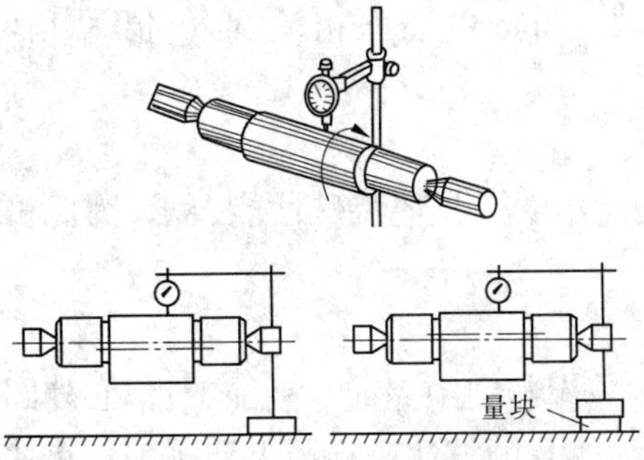

(a) (b)

图 2-146 在两顶尖间测量偏心距

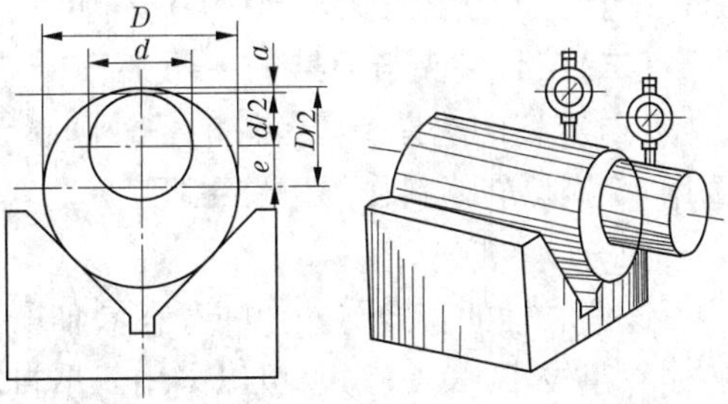

图 2-147 在 V 形架上测量偏心距

百分表触头接触偏心外圆,转动工件,百分表指针读数的最大值与最小值之差的一半即为工件的偏心距。

若工件的偏心距($e \geqslant 5$ mm)超出百分表的量程,可按下面的方法间接测量。测量时,把 V 形架放在平板上,并把工件放在 V 形架槽中,转动偏心轴,用百分表测量找出偏心外圆的最高点并把工件固定。然后水平移动百分表,测量出偏心外圆到基准外圆之间的最小距离 a。然后用下式计算偏心距:

$$e = \frac{D}{2} - \frac{d}{2} - a$$

式中 D——基准外圆直径,mm;

d——偏心外圆直径,mm;

e——偏心距,mm;

a——基准外圆到偏心外圆之间的最小距离,mm。

【任务实施】

一、工艺分析

(一)零件图样分析

由图 2-138 所示零件图可知,该零件由外圆柱面、螺纹面、退刀槽及倒角组成。零件的主要技术要求有:

(1)标记。

M22×2-6g-LH 的含义是:公称直径为 22 mm,螺距为 2.0 mm,中径和顶径公差带代号为 6g 的中等旋合长度的细牙左旋外螺纹。

(2)尺寸精度。

外径尺寸:外圆 $\phi46_{-0.034}^{-0.009}$ mm、$\phi36_{-0.025}^{0}$ mm、$\phi24_{-0.02}^{0}$ mm 的精度均为 IT7 级。

长度尺寸:所有长度尺寸未注有尺寸公差的,按 IT14 级加工。

(3)位置精度。

该零件以外圆 $\phi36_{-0.025}^{0}$ mm 为基面,要求外圆 $\phi46_{-0.034}^{-0.009}$ mm 对基面的同轴度误差不大于 0.01 mm;外圆 $\phi24_{-0.02}^{0}$ mm 轴线对基面轴线的偏心距误差不大于 0.03 mm。

(4)表面粗糙度。外圆面 $\phi46^{-0.009}_{-0.034}$ mm 和 $\phi36^{\ 0}_{-0.025}$ mm 的表面粗糙度 R_a 值为 1.6 μm,其余表面的粗糙度 R_a 值为 6.3 μm。

(二)工件装夹与刀具

(1)毛坯的选择。该零件的各外圆直径差异不大,零件无其他特殊性能要求,因此可选用 45 钢热轧棒料作为工件毛坯。

(2)工件装夹。

该偏心轴的基准与外圆间存在同轴度要求,须在一次装夹中完成车削加工;偏心外圆的偏心距较小、长度较短,可以采用三爪自定心卡盘加垫片的方法进行装夹和车削。垫片厚度先选用理论值 3 mm,试切测量偏心距后,再进行修正。

(3)刀具的选用。

该零件加工所需的车刀选用右偏刀、45°弯头车刀、外螺纹车刀和 3 mm 宽度的切槽刀。刀具材料均选用高速钢。

(三)切削用量的选择

1. 背吃刀量

(1)外圆、端面,粗车时背吃刀量选用 1.5 ~ 2 mm,精车时选用 0.3 ~ 0.5 mm。偏心外圆粗车时可酌减。

(2)车削外螺纹时,第一次走刀背吃刀量选取 0.3 ~ 0.4 mm,以后各次走刀切深逐次减小,最后一刀切深小于 0.2 mm。

2. 主轴转速

(1)基准外圆及其端面,粗车时,主轴转速选取 450 r/min;精车时,选取 560 r/min。

(2)偏心外圆及端面,粗车时,主轴转速选取 400 r/min;精车时,选取 560 r/min。

(3)低速车削 M22 × 2 外螺纹,粗车时,主轴转速选取 50 r/min;精车时,选取 32 r/min。

3. 进给量

(1)粗车外圆、端面时,进给量选取 0.6 ~ 0.1 mm/r,精车时选取 0.3 ~ 0.6 mm/r。

(2)车削外螺纹时,进给量选取 2 mm/r。

(四)M22 × 2 的加工参数计算

总切深 $K = 0.65P = 1.3$ mm。螺纹外圆直径(顶径)$d = 56 - 0.13P = 21.74$ mm。

二、工艺准备

(一)加工准备

(1)工件材料:下料准备一段尺寸为 $\phi50$ mm × 66 mm 的 45 钢热轧棒料。

(2)设备与辅具:选用 CA6140 型车床,K250 型三爪卡盘。

(3)刀具:刃磨并检查所选高速钢车刀的刀具角度与刀面(刀刃)的表面粗糙度值。

(4)量具:准备钢直尺、游标卡尺(0.02 mm/(0 ~ 150 mm))、百分表、螺纹环规、螺纹牙规。检查校准游标卡尺、百分表的零位。

(二)技能准备

(1)掌握图 2-138 所示工件的形状和技术要求。

(2)将外圆车刀、端面车刀、切断刀、螺纹车刀先后安装在刀架上,并对准工件中心。螺纹车刀和切断刀的刀柄中心线必须与工件轴线垂直。

(3)用三爪卡盘装夹毛坯外圆,工件夹持长度为10 mm,校正后夹紧。

(4)根据切削用量要求调整机床。

三、工艺过程及其工步内容

图2-138所示偏心轴工件车削加工的工艺过程及工步内容如下:

(1)车端面时,车平即可。

(2)粗、精车外圆 $\phi46_{-0.034}^{-0.009}$ mm至要求尺寸,长度不小于51 mm。表面粗糙度 R_a 值为1.6 μm。

(3)粗、精车外圆 $\phi36_{-0.025}^{0}$ mm至要求尺寸,长度40 mm。表面粗糙度 R_a 值为1.6 μm。

(4)车螺纹外圆至尺寸 $\phi22_{-0.3}^{-0.2}$ mm,长15 mm。

(5)车退刀槽,槽深1.5 mm。

(6)外圆端面倒角 $C1$。

(7)粗、精车左螺纹M22×2-6g-LH,达到图样要求。

(8)检测工件各尺寸合格后,卸下工件,调头装夹。在三爪卡盘一卡爪上加装3 mm的垫片,用铜皮包裹 $\phi36_{-0.025}^{0}$ mm的外圆,以其阶台面轴向定位。调整垫片与卡爪面平行,且与卡爪端面平齐后,夹紧工件。

(9)试切偏心外圆,检查测量偏心距,修正垫片厚度。

(10)粗、精车偏心外圆 $\phi24_{-0.02}^{0}$ mm至要求尺寸,长15 mm。表面粗糙度 R_a 值为6.3 μm。

(11)偏心外圆 $\phi24_{-0.02}^{0}$ mm倒角 $C1$。

(12)拆去垫片,在三爪卡盘上重新夹持 $\phi36_{-0.025}^{0}$ mm的外圆(包铜皮,夹紧力不能太大)。

(13)外圆 $\phi46_{-0.034}^{-0.009}$ mm靠近偏心轴一侧的端面倒角 $C1$。

(14)卸下工件,检测偏心距。

【思考与练习】

1. 车偏心工件有哪几种方法?各适用于什么情况?

2. 偏心距的检测方法有哪些?如何操作?

3. 车削偏心距 $e=3$ mm的工件,用4.5 mm厚的垫片进行试切削,试切后检查偏心距为3.06 mm,试计算垫片的正确厚度。

项目三 铣削加工

引 言

铣削加工是在铣床上使用旋转的多齿刀具(铣刀)对工件进行切削的一种方法,适用于平面、阶台、沟槽、成形表面和切断等加工,是目前应用最广泛的切削加工方法之一。通过在铣床上安装孔加工刀具,还可以进行钻孔、铰孔和镗孔加工等。图 3-1 所示为铣床的工艺范围。

铣削加工生产效率高,加工表面的粗糙度值较小,精铣表面的粗糙度 R_a 值可达 3.2 ~ 1.6 μm,两平行平面之间的尺寸精度可达 IT9 ~ IT7,直线度可达 0.08 ~ 0.12 mm/m。

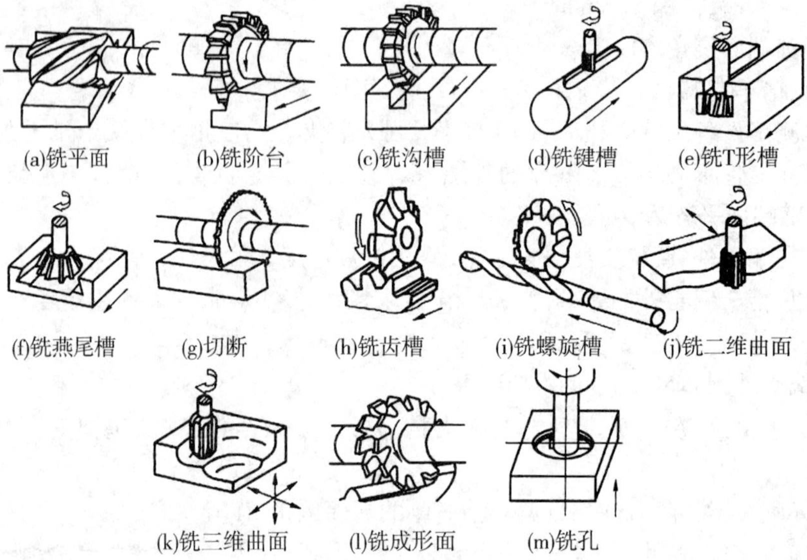

图 3-1 铣床的工艺范围

单元一 铣削基础

【学习目标与任务】

学习目标:

1. 掌握常用铣床的结构及其操纵方法。
2. 熟悉常用的铣床夹具及工件的装夹方法。
3. 熟悉常用铣刀的特点,掌握其安装方法。
4. 了解铣削的特点及其铣削要素的要求。

学习任务：铣床的调整及刀具的安装。

【任务引入】

以 X6132 型卧式万能升降台铣床为例，掌握铣床的操作方法，完成圆柱铣刀或立铣刀的安装操作。

【知识指引】

一、铣床

铣床是机械加工中应用广泛的一种机床。加工过程中，它能够提供刀具的旋转运动和工作台的直线移动。若使用旋转工作台装夹工件，铣床还能为工件提供圆周进给运动。

(一)铣床的类型与型号

铣床的种类很多，根据铣床的构造和用途，铣床分为仪表铣床、悬臂及滑枕铣床、龙门铣床、平面铣床、仿形铣床、立式铣床、卧式铣床、床身铣床(工作台不升降铣床)、工具铣床和其他铣床，近年来又出现了功能强大的各类数控铣床。

铣床的型号以拼音字母"X"位于首位，后面跟有主要的参数代号。附表中列出了各类铣床的组、系代号及主参数，以供参考。

铣床中，最常用的类型是卧式升降台铣床、立式升降台铣床、龙门铣床。图 3-2 展示了常用铣床的外形与构造。

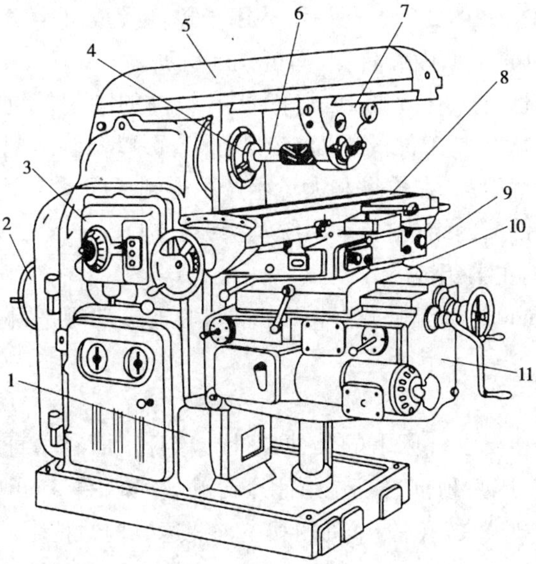

1—床身；2—主电机；3—主轴变速机构；4—主轴；
5—横梁；6—刀杆；7—挂架；8—纵向工作台；
9—转台；10—横向工作台；11—升降台

(a)X6132 型万能卧式升降台铣床

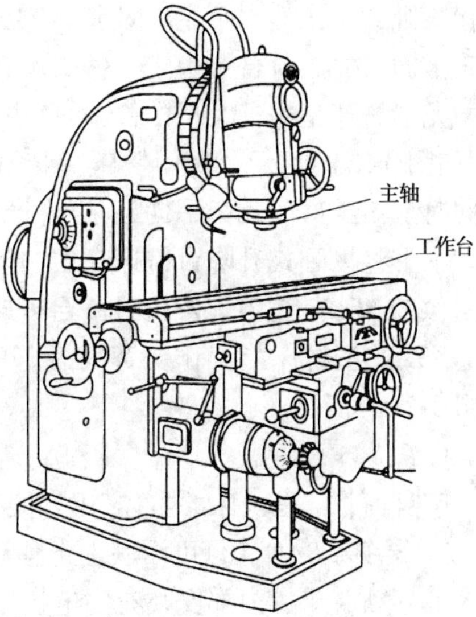

(b)立式升降台铣床

图 3-2　常用铣床的外形与构造

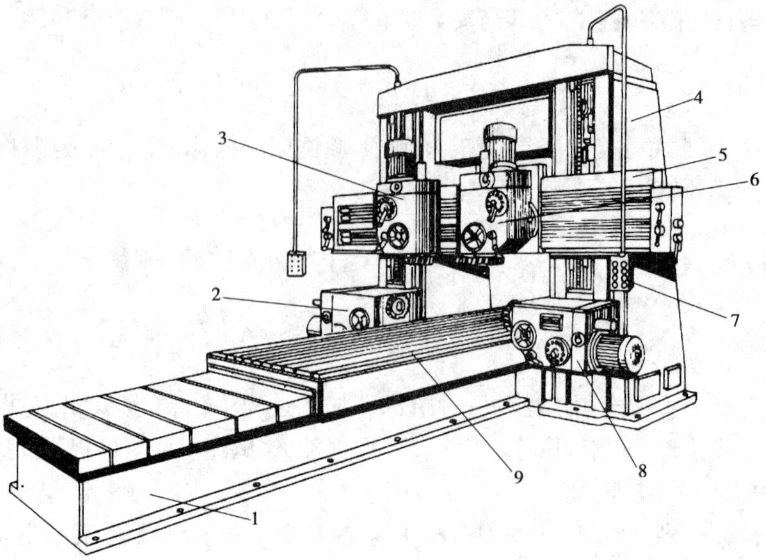

1—床身;2、8—侧铣头;3、6—立铣头;4—立柱;5—横梁;7—操纵箱;9—工作台

(c)龙门铣床

续图 3-2

卧式升降台铣床的主轴呈水平布置,习惯上称为“卧铣”,如图 3-2(a)所示,主要用于单件及成批生产中铣削平面、沟槽和成形表面。

立式升降台铣床与卧式升降台铣床的主要区别在于:它的主轴是垂直安装的,用立铣头代替卧式铣床的水平主轴及其刀架系统,如图 3-2(b)所示,适用于单件及成批生产中加工平面、沟槽、阶台。由于立铣头可在垂直平面内旋转,因而可铣削斜面。

龙门铣床是一种大型的高效通用机床,结构上呈框架式布局,有较高的刚度及抗振性,如图 3-2(c)所示。龙门铣床主要用于大中型工件的平面、沟槽加工,可以安装多把铣刀同时加工工件的几个平面,所以生产效率很高,在成批和大量生产中得到了广泛应用。

本书将以卧式升降台铣床为主,介绍铣床的结构、传动系统及操纵机构。

(二)X6132 型万能卧式升降台铣床的主要组成

X6132 型铣床指工作台宽度为 320 mm 的万能卧式升降台铣床,它的主要组成部分如图 3-2(a)所示。

1. 床身

床身(件 1)是机床的主体,用来固定和支承铣床上的其他部件。床身正面有垂直导轨,工作台(件 8、件 10)可沿其上下移动。床身顶部有燕尾形水平导轨,横梁(件 5)可沿其水平移动。床身内部安装有主电机(件 2)、主轴(件 4)机构和主轴变速机构(件 3)。

2. 横梁

横梁(件 5)的上面可安装挂架(件 7),用来支承刀杆(件 6)外伸一端。横梁沿床身水平移动,以调整其伸出的长度。

3. 主轴

主轴(件 4)是空心轴,前端带有 7∶24 的精密锥孔,用以安装铣刀刀杆并带动铣刀旋转。

4. 纵向工作台

纵向工作台(件8)可以在转台(件9)的导轨上作纵向移动,带动工件实现纵向进给运动。

5. 横向工作台

横向工作台(件10)位于升降台(件11)上面的水平导轨上,可带动纵向工作台一起作横向进给。

6. 转台

转台(件9)的作用是实现纵向工作台在水平面内 ±45°范围内的转动,以便铣削螺旋表面或槽等。

7. 升降台

升降台(件11)可以使整个工作台沿床身上的垂直导轨上下移动,以调整工作台面到铣刀的距离,并垂直进给。升降台内部安装有进给电机和进给变速机构。

带有转台的卧式铣床,其工作台除能作纵向、横向、垂直移动外,还能在水平面内转动,故称为万能卧式铣床。

(三)X6132 型万能卧式升降台铣床的传动系统

X6132 型万能卧式升降台铣床的传动系统包括主运动传动链、进给运动传动链及工作台快移传动链。

铣削加工中,机床的主运动是刀具的旋转运动,进给运动是工作台在三个方向上的直线移动。由于配置了主电机与进给电机,其主运动、进给运动各自形成首端件为主电机与进给电机、末端件为主轴与工作台的外联系传动链。

图 3-3 所示为 X6132 型万能卧式升降台铣床的传动系统图。

1. 主运动传动链

主运动传动链的首端件为主电机输出轴(轴Ⅰ),运动经轴Ⅱ—轴Ⅳ,传至末端件即主轴(轴Ⅴ),实现主轴的旋转运动。主轴旋转方向的改变,通过主电机的正反转实现,主轴的制动由多片式电磁制动器 M 控制。

主运动的传动链结构式表达为

$$\text{主电机输出轴 I}-\frac{\phi150}{\phi290}-\begin{bmatrix}\frac{19}{36}\\\frac{22}{33}\\\frac{16}{38}\end{bmatrix}-\text{III}-\begin{bmatrix}\frac{27}{37}\\\frac{17}{46}\\\frac{33}{26}\end{bmatrix}-\text{IV}-\begin{bmatrix}\frac{18}{71}\\\frac{80}{40}\end{bmatrix}-\text{V(主轴)}$$

图 3-4 所示为 X6132 型铣床主轴传动系统的转速分布图。

2. 进给运动传动链

X6132 型万能卧式升降台铣床的工作台可在三个相互垂直的方向上作直线进给运动和快速移动。

进给运动传动链的首端件为进给电机输出轴,运动由轴Ⅵ经轴Ⅶ、Ⅷ、Ⅸ传至轴Ⅹ,轴Ⅹ的运动经电磁离合器 M_3、M_4 和端面齿离合器 M_5 的不同接合,使工作台获得垂直、横向和纵向三个方向的进给运动。进给运动方向的改变由进给电机的正反转来实现。

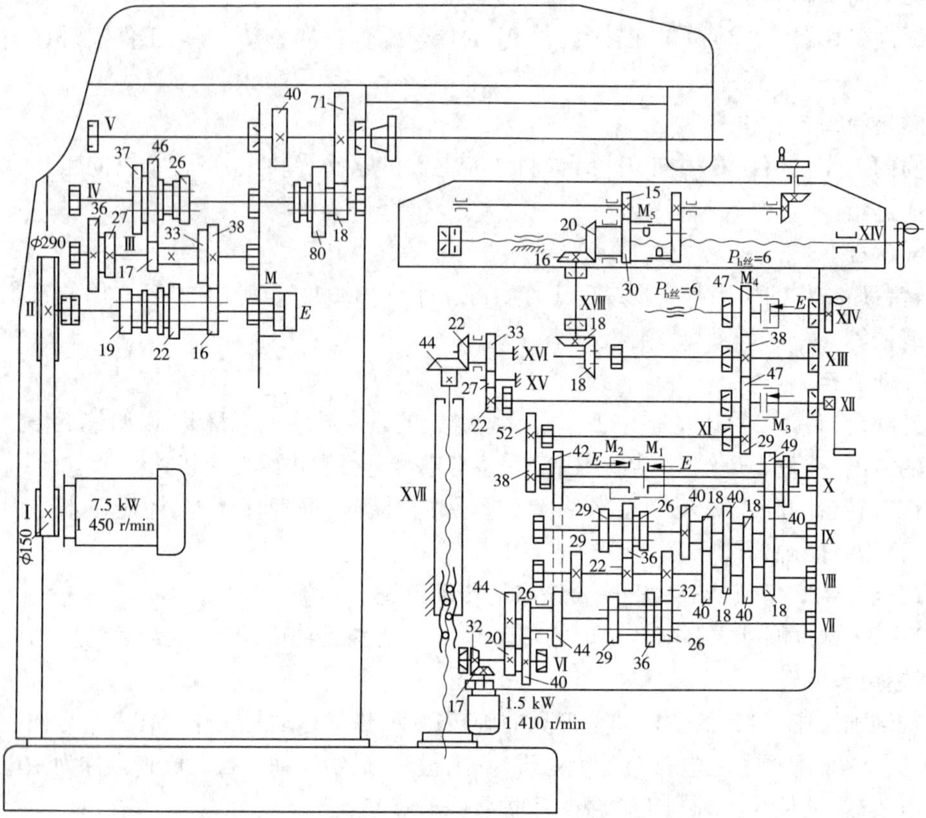

图 3-3　X6132 型万能卧式升降台铣床的传动系统

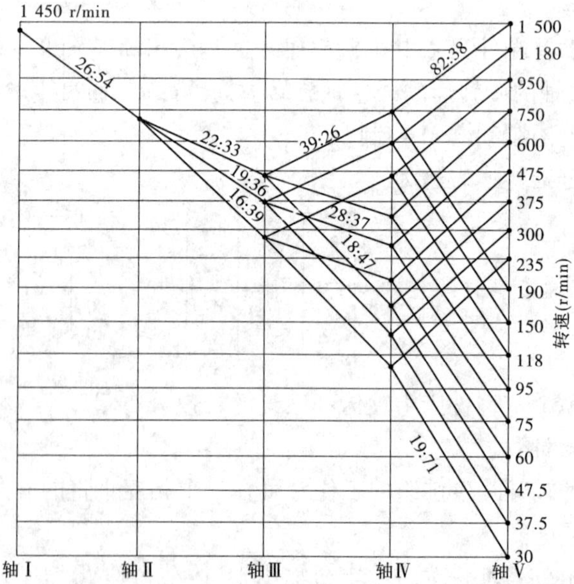

图 3-4　X6132 型铣床主轴传动系统的转速分布图

在轴Ⅷ、Ⅸ、Ⅹ之间的传动路线上，有一由空套齿轮构成的曲回机构，如图 3-5 所示。在轴Ⅹ上，$z=49$ 的滑移齿轮与轴Ⅸ有三个不同的啮合位置（图 3-5 中的 a、b、c），当滑移齿轮处于不同的位置时，分别获得$\frac{40}{49}$、$\frac{18}{40}\times\frac{18}{40}\times\frac{40}{49}$、$\frac{18}{40}\times\frac{18}{40}\times\frac{18}{40}\times\frac{18}{40}\times\frac{40}{49}$三种较大的速降比。

由此，轴Ⅶ的一种转速经两组三联滑移齿轮变速组，使轴Ⅸ获得 9 级不同的转速。轴Ⅸ的 9 级转速，经曲回机构传动至轴Ⅹ，可使Ⅹ轴上的 $z=49$ 的滑移齿轮获得 27 级理论转速、21 级实际调整转速。当接通电磁离合器 M_1 时，轴Ⅹ即获得 21 级可调转速。最终使工作台获得垂直、横向和纵向三个方向上 21 种不同的进给量。

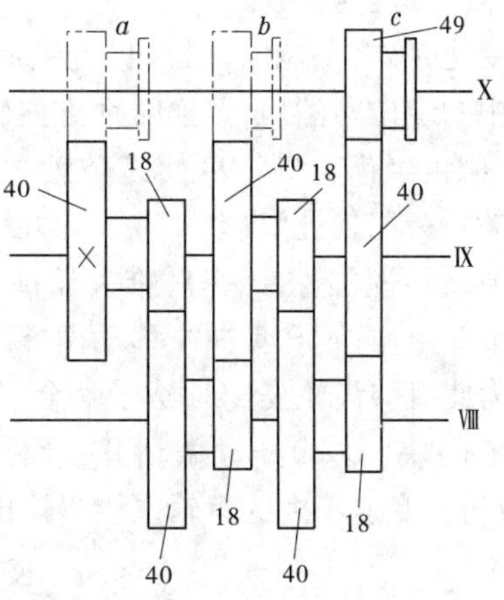

a、b、c—齿数为 49 的滑移齿轮在变速过程中的三个啮合位置

图 3-5　曲回机构原理图

X6132 型铣床的进给运动与快速移动传动链结构表达式为

$$\text{进给电机输出轴}-\frac{17}{32}-\text{VI}-\left[\begin{array}{c}\frac{20}{44}-\text{VII}-\begin{bmatrix}\frac{29}{29}\\ \frac{36}{22}\\ \frac{26}{32}\end{bmatrix}-\text{VIII}-\begin{bmatrix}\frac{29}{29}\\ \frac{22}{36}\\ \frac{32}{26}\end{bmatrix}-\text{IX}-\begin{bmatrix}\frac{40}{49}\\ \frac{18}{40}\times\frac{18}{40}\times\frac{40}{49}\\ \frac{18}{40}\times\frac{18}{40}\times\frac{18}{40}\times\frac{18}{40}\times\frac{40}{49}\end{bmatrix}-M_1\text{ 啮合（工作进给）}\\ \frac{40}{26}\times\frac{44}{42}-M_2\text{ 啮合（快速移动）}\end{array}\right]-$$

$$\text{X}-\frac{38}{52}-\text{XI}-\frac{29}{47}-\left[\begin{array}{l}\frac{47}{38}-\text{XIII}-\left[\begin{array}{l}\frac{18}{18}-\text{XVIII}-\frac{16}{20}-M_5\text{ 啮合—纵向丝杆XIX（纵向进给）}\\ \frac{38}{47}-M_4\text{ 啮合—横向丝杆XVI（横向进给）}\end{array}\right]\\ M_3\text{ 啮合}-\text{XI}-\frac{22}{27}-\text{XV}-\frac{27}{33}-\text{XVI}-\frac{22}{44}-\text{垂直丝杆XVII（垂直进给）}\end{array}\right]$$

3. 工作台的快移传动链

快移运动传动链，用于调整工作台在纵向、横向或垂直方向上的快速移动。X6132 型铣床的快移运动与进给运动具有同一运动源，通过轴Ⅶ上的空套齿轮 $z=44$ 直接传递至轴Ⅹ上的滑移齿轮 $z=42$。当接通电磁离合器 M_2 后，轴Ⅹ获得快速旋转，从而实现工作台在三个方向上的快移调整。

（四）X6132 型铣床的操纵机构及其操作方法

X6132 型铣床的主运动及进给运动的变速采用的都是孔盘变速操纵机构。

1. 主轴变速操纵

1）主轴变速操纵机构

如图 3-6 所示为 X6132 型铣床的主轴变速操纵机构。

主轴变速操纵机构是安装在床身立柱侧面的一个独立部件，由手柄（件 1）和速度盘

(件 4)进行变速操纵。

变速时,将手柄向外拉出,则手柄以销轴(件 2)为回转中心,脱开定位销(件 3)在手柄槽中的定位。然后,按逆时针方向转动手柄约 250°,经操纵盘(件 5)、平键使套筒(件 6)转动,再经齿轮(件 9)使齿条轴(件 10)向右移动,其上的拨叉(件 11)拨动孔盘(件 12)向右移动,使孔盘(件 12)脱开各组齿条轴,为孔盘的转位做好准备。转动速度盘(件 4)至所需转速位置,经一对锥齿轮使孔盘转过相应的角度。最后,将手柄推回至原来位置并重新定位,则孔盘向左移动而推动各组齿条轴做出相应的移位,实现转速的变换。

为使滑移齿轮变速时易于啮合,机床上设有主电机瞬时冲动装置。它利用齿轮(件 9)上的凸块(件 8)压动微动开关(件 7),以瞬时接通主电机电源,使主电机实现一次冲动,带动主变速箱内的齿轮以缓慢速度转动,滑移齿轮即可顺利地移动到新的啮合位置。

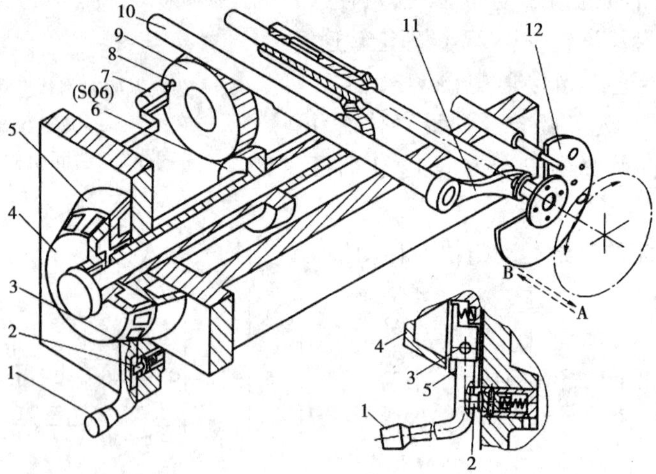

1—手柄;2—销轴;3—定位销;4—速度盘;5—操纵盘;6—套筒;7—微动开关;
8—凸块;9—齿轮;10—齿条轴;11—拨叉;12—孔盘

图 3-6　X6132 型铣床的主轴变速操纵机构

2)主轴变速的操作步骤

如图 3-7 所示为 X6132 型铣床的主轴变速操作。

将变速手柄(件 1)下压,使手柄的榫头从固定环(件 2)的槽内脱出,再将手柄向外拉,使榫头落入固定环的槽内,手柄处于脱开位置Ⅰ。转动转速盘(件 3),使所选转速值对准指针(件 4)。

将手柄下压并快速推至位置Ⅱ,使冲动开关(件 6)瞬时接通,电动机瞬时转动,以利于滑移齿轮顺利啮合。将手柄由位置Ⅱ慢速推至位置Ⅲ,使手柄的榫头落入固定环的槽内。变速操作结束。

变速盘上有 30 ~ 1 500 r/min 的转速 18 挡。主轴变速操作时,连续变速不允许超过 3 次。

如果需要连续变速,应间隔 5 min,以免因启动电流过大,烧坏电机。

2. 进给变速操作(步骤)

进给运动的变速操作原理与主变速的相似。图 3-8 所示为进给变速操作的方法。

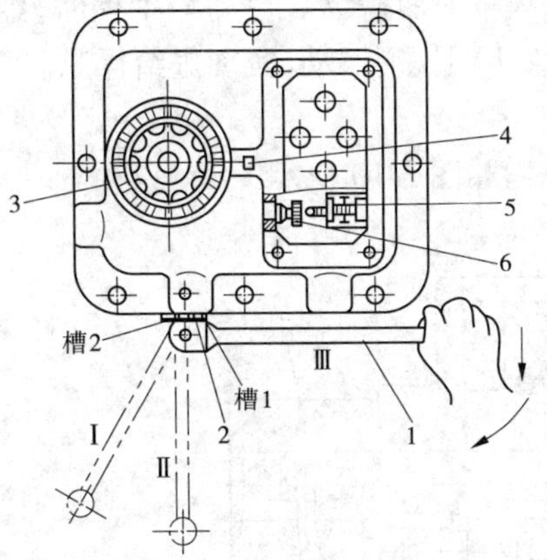

1—变速手柄;2—固定环;3—转速盘;
4—指针;5—螺钉;6—冲动开关

图3-7 主轴变速操作

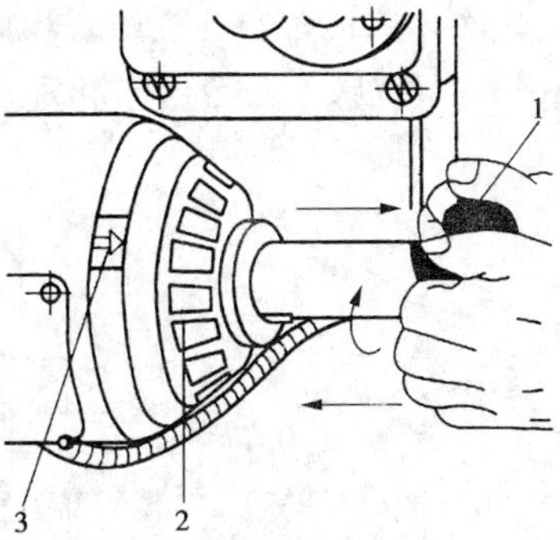

1—变速手柄;2—转速盘;3—指针

图3-8 进给变速操作

进给变速时,先向外拉出进给变速手柄(件1),然后转动手柄,使进给转速盘(件2)旋转。当所需的进给速度值对准指针(件3)后,将进给变速手柄推进,工作台即按选定的进给速度作机动进给运动。

3. 工作台的纵向进给操纵机构

X6132型铣床工作台纵向进给操纵机构如图3-9所示。

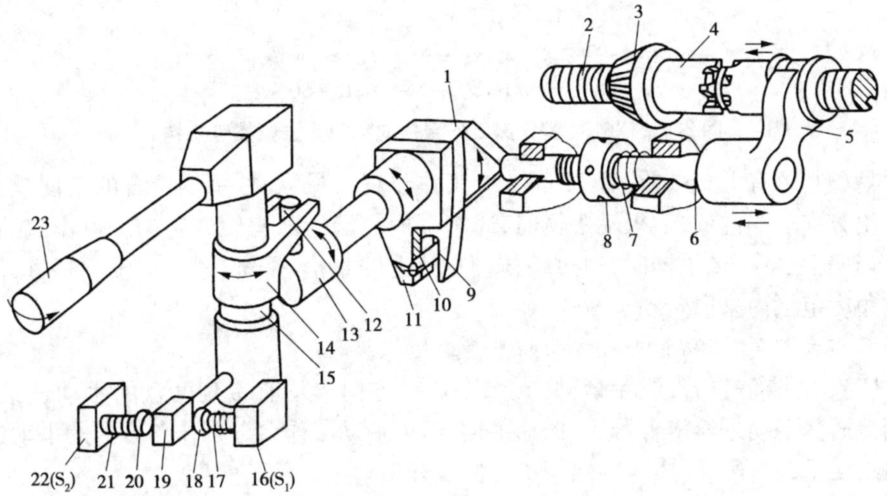

1—凸块;2—纵向进给丝杆;3—空套锥齿轮;4—端面离合器 M_5;5—拨叉;6—轴;7—弹簧;8—调整螺母;9—凸块下端叉子;10—摆块上销;11—摆块;12—套筒上销;13—套筒;14—叉子;15—垂直轴;16—微动开关 S_1;17、21—弹簧;18、20—可调螺钉;19—压块;22—微动开关 S_2;23—手柄

图3-9 X6132型铣床工作台纵向进给操纵机构

工作台的纵向进给运动由手柄(件23)来操纵,通过压动微动开关 S_1 或 S_2,使进给电机作正转或反转,并同时接通或断开端面离合器 M_5,实现工作台向右或向左的纵向进给运动。

工作台的纵向进给运动，也可由机床侧面的另一手柄操纵。扳动该手柄时，经杠杆、摆块上销（件10）、凸块下端叉子（件9）使凸块（件1）上、下摆动，实现进给操纵。

4. 工作台的横向和垂直进给操纵机构

X6132 型铣床工作台横向和垂直进给操纵机构如图 3-10 所示。

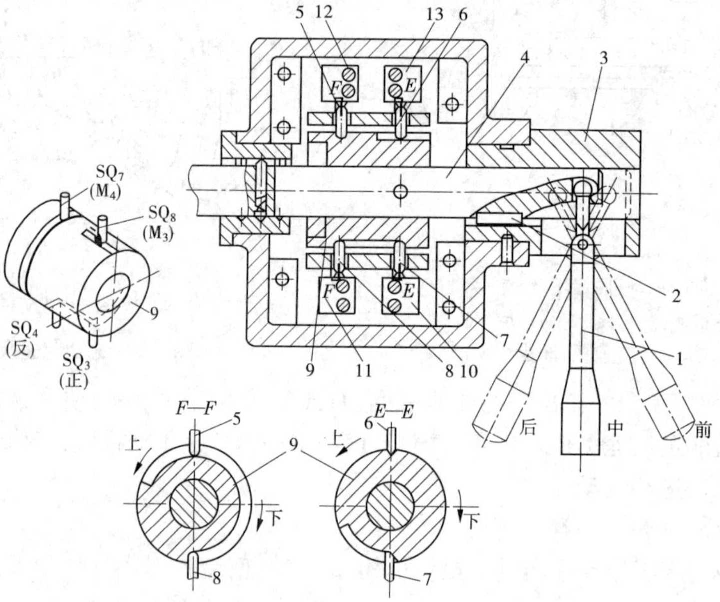

1—手柄；2—平键；3—毂体；4—轴；5、6、7、8—顶销；9—鼓轮；
10—SQ_3；11—SQ_4；12—SQ_7；13—SQ_8

图 3-10 X6132 型铣床工作台横向和垂直进给操纵机构

手柄（件1）有上、下、前、后、中间五个工作位置。操纵时，手柄位置的指向就是工作台的进给方向。当向前、后扳动手柄时，通过手柄前端的球头使鼓轮（件9）作左、右轴向移动。当向上、下扳动手柄时，通过毂体（件3）上的扁槽、平键（件2）、轴（件4），使鼓轮在一定角度范围内来回转动。

5. 工作台纵向、横向和垂直方向的手动进给操纵

铣床除有机动进给操纵手柄外，在每个进给方向上均有带刻度盘的手动进给手柄。当手柄接通其手动进给离合器后，摇动手柄，即可带动工作台分别作各方向的手动进给运动。在结束手动进给后，应将手柄与离合器脱开。

纵向、横向刻度盘的圆周刻线为 120 格，每摇一周，工作台移动 6 mm。所以，每摇过一格，工作台移动 0.05 mm。

垂直方向刻度盘的圆周刻线为 40 格，每摇一周，工作台升降 2 mm。所示，每摇过一格，工作台的升降也是 0.05 mm。

二、铣刀

（一）铣刀的类型与特点

铣刀是多齿的旋转刀具。铣刀的每个刀齿相当于一把车刀，在一次圆周旋转中依次

切入、切出工件,间歇地工作。它的切削基本规律与车刀的相似,但在断续的切削中产生的切削层厚度与面积随时变化,因此其切削过程又呈现出一些特殊性。

为了适应不同的铣削加工,铣刀的种类繁多,形态各异,其分类方法很多。如:根据铣刀材料的不同,可分为高速钢铣刀和硬质合金铣刀。根据铣刀用途的不同,可分为平面类铣刀、沟槽类铣刀、成形铣刀等三大类。根据铣刀的安装特点,又可分为带柄铣刀和带孔铣刀。带柄铣刀的特点是铣刀尾部为锥柄,插入主轴锥孔内安装;带孔铣刀的特点是中间有孔,安装在刀杆上使用。此外,还可以按齿背形式,分为尖齿铣刀和铲齿铣刀;按刀齿数目,分为粗齿铣刀和细齿铣刀;按铣刀结构,分为整体式、焊接式、装配式和可转位式铣刀。

常用铣刀的形状如图 3-11 所示,各自的用途如下。

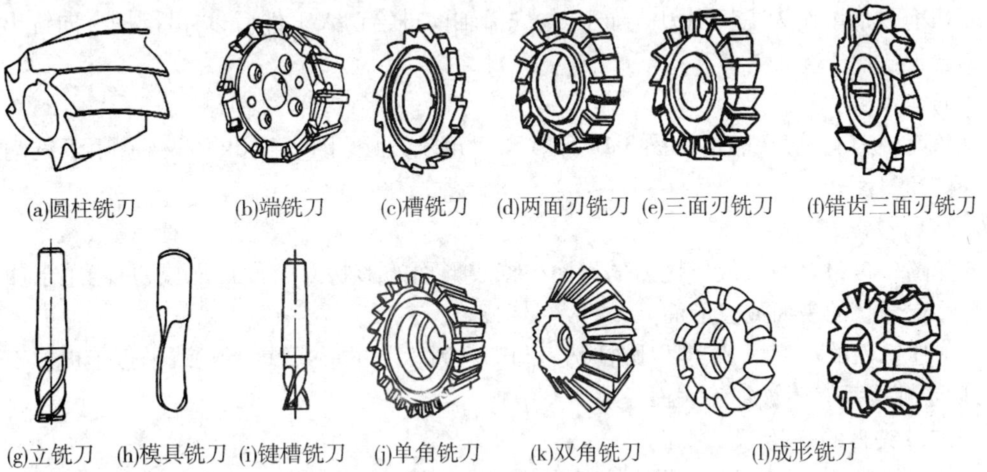

图 3-11 常用铣刀的形状、类型

1)圆柱铣刀

如图 3-11(a)所示,圆柱铣刀的切削刃呈直齿或螺旋状分布在圆柱表面上,端面无副切削刃,主要采用高速钢整体制成,也可镶焊螺旋形硬质合金刀片。圆柱铣刀用于卧式铣床上的平面加工。

2)端铣刀

如图 3-11(b)所示,端铣刀的圆周表面和端面上都有切削刃,主要采用硬质合金刀齿,小直径的铣刀可采用高速钢整体制成。端铣刀主要用于立式铣床上的平面加工,特别适合较大平面的加工,生产效率较高。

3)盘形铣刀

盘形铣刀分为槽铣刀(见图 3-11(c))、两面刃铣刀(见图 3-11(d))、三面刃铣刀(见图 3-11(e)、(f))。

槽铣刀仅在圆柱表面上有刀齿,两侧端面做成内凹角为 0°30′的锥面作为其副偏角。槽铣刀只能用于浅槽加工,但薄片的槽铣刀也称锯片铣刀,用于切削深窄槽或切断工件。

两面刃铣刀在其圆柱表面和一个端面上有刀齿,用于加工阶台面。

三面刃铣刀在其圆柱表面和两侧端面上都有刀齿,用于加工沟槽和阶台面。为改善端面切削刃的工作条件并避免其前角为负值,可采用错齿结构,使刀齿交错地左、右旋,制成错齿三面刃铣刀。

4）立铣刀

如图3-11（g）所示，立铣刀在圆柱表面上的螺旋切削刃为主切削刃，端面上有未至中心的副切削刃，一般不能沿轴向进给，用于加工平面、阶台和沟槽。

如果立铣刀的端部制成球形或圆锥形，如图3-11（h）所示，其球面或锥面上的切削刃也为主切削刃，可作沿轴向进给的切削运动，这种立铣刀即为模具铣刀，主要用于加工模具的型腔或凸模的成形表面，以及多坐标的三维成形表面。

5）键槽铣刀

如图3-11（i）所示，键槽铣刀是铣削键槽的专用铣刀，只有两个刃瓣，其圆柱切削刃和端面切削刃都可作为主切削刃。加工时，先沿轴向进给切入工件后，再沿键槽方向铣出键槽的全长。

6）角度铣刀

角度铣刀有单角铣刀（见图3-11（j））和双角铣刀（见图3-11（k））两种，用于铣削加工沟槽和斜面。

7）成形铣刀

如图3-11（l）所示，成形铣刀的齿面根据成形面的形状专门设计而成，只能用于加工某种特定形状的表面或齿形面。

上述铣刀的类型虽多，但以圆柱铣刀和端铣刀为基本形式，前者轴线平行于被加工表面，后者轴线垂直于被加工表面。

（二）铣刀的安装

铣刀的形状、用途、尺寸不同，其安装方法也不同，应根据铣刀的种类、加工方法、工件被切削部位的情况来确定。铣刀的安装方法正确与否，直接影响铣削的质量和铣刀的使用寿命。

铣刀的安装分为带孔铣刀的安装和带柄铣刀的安装。

1. 带孔铣刀的安装

带孔铣刀是在铣床上用刀杆安装的铣刀，主要有圆柱铣刀、端铣刀、盘形铣刀、角度铣刀和一些成形铣刀。图3-12所示为卧式铣床的主轴结构。

圆柱铣刀的安装步骤如图3-13所示。

端铣刀的安装：带孔的端铣刀用短刀杆安装到铣床的主轴上，或者通过立铣头安装到铣床上。短刀杆有端面带键和孔中带键两种，如图3-14所示。

图3-15所示为内孔带键槽的套式端铣刀的安装步骤。

2. 带柄铣刀的安装

一般的柄式铣刀包括立铣刀、键槽铣刀和一些端铣刀，其柄部结构有直柄和锥柄两种。

直柄铣刀通常为整体式，直径一般都小于20 mm，多用弹性夹头进行安装，如图3-16（a）所示。由于弹性夹头沿轴向有三条开口，采用锁紧螺母锁紧夹头的端面，使其外锥面受压而孔径缩小，从而夹紧铣刀。弹性夹头有多种孔径，以适应安装不同直径的直柄铣刀。

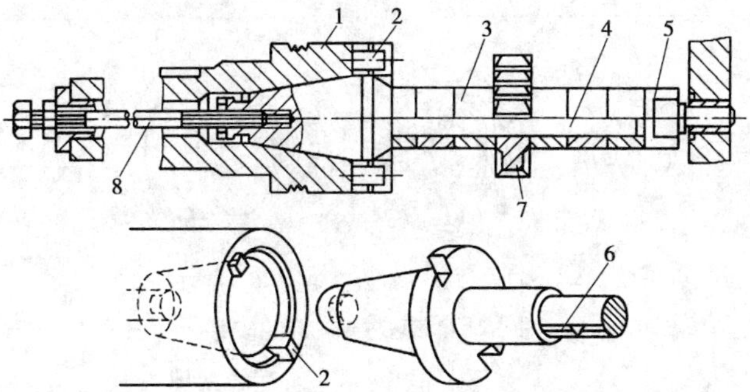

1—主轴;2—端面键;3—套筒;4—刀杆;5—压紧螺母;
6—定位键;7—铣刀;8—拉紧螺杆

图 3-12　卧式铣床的主轴结构

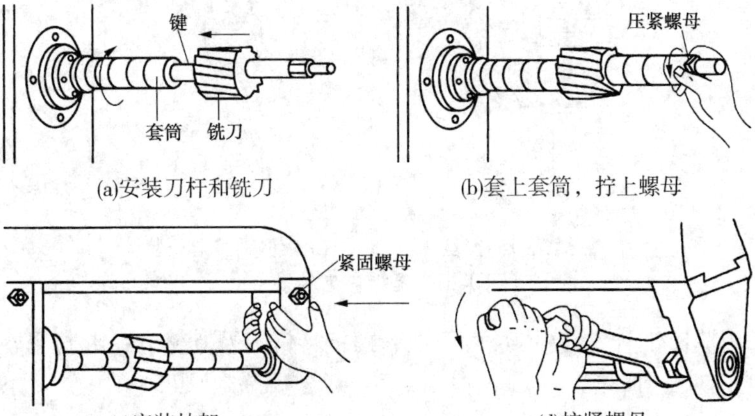

(a)安装刀杆和铣刀　(b)套上套筒，拧上螺母

(c)安装挂架　(d)拧紧螺母

图 3-13　圆柱铣刀的安装步骤

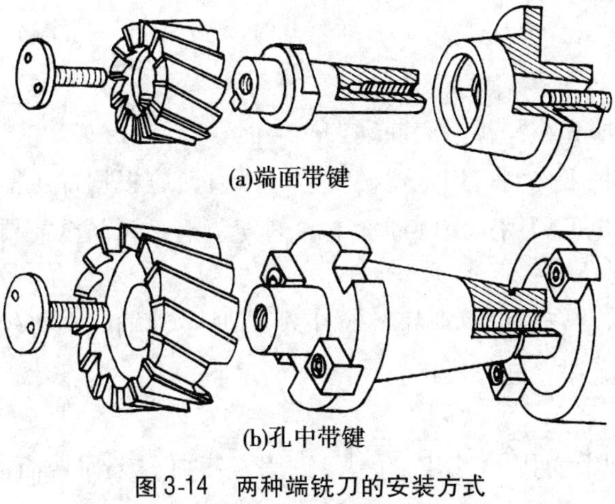

(a)端面带键

(b)孔中带键

图 3-14　两种端铣刀的安装方式

锥柄铣刀有整体式和组装式两种,组装式结构主要用于安装铣刀头或硬质合金刀片。

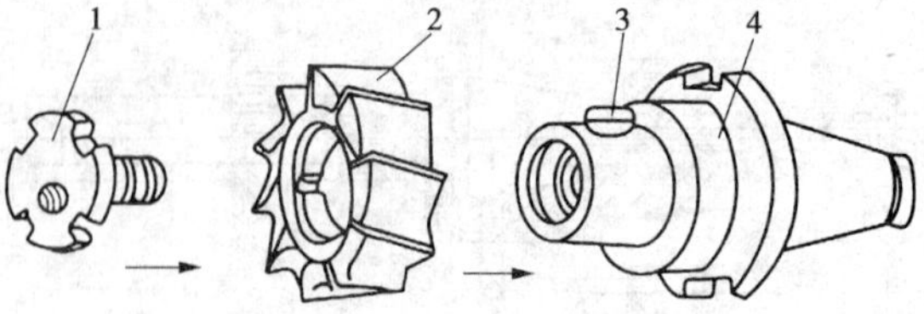

1—紧固螺钉;2—铣刀;3—键;4—短刀杆

图 3-15　套式端铣刀的安装

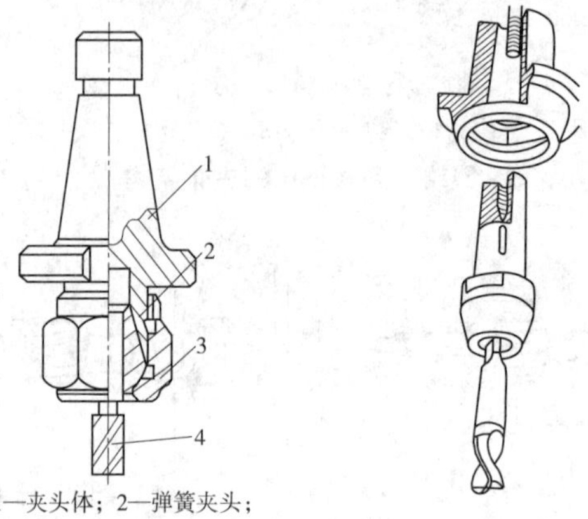

1—夹头体；2—弹簧夹头；
3—锁紧螺母；4—铣刀
(a)直柄铣刀的安装　　(b)锥柄铣刀的安装

图 3-16　带柄铣刀的安装

安装时,先选用莫氏锥套安装铣刀,再用拉紧螺杆将铣刀及其锥套一起拉紧在主轴端面的锥孔内,如图 3-16(b)所示。

三、铣削工件的装夹

(一)在平口钳上装夹工件

1. 平口钳的安装与找正

1)平口钳的安装

安装平口钳时,应先擦净钳座底面和工作台面。

加工一般工件时,平口钳可用定位键安装。钳口面应根据加工需要位于与主轴轴线垂直或平行的位置,也可利用钳座圆周面上的刻度调整钳口面至需要的角度。如图 3-17 所示为平口钳的安装位置。

加工有较高相对位置精度要求的工件时,钳口与主轴轴线会有较高的垂直度或平行度要求,此时应对固定钳口进行校正。

2)平口钳的找正

平口钳安装过程中的找正,其目的是保证固定钳口与工作台面的垂直度或平行度。当精度要求不高时,一般使用直角尺、划针盘等工具找正,如图 3-18(a)所示。若精度要求较高,则需要用百分表找正,如图 3-18(b)所示。

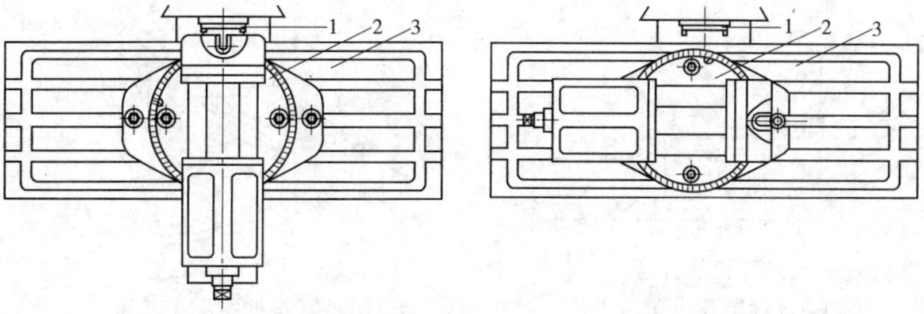

(a)固定钳口与主轴轴线垂直　　(b)固定钳口与主轴轴线平行

1—主轴;2—钳座;3—工作台

图 3-17　平口钳的安装位置

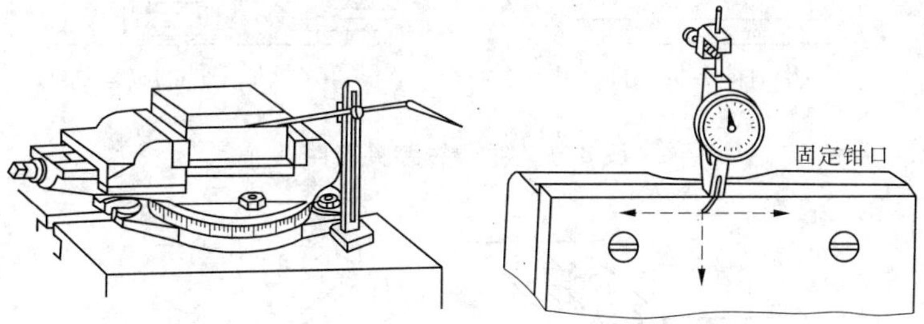

(a)　　(b)

图 3-18　平口钳的找正

2. 工件在平口钳上的装夹

平口钳常用以安装矩形工件和圆形工件,铣削长方体工件的平面、阶台面、斜面及轴类零件的键槽等,适用于中小型工件的定位和夹紧。

在平口钳上装夹工件应注意以下事项:

(1)安装工件时,应擦净钳口铁平面、钳体导轨面及工件表面。

(2)工件的被加工表面应高出钳口,必要时可用平行垫铁垫高工件,如图 3-19(a)所示。但须注意,所选垫铁的平面度、平行度、相邻表面的垂直度应符合要求,垫铁表面要有一定的硬度。

(3)须将较平整的表面紧贴固定钳口和垫铁,以防止工件松动。工件与垫铁之间不应有间隙,装夹时,须一边夹紧,一边用木锤或铜棒敲击工件上部,如图 3-19(b)所示。

(4)为防止工件已加工表面夹伤,在钳口与工件之间垫以软金属片。

(5)为保证铣削工件的两平面垂直,将基准面靠向固定钳口,在活钳口与工件之间放置一圆棒。通过用圆棒将工件夹紧,使基准面与固定钳口很好地贴合,如图 3-19(c)所示。

(6)刚性不足的工件需要撑实,以免夹紧力使工件变形。如图 3-19(d)所示为框形工件的夹紧。

(二)用压板、螺栓装夹工件

当安装尺寸较大、较长或形状比较复杂的大中型工件时,常使用压板将工件直接压紧在铣床的工作台面上。所使用的夹紧件主要为 T 形螺栓和螺母,根据工件的形状、尺寸和夹紧形式,有时也使用垫铁、V 形夹。如图 3-20 所示为用压板、螺栓装夹工件的方式。

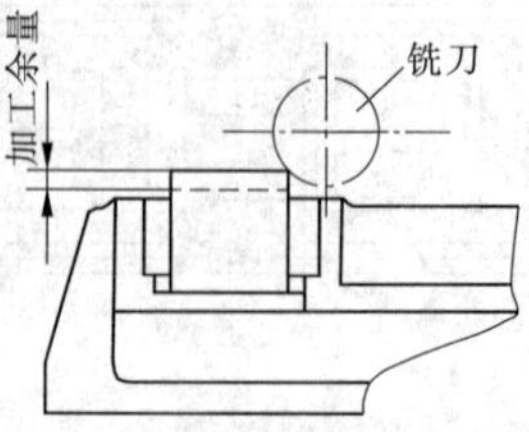

(a)余量层高出钳口平面

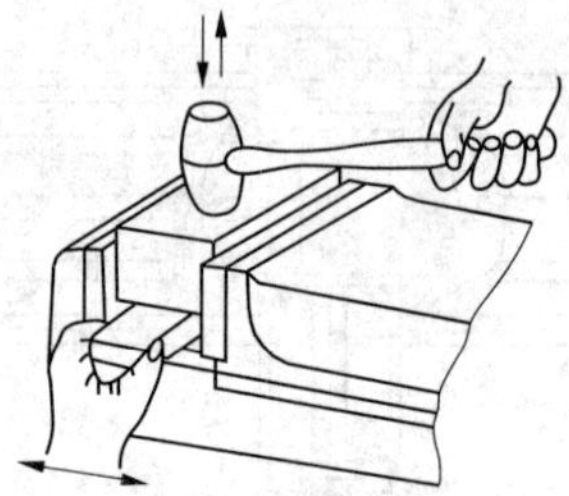

(b)用平行垫铁装夹工件

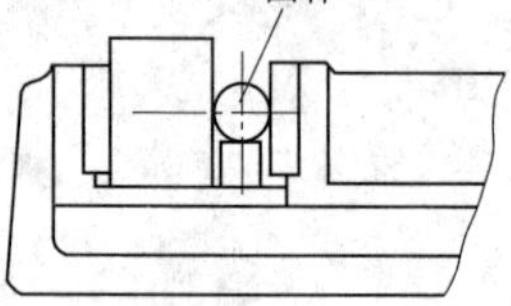

(c)用圆棒夹持工件

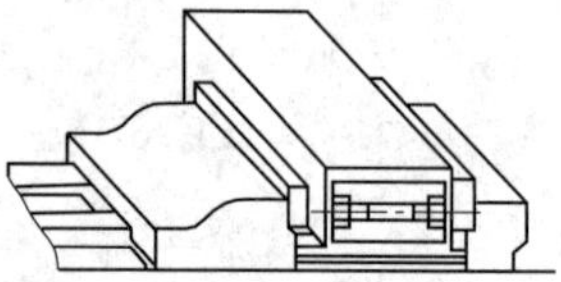

(d)框形工件的夹紧

图 3-19　平口钳装夹工件

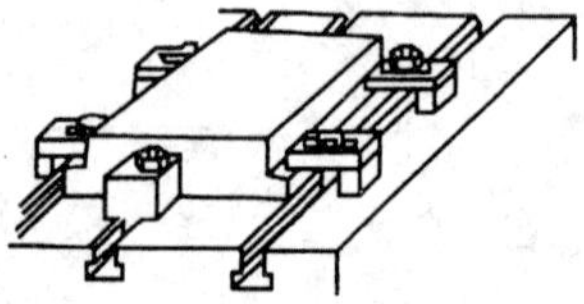

(a)

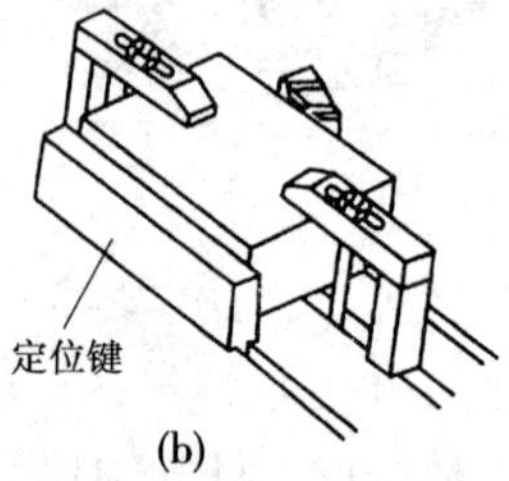

(b)

图 3-20　用压板、螺栓装夹工件

用压板、螺栓装夹工件时,应注意下列事项:

(1)压板的位置要安排得当,压点要靠近切削面,压在工件刚性最好的部位,压力大小适当,以免产生变形。

(2)压板必须压在垫铁处,以免工件因受夹紧力而变形。如图 3-21 所示为各类正确与错误的压紧方法。

(3)夹紧毛坯面时,应在工件与工作台之间垫铜皮或垫铁;夹紧已加工面时,应在压板与工件表面之间垫上铜皮。

(4)装夹薄壁工件时,其空心部位要用活动支承,避免工件因切削力而产生振动和变形。

(5)工件夹紧后,要用划针复查加工线是否与工作台平行,避免工件在装夹过程中变形或位置变动。

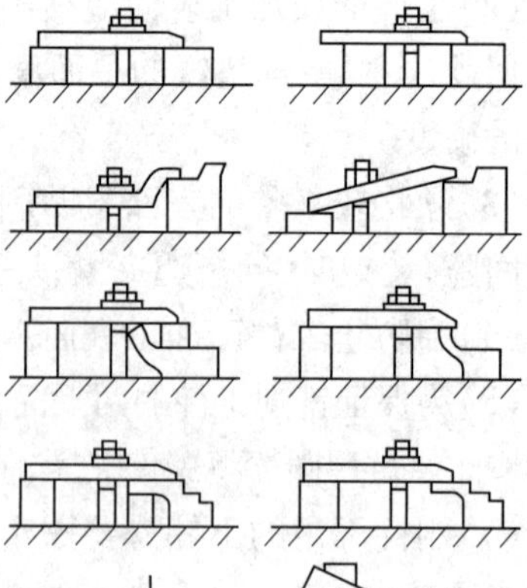

(a)正确　　(b)错误

图 3-21　压板、螺栓的使用

(三)用分度头装夹工件

分度头主轴是空心轴,前端锥孔内可安装顶

尖,用以支承轴、套类工件;主轴外部有螺纹,以便旋装三爪卡盘,用来装夹盘形、轴类工件等。用分度头装夹工件的方法通常分为以下几种:

(1)用三爪自定心卡盘和后顶尖装夹工件,如图 3-22(a)所示。

(2)用前、后顶尖装夹工件,如图 3-22(b)所示。

(3)工件套装在心轴上,与心轴一起装夹在分度头和顶尖之间,如图 3-22(c)所示。

(4)工件套装在心轴上,心轴装夹在分度头的主轴锥孔内,并可按需要倾斜一定的角度,如图 3-22(d)所示。

(5)工件直接装夹在卡盘上,并可按需要倾斜一定的角度,如图 3-22(e)所示。

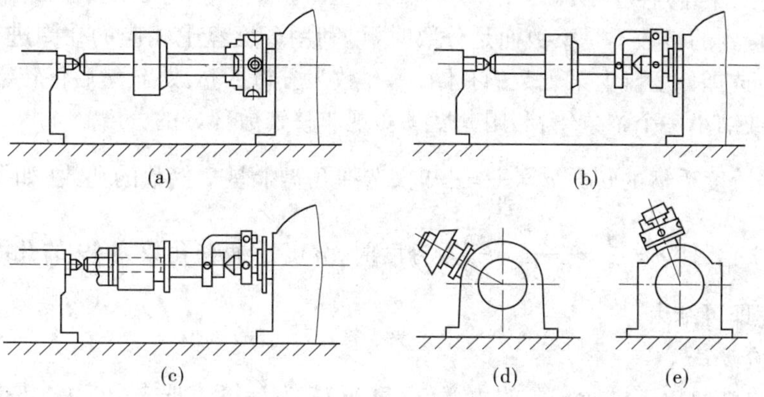

图 3-22 用分度头装夹工件

四、工件的分度方法

用分度头进行工件分度的方法包括简单分度法、角度分度法和差动分度法三种。这里只简单介绍基本的分度方法:简单分度法与角度分度法。图 3-23 所示为万能分度头的结构与传动系统。

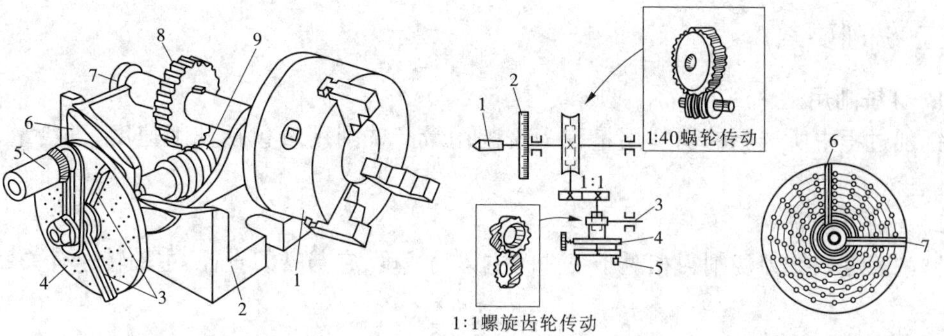

1—三爪自定心卡盘;2—基座;3—扇形夹;4—分度盘;5—手柄;6—回转体;7—分度头主轴;8—蜗轮;9—单头蜗杆

(a)万能分度头的结构

1—分度头主轴;2—刻度盘;3—交换齿轮轴;4—分度盘;5—定位销;6、7—分度叉

(b)万能分度头的传动系统及分度盘

图 3-23 万能分度头

1. 简单分度法

简单分度法是最常用的分度方法,也称为单式分度法。分度时先把分度盘固定,转动手柄时蜗杆带动蜗轮旋转,从而带动分度头主轴和工件转过所需的等分数或角度。

手柄的转数与工件等分数的关系如下:

$$n=\frac{40}{z}$$

式中　n——分度手柄的转数;

40——分度头定数,即摇转分度手柄 40 周后,分度头主轴转过 1 周;

z——工件等分数。

当计算得到的转数不是整数而是分数时,可利用分度盘上相应的孔圈进行分度。具体的做法是:选择分度盘上某孔数的孔圈,其孔数为分母的整数倍,然后将转数的分子、分母同时扩大或缩小一个整数倍,利用分度叉实现非整转数部分的分度。

例如,当分度手柄的转数 $n=\frac{40}{56}=\frac{5}{7}$时,选择孔盘上是 7 倍数的孔数(如孔数 49),将该转数扩大 7 倍,使 $n=\frac{5}{7}=\frac{5\times7}{7\times7}=\frac{35}{49}$。分度时,分度手柄在孔数为 49 的孔圈上转过 35 个孔距,分度即可结束。

2. 角度分度法

角度分度法是以工件所需要的角度(分度角)θ 为计算依据来分度的,是简单分度法的另一种形式,只是计算的依据不同而已。

手柄转数与工件的分度角的关系为

$$n=\frac{\theta}{9^\circ}=\frac{\theta}{540'}$$

式中　n——分度手柄的转数;

θ——工件所要转动的分度角度;

$9^\circ(540')$——分度头的定数。

五、铣削要素

(一)铣削用量

铣削过程中所选用的切削用量称为铣削用量。铣削用量包括铣削速度、进给量、吃刀量。

1. 铣削速度 v_c

铣削速度指铣刀切削刃相对于工件的主运动速度,它与铣刀直径、主轴转速有关。即

$$v_c=\frac{\pi d_0 n}{1\,000}$$

式中　d_0——铣刀直径,mm;

n——主轴转速,r/min。

2. 进给量

进给量是工件与刀具沿进给运动方向的相对位移量,它有三种表示方法。

(1)每转进给量f:铣刀每转一周,工件相对于铣刀在进给运动方向上的位移量,单位为mm/r。

(2)每齿进给量$f_z(a_f)$:刀具每转过一个齿,工件相对于刀齿在进给运动方向上的位移量,单位为mm/z。

(3)每分钟进给量(进给速度)v_f:在单位时间内,工件与铣刀沿进给方向的相对位移,单位为mm/min。

三者之间的关系为

$$v_f = fn = f_z zn = a_f zn$$

式中 z——铣刀的齿数。

3. 吃刀量

吃刀量是两平面间的距离。铣削时,吃刀量分为背吃刀量a_p和侧吃刀量a_e。圆周铣削和端面铣削时吃刀量的定义如图3-24所示。

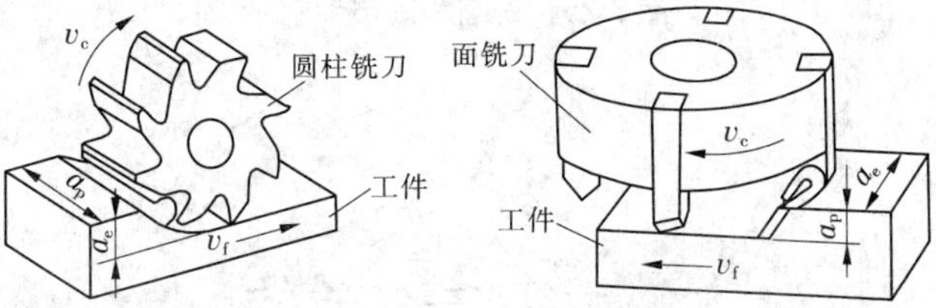

(a)圆周铣削 (b)端面铣削

图3-24 铣削时吃刀量的定义

(1)背吃刀量a_p:在平行于铣刀轴线方向上测量的切削层尺寸,单位为mm。

(2)侧吃刀量a_e:在垂直于铣刀轴线方向上测量的切削层尺寸,单位为mm。

在圆周铣削时,背吃刀量a_p为铣削深度,即铣刀切入工件的深度;侧吃刀量a_e为铣削宽度,即被加工表面的宽度。而在端面铣削中,刚好相反。

(二)铣削的切削层参数

铣削时,铣刀相邻两个刀齿在工件上形成的加工表面之间的金属层称为切削层。切削层剖面的形状和尺寸对铣削过程有很大的影响。

如图3-25所示,铣削的切削层参数包括以下方面。

1. 切削厚度a_c

切削厚度是指相邻两个刀齿所形成的加工表面间的垂直距离。由图3-25可知,铣削时切削厚度是随时变化的。

(1)直齿圆柱铣刀在铣削时(见图3-25(a)),当铣削刃转到F点时,其切削厚度为

$$a_c = a_f \sin\varphi$$

式中 φ——瞬时接触角,即刀齿所在位置与起始切入位置间的夹角。

由上式可知,刀齿在起始位置H点时,$\varphi=0$,因此$a_c=0$,切削厚度为最小值。刀齿即将离开工件到A点时,$\varphi=\delta$,切削厚度达到最大值$a_{cmax}=a_f\sin\delta$。

螺旋齿圆柱铣刀在铣削时,切削刃是逐渐切入和切离工件的,切削刃上各切削点的瞬时接触角并不相同,因此各点的切削厚度也不相等,如图3-26所示。

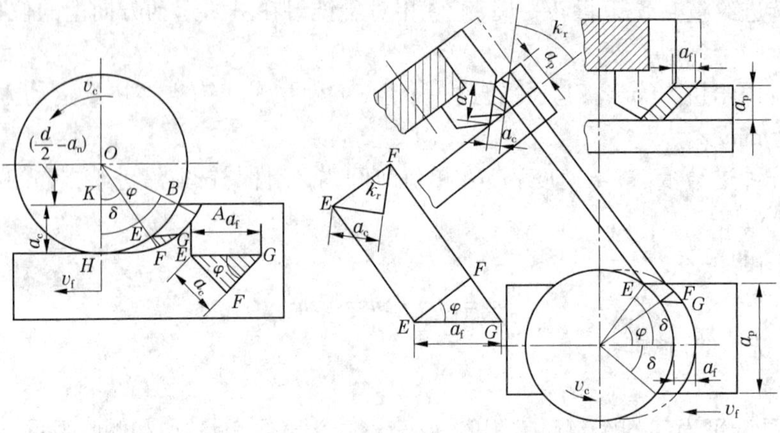

(a)圆柱铣刀铣削　　(b)端铣刀铣削

图 3-25　铣削切削层参数

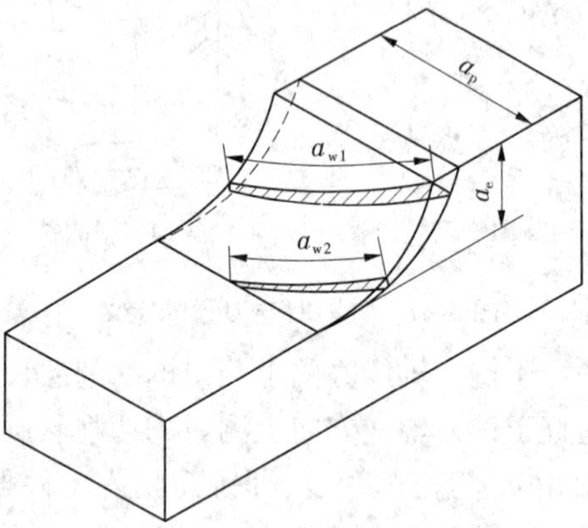

图 3-26　螺旋齿圆柱铣刀切削层参数

(2)端铣刀铣削时(见图 3-25(b)),刀齿在任意位置时的切削厚度为

$$a_c = EF\sin k_r = a_f \sin\varphi \sin k_r$$

由于刀齿接触角由最大变为零,然后由零变为最大,因此刀齿的切削厚度在刚切入工件时为最小,然后逐渐增大,到中间位置时为最大,之后又逐渐减小。

2. 切削宽度 a_w

切削宽度为主切削刃参加工作的长度。直齿圆柱铣刀的切削宽度 a_w 与铣削背吃刀量 a_p 相等。而螺旋齿圆柱铣刀的切削宽度是变化的,如图 3-26 所示,随着刀齿切入、切出工件,切削宽度逐渐增大,然后又逐渐减小,因而铣削过程较为平稳。

端铣时,切削宽度保持不变,其值为 $a_w = a_p/\sin k_r$。

3. 平均切削总面积 A_{cav}

铣刀每个刀齿的切削面积 $A_c = a_c a_w$,铣刀同时有几个刀齿参加切削,切削总面积等于各个刀齿的切削面积之和。

铣削时,切削厚度是变化的,螺旋齿圆柱铣刀的切削宽度也是变化的,而且铣刀的同时工作齿数也在变化，所以切削总面积是变化的。

（三）铣削用量的选择

选择铣削用量时，首先应选用较大的背吃刀量和侧吃刀量，再选择较大的每齿进给量，然后确定铣削速度。

1. 铣削深度

铣削深度根据工件的加工余量、加工表面质量和机床功率等选定。当机床的功率和刚度允许时，通常以一次进给切除全部余量较为经济。

对于圆柱铣刀，铣削深度就是侧吃刀量 a_e；对于端铣刀，铣削深度是背吃刀量 a_p。当余量小于 5 ~6 mm 时，一次走刀可铣去全部余量；当加工余量大于 5 mm，尺寸精度要求较高或表面粗糙度 $R_a<6.3$ μm 时，可分粗、精两次走刀，第二刀取 0.5 ~1 mm。

2. 进给量 f_z

进给量根据工件的表面粗糙度值、加工精度、工艺系统的刚性等因素决定。通常可以采用下列数据：

高速钢圆柱铣刀，加工普通钢料时取 $f_z=0.04\sim0.15$ mm/z，加工铸铁时可取 $f_z=0.06\sim0.5$ mm/z。

高速钢端铣刀，加工普通钢料时取 $f_z=0.04\sim0.3$ mm/z，加工铸铁时可取 $f_z=0.06\sim0.5$ mm/z。

硬质合金端铣刀及三面刃盘铣刀，加工钢料和铸铁时，可取 $f_z=0.08\sim0.3$ mm/z。

在 f_z 值确定后，可按 $v_f=f_zzn$ 计算出进给速度，并按铣床提供的数值选用近似值。

3. 铣削速度 v_c

铣削速度根据工件和刀具的材料、切削用量、刀齿的几何形状、刀具的耐用度等因素确定。通常可查阅手册，或由经验公式计算求得。

用硬质合金铣刀铣削钢料时，铣削速度可取 150 ~200 m/min；铣削铸铁时，提高铣削速度对改善加工表面质量不明显，铣削速度取低些；铣削铝件时，铣削速度可高达 350 ~600 m/min。

用高速钢圆柱铣刀铣削时，铣削速度一般取 6 ~60 m/min。

按照所选定的铣削速度 v_c，换算成相应的转速，再按机床上所标注的数值选取。

【任务实施】

一、X6132 型铣床的基本操作训练

（一）手动练习

（1）在老师的指导下检查机床，给铣床加注润滑油。

（2）熟悉各个进给方向的手柄和刻度盘。

（3）作手动进给练习：使工作台在纵向、横向、垂直方向上分别移动 3 mm、6 mm、2 mm 等；完成每分钟均匀地手动进给 30 mm、45 mm、60 mm、75 mm 等。

（4）学会消除工作台丝杠和螺母之间的传动间隙。

（二）铣床主轴变速和空运转练习

（1）将铣床电源开关转动到“通”位置，接通电源。

（2）练习变换主轴转速 1 ~ 3 次（控制在低速，如 30 r/min、95 r/min、150 r/min）。

（3）按“启动”按钮，使主轴回转 3 ~ 5 min。检查油窗，有甩油现象说明液压泵工作正常。

（4）停止主轴回转。重复以上练习。

（三）工作台机动进给操作练习

进给前对铣床做各项相关检查。

（1）按下主轴“启动”按钮，使主轴旋转；观察进给箱油窗是否甩油。

（2）使工作台先后分别作纵向、横向、垂直方向上的机动进给。

（3）先停止工作台进给，后停止主轴旋转。

（四）铣床安全操作规程

（1）操作前应对机床作如下检查：

①各手柄的原始位置是否正常。

②用手摇动各手柄，检查进给运动和方向是否正常。

③检查机动进给停止挡铁是否在限位柱范围内，是否紧牢。

④让主轴和工作台由低速到高速运动，检查运动和变速是否正常。

⑤开动机床使主轴回转，观察油窗是否甩油。

上述各项检查完毕后，若无异常，对机床各部分加注润滑油，如图 3-27 所示。

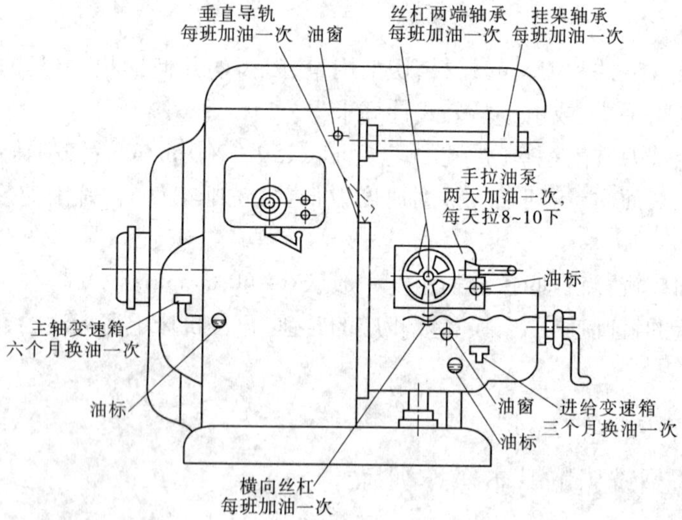

图 3-27　X6132 型铣床的润滑

（2）不准戴手套操作机床、测量工件、更换刀具、擦拭机床。

（3）装卸工件、刀具，变换转速和进给量，测量工件，安装配换齿轮等，必须在停车状态下进行。

（4）操作机床时，严禁离开岗位，不准做与操作内容无关的其他事情。

(5)工作台机动进给时,应脱开手动进给离合器,以防手柄随轴旋转伤人。

(6)不允许两个进给方向上同时机动进给。机动进给时,不准突然变化进给速度。机动进给完毕后,应先停止进给,再停止主轴旋转。

(7)高速铣削时,必须戴防护眼镜。

(8)操作结束后,把工作台停在中间位置,各手柄回复原位,关闭机床电源开关。

二、铣刀装卸训练中的注意事项

(1)安装铣刀时,应注意擦净各接触表面,防止接触面上附有脏物,从而影响安装精度。

(2)装卸铣刀时,圆柱铣刀用手持两端面;装卸立铣刀时,手上垫好棉纱后握住圆周。

(3)安装圆柱铣刀或其他带孔铣刀时,应先紧固挂架,后紧固铣刀;拆卸时应先松开铣刀,再松开挂架。

(4)拉紧螺杆上的螺纹长度应与铣刀刀杆上的螺孔有足够的旋合长度。

(5)铣刀在刀杆上的轴向位置应尽可能靠近主轴端面,以增强工艺系统刚性,并且以方便切削为原则,用不同厚度的轴套进行调整,使刀杆与主轴、铣刀与刀杆紧密配合。

(6)铣刀安装后应检查安装情况是否正确。

【思考与练习】

1. 简述 X6132 型铣床各部件及手柄的名称和作用。

2. 如何进行 X6132 型铣床主轴转速的变换?变速操作中应注意什么问题?

3. 铣刀按其用途可分成哪几类?如何装卸铣刀?装卸铣刀时应注意什么?

4. 铣削用量包含哪些部分?周铣和端铣时吃刀量怎样定义?

5. X6132 型铣床有哪些附件?这些附件各有何作用?

6. 安装平口钳时,如何校正平口钳的位置?

7. 用锤击法使工件与平口钳水平导轨或垫铁贴合时应注意什么?用平口钳装夹工件时为什么要垫圆棒?

8. 使用压板、螺栓装夹工件时需注意什么?

9. 铣一齿数为 28 的齿轮,试用简单分度法计算出每铣一齿,分度头手柄应转过的圈数(已知分度头各孔数为 37、38、39、41、42、43)。

单元二　板块工件的铣削加工

【学习目标与任务】

学习目标:

1. 掌握圆柱铣刀和端铣刀铣削平面的方法。

2. 正确区分、选择顺铣与逆铣加工方式。

3. 掌握平面铣削的基本步骤,能正确选用铣刀和切削用量。

4. 掌握平行面、垂直面、斜面的铣削方法。

5. 掌握平面的检验方法。

学习任务:任务1,平面铣削;任务2,斜面铣削。

【任务引入】

在X6132型铣床上,铣削如图3-28所示的长方体零件。

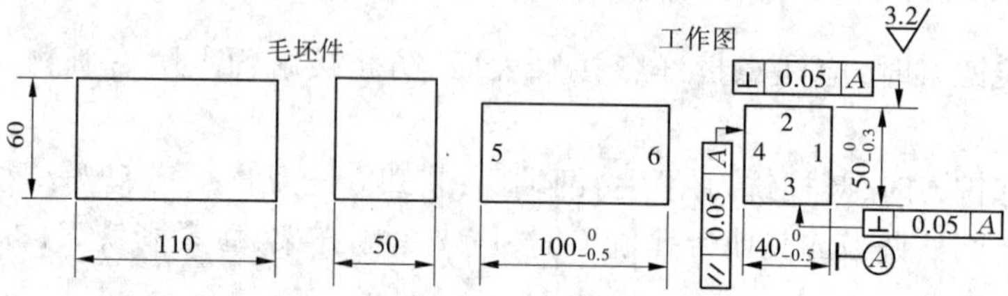

图3-28　长方体零件

【知识指引】

一、平面的铣削方式

铣削方式是指在铣床上加工工件时铣刀和工件的相对运动关系。

铣削属于断续切削,实际切削面积随时都在发生变化,因此铣削力波动大,冲击与振动大,铣削平稳性差。但是采用合理的铣削方式,会减缓冲击与振动,对提高铣刀耐用度、工件质量和生产率具有重要的作用。

(一)周铣与端铣

在铣床上铣削平面的方法一般有两种:周铣和端铣,如图3-29所示。

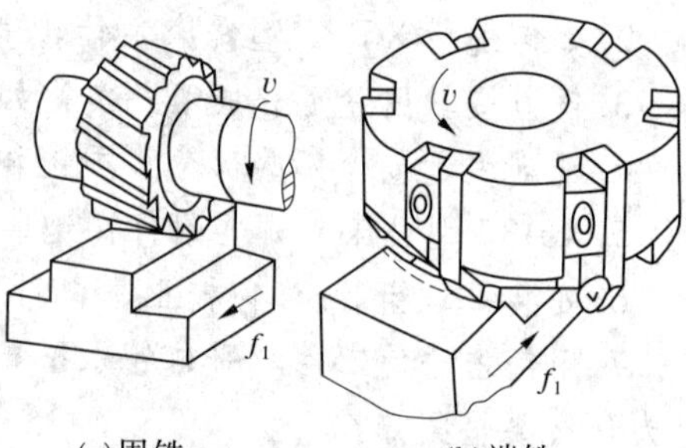

(a)周铣　　(b)端铣

图3-29　周铣和端铣

1. 周铣

周铣是指利用分布在圆柱面上的切削刃铣削成形的加工方法,如图3-29(a)所示。采用周铣方法加工的平面,其平面度误差主要取决于圆柱铣刀的圆柱度。精铣时,要求铣刀的圆柱度误差小于工件的平面度标准公差。

2. 端铣

端铣是指利用分布在铣刀端面上的切削刃铣削成形的加工方法。用端铣刀在立式铣床上端铣,铣出的平面与铣床工作台面平行;端铣也可以在卧式铣床上进行,铣出的平面与铣床工作台面垂直,如图3-30所示。

采用端铣方法加工的平面,其平面度误差主要取决于铣床轴线与进给方向的垂直度。若垂直,铣出的表面上分布网状的刀纹;若不垂直,铣出的表面呈凹面并有弧形刀纹。如果铣削时进给方向由刀尖高的一端移向刀尖低的一端,会产生"拖刀"现象。因此,端铣平面时应校正铣床主轴轴线与进给方向的垂直度。

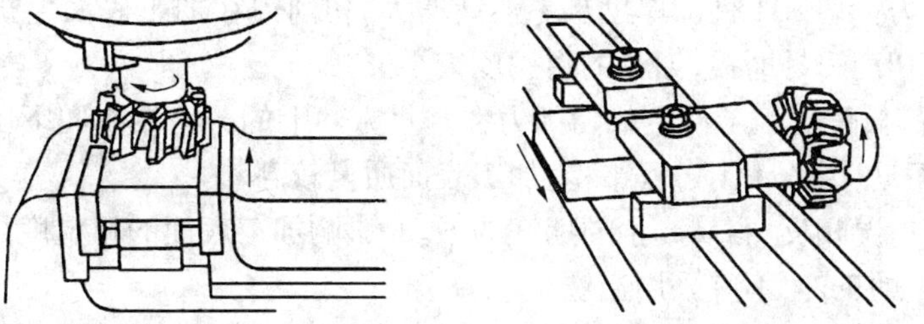

(a)立式铣床上用端铣刀铣平面　　(b)卧式铣床上用端铣刀铣平面

图 3-30　端铣

3. 端铣与周铣的加工比较

(1)加工精度:端铣刀具直接安装在铣床的主轴端部,悬伸短,刀具系统的刚性较好,不易产生振动,因此加工精度较周铣的高。

(2)表面质量:端铣是主、副切削刃同时工作,副切削刃的修光作用使加工面的表面粗糙度值较小,因此表面质量较周铣的高。

(3)加工平稳性:端铣时,同时参与切削的刀齿较多,刀齿在切入、切出时切削厚度的变化较小,切削力的波动和产生的振动也都较小,所以切削过程较周铣的更加平稳。

(4)生产效率:端铣刀便于镶嵌硬质合金刀片,能选用较大的切削用量进行高速切削,因此生产效率比周铣的高。

(5)加工范围:端铣主要用于平面铣削,特别是大平面的铣削更能体现端铣的优势。而周铣的适应性更广,能用多种形式的铣刀铣削平面、沟槽、齿形和成形面等,特别是对难加工材料的铣削,周铣有较大的优势。

(二)顺铣与逆铣

铣削加工有顺铣和逆铣两种铣削方式,如图 3-31 所示。

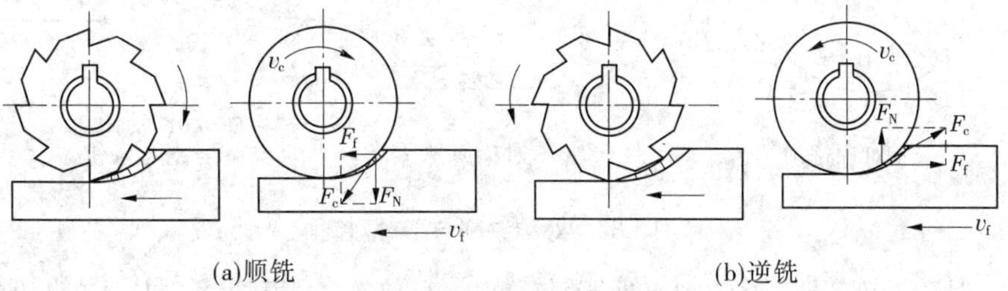

(a)顺铣　　(b)逆铣

图 3-31　圆周铣时的顺铣与逆铣

顺铣,是指铣刀的切削速度方向与工件的进给方向相同的铣削加工。顺铣时,铣刀对工件的作用力在进给方向上的分力与工件的进给方向相同。

逆铣,是指铣刀的切削速度方向与工件的进给方向相反的铣削加工。逆铣时,铣刀对工件的作用力在进给方向上的分力与工件的进给方向相反。

1. 顺铣与逆铣的特点

(1)顺铣时,切削刃切入工件时切削厚度最大,然后逐渐减小到零,切屑由厚到薄。切削刃磨损小,刀具耐用度高,而且切削刃与已加工表面的挤压、摩擦小,加工表面质量较高。

逆铣时,刀齿切入工件的厚度从零逐渐增大,切削刃在加工表面上挤压、滑行后才切入工件,因此切削刃易磨损,刀具的耐用度较小。

(2)顺铣时,作用于工件上的切削力在垂直方向上的分力始终向下压向工件,避免了工件的上下振动,因此铣削过程平稳,加工表面质量较高。

逆铣时,情况相反,容易产生周期性的振动,影响加工表面的粗糙度,特别是加工长而薄及不易夹紧的工件,不宜采用逆铣。

(3)顺铣时,由于作用于工件上的切削力在进给方向上的分力与工件的进给方向一致,当工作台的丝杆螺母副间隙或轴承的轴向间隙较大时,工作台会产生间歇性的窜动,不能平稳地进给,导致刀齿损坏、刀杆弯曲、工件及夹具移位。

而逆铣时,该进给分力与工件的进给方向相反,不会引起工作台的窜动,并能保证其进给平稳。

(4)顺铣时,消耗在工件进给运动上的功率较小,而逆铣时则消耗较大。

(5)对于表面有硬皮的毛坯工件,顺铣时刀齿一开始就切入硬皮,切削刃容易磨损,而若逆铣则不存在该问题。

综上所述,在铣床上进行周铣时,通常是粗加工时采用逆铣,精加工时采用顺铣。当铣削不易夹牢或薄而细长的工件时,也可选用顺铣。

2. 端铣的对称铣削与不对称铣削

端铣时,刀齿在一次切入、切出中,既有顺铣,又有逆铣。根据铣刀和工件之间的相互位置不同,端铣分为对称铣削与不对称铣削两种,如图 3-32 所示。

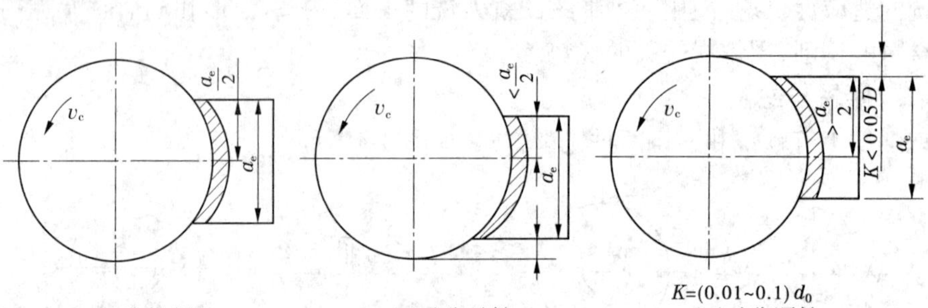

图 3-32 对称铣削与不对称铣削

(1)对称铣削,指工件的中心处于铣刀的中心位置,刀齿切入、切出时的切削厚度对称相等的端铣方式。

对称铣削时,一半为顺铣,一半为逆铣,作用在工件上的进给分力大小相等、方向相反,工作台在进给方向上不会发生突然拉动的现象,但与进给方向垂直的横向分力较大,工作台可能产生横向窜动。因此,对称铣削主要用于铣削短而宽或较厚的工件。

(2)不对称铣削,指工件的中心位置不与铣刀中心重合,刀齿切入、切出的切削厚度不相同的端铣方式。

不对称铣削,按顺铣、逆铣所占比例大小,又分为不对称顺铣和不对称逆铣。

不对称顺铣,切出时切削厚度最小,用于铣削塑性和韧性好,加工硬化严重的材料,如不锈钢、耐热合金钢等。

不对称逆铣，切入时切削厚度最小，冲击较小，用于铣削碳钢和一般的合金钢。

二、平面的铣削

铣削平面是铣床最基本的功能之一，最常见的有铣削平行面、垂直面和斜面。

（一）平面铣削的步骤

平面铣削，在立式铣床和卧式铣床上都能进行，在立式铣床上使用端铣刀、用端铣法；在卧式铣床上使用圆柱铣刀、用周铣法。还可使用端铣刀在卧式铣床上铣削侧面。

1. 用圆柱铣刀铣削平面

1）铣刀的选择原则

用圆柱铣刀铣削平面时，铣刀宽度应大于工件加工表面的宽度，使一次进给中可以铣出整个加工表面。粗加工平面时，选用粗齿铣刀；精加工平面时，选用细齿铣刀。

2）铣刀的安装

安装时，铣刀应尽量靠近床身安装；应按照主轴的旋转方向，选择铣刀的旋向和安装方向；若铣削余量较大、铣削宽度较宽且工件材料较硬，应在铣刀与刀杆之间安装定位键，以防止铣刀在切削中发生松动。

3）周铣的方式

为防止工作台的窜动，造成铣削时工件的啃伤和损坏刀具，在一般情况下应选择逆铣，只有在精铣或铣削精度要求较高时才选用顺铣。另外，铣削时，应使铣削力的方向作用于固定钳口上，以防铣削中工件飞出，如图 3-33 所示。

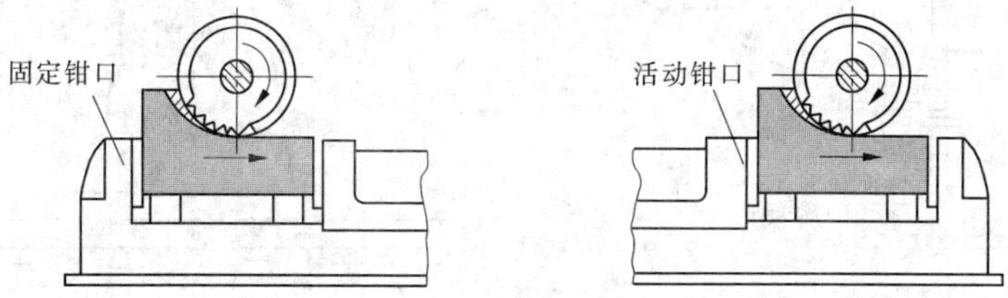

(a)正确　(b)不正确

图 3-33　铣削时的铣削方向

4）铣削用量的选择

根据工件材料、刀具材料、加工表面余量、工件表面的加工精度和表面质量要求，以及铣刀、机床、夹具等条件，合理选用铣削用量。

铣削常用的钢料、铸铁工件，粗铣时，切削深度 2 ~ 4 mm，每齿进给量为 0.10 ~ 0.3 mm，铣削速度 16 ~ 60 m/min；精铣时，切削深度 0.5 ~ 1 mm，每齿进给量为 0.04 ~ 0.15 mm，铣削速度 50 ~ 150 m/min。

上述切削用量范围，高速钢铣刀取中值以下值，硬质合金铣刀取中值以上值。

2. 用端铣刀铣削平面

1）铣刀的选择原则

用端铣刀铣削平面时，为使加工平面在一次进给中铣成，选用的铣刀直径应为被加工平面宽度的1.2~1.5倍。

2)立铣头主轴轴线与工作台面垂直度的校正

对于安装有万能立铣头的铣床而言,用端铣刀进行平面铣削时,必须校正立铣头主轴轴线与工作台面的垂直度,避免加工表面产生“凹面”。可采用90°角尺校正和百分表校正。

用百分表校正垂直度的方法如图3-34所示。断开主轴电源开关,主轴转速置于高速挡。将百分表表杆夹持在立铣头主轴上,安装百分表,触头与工作台面接触,测杆压缩0.2~0.3 mm,记下百分表的读数。将立铣头回转一周,观察其指针变化。在直径300 mm的回转范围内,不超过0.03 mm即为合格。

如果垂直度超差,应松开立铣头回转盘紧固螺钉,调整后再检测,直至合格。

3)卧式铣床主轴轴线与工作台纵向进给方向垂直度的校正

用回转盘刻度校正操作简单,只需将回转盘的“零”位刻线对准鞍座上的基准线。但校正精度不高,适用于一般精度要求的工件铣削。

用百分表进行校正的方法如图3-35所示。先安装百分表,将主轴转速置高速挡。在工作台侧面一端压表0.2~0.3 mm后,百分表调“零”。主轴转动180°并读数,读数在直径300 mm的回转范围内,不超过0.03 mm即为合格。如超差,用木锤轻击工作台端部调整,并紧固工作台。

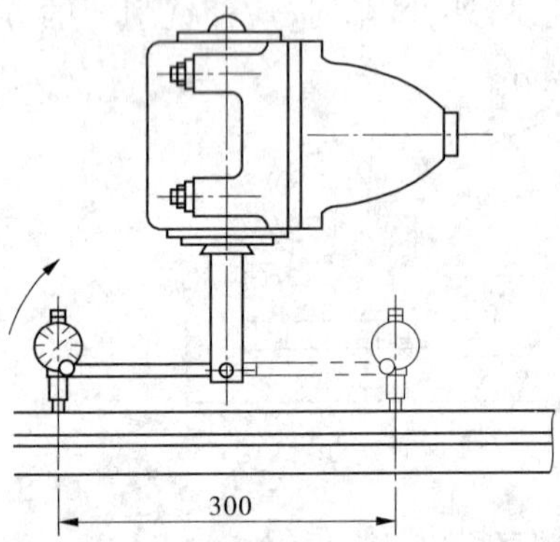

图3-34 用百分表校正主轴轴线与工作台面垂直度

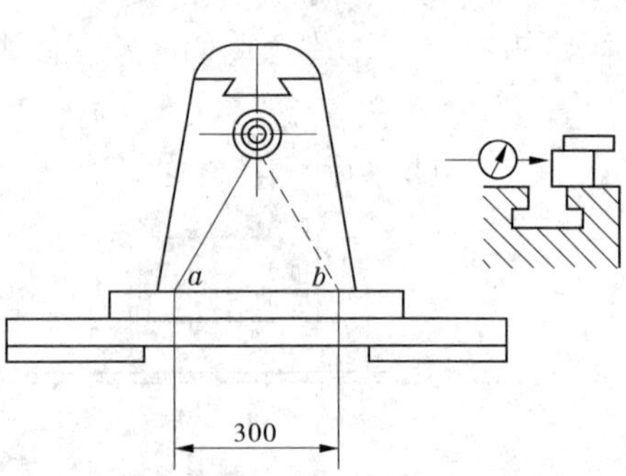

图3-35 用百分表校正主轴轴线与工作台纵向进给方向垂直度

4)端铣方式的选择

当工件的被加工表面较宽,且接近铣刀直径时,应采用对称铣加工。但为了避免铣削中出现工作台横向窜动而影响铣削的平稳性,有时也可采用不对称逆铣。

3.试切对刀

铣床各部调整完成以及工件装夹校正后,通过对刀调整铣削深度,调整步骤如图3-36所示。

4.平面的测量

铣削完毕,停车、降落工作台并退出工件。卸下工件后,检测加工的平面。

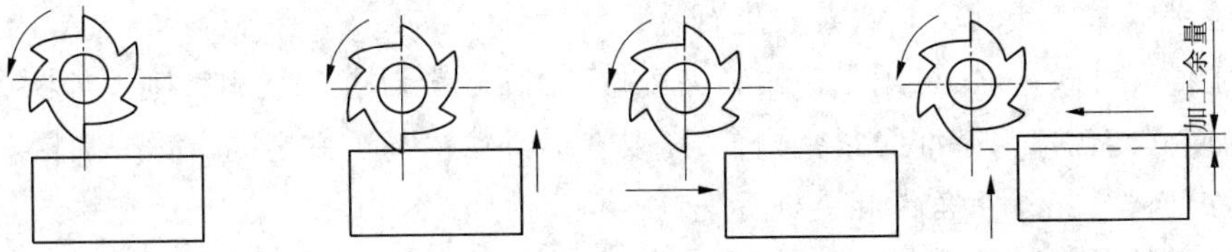

(a)工件处于铣刀下方　(b)上升工作台　(c)退出工作　(d)调整铣削深度

图 3-36　铣削深度的调整方法

1)表面粗糙度的检测

由于加工方法不同,铣出的刀纹痕迹也不同,一般情况下,凭经验用肉眼即可进行判断,也可用表面粗糙度标准样板进行比对。

2)平面度的检测

铣削出的平面应符合图样规定的平面度要求。因此,平面铣削完成后,一般采用刀口尺通过透光法进行测量,如图 3-37(a)所示。不同位置的检测如图 3-37 所示。

对于平面度要求较高的表面,则用标准平板来检测,如图 3-37(c)所示。检测时,在标准平板上涂上红丹粉,再将工件上的平面放在标准平板上进行对研。对研后取下工件,观察工件平面的着色情况,若着色均匀而细密,则表示平面度较好。

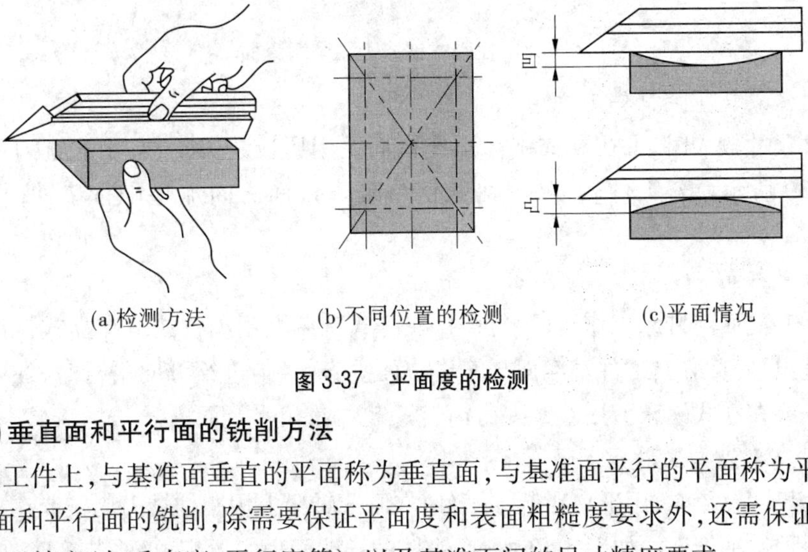

(a)检测方法　(b)不同位置的检测　(c)平面情况

图 3-37　平面度的检测

(二)垂直面和平行面的铣削方法

铣削工件上,与基准面垂直的平面称为垂直面,与基准面平行的平面称为平行面。因此,垂直面和平行面的铣削,除需要保证平面度和表面粗糙度要求外,还需保证相对于基准面的位置精度(如垂直度、平行度等),以及基准面间的尺寸精度要求。

铣削垂直面和平行面的具体操作方法与步骤前面已讲述。下面重点介绍铣削垂直面和平行面时工件的装夹方法与影响位置精度的主要因素。

1. 铣削垂直面

当工件的基准面与铣床工作台面垂直时,在卧式铣床上用圆铣法可铣出垂直面;当工件基准面与铣床工作台面平行时,在卧式铣床上用端铣刀或在立式铣床上用立铣刀均可铣出垂直面。铣削垂直面的方法有以下四种。

1）在卧式铣床上用平口钳装夹进行铣削

当工件尺寸较小时，可用平口钳装夹工件，用圆柱铣刀进行圆周铣削。如图 3-38（a）所示，为使固定钳口与基准面紧密贴合，需要在活动钳口与工件之间放置一圆棒。

2）在卧式铣床上用角铁装夹进行铣削

当工件的基准面较宽，而加工面比较窄时，可以用角铁装夹工件，用圆柱铣刀周铣，如图 3-38（b）所示，装夹时，用 T 形螺栓将角铁紧固在工作台上。工件的基准面紧贴在角铁上，用弓形夹夹紧工件。

3）在卧式铣床上用端铣刀铣削

在卧式铣床上，还可以在平口钳装夹或在工作台面上装夹工件后，用端铣刀铣削垂直面，如图 3-38（c）所示。

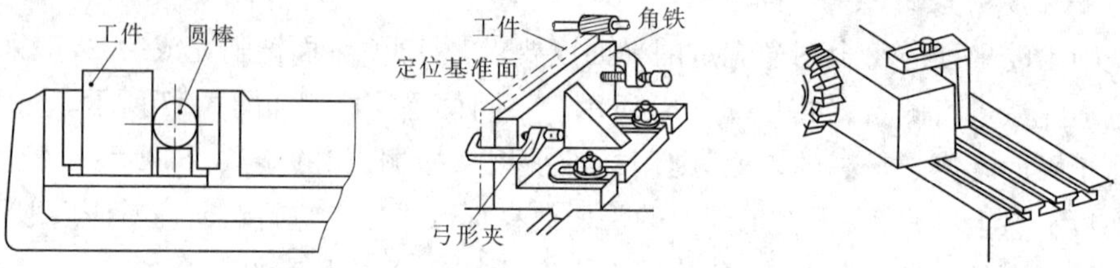

(a)用平口钳装夹工件周铣垂直面　(b)用角铁装夹工件周铣垂直面　(c)用端铣刀铣削垂直面

图 3-38　在卧式铣床上铣削垂直面

4）在立式铣床上用立铣刀铣削

当工件尺寸较大时，可在立式铣床工作台面上用压板装夹工件，用立铣刀周铣垂直面，如图 3-39 所示。若工件较薄，可在工件与工作台面之间加垫平行垫铁，再用压板压紧。

2. 铣削平行面

当工件基准面与铣床工作台面平行时，在卧式铣床上用周铣法或在立式铣床上用端铣法均可铣出平行面；当工件基准面与工作台面垂直，且与进给方向平行时，在卧式铣床上用端铣法或在立式铣床上用立铣刀（周铣法）也可铣出平行面。

1）用平口钳装夹铣削平行面

当工件尺寸较小时，用平口钳装夹工件，在卧式铣床上用圆柱铣刀周铣或在立式铣床上用端铣刀端铣平行面。如图 3-40 所示，钳体的导轨面为主要定位面，装夹时，要在工件基准面与钳体导轨间垫放两块厚度相等的平行垫铁，以调整工件的高度。

2）用压板装夹铣削平行面

当工件上有阶台时，可直接用压板将工件装夹在铣床的工作台面上，在卧式铣床上周铣或在立式铣床上端铣平行面。如图 3-41（a）所示，装夹时，使工件基准面与工作台面贴合。

当工件上无阶台时，用压板将工件装夹在铣床的工作台面上，并用定位键或靠铁将工件定位，在卧式铣床上端铣平行面，如图 3-41（b）、（c）所示。

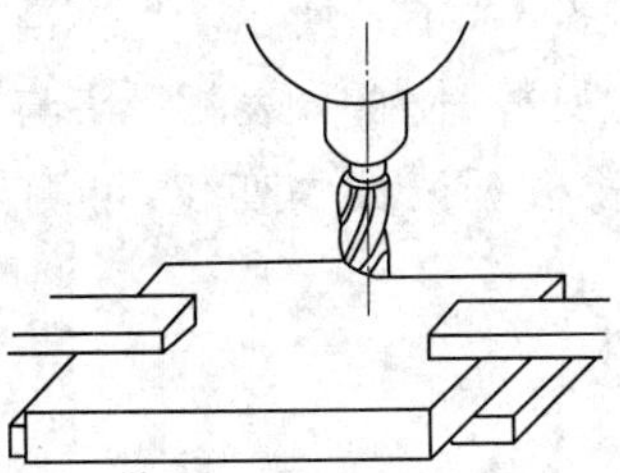

图 3-39　用立铣刀铣削垂直面

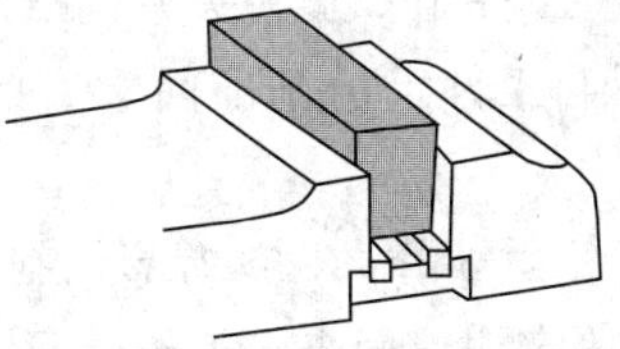

图 3-40　用平口钳装夹铣削平行面

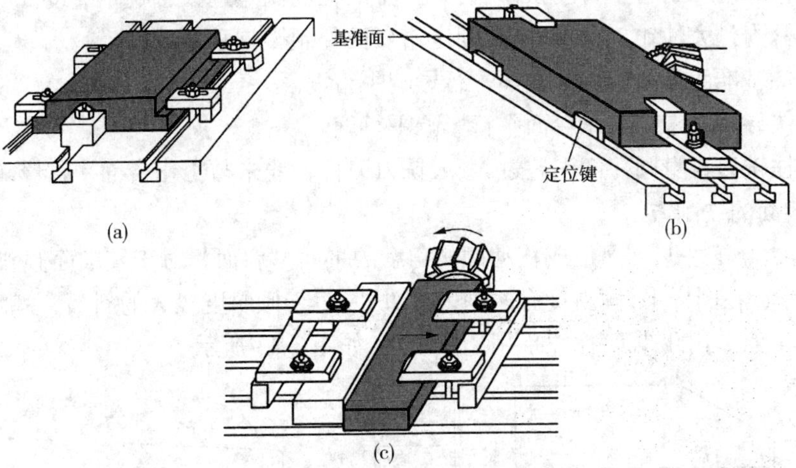

(a)　(b)　(c)

图 3-41　用压板装夹工件铣削平行面

3. 平行度与垂直度的检测

1) 平行度的检测

对于要求不高的工件,可用千分尺或游标卡尺测量工件的四角及中部,观察各部尺寸的差值,这个差值就是工件的平行度误差。

对于精度要求较高的工件,应该使用百分表检测其平行度,如图 3-42(a)所示。

(a)用百分表检测平行度　(b)用百分表检测垂直度

图 3-42　用百分表检测工件平行度与垂直度

2) 垂直度的检测

对于垂直度要求不高的工件,可用宽座角尺检测垂直度。

对于垂直度要求较高的工件，要用百分表检验，如图 3-42(b)所示。把标准角铁放在平板上，将工件用 C 形夹头夹在角铁上，工件下面垫上圆棒，使百分表测量头与被测平面接触。沿与工件定位基准面垂直的方向移动百分表，根据读数的变化，可测出垂直度误差。

4. 用平口钳装夹铣削时影响垂直度、平行度的因素

(1)固定钳口面未与工作台面垂直影响垂直度。

(2)工件基准面未与固定钳口紧密贴合影响垂直度。

(3)工件基准面自身平行度误差、铣刀自身圆柱度误差过大影响垂直度。

(4)夹紧力过大使钳口变形，造成固定钳口面外倾影响垂直度。

(5)工件基准面未与钳体导轨面平行影响平行度。

(6)钳体导轨面未与工作台面平行影响平行度。

(7)圆柱铣刀自身圆柱度误差过大，或铣刀刀杆轴线未与工作台面平行影响平行度。

(三)斜面的铣削方法

斜面是指与工件基准面形成移动倾斜角度的平面。斜面相对于基准面倾斜的程度用倾斜度来衡量，在图样上，倾斜度有两种表达方式：对于倾斜度较大的斜面，一般用角度表示；对于倾斜度较小的斜面，往往采用比值表示，如图 3-43 所示。

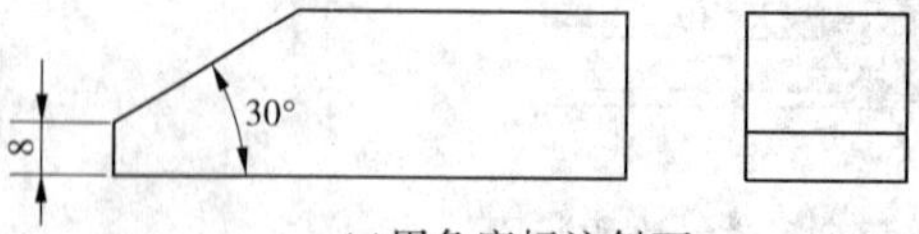

(a)用角度标注斜面

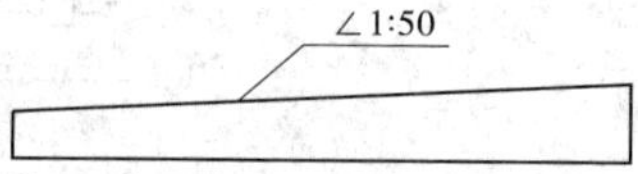

(b)用比值标注斜面

图 3-43　斜面在图样上的表示方法

1. 斜面铣削时的两个基本条件

斜面铣削时必须满足以下两个基本条件：

(1)工件的斜面应平行于铣床工作台的进给方向。

(2)工件的斜面应与铣刀的铣削位置相吻合。

因此，在铣床上铣斜面的方法包括工件倾斜法、铣刀倾斜法和用角度铣刀铣斜面等三类。

2. 工件倾斜法铣削斜面

在卧式铣床上或用立铣头铣斜面时，可将工件倾斜所需角度后装夹、铣削。常用的方法有以下几种。

1)按划线装夹工件铣斜面

在单件生产中，先划出斜面的加工线，然后用平口钳装夹，再用划线盘找正加工线的水平位置，用圆柱铣刀或端铣刀铣出斜面，如图 3-44 所示。

2)用倾斜垫铁装夹工件铣斜面

将倾斜度等于被加工斜面倾斜度的倾斜垫铁放入平口钳内，再将工件装夹在平口钳内找正夹紧后，使工件基准面倾斜所需角度，然后铣出斜面，如图 3-45 所示。这种方法装

夹、找正方便,适用于工件数量较多的铣削。装夹时应注意垫铁的宽度须小于工件的宽度。

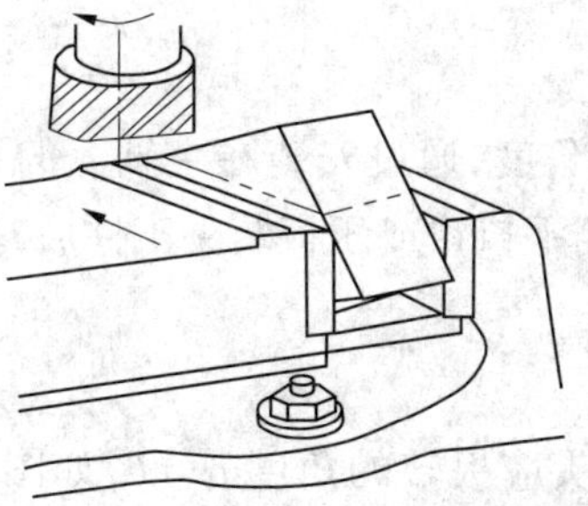

图 3-44　按划线装夹工件铣斜面

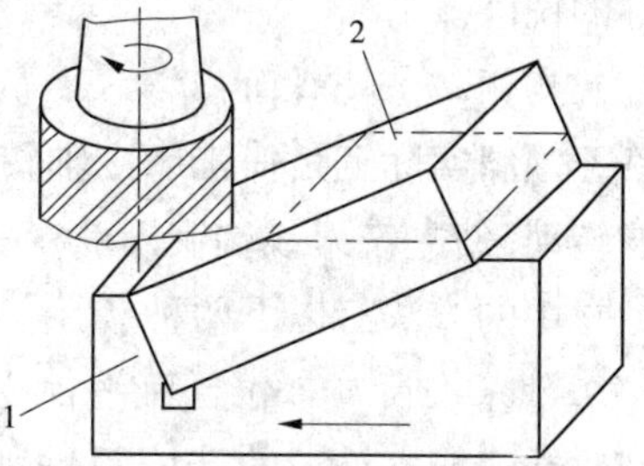

1—倾斜垫铁;2—工件

图 3-45　用倾斜垫铁装夹工件铣斜面

3)用平口钳装夹工件铣斜面

安装平口钳,先校正固定钳口与铣床主轴轴线垂直或平行,再将钳体扳转到所需的角度,然后装夹工件并铣削,如图 3-46 所示。

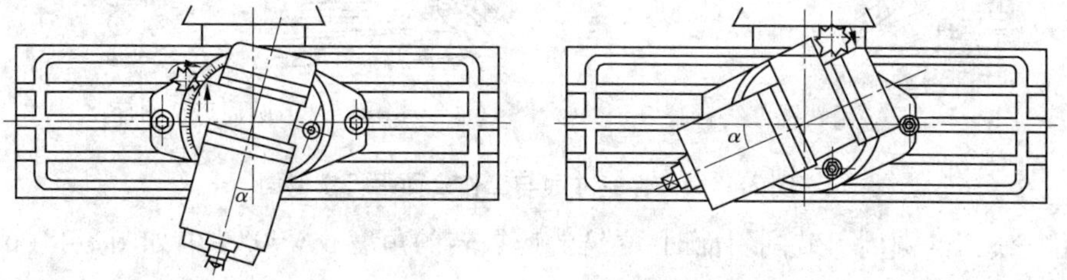

(a)斜面与横向进给方向平行　(b)斜面与纵向进给方向平行

图 3-46　用平口钳装夹工件铣斜面

4)用可倾虎钳或可倾工作台装夹工件铣斜面

用可倾虎钳装夹的方法只适用于尺寸较小工件的铣削。如图 3-47(a)所示,可倾虎钳除能绕垂直轴线旋转外,还能绕水平轴线转动至所需角度,但其刚性差,而且选用的切削用量也小。

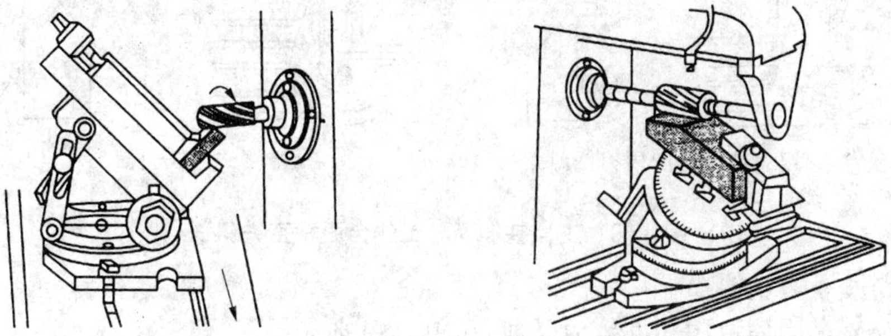

(a)　(b)

图 3-47　用可倾虎钳或可倾工作台装夹工件铣斜面

用可倾工作台装夹的方法，原理与可倾虎钳相同，但其刚性好，并有 T 形槽，可将工件用压板直接压紧在工作台面上进行铣削，如图 3-47(b)所示。这种方法适用于较大尺寸工件的铣削。

3. 铣刀倾斜法铣斜面

铣刀倾斜实际上是使铣床主轴转过一个所需的角度，通过安装在主轴上的可转动立铣头的转动，使立铣刀或端铣刀获得一个倾斜角。用平口钳或压板装夹工件后，可铣削出斜面。常用的方法有以下两种。

1）工件基准面与工作台面平行装夹

用端铣刀或立铣刀的端面刃铣削斜面时，立铣头应扳转的角度 $\alpha=\theta$，如图 3-48(a)所示。

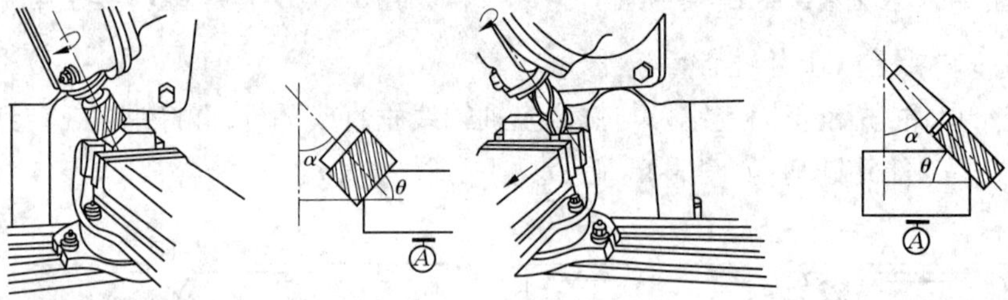

(a)用端铣刀铣斜面　　(b)用立铣刀圆周刃铣斜面

图 3-48　工件基准面与工作台面平行铣斜面

用立铣刀的圆周刃铣削斜面时，立铣头应扳转的角度 $\alpha=90°-\theta$，如图 3-48(b)所示。

2）工件基准面与工作台面垂直装夹

用立铣刀的圆周刃铣削斜面时，立铣头应扳转的角度 $\alpha=\theta$，如图 3-49(a)所示。

用端铣刀或立铣刀的端面刃铣削斜面时，立铣头应扳转的角度 $\alpha=90°-\theta$，如图 3-49(b)所示。

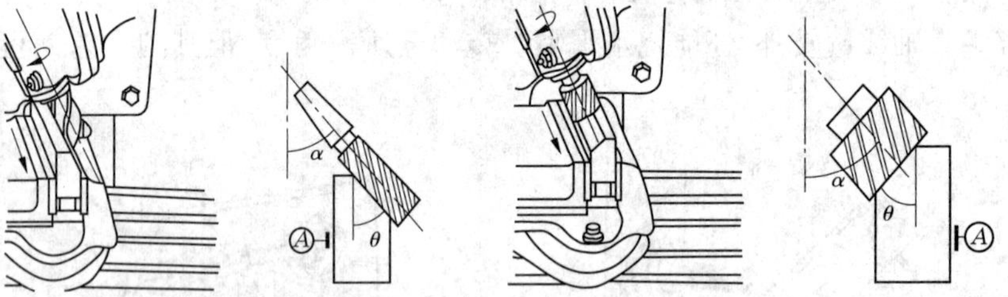

(a)用立铣刀的圆周刃铣斜面　　(b)用端铣刀铣斜面

图 3-49　工件基准面与工作台面垂直铣斜面

4. 用角度铣刀铣斜面

宽度较窄的斜面可用角度铣刀铣削，如图 3-50 所示。

选择角度铣刀的角度时应根据工件斜面的角度确定，所铣斜面的宽度应小于角度铣刀的切削刃宽度。

5. 斜面的检测

斜面铣削完成后，除尺寸和表面粗糙度外，主要检测斜面的角度。对于精度要求很高、角度又较小的斜面，可用正弦规检测。对于一般要求的斜面，可用万能游标角度尺检测。

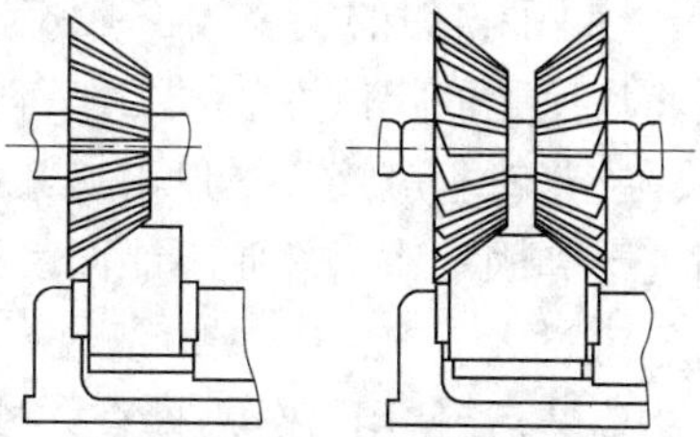

(a)铣单斜面 (b)铣双斜面

图 3-50 用角度铣刀铣斜面

【任务实施】

一、长方体零件铣削的工艺分析

(一)图样分析

根据图 3-28 可知：工件各表面有一定的尺寸精度要求，表面粗糙度 R_a 全部为 3.2 μm。工件以 A 面为基准，各相邻表面有垂直度要求，各相对面有平行度要求。工件的材料为铸铁，数量为单件，各面铣削余量为 5 mm。

(二)铣刀的选择

(1)该工件的铣削方法选用端铣，刀具为端铣刀。

(2)端铣刀的直径可按公式 $d_o=(1.2\sim1.5)B$ 选择，式中 d_o 为铣刀直径(mm)，B 为铣削宽度。

根据工件的材料和毛坯的尺寸，可选用直径为 80 mm 的端铣刀，刀具材料采用高速钢。

(三)工件的装夹

该长方体工件的尺寸较小，铣削时选用适宜规格的机用平口钳装夹即可。

(四)铣削用量的选择

高速钢铣刀端铣工件时，铣削宽度(侧吃刀量 a_e)由工件各加工表面的宽度决定。

(1)吃刀深度(背吃刀量 a_p)：由于表面粗糙度 $R_a=3.2\ \mu m<6.3\ \mu m$，分粗、精两次走刀。粗铣时为 4 ~4.5 mm；精铣时为 0.5 ~1 mm。

(2)每齿进给量 f_z：粗铣时取 $f_z=0.1$ mm/z；精铣时取 $f_z=0.05$ mm/z。

(3)铣削速度 v_c：铣削铸铁工件时，铣削速度取值较小。粗铣时取 $v_c=16$ m/min，主轴转速 $n=63.7$ r/min，实际取 60 r/min；精铣时取 $v_c=20$ m/min，主轴转速 $n=79.6$ r/min，实际取 95 r/min。

二、工艺准备

(1)毛坯准备：尺寸为 110 mm × 60 mm × 50 mm 的灰铁方料一块。

(2)铣床的“零位”校正：选用 X5032 型立式铣床 X5032 铣削工件。为保证铣削表面的垂直度与平行度，铣削前应校正立铣头“零位”，使铣床主轴与工作台面垂直。对于精度要求高的工件，采用百分表校正“零位”。

(3)刀具安装：在 X5032 型铣床上，使用立铣头装夹端铣刀。安装时，注意压紧螺钉或拉紧螺杆与铣刀刀柄间应有足够的旋合长度，避免铣刀发生松动。

(4)平口钳的安装找正:在铣床上安装平口钳时,先擦净钳台底座底面和工作台面,再将底座上的定位键放入工作台的中央 T 形槽内,即可对平口钳进行固定夹紧。

夹紧时不应接长平口钳夹紧手柄,不得使用手锤猛敲手柄,使夹紧力过大,造成平口钳变形和固定钳口外倾不能回复正确位置的后果,使定位精度下降。尤其在精铣时,夹紧力不宜过大。

安装后,使用百分表检查并校正固定钳口与工作台面的垂直度、钳体导轨面与工作台面的平行度。在精度要求不高时,可用划针或角尺代替百分表找正垂直度。

(5)量具:百分表、角尺、划针盘、游标卡尺。

三、工艺过程与工步内容

在铣削过程中,为了保证各表面之间的平行度和垂直度,表面的铣削顺序如图 3-51 所示。

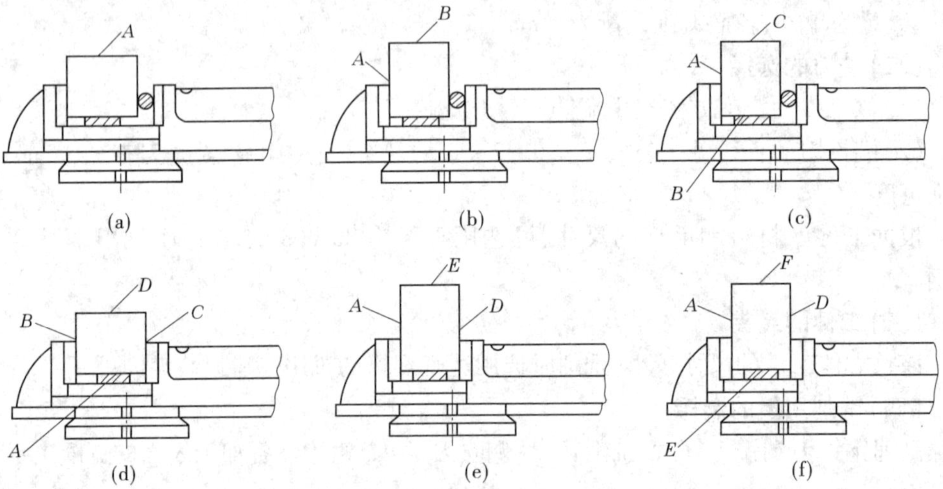

图 3-51 长方形工件的铣削顺序

(一)工件划线

钳台上,按零件工作图进行钳工划线。

(二)粗、精加工基准面 *A*(见图 3-51(a))

1. 在平口钳上装夹工件

选择较大的平整的毛坯面作为粗基准,以固定钳口作为限位基准。装夹前,注意擦净钳口与导轨面,清理工件上的脏物与毛刺。装夹时,工件须使用划针盘校正毛坯上平面的位置,固定钳口与工件粗基准紧密贴合。符合要求后夹紧工件。

2. 对刀

开车使铣刀旋转,升高工作台,使工件与铣刀轻微接触,记下刻度盘读数。纵向退出工件,停车。

3. 粗铣

利用刻度盘调整背吃刀量,使工件上升到规定位置。调整转速、进给量至工艺要求,开车,先手动进给,当工件被稍微切入后,改为机动进给。进给结束后,退回工作台。

4. 精铣

精铣与粗铣的操作步骤相同。精铣前,检查粗铣表面的平面度及余量。

(三)粗铣、精铣相邻面 *B* 面和 *C* 面(见图 3-51(b)、(c)),并应保证与 *A* 面垂直

(1)以 *A* 面为基准面装夹工件,铣削 *B* 面。

装夹时擦净固定钳口和工件的定位基准面,将基准面紧贴固定钳口,并在工件与活动钳口之间、活动钳口一侧中心位置加装圆棒,以保证工件基准面在夹紧后仍与固定钳口贴合。

调整机床切削用量,两次走刀完成 *B* 面的粗铣和精铣。

(2)以 *A* 面为第一基准面、*B* 面为第二基准面装夹工件,铣削 *C* 面。

装夹时,除保证第一基准面与固定钳口紧密贴合外,还需用划针盘或百分表找正第二基准面与工作台面的平行度,以保证 *C* 面与 *A* 面垂直、与 *B* 面平行。

调整切削用量,铣削 *C* 面,精铣时保证尺寸 $50_{-0.3}^{\ 0}$ mm 的精度。

(3)铣削完成的垂直面用 90°角度尺检验其与基准面 *A* 的垂直度,合格后方可进行后续的加工。

(四)粗铣、精铣相对面 *D* 面,并保证与 *A* 面的平行度及尺寸精度(见图 3-51(d))

(1)以 *A* 面为定位基准面、钳体导轨面为限位基准面装夹工件。装夹时,用百分表检查导轨面的平行度,并用加垫纸片(或铜皮)的方法校正。

(2)铣削完成后,对尺寸精度和平行度进行检验。用游标卡尺测量工件的四角和中部,检验尺寸($50_{-0.3}^{\ 0}$ mm、$40_{-0.5}^{\ 0}$ mm)是否在图样要求的精度范围之内,观察各处尺寸的差值,其最大差值为 *A*、*D* 面之间的平行度误差。

(五)铣削两端平面,保证与其他已加工平面之间的垂直度、两端面间的平行度,并且保证长度尺寸 $100_{-0.5}^{\ 0}$ mm(见图 3-51(e)、(f))

(1)工件装夹前,先将平口钳的固定钳口与工作台的纵向进给方向垂直安装。装夹时,以 *A* 面为第一基准面紧贴固定钳口,并用 90°角度尺校正工件的 *B* 面与钳体导轨面的垂直度。

(2)铣好第一端平面后,将工件调头朝下置于平口钳的导轨面上,*A* 面仍靠向固定钳口夹紧。按照铣削平行面的方法铣出另一端平面,并保证两端面间的尺寸为 $100_{-0.5}^{\ 0}$ mm。

【思考与练习】

1. 试述圆柱铣刀铣削时顺铣与逆铣的特点,如何选择铣削方法?
2. 不对称铣削时,顺铣与逆铣如何区分?如何选取?
3. 铣削平行面时,造成平行度误差大的原因有哪些?
4. 何谓斜面?常用哪些方法铣削斜面?
5. 当工作台向一个方向移动后,再反向摇动手柄时,工作台为何不立即移动?如何解决?
6. 在机床上用平口钳装夹工件时要注意些什么?
7. 铣刀安装后要检查什么?造成铣刀安装后跳动量过大的因素有哪些?

8. 简述如图 3-52 所示工件的斜面铣削方法，以及工件的铣削加工步骤。

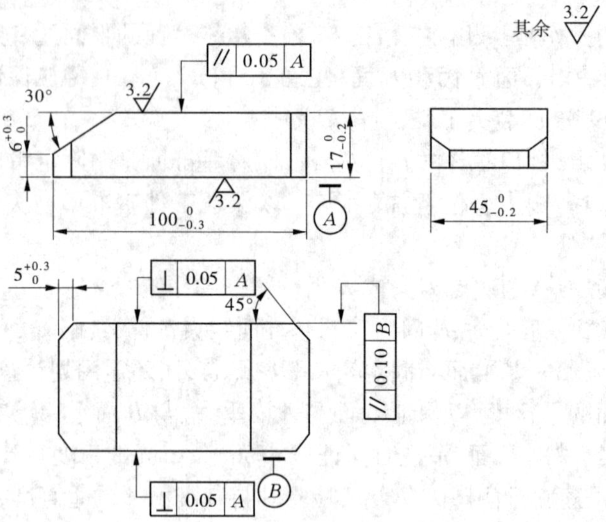

图 3-52

单元三　沟槽的铣削加工

【学习目标与任务】

学习目标：

1. 掌握直角沟槽、轴上键槽的铣削与测量方法。
2. 正确选用沟槽铣刀，掌握刀具的对中方法。
3. 掌握 V 形槽、T 形槽的铣削方法与测量方法。
4. 掌握螺旋槽铣削的传动原理、分度计算和配换齿轮计算。
5. 能分析沟槽铣削中出现的质量问题。

学习任务：任务 1，直角沟槽的铣削；任务 2，轴上键槽的铣削；任务 3，特形沟槽的铣削。

【任务引入】

在如图 3-53 所示的工件上，完成 T 形槽的铣削加工。

【知识指引】

一、直角沟槽的铣削

直角沟槽有通槽、半通槽、封闭槽三种，如图 3-54 所示。

直角通槽主要使用三面刃铣刀来铣削，也可用立铣刀、键槽铣刀来铣削。半通槽和封

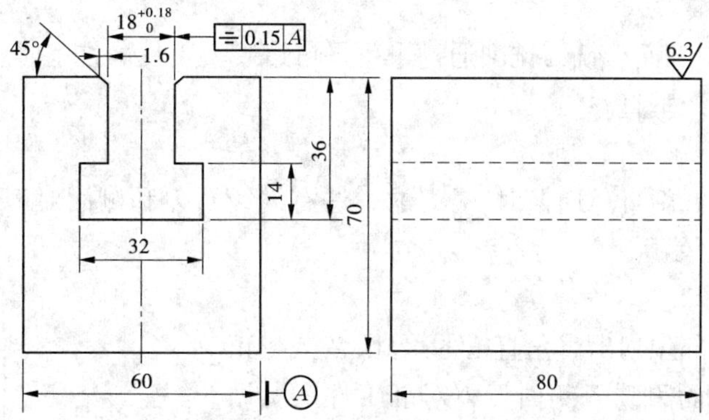

图 3-53 T 形槽铣削图样

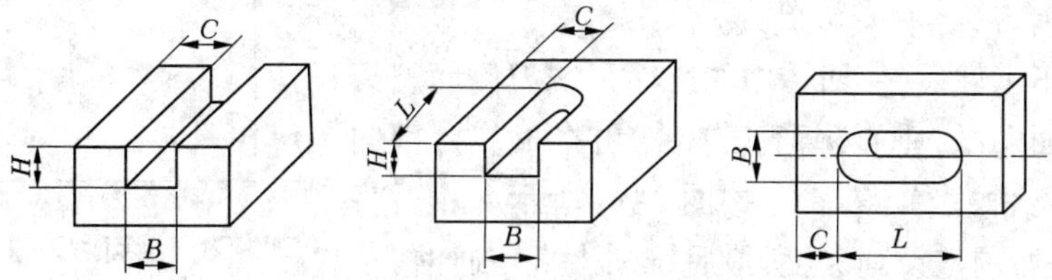

图 3-54 直角沟槽

闭槽则采用立铣刀或键槽铣刀来铣削。

铣削直角沟槽的技术要求有尺寸精度、平行度、垂直度、对称度、表面粗糙度等。

(一)用三面刃铣刀铣削直角通槽

1. 铣刀的选择

用三面刃铣刀铣削直角通槽的方法如图 3-55(a)所示。所选用三面刃铣刀的宽度 $L>$槽宽 B,铣刀直径 $D>d+2H$。其中,d 为铣刀杆垫圈直径,H 为沟槽深度,如图 3-55(b)所示。

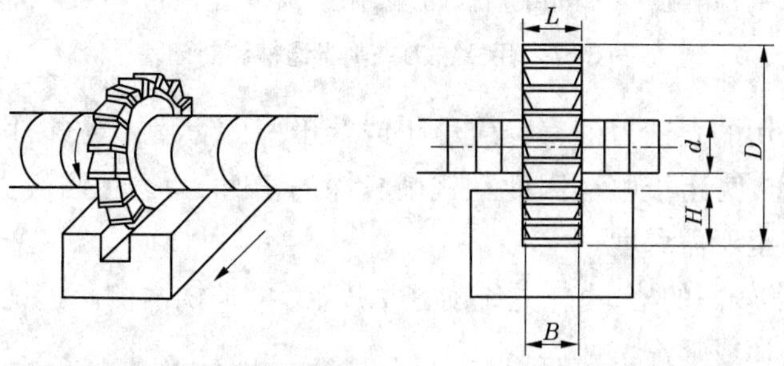

图 3-55 用三面刃铣刀铣削直角通槽

用三面刃铣刀铣削精度较高的直角通槽时,应选用略小于槽宽的铣刀,先铣削好通槽的深度,再扩铣出通槽的宽度。

2. 工件的装夹与找正

一般情况下，用三面刃铣刀铣削通槽采用平口钳装夹工件。铣削时，平口钳的固定钳口应与铣床主轴轴线垂直。

3. 对刀方法

用三面刃铣刀铣削直角通槽时，对刀的方法有划线对刀和侧面对刀两种。在实际生产中，两方法常配合使用。

1）划线对刀

在工件的加工部位划出直角直槽的尺寸，装夹找正后，调整铣床，使三面刃铣刀侧面刀刃对准工件上所划的宽度线，将横向进给紧固后，分数次进给铣削出直角通槽。

2）侧面对刀（也称贴纸对刀）

装夹找正工件后，使回转中的三面刃铣刀侧面刀刃轻擦工件侧面贴纸，垂直降落工作台，再将工作台横向移动一段距离 A，使 $A=L+C$，如图 3-56 所示。然后将横向进给锁紧，调整铣削深度，最后铣削出直角通槽。

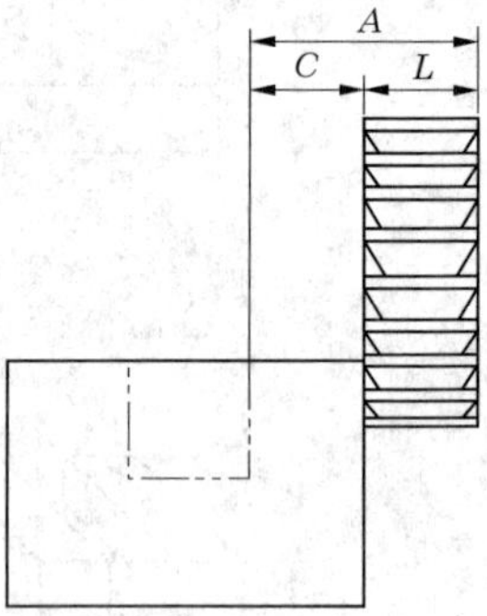

图 3-56　侧面对刀铣削直角通槽

（二）用立铣刀铣削半通槽和封闭槽

1. 铣削半通槽

用立铣刀铣削半通槽如图 3-57（a）所示。

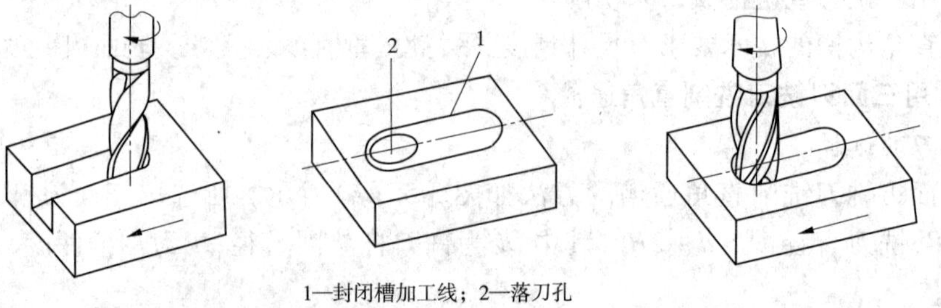

1—封闭槽加工线；2—落刀孔

(a)用立铣刀铣削半通槽　(b)用立铣刀铣削封闭不通槽　(c)用立铣刀铣削封闭通槽

图 3-57　用立铣刀铣削半通槽和封闭槽

铣削时，所选用的立铣刀的直径应小于或等于槽的宽度。另外，由于立铣刀刚性较差，铣削时易产生“偏让”现象，因此在铣削较深的槽时，为避免因受力过大而使铣刀折断，应分多次铣削至所需深度。

对于精度要求较高的槽，也应先铣削好深度后，再扩铣两侧。扩铣时，应注意避免顺铣，以防止铣刀损坏或啃伤工件。

2. 铣削封闭槽

用立铣刀铣削封闭槽如图 3-57（b）、（c）所示。铣削时，由于立铣刀的端面刃没有通过中心，不能作垂直的进给运动，因此在铣削前应先在工件上划出封闭槽的加工线，然后按线在槽的一端预钻一个小于槽宽的落刀孔，从落刀孔开始铣削。

(三)用键槽铣刀铣削半通槽和封闭槽

对于精度要求较高、槽较浅的半通槽和封闭槽,可用键槽铣刀铣削完成。其铣削方法与用立铣刀铣削大致相同,只是在铣削封闭槽时,由于键槽铣刀的端面刃能作轴向进给,因而铣削前无须钻落刀孔。

(四)直角沟槽的检测

直角沟槽的长度、宽度和深度的测量一般使用游标卡尺、深度游标卡尺,槽宽也可使用极限量规(键槽塞规)检测。

直角沟槽的对称度用游标卡尺或百分表检测,如图3-58所示。检测时,工件分别以两侧面为基准放置在平板上,然后将百分表触头置于沟槽的侧面上。移动工件,观察指针的变化情况。两次测量读数的最大差值即为对称度误差。如果读数一致,则槽两侧面就对称于工件中心平面。

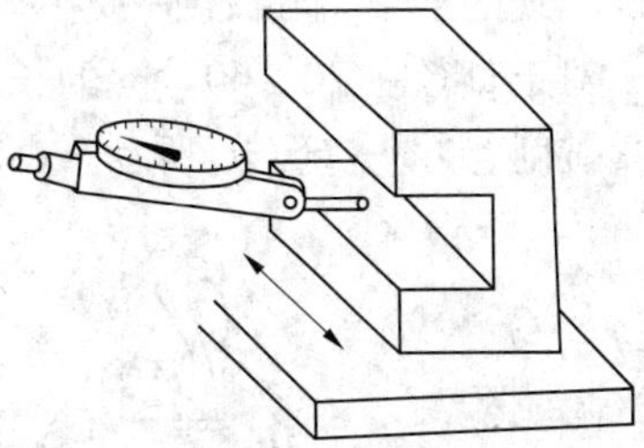

图3-58　用杠杆百分表检测对称度

二、轴上键槽的铣削

键槽是运动件连接的常见结构。轴上的键槽简称轴槽,用于安装平键。

轴槽是直角沟槽,其技术要求和基本形式与直角沟槽基本一致,分为通槽、半通槽和封闭槽,半通槽按槽底形状有圆弧形槽底半通槽和直角槽底半通槽。

轴槽的两侧面是与平键两侧面相配合的主要工作面,其表面粗糙度 R_a 值为3.2 μm,槽宽的尺寸公差等级为IT9。除此之外,轴槽的深度、长度、槽底表面粗糙度要求并不高。

(一)铣刀的选择

轴上键槽的铣削,根据轴上键槽一端结构的不同,所用铣刀也不相同。

1. 通槽和圆弧形槽底半通槽

选用槽铣刀,轴槽的宽度由铣刀宽度保证,槽底圆弧半径由铣刀半径保证。

2. 直角槽底半通槽和封闭槽

选用键槽铣刀,按键槽宽度确定铣刀直径。

(二)工件的装夹

在装夹工件时,不但要保证工件稳定可靠,还应保证工件的轴线位置不会改变,以确保键槽的中心平面通过轴线。

1. 用平口钳装夹

加工精度要求不高的键槽时,可以采用在平口钳上装夹工件。该方法简便、稳固,但如果工件直径有变化,工件轴线会在左右和上下位置发生偏转,如图3-59所示,从而影响轴槽的铣削深度和对称度。一般用于外圆已磨削准确的工件,适用于单件生产。

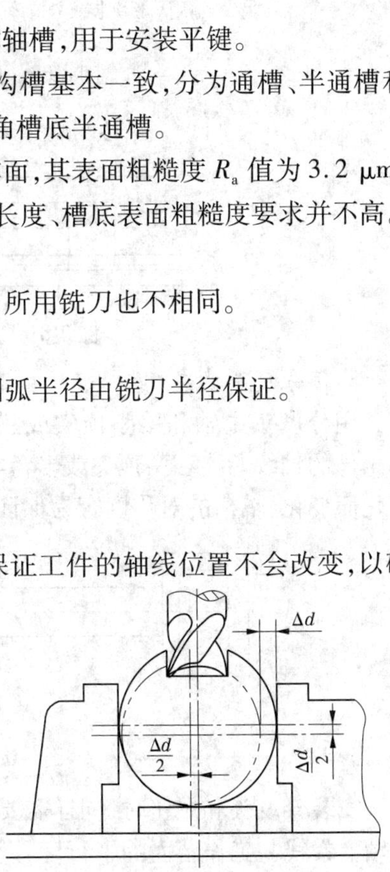

图3-59　用平口钳装夹铣削轴槽

2. 用 V 形块装夹

用 V 形块装夹工件如图 3-60(a)所示,这是铣削轴上键槽的常用装夹方法。装夹时,工件置于 V 形块内,用压板紧固,并选用标准量棒校正工件的上素线、侧素线与工作台面和进给方向的平行度,如图 3-61 所示。加工后,工件的对称度较高,不过轴槽深度仍会因工件轴线的上下偏转受到一定的影响,但变化量一般不会超过槽深的公差。

对于直径在 20 ~ 60 mm 的长轴,可以将工件直接装夹在工作台的 T 形槽内,用压板压紧铣削,如图 3-60(b)所示。

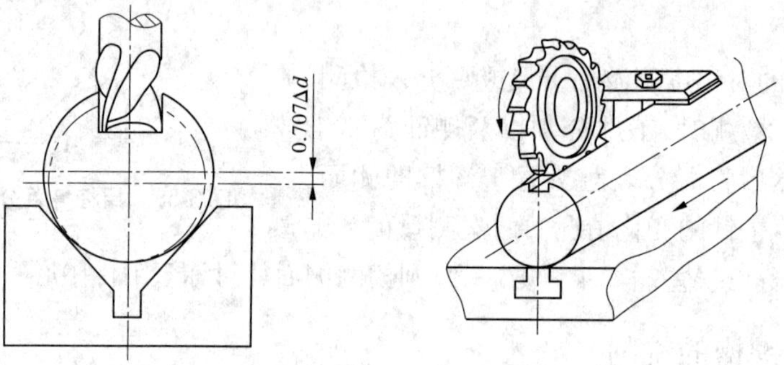

(a)用V形块装夹铣削轴槽　　(b)用T形槽装夹铣削轴槽

图 3-60　用 V 形块、T 形槽装夹铣削轴槽

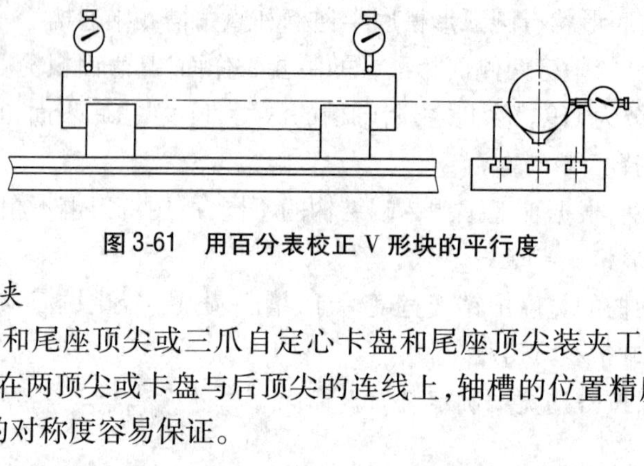

图 3-61　用百分表校正 V 形块的平行度

3. 用分度头装夹

用分度头主轴和尾座顶尖或三爪自定心卡盘和尾座顶尖装夹工件如图 3-62 所示。因工件的轴线始终在两顶尖或卡盘与后顶尖的连线上,轴槽的位置精度不因工件直径的变化而变化,轴槽的对称度容易保证。

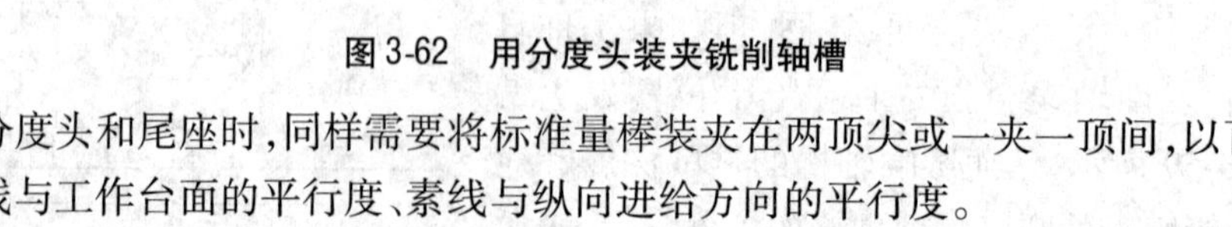

(a)　　(b)

图 3-62　用分度头装夹铣削轴槽

安装分度头和尾座时,同样需要将标准量棒装夹在两顶尖或一夹一顶间,以百分表校正轴上素线与工作台面的平行度、素线与纵向进给方向的平行度。

(三)铣刀切削位置的调整(对刀)

为保证轴上键槽的对称度,在铣削轴上键槽时,应通过对刀调整,使键槽铣刀的轴线或槽铣刀的对称平面通过工件轴心线,也称之为铣刀的对中。

1. 按切痕对刀

该法对中精度不高,但使用简便,是常用的一种对刀方法,如图3-63所示。

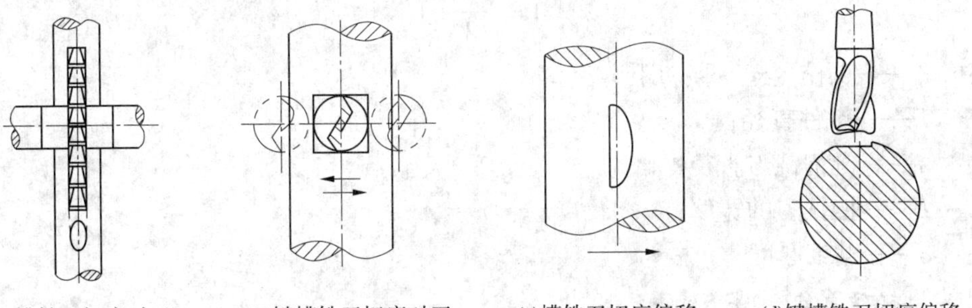

(a)槽铣刀切痕对刀 (b)键槽铣刀切痕对刀 (c)槽铣刀切痕偏移 (d)键槽铣刀切痕偏移

图3-63 切痕对刀

1)槽铣刀切痕对刀的方法

如图3-63(a)、(c)所示,将工件大致调整到槽铣刀的对称中心位置上,开动机床,在工件表面上铣出一个接近铣刀宽度的椭圆形切痕,然后移动工作台,使铣刀宽度处于椭圆平面的中间位置。如果切出的椭圆平面不对称,则需调整后再次试切。

2)键槽铣刀切痕对刀的方法

如图3-63(b)、(d)所示,键槽铣刀切痕对刀的方法与槽铣刀基本相同。使立铣刀处在试切小平面的中间位置后,如果试切出的小平面两侧的阶台高度不一致,需调整后再试切。

2. 擦侧面对刀

此方法对中精度较高,适用于直径较大的槽铣刀或较长的键槽铣刀的对刀过程,如图3-64所示。

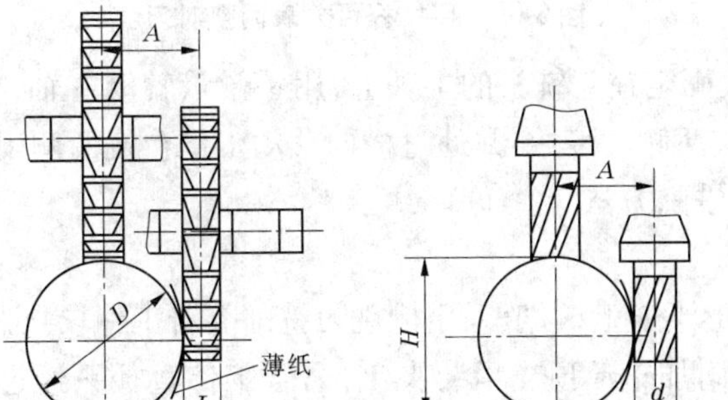

(a)槽铣刀擦侧面对刀 (b)键槽铣刀擦侧面对刀

图3-64 擦侧面对刀

对刀时,将铣刀端面或侧面与工件的侧母线(贴纸处)接触,降落工作台,沿着铣刀方向横向移动工作台一个距离A。

采用槽铣刀时

$$A = \frac{L + D}{2} + \delta$$

采用键槽铣刀时

$$A = \frac{d + D}{2} + \delta$$

式中 A——工作台横向移动距离；

D——工件直径；

d——键槽铣刀直径；

L——槽铣刀的宽度；

δ——贴纸厚度。

3. 用杠杆百分表调整对刀

这种对中方法精度高，适合在立式铣床上键槽铣刀的对刀过程，如图 3-65 所示。

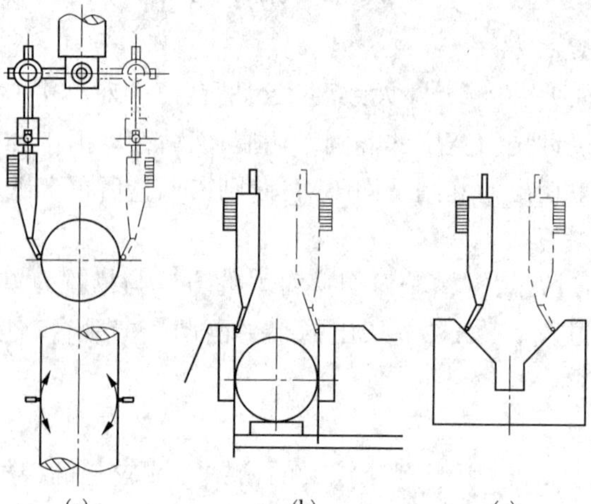

图 3-65　用杠杆百分表调整对刀

调整时，将百分表固定在立铣头的主轴上，用手微量转动主轴，观察百分表在工件两侧、钳口两侧或 V 形块两侧的读数，并通过横向移动工作台使两侧读数相同。

（四）轴上键槽的铣削方法

1. 铣削轴上通槽

轴上通槽或圆弧形半通槽，一般采用槽铣刀铣削。若工件较长且外圆已磨削均匀，可采用平口钳或 V 形块附加千斤顶支承装夹工件；若工件直径只经过粗加工，则采用三爪自定心卡盘和尾座顶尖装夹，工件中间附加千斤顶支承。

工件装夹完成，且刀具调整对中后，即可启动机床，铣削全长。

2. 铣削轴上封闭槽

用键槽铣刀铣削轴上封闭槽，常用分层铣削法和扩刀铣削法。

1）分层铣削法

用符合键槽宽度尺寸的铣刀分层铣削，如图 3-66（a）所示。这种方法在普通铣床上加工时,效率低,因此主要适用于轴槽长度尺寸较短、单件或小批量的轴槽铣削。

分层铣削时,在铣刀磨钝后,只需刃磨端面,铣刀直径不受影响,也不会产生明显的"让刀"现象。

2)扩刀铣削法

如图3-66(b)所示,先用直径小于槽的宽度1 mm左右的键槽铣刀进行分层粗铣至槽深,槽两端各留0.2~0.5 mm的余量,然后用尺寸精确的键槽铣刀精铣到所需尺寸。

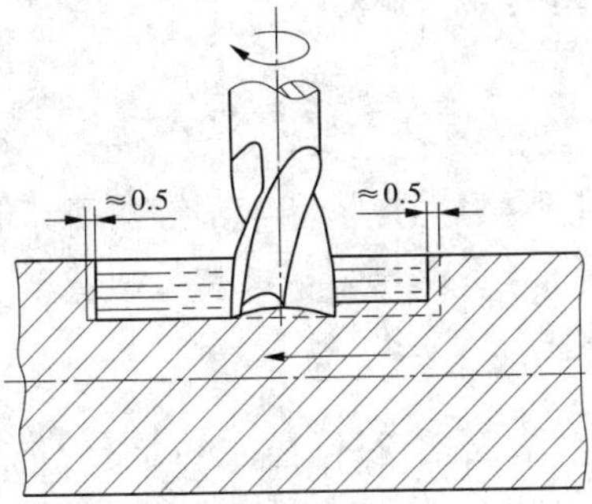

(a)分层铣削法

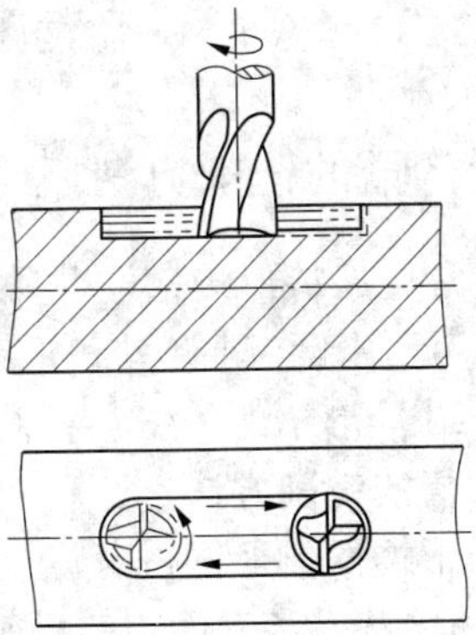
(b)扩刀铣削法

图3-66 轴上封闭键槽的铣削

(五)轴上键槽的检测

轴上键槽的检测包括轴槽宽度、深度和对称度的检测。

1. 轴槽宽度、深度的检测

如图3-67(a)、(b)所示,使用塞规或塞块检测轴槽宽度。检测时,通端塞入槽中、止端塞不入槽中为合格。

如图3-67(c)所示,使用游标卡尺、千分尺或深度尺测量轴槽的深度。

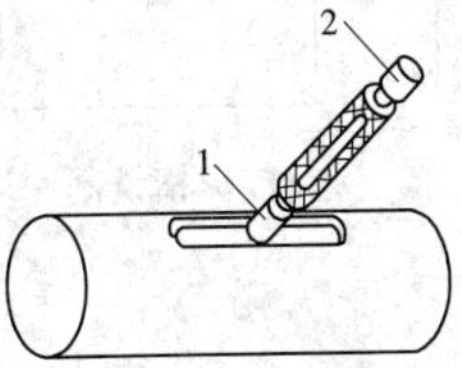

(a)用塞规测量轴槽的宽度

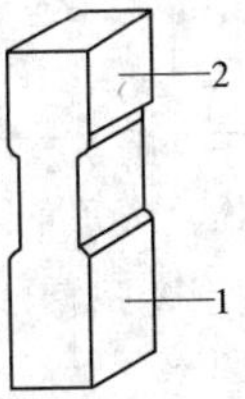

(b)用塞块测量轴槽的宽度

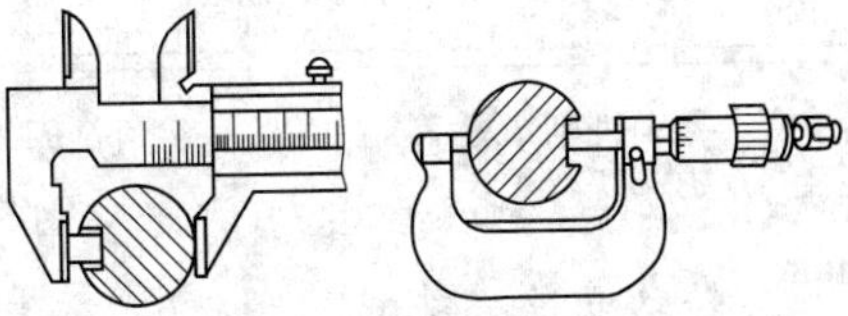
(c)轴槽深度的测量

1—通端;2—止端

图3-67 轴槽宽度和深度的检测

2. 对称度的检测

轴上键槽的对称度一般采用百分表检测,如图3-68所示。

检测时,工件置于V形块内,选用一块宽度与槽宽尺寸相同的量块放入轴槽内,并使量块的平面处于水平。然后用百分表检测量块的A面与工作台面的平行度,记下百分表读数。翻转工件180°,使量块的A面向上后,测量B面与工作台面的平行度,并记下百分表读数。两次读数差值的一半,即为键槽两侧与工件轴线的对称度误差。

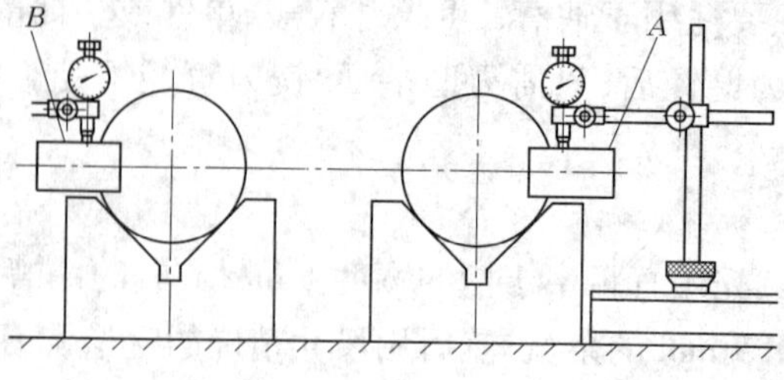

图 3-68　轴上键槽对称度的检测

三、特形沟槽的铣削方法

V 形槽是常见的特形沟槽。此外，还有 T 形槽、燕尾槽和半圆键槽等其他形状的特形沟槽，它们都广泛用于各种夹具和机床导轨中，一般采用刃口形状与沟槽相同的铣刀铣削加工。以下介绍 V 形槽的加工与检测方法。

（一）V 形槽的铣削方法

常用的 V 形槽两侧面间的夹角有 90°和 60°两种，铣削时一般采用角度铣刀直接铣出，有时也采用立铣刀和三面刃铣刀铣削。

1. 用角度铣刀铣削 V 形槽

对于夹角小于 90°的 V 形槽，采用与其角度相同的对称双角铣刀在卧式铣床上铣削。如图 3-69 所示，先在工件上用锯片铣刀铣削 V 形槽的窄槽，然后再用双角铣刀铣削 V 形槽侧面。当然，在没有双角铣刀的情况下，也可以使用单角铣刀分别加工 V 形槽两侧。这种方法比较费时，但如果装夹位置准确，铣削出的 V 形槽对称性较好。

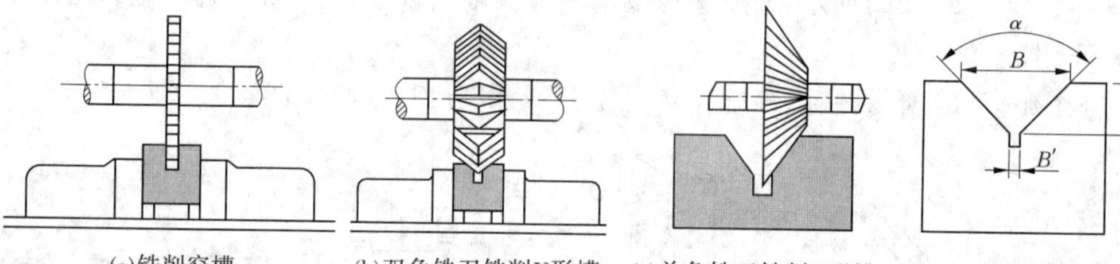

(a)铣削窄槽　(b)双角铣刀铣削V形槽　(c)单角铣刀铣削V形槽　(d)V形槽铣削深度

图 3-69　铣削 V 形槽

2. 转动立铣头铣削 V 形槽

对于夹角大于或等于 90°的 V 形槽，可在立式铣床上用立铣刀铣削，如图 3-70 所示。铣削前，同样应先铣出窄槽，然后调转立铣头用立铣刀铣削 V 形槽。

铣削时，工件采用平口钳装夹，工作台纵向固定不动，夹具或工件的基准面与工作台横向进给方向平行。铣完一侧的 V 形面后，将工件松开，调转 180°后夹紧，再铣削 V 形槽另一侧面，也可将立铣头反方向调转角度后铣削另一侧面。由于铣削深度一致，因此 V 形槽对矩形工件两侧对称性较好，尤其是 V 形槽较宽、角度铣刀宽度不够时，常采用这种铣削方法。

3. 调整工件位置铣削 V 形槽

对于角度大于 90°且加工精度要求较高的 V 形槽，可按划线校正 V 形槽的一个侧面，使之与工作台面平行或垂直装夹，采用三面刃铣刀、立铣刀或端铣刀等加工。铣削完一侧面后再重新找正装夹,铣削另一侧面,如图3-71所示。如果V形槽的角度等于90°且尺寸不大,可由一次装夹铣削完成。

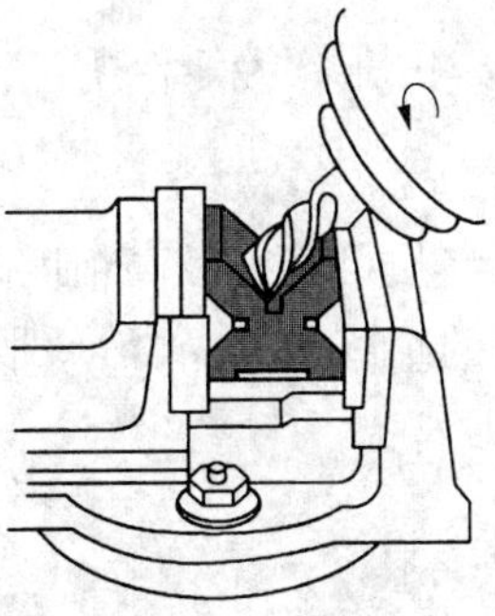

图3-70　转动立铣头铣削V形槽

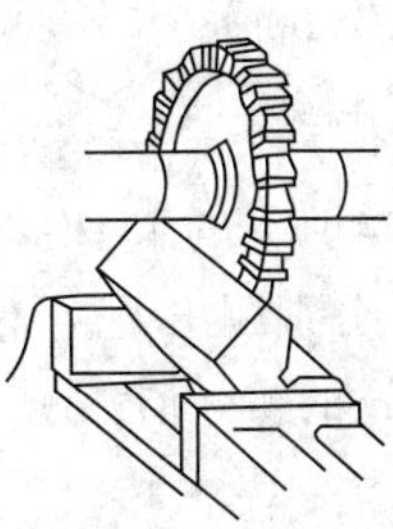

图3-71　调转工件铣削V形槽

(二)V形槽的检测方法

V形槽的检测项目有V形槽宽度B、V形槽槽角α和V形槽对称度误差的检测。

1.V形槽宽度B的检测

V形槽宽度B可用钢直尺或游标卡尺直接测量,但检测精度低。如果使用标准量棒间接测量槽宽B,可获得较高的检测精度。

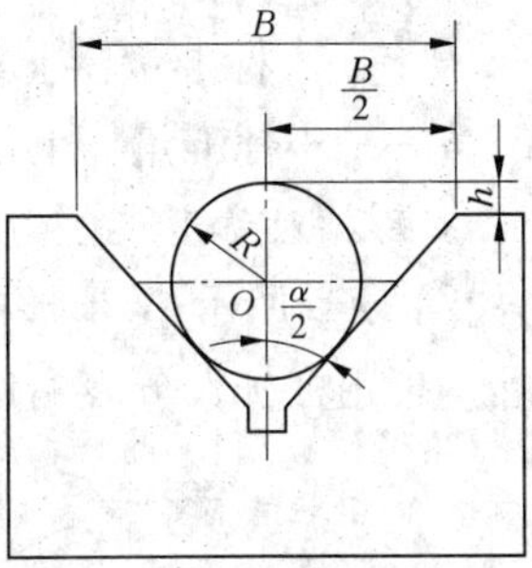

图3-72　V形槽宽度B的测量计算

如图3-72所示,测量时,先间接测得尺寸h,然后根据以下公式计算获得槽宽B值:

$$B = 2\tan\frac{\alpha}{2}\left[\frac{R}{\sin\frac{\alpha}{2}} + (R - h)\right]$$

式中　R——标准量棒半径,mm;

α——V形槽槽角(°);

h——标准量棒上素线至V形槽上平面的距离,mm。

2.V形槽槽角α的检测

1)用角度样板测量

如图3-73(a)所示,测量时,将样板置于槽内,通过观察工件与样板间的缝隙判断V

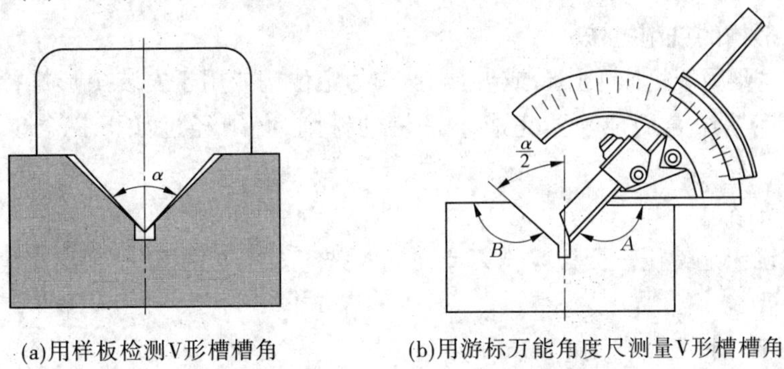

(a)用样板检测V形槽槽角　　(b)用游标万能角度尺测量V形槽槽角

图3-73　测量V形槽槽角α

形槽槽角 α 是否合格。

2)用游标万能角度尺测量

如图 3-73(b)所示,分别测量角度 A 或 B,从而间接测出 V 形槽半槽角$\frac{\alpha}{2}$。

3)用标准量棒间接测量

如图 3-74 所示,用两根不同直径的标准量棒间接测量,可获得较高精度的槽角 α 值。

测量时,分别测出大、小量棒上素线至 V 形架底面的距离 H 和 h,然后根据以下公式计算出槽角 α 的实际值:

$$\sin\frac{\alpha}{2} = \frac{R - r}{(H - R) - (h - r)}$$

式中 $\frac{\alpha}{2}$——V 形槽半槽角(°);

R——大标准量棒的半径,mm;

r——小标准量棒的半径,mm;

H——大标准量棒上素线至 V 形架底面的距离,mm;

h——小标准量棒上素线至 V 形架底面的距离,mm。

3. V 形槽对称度误差的测量

如图 3-75 所示,V 形槽内放置一标准量棒,分别以 V 形架两侧面为基准,放置在平板基准面上,用杠杆百分表测量量棒的最高点,两次测量读数之差的一半即为对称度误差。

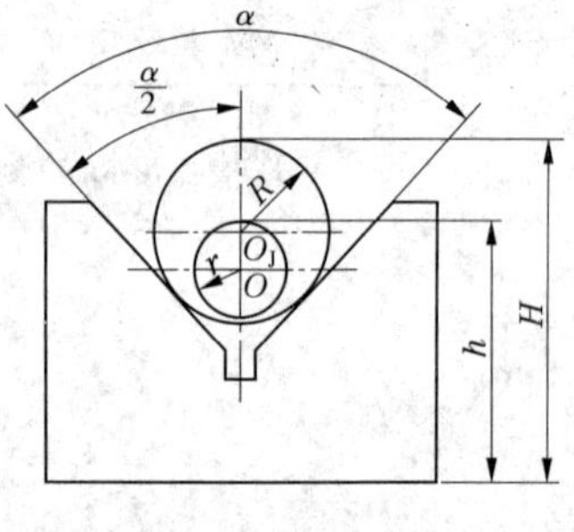

图 3-74 V 形槽槽角 α 的测量

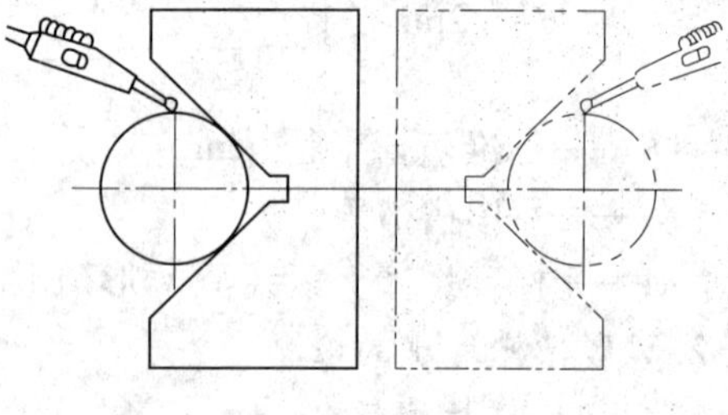

图 3-75 V 形槽对称度误差的测量

(三)T 形槽的铣削方法

T 形槽主要用于机床工作台或夹具上,作为定位槽或用于安装 T 形螺栓以夹紧工件,由直角槽和底槽组合而成。要完成 T 形槽的铣削,必须经过如下三个步骤,如图 3-76 所示。

1. 铣削直角槽

在卧式铣床上使用三面刃盘铣刀或在立式铣床上用立铣刀,铣削出直角槽,如图 3-76(a)、(b)所示。

2. 铣削 T 形槽底槽(见图 3-76(c))

(1)找正工件。使直角槽侧面与工作台纵向平行,并装夹牢固。

(2)选择铣刀。T 形槽铣刀是专门用于加工 T 形槽底槽的刀具,通常有锥柄和直柄两

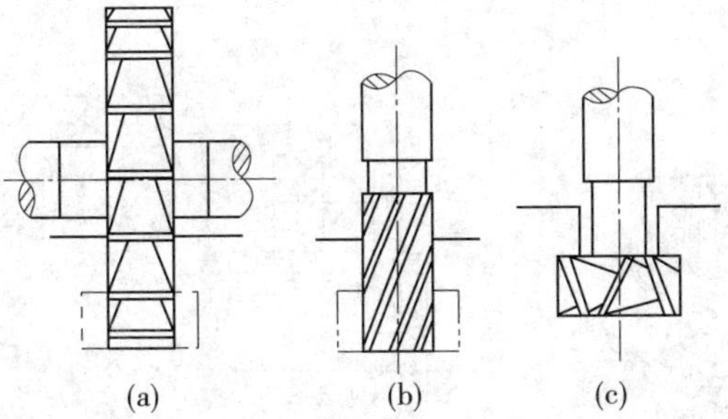

图 3-76　T 形槽的加工步骤

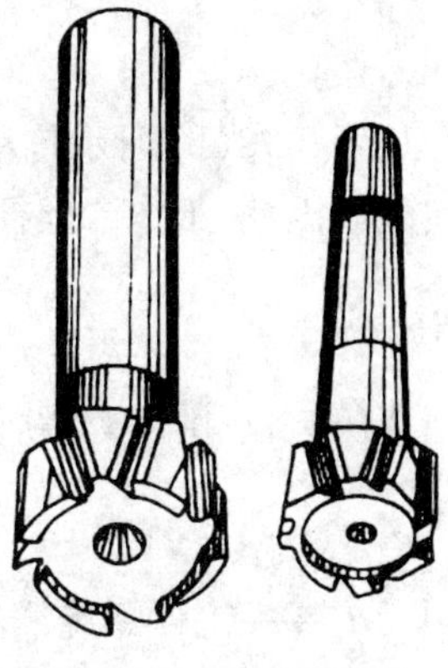

图 3-77　T 形槽铣刀

种，如图 3-77 所示。其切削部分与盘铣刀相似，可分为直齿和交错齿两种。由于受 T 形槽直槽部分尺寸的限制，刀具柄部和刀头连接部分直径较小，因而刀具刚度和强度均较差，当受到过大的铣削抗力和冲击时，容易发生折断，尤其是较小的 T 形槽铣刀。

选择 T 形槽铣刀时，应根据 T 形槽的尺寸选用直径和厚度合适的 T 形槽铣刀。若 T 形槽铣刀直径较小，可采用逆铣法先铣削一边，再铣削另一边；若铣刀厚度不够，可以分两次铣削，这样底面的粗糙度值较小。

(3) 目测切痕对刀。调整工作台，使 T 形槽铣刀的端面与直角槽的槽底对齐，然后退出工件。启动机床，调整工作台，使铣刀外圆齿刃同时碰到直角槽槽侧，切出相等的切痕。

(4) 铣削。先手动进给试切，待槽底铣出一小段后，测量槽深，如符合要求，可继续手动进给。当铣刀大部分进入工件后改用机动进给。

3. 槽口倒角

铣削好 T 形槽底槽后，可换装倒角铣刀铣倒角，如图 3-76(d)所示。倒角时应注意两边对称。

此外，切削用量的选用：加工 T 形槽时，由于容易产生铣刀折断，一定要合理选择切削用量；对刀铣削时，要注意缓慢进行，以免刀具折断或崩刃。

四、螺旋槽的铣削原理

在铣削加工中，常会遇到螺旋槽的加工，如斜齿圆柱齿轮的齿槽，麻花钻头、立铣刀、螺旋圆柱铣刀的沟槽等。

螺旋槽的铣削通常在卧式万能铣床上进行，采用分度头装夹工件，使用盘形铣刀或双角铣刀加工，其铣削螺旋槽的工作原理与车螺纹基本相同。

铣削时，铣床工作台的丝杆与分度头连接，工件一方面随工作台作纵向移动，同时又被分度头带动作旋转运动。如图 3-78(a)所示，这两种运动必须保持严格的运动关系，即工件转动一周时，工作台纵向移动的距离等于工件螺旋槽的一个导程 P_h。

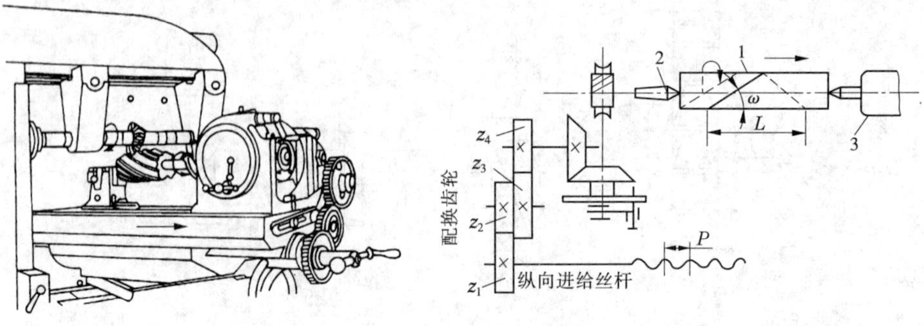

1—工件;2—分度头主轴;3—尾座

(a) (b)

图 3-78 铣削螺旋槽

如图 3-78(b)所示传动系统,上述运动通过丝杆与分度头之间的配换齿轮 z_1、z_2、z_3、z_4 来实现。因此,工作台丝杆与分度头侧轴之间应满足下列关系:

$$1_{丝杆} \times P_{丝杆} = \frac{z_1}{z_2} \times \frac{z_3}{z_4} \times \frac{1}{1} \times \frac{1}{40} \times P_h$$

化简后,铣削螺旋槽时配换齿轮的传动比 i 的计算公式为

$$i = \frac{z_1}{z_2} \times \frac{z_3}{z_4} = \frac{40P_{丝杆}}{P_h}$$

式中 P_h——工件螺旋槽的导程,mm;

$P_{丝杆}$——工作台纵向进给丝杆的螺距,mm;

40——分度头定数。

铣削时,将主动轮 z_1 挂在铣床纵向进给丝杆上,从动轮 z_4 挂在分度头的侧轴上,z_2、z_3 安装在分度头的挂架上,如图 3-78(b)所示。为了使铣出的螺旋槽的法向截面形状与盘形铣刀(或双角铣刀)的截面形状一致,并克服盘形铣刀与工件的内切现象,需将铣床的工作台在水平面内旋转一个大小等于螺旋角 β 的角度。

如图 3-79 所示,当铣削左螺旋槽时,工作台应顺时针转动;当铣削右螺旋槽时,工作台应逆时针转动。若 $\beta > 20°$,为避免工作铣刀内切到齿槽底部,工作台的实际转角 β_1 应小于工件螺旋角 β。但是,如果使用立铣刀铣削螺旋槽,工作台则不需要转动角度。

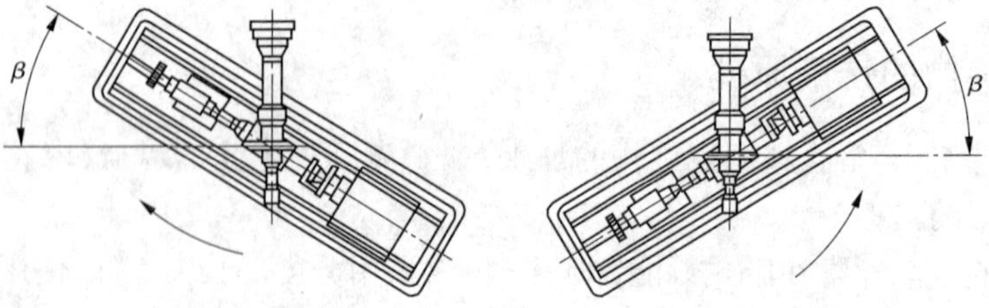

(a)铣左螺旋槽 (b)铣右螺旋槽

图 3-79 用盘形铣刀铣螺旋槽时工作台的转向

工作台的实际转角 β_1 可用下式计算:

$$\tan\beta_1 = \tan\beta\cos(\delta + \gamma)$$

式中　δ——工作铣刀的小角度；

γ——工件的法向前角。

【任务实施】

一、T 形槽铣削的工艺分析

（一）图样分析

如图 3-53 所示，T 形槽的直角槽宽度 $18^{+0.18}_{0}$ mm 有 IT12 级精度要求，其余尺寸精度按 IT14 级加工。工件的表面粗糙度 R_a 值为 6.3 μm。

T 形槽两侧面对基准面 A 有对称度（位置公差）要求，其标准公差等级为 IT11 级。

（二）铣削用量的选择

（1）铣削直角槽时，选取主轴转速 $n = 250$ r/min，进给速度 $v_f = 30$ mm/min。

（2）铣削 T 形槽底槽时，选取主轴转速 $n = 118$ r/min，进给速度 $v_f = 23.5$ mm/min。

（3）铣削倒角时，选取主轴转速 $n = 235$ r/min，进给速度 $v_f = 47.5$ mm/min。

二、工艺准备

（1）毛坯：60 mm × 50 mm × 40 mm 的 45 钢方料一块。

（2）机床与铣刀的选择：选用 X5032 型立式铣床，根据要求选用直径为 18 mm 的立铣刀，直径为 32 mm、宽度为 14 mm 的直柄 T 形槽铣刀，直径为 25 mm、角度为 45°的反燕尾槽铣刀。

（3）安装找正平口钳：在铣床工作台上安装平口钳，找正固定钳口，使之与纵向进给方向平行后压紧。

三、工艺过程与工步内容

（一）工件划线

钳台上，按 T 形槽图样划出工件中心线及对称槽宽。

（二）工件装夹

将工件装夹在平口钳内，找正工件上平面与工作台面平行。

（三）铣削直角槽

（1）安装立铣刀，调整铣削用量。

（2）对刀，将铣刀调整到正确的铣削位置，紧固工作台横向位置。

（3）调整铣削深度，分两次切去加工余量。第一次使工作台上升 22 mm，第二次上升 14 mm。

（4）铣削时先手动进给，待铣刀切入工件后改为机动进给，并使两次进给方向相同，铣出直角槽。

（四）铣削 T 形槽底槽

（1）卸下立铣刀，安装 T 形槽铣刀。

（2）对刀。直角槽铣削后，工作台未发生横向移动，换装 T 形槽铣刀后，不必重新对刀。

(3)调整铣削用量和铣削深度后，先手动进给，在槽底铣出一小部分时，测量槽深。如符合要求可继续手动进给。当铣刀大部分进入工件后改用机动进给，铣削出 T 形槽。

(4)铣削时要及时清除切屑，避免铣刀折断。

(五)槽口倒角

(1)卸下 T 形槽铣刀，安装反燕尾槽铣刀倒角。

(2)对刀。底槽铣削后，工作台横向并未移动，工件中心位置不变。垂直上升工作台，使铣刀与槽口接触后退离工件。

(3)工作台垂直上升 1.6 mm，调整切削用量后机动进给。

【思考与练习】

1. 铣床上，装夹轴类工件的方法有哪些？各有何特点？

2. 铣轴槽时，常用的对刀方法有哪几种？如何选用？

3. 轴槽槽宽的对称度如何检测？

4. V 形槽的铣削方法有哪些？若槽与工件两侧面的对称度要求较高，采用哪种方法较好？为什么？

5. 加工一槽口宽度为 120 mm、夹角为 90°的 V 形槽，试述其加工步骤。

6. 铣削螺旋槽时，工件有哪几个运动？各运动应保持怎样的关系？工作台为什么要扳转一个角度？

7. 要在直径 $D = 75$ mm 的铣刀毛坯上铣出一条右旋的螺旋槽，其螺旋角 $\beta = 30°$，铣床工作台的进给丝杆螺距 $P = 6$ mm，求分度头配换齿轮的齿数。

8. 制定如图 3-80 所示零件的铣削加工工艺及加工方法。

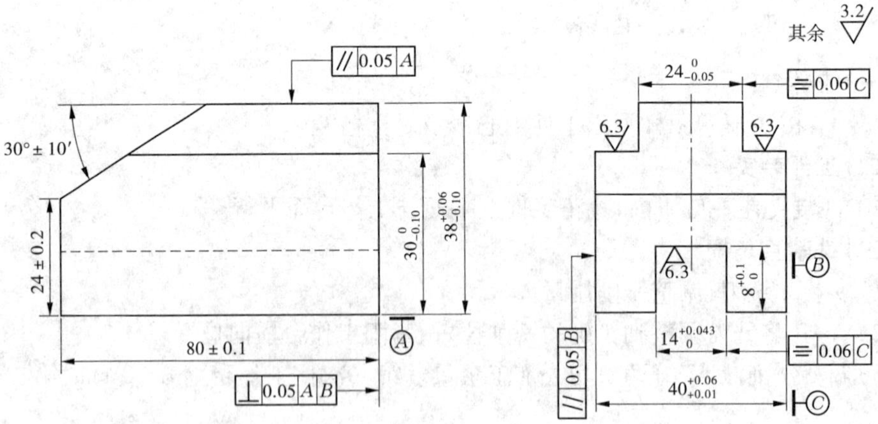

图 3-80

项目四　磨削加工

引　言

磨削加工是机械加工中的一种精加工。本项目围绕传动轴零件的加工工艺的编制，主要介绍磨床、磨具、夹具，以及平面磨削加工、外圆磨削加工、内圆磨削加工等方法。

【学习目标与任务】

学习目标：

1. 熟悉磨床及其操作方法。
2. 掌握外圆的磨削加工方法。
3. 掌握内圆的磨削加工方法。
4. 掌握平面的磨削加工方法。

学习任务：轴类零件的磨削加工。

【任务引入】

如图4-1所示为传动轴零件，完成该零件的磨削加工。

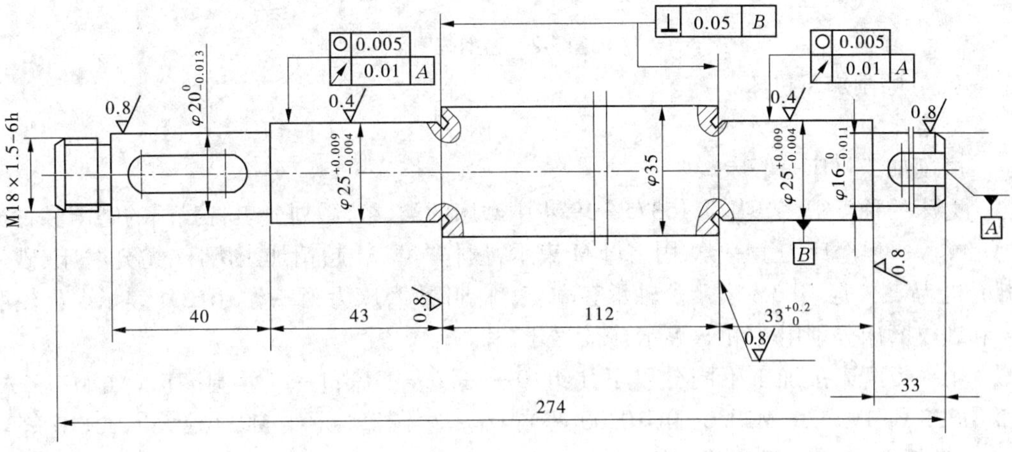

技术要求：材料45钢，经淬火至硬度48～52 HRC

图4-1　传动轴零件

【知识指引】

一、磨削加工的认知

磨削加工是以磨料磨具(如砂轮、砂带、油石、研磨料等)为工具在磨床上进行切削加工的一种精加工方法,磨削使用的磨具主要是砂轮,它以极高的圆周速度磨削工件,并能加工各种高硬度材料的工件。在现代制造业中,磨削技术占有重要的地位。

磨削的加工范围很广,能完成各种零件的精加工。主要有外圆磨削、内圆磨削、平面磨削、刀具刃磨,其他还有齿轮磨削、曲轴磨削、成形面磨削、工具磨削等。

常见的几种磨削加工类型如图 4-2 所示。

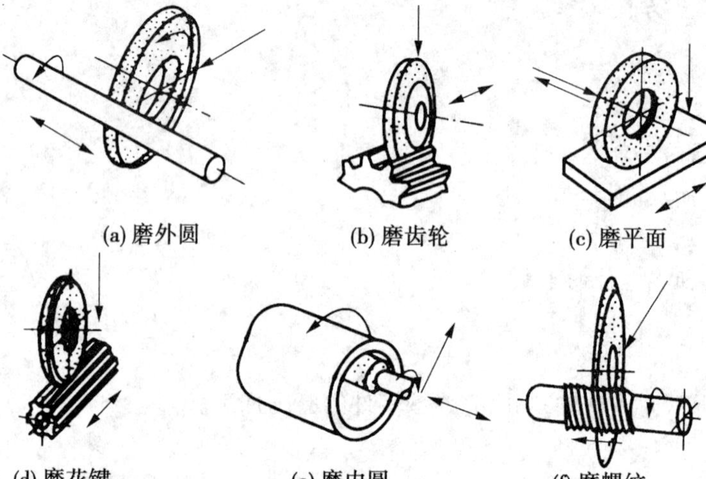

(a) 磨外圆　(b) 磨齿轮　(c) 磨平面　(d) 磨花键　(e) 磨内圆　(f) 磨螺纹

图 4-2　磨削范围

(一)磨削加工机床

1. 磨床

磨削加工机床是磨床。

磨床的种类很多,GB/T 15375—1994 中磨床的类、组、系划分表将我国的磨床品种分为三类。一般磨床为第一类,用字母 M 表示,读作“磨”。超精加工磨床、抛光磨床、砂带抛光机为第二类,用 2M 表示。轴承套圈、滚球、叶片磨床为第三类,用 3M 表示。齿轮磨床和螺纹磨床分别用 Y 和 S 表示,读作“牙”和“丝”。

第一类磨床按加工不同分以下几组:0——仪表磨床;1——外圆磨床(如 M1432A、MSB1332A、MM1420、M1020、MG10200 等);2——内圆磨床(如 M2110A、MGD2110 等);3——砂轮机;4——研磨机、珩磨机;5——导轨磨床;6——刀具刃磨床(如 M6025A、M6110 等);7——平面及端面磨床(如 M7120A、MG7132、M7332A、M74758 等);8——曲轴、凸轮轴、花键轴及轧辊磨床(如 M8240A、M8312、M8612A、MG8425 等);9——工具磨床(如 MK9017、MG9019 等)。

型号还指明机床主要规格参数。一般以内、外圆磨床上加工的最大直径尺寸或平面磨床工作台面宽度(或直径)的1/10表示;曲轴磨床则是表示最大回转直径的1/10;无心磨床则是表示基本参数本身(如M1080表示最大磨削直径80 mm)。

磨床的通用特性代号位于型号第二位(见表4-1),如型号MB1432A中的B表示半自动万能外围磨床。

表4-1 机床通用特性

通用特性	高精度	精密	自动	半自动	数控	仿形	加工中心(自动换刀)	轻型	加重型	简式或经济型	高速	柔性加工单元	数显
代号	G	M	Z	B	K	F	H	Q	C	J	S	R	X
读音	高	密	自	半	控	仿	换	轻	重	简	速	柔	显

磨床结构性能的重大改进用顺序号A、B、C、…表示,加在型号的末尾。如:高精度数控外圆磨床的型号MGK1320A,表示其最大磨削直径为200 mm,经第一次改进设计(A),G、K为特性代号(高精度、数控)。

2. *磨床的润滑及保养*

良好的保养和润滑有利于延长磨床的使用寿命、保持磨床的精度和可靠性。磨床保养的要点有以下几点:

(1)合理操作磨床,不损坏磨床部件、机械结构,不碰撞或拉毛机床工作面与部件。

(2)工作前后须清理机床,检查磨床部件、机械结构、液压系统、冷却系统是否正常。及时修理排除磨床故障。

(3)调整工作台上的头架、尾座位置时,须擦净其连接面,涂润滑油后再移动头架或尾座。

(4)人工润滑的部位应按规定的油类加注,并保证一定的油面高度。

(5)定期冲洗冷却系统,合理更换切削液。废液处理应符合环保要求。

(6)高速滚动轴承的温升应低于60 ℃。

(7)磨床的精度等级和参数应与加工工件的精度和尺寸相对应,以保护机床精度。

(8)磨床敞开的滑动面和机械机构须涂油防锈。

磨床运转500 h后,需进行一次一级保养。一级保养工作以操作人员为主,维修人员配合的原则进行。以万能外圆磨床为例,一级保养的具体操作步骤如下:

(1)切断电源,摇动手轮使砂轮架退至较后位置,推动头架、尾座至工作台两端。

(2)清扫机床铁屑较多的部位,如水槽、切削液箱、防护罩壳等。

(3)用柴油清洗头架主轴、尾座套筒、液压泵过滤器等,并对附件清洁保养,补齐缺少的零部件。

(4)进行机床油漆表面的保养,按从上到下、从后到前、从左到右的顺序进行,如有油痕,可用去污粉或碱水清洗。

(5)检查砂轮架及床身油池内的油质及油路工作情况,更换或补充润滑油和液压油。在机修人员的指导配合下,调整砂轮架主轴、头架主轴的间隙。

(6)在维修电工的指导配合下,进行电器检查和保养。

(7)安装好各防护罩壳、盖板。

(二)磨具砂轮

1. 砂轮的结构

砂轮是磨削的切削工具,它是特殊的刀具,又称磨具,其制造过程也较复杂。以陶瓷砂轮为例,将砂轮的磨料和结合剂以适当的比例混合成形后,再经过干燥、烧结、整形、静平衡、硬度测定、最高工作线速度试验等程序而制成。磨料依靠结合剂黏结在一起(见图4-3),在磨削时直接起切削作用,而不至于过早地脱落。结合剂像桥一样把磨料连接起来,并构成网状空隙。砂轮的网状空隙起容纳磨屑和散热的作用。磨料、结合剂、空隙构成砂轮结构的三要素。

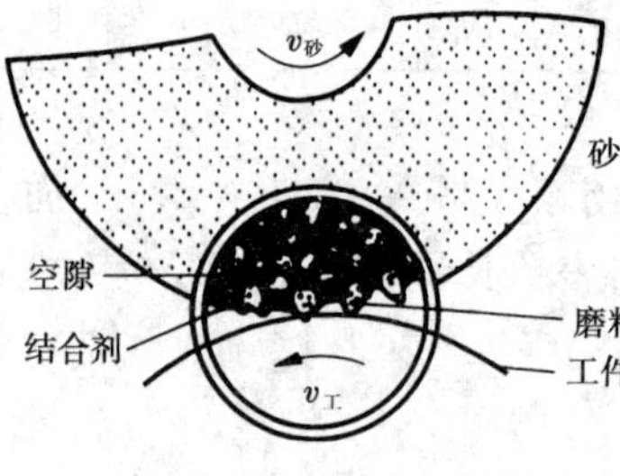

图4-3　砂轮的结构

2. 砂轮的选择

砂轮的特性对工件的加工精度、表面粗糙度和生产率影响很大。砂轮的特性包括磨料、粒度、结合剂、硬度、组织、形状和尺寸等方面,以标志印在砂轮端面上。选择砂轮时主要从以下几个特性方面考虑。

1)磨料

磨料是砂轮的主要原料,直接担负着切削工作。磨削时,磨料在高温条件下要经受剧烈的摩擦和挤压,所以磨料应具有很高的硬度、耐热性及一定的韧性。常用的磨料及其应用范围见表4-2。

表4-2　常用的磨料及其应用范围

系别	名称	代号		颜色	特点	应用范围
		旧	新			
刚玉类	棕刚玉	GZ	A	棕色	硬度高,韧性大,抗弯强度高	适于磨碳素钢、合金钢、淬火钢、铸铁和青铜
	白刚玉	GB	WA	白色	比棕刚玉硬而脆,自锐性好,磨削力和磨削热量较小	适于磨淬火钢、高速钢、合金钢、螺纹、齿轮、刀具、薄壁工件及细长轴等
	铬刚玉	GC	PA	粉红色	硬度与白刚玉相近而韧性较好	适于磨合金钢、高速钢、锰钢及表面粗糙度较低的工件
	单晶刚玉	GD	SA	浅灰色 浅黄色	硬度和韧性都比白刚玉高,自锐性好	适于磨不锈钢、高钒钢、高速钢等
	微晶刚玉	GW	MA	棕黑色	强度高,韧性和自锐性好	适于磨不锈钢、特种球墨铸铁等

续表 4-2

系别	名称	代号		颜色	特点	应用范围
		旧	新			
碳化物类	黑碳化硅	TH	C	黑色 深蓝色	硬度高,韧性低而脆	适于磨铸铁、黄铜及其他非金属材料
	绿碳化硅	TL	GC		硬度与黑碳化硅相近,而脆性更大	适于磨硬质合金、光学玻璃、钛合金等
金刚石类	人造金刚石	JR			硬度极高,磨削性能好	适于磨硬质合金、光学玻璃等高硬度材料
	天然金刚石	JT			硬度极高,磨削性能好	适于磨硬质合金、光学玻璃等高硬度材料

2)粒度

粒度是指磨料颗粒的大小,即磨粒的粗细。粒度的表示方法有筛分法、光电沉降仪法或沉管粒度仪法。筛分法是以网筛孔尺寸来表示的,即在规定的面积内,颗粒能穿过的数量,越多就越细。磨料粒度分为 F4 ~ F1200 共 37 个粒度号,其中 F4 ~ F220 称为粗磨粒,共 26 级;F230 ~ F1200 称为微粉,共 11 级。粒度号越大,磨粒越细。

粒度的选择要求如下:

(1)加工精度要求高时,选用较细粒度。因粒度细,同时参加切削的磨粒数多,工件表面上残留的切痕较小,表面质量较高。

(2)当磨具和工件接触面积较大,或磨削深度较大时,应选用粗粒度。因为粒度粗的磨具和工件间的摩擦小,发热也较小。例如磨平面,用砂轮端面磨削与用圆周面磨削相比,磨具粒度要粗些。

(3)粗磨时粒度应比精磨时粗,这可提高生产效率。

(4)切断和磨槽工序,应选用粗粒度、组织疏松、硬度较高的砂轮。

(5)磨削软金属或韧性金属时,砂轮表面易被切屑堵塞,所以应选用粒度粗的砂轮。磨削硬度高的材料时,应选较粗粒度。

(6)成形磨削时,为了较好地保持砂轮形状,宜选用较细粒度。

(7)高速磨削时,为了提高磨削效率,粒度要比普通磨削时偏细 1 ~ 2 个粒度号,因粒度细,单位工作面积上的磨粒增多,每颗磨粒受力相应减小,不易钝化。不同粒度磨具的应用范围见表 4-3。

3)结合剂

砂轮中,将磨粒黏结使之具有一定强度的物质称为结合剂。砂轮的强度、抗冲击性、耐热性及耐腐蚀性能,主要取决于结合剂的性能。

结合剂的选择与磨削方式及工件表面加工质量有关,选择结合剂时可参照表 4-4。

表 4-3　不同粒度磨具的应用范围

粒度号	应用范围
F14 以下	用于重负荷磨削、磨皮革、磨地板、打锈等
F14 ~ F30	用于磨钢锭、铸铁打毛刺、切断钢坯钢管、粗磨平面、磨大理石及耐火材料
F30 ~ F46	用于一般平面磨、外置磨、无心磨、工具磨等磨床上粗磨淬火钢件、黄铜及硬质合金等
F60 ~ F100	用于精磨、各种刀具刃磨、螺纹磨、粗研磨、珩磨等
F100 ~ F220	用于刀具刃磨、螺纹磨、精磨、粗研磨、珩磨等
F220 ~ F1000	用于精磨、螺纹磨、齿轮精磨、仪器仪表零件精磨、精研磨及珩磨等
F1000 以上	用于超精磨、镜面磨、精研磨与抛光等

表 4-4　常用结合剂砂轮的应用范围

名称	代号	应用范围
陶瓷结合剂	V	用于磨内外圆、平面、齿轮、螺纹,刃磨刀具等
树脂结合剂	B	用于铸铁打毛刺,粗磨平面、薄壁薄片工件,切断与开槽,刀具刃磨
橡胶结合剂	R	用于精磨、超精磨、切断与开槽

4)硬度

砂轮的硬度和磨料的硬度是两个不同的概念。砂轮的硬度是指砂轮表面的磨粒在外力作用下脱落的难易程度。容易脱落称为软,反之称为硬。砂轮硬度用英文字母表示:A、B、…、S、T、Y,其硬度按顺序递增,见表 4-5。

表 4-5　磨具硬度代号

砂轮硬度	硬度由软到硬(左到右)																		
硬度代号	A	B	C	D	E	F	G	H	J	K	L	M	N	P	Q	R	S	T	Y
(1984) 旧标准	超软			软			中软			中		中硬		硬			超硬		
	D E F						G	H	J	K	L	M	N	P	Q	R	S	T	Y
(19811) IE1 标准				CR			R1	R2	R3	ZR1	ZR2	Z1	Z2	ZY1	ZY2	ZY3	Y1	Y2	CY

磨削硬材料时,砂轮的硬度应高些;反之,应低些。成形磨削和精密磨削时,硬度应更高些。一般磨削选取硬度为 K ~ R 的砂轮。

5)组织

砂轮的组织是指砂轮中磨料、结合剂、气孔三者体积的比例关系。砂轮的组织号数是以磨料所占百分比来确定的。磨料所占体积越大,砂轮的组织越紧密。砂轮组织号有 0、1、2、…、14,共 15 个号,号数越小,组织越紧密。组织号为 4 ~ 7 的砂轮应用最广,可用于磨削淬火工件及切削工具,0 ~ 3 号用于成形磨削,8 ~ 14 号用于磨削韧性大而硬度不高的材料,见表 4-6。

6)形状与尺寸

根据机床类型和磨削加工的需要,砂轮制成各种标准形状和尺寸。我国磨具的形状有40多种,表4-7所列几种仅供参考。

表4-6 磨具的组织号(以磨粒率表示)

组织号	0	1	2	3	4	5	6	7	8	9	10	11	12	13	14
磨粒率(%)	62	60	58	56	54	52	50	48	46	44	42	40	38	36	34
适用范围	重负荷磨削、成形磨削、精密磨削、间断磨削及自由磨削,或加工硬脆材料等				无心磨、内圆磨、外圆磨和工具磨、淬火钢工件磨削及刀具刃磨等				粗磨和磨削韧性大、硬度不高的工件,机床导轨和硬质合金刀具磨削,适于磨削薄壁、细长工件,或砂轮与工件接触面大的平面磨削等					磨削热敏性较大的钨银合金、磁钢、有色金属以及塑料、橡胶等非金属材料	

表4-7 常用砂轮与砂瓦的名称、代号、断面图及基本用途

砂轮名称	代号	断面图	基本用途
平形砂轮	1	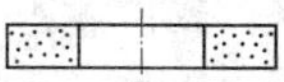	用于外圆、内圆、平面、无心磨削,刃磨刀具、螺纹磨削
筒形砂轮	2	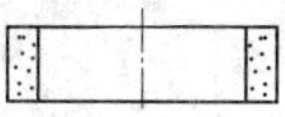	用在立式平面磨床
单斜边砂轮	3	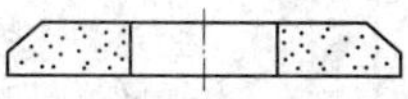	45°单斜边砂轮用于磨削各种锯齿
双斜边砂轮	4	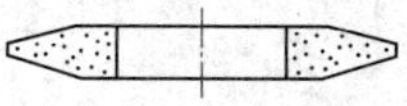	用于磨齿轮面和单线螺纹
单面凹砂轮	5	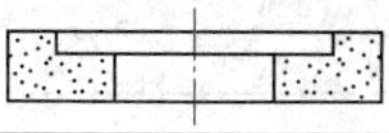	多用于内圆磨削,外径较大的用于外圆磨削
杯形砂轮	6	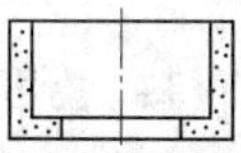	用于刃磨铣刀、铰刀、拉刀等
双面凹砂轮	7	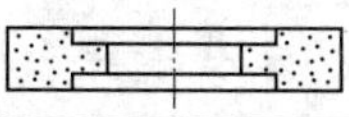	主要用于外圆磨削和刃磨刀具
碗形砂轮	11	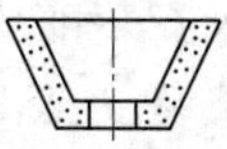	用于刃磨铣刀、铰刀、拉刀、盘形车刀等
碟形一号砂轮	12a	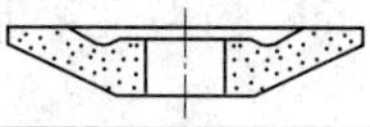	适于磨铣刀、铰刀、拉刀和其他刀具,大尺寸的一般用于磨齿轮齿面
碟形二号砂轮	12b	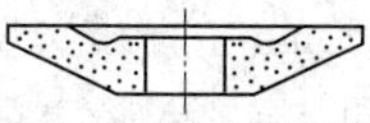	主要用于磨锯齿
单面凹带锥砂轮	23	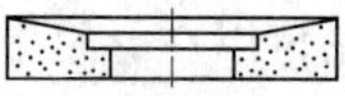	用于磨外圆和端面
双面凹带锥砂轮	26		用于磨外圆和端面
薄片砂轮	41	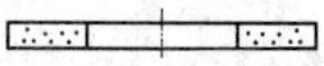	用于切断和开槽

砂轮尺寸按机床规格选用，砂轮形状按磨削的零件选择。其中，平形砂轮应用最广泛，外圆磨削、内圆磨削、平面磨削、无心磨削、刀具刃磨及螺纹磨削中都要使用平形砂轮。

平形砂轮的工作表面是一个圆柱面，在磨削加工成形表面时，可将砂轮修整成相应的型面。筒形砂轮的工作表面是端面，用于在立式平面磨床上磨削平面。砂轮制造厂对平形砂轮及单、双面砂轮的工作圆柱面可按要求制成各种型面。通常，磨削时都没有对平形砂轮和单、双面凹砂轮的工作面提出型面要求，只有一些特殊零件磨削，对砂轮才有型面要求。

7）强度

砂轮旋转时产生的离心力和砂轮圆周速度的平方成正比增加，当离心力超过砂轮强度允许的数值时，砂轮就会破裂。因此，砂轮的强度通常用安全圆周速度来表示。在使用时必须检查砂轮的实际圆周速度是否超过砂轮最高安全圆周速度。表 4-8 所示为几种砂轮的最高安全圆周速度。

表 4-8　普通砂轮最高安全圆周速度

磨具名称	最高安全圆周速度（m/s）		
	陶瓷结合剂	树脂结合剂	橡胶结合剂
平形砂轮	35	40	35
双斜边砂轮	35	40	35
单面凹砂轮	35	40	50
薄片砂轮	35	50	
杯形砂轮	30	35	
碗形砂轮	30	35	

综上，砂轮的标志顺序是形状代号、尺寸、磨料、粒度号、硬度、组织号、结合剂、线速度，如砂轮 1 – 300 × 50 × 75 – A60L5V – 35 m/s。

3. 砂轮的检查、安装、平衡和修整

由于砂轮是在高速运转情况下工作的，所以安装前要通过外观检查和敲击的响声来检查砂轮是否有裂纹，以防止调整旋转时砂轮破裂。安装砂轮时，将砂轮松紧合适地套在砂轮主轴上，在砂轮和法兰盘之间垫以 1 ~ 2 mm 的弹性垫圈（由皮革或耐油橡胶制成），如图 4-4 所示。

为使砂轮平稳地工作，一般直径大于 125 mm 的砂轮都要进行静平衡调试。调试时将砂轮装在心轴上，再放在平衡导轨上。如果不平衡，较重的部分转向下面。这时可移动法兰盘环形槽内的平衡块进行调试，直到砂轮可以在导轨上任意位置都能静止，表明砂轮各部分质量均匀，平衡良好，如图 4-5 所示。

砂轮工作一段时间后，磨粒逐渐变钝，砂轮表面空隙堵塞，砂轮几何形状磨损严重。这时需要对砂轮进行修整，使已磨钝的磨粒脱落，恢复砂轮的切削能力和外形精度。砂轮常用金刚石笔修整，如图 4-6 所示。修整时要用大量的冷却液，以防金刚石笔因温度剧升而破裂。

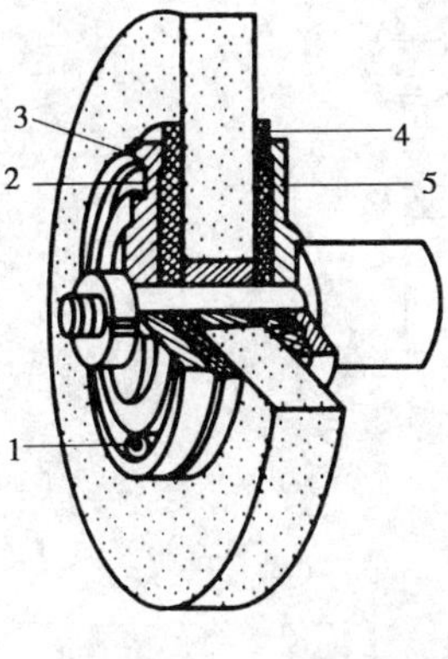

1—平衡块;2—环形槽;
3、5—法兰盘;4—弹性垫圈

图 4-4　砂轮的安装

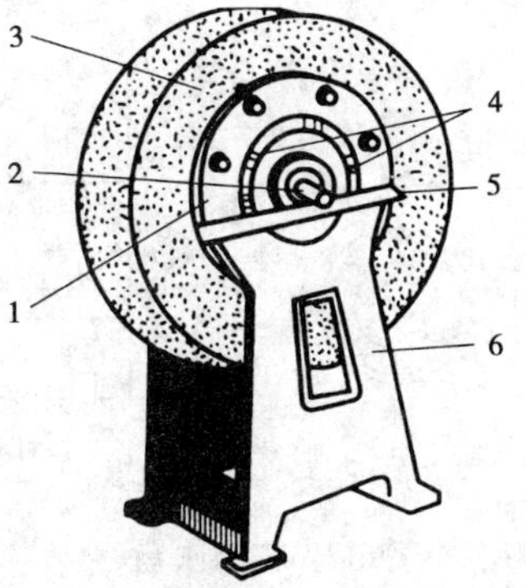

1—砂轮套筒;2—心轴;3—砂轮;
4—平衡块;5—导轨;6—平衡架

图 4-5　砂轮的平衡

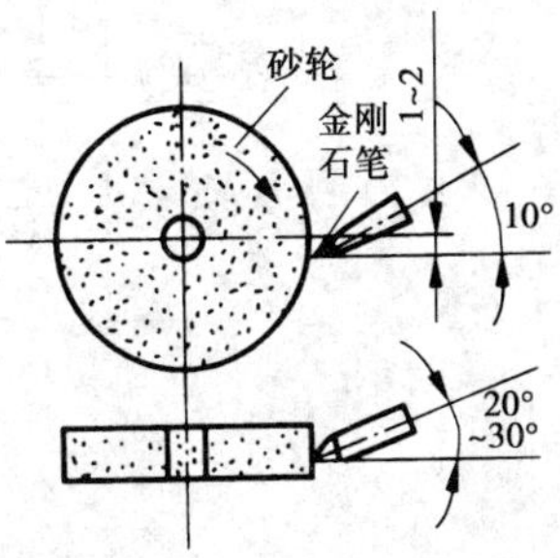

图 4-6　砂轮的修整

(三)磨削常用夹具

磨削常用夹具主要有以下几种。

1. 夹头

在外圆表面磨削时,当工件以中心孔定位时,通常用夹头带动工件旋转。常用的几种夹头如图 4-7 所示,其中环形夹头如图 4-7(a)所示;鸡心夹头如图 4-7(b)所示,用一个螺钉直接夹紧工件,使用方便,制造简单,但夹紧力小,适用于中小型工件的装夹;方形夹头,如图 4-7(c)所示,用两个螺钉对合夹紧,夹紧力大,适用于较大工件的装夹;图 4-7(d)所示为自动夹头,夹头由偏心杆自动夹紧。当工件端面有槽时,工件可用专用拨销直接转动。

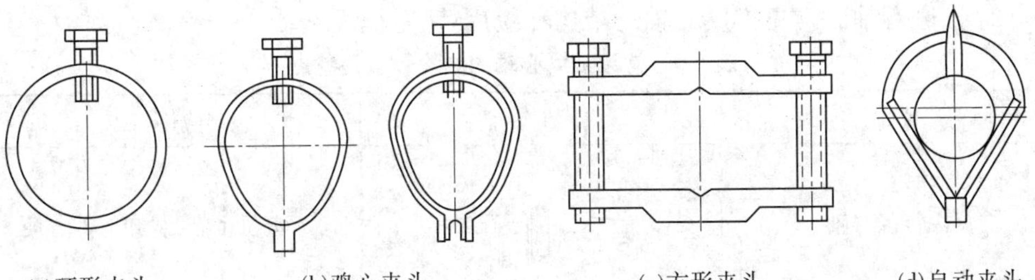

(a)环形夹头　(b)鸡心夹头　(c)方形夹头　(d)自动夹头

图 4-7　常用夹头类型

2. 卡盘

在外圆磨床上使用卡盘,通过法兰盘装到头架主轴上。在卡盘(如三爪卡盘)上装夹工件时,为了找正方便,找正前不应夹得太紧;在保证夹紧力的情况下,夹持表面长度应稍短,方便找正。图 4-8 所示为端面和外圆找正两种方法。

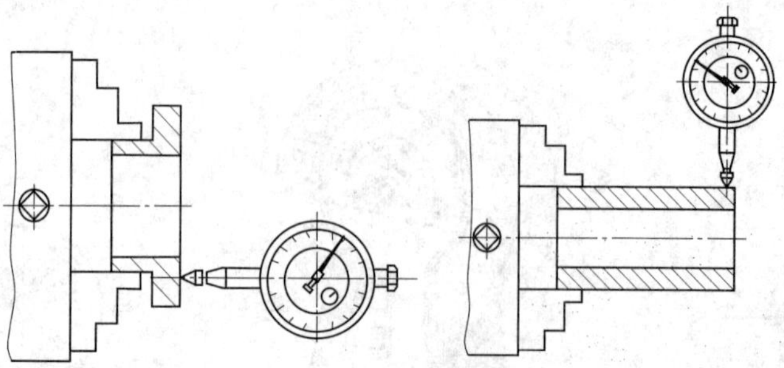

(a) (b)

图 4-8 三爪卡盘

3. 心轴

心轴是装夹套类零件的专用夹具，满足零件外圆磨削的精度要求，主要有以下几种：

(1)小圆锥心轴。这种心轴的锥度一般在 1∶5 000～1∶7 000，多用于以内孔定位的工件。

(2)内冷却式心轴。这种心轴多用于精密薄壁套筒或对散热要求较高的工件，其结构如图 4-9 所示。

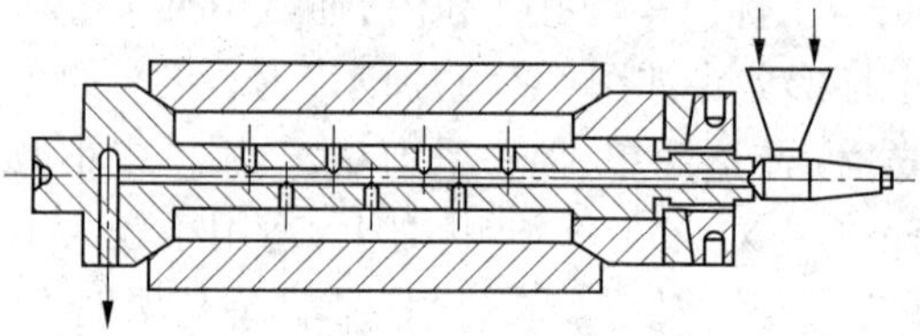

图 4-9 内冷却式心轴

(3)锥度心轴。常见锥度心轴的结构和应用特点见表 4-9。

表 4-9 常见锥度心轴的结构和应用特点

名称	结构	应用特点
莫氏锥度心轴	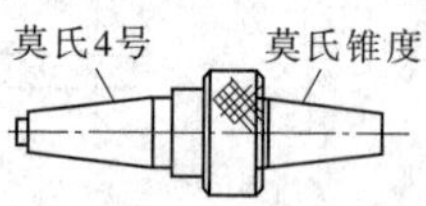	定位可靠，装卸工件方便
直柄锥度心轴	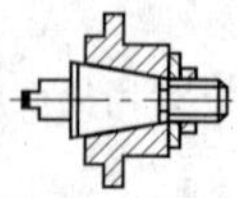	适用于一般工件
浮动锥度心轴	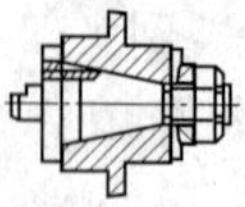	适用于薄壁工件

(4)带阶台圆柱心轴。图4-10所示为常见的带阶台的圆柱心轴的结构,用于以孔定位的工件。

4. 定位套

这类夹具多用于以外锥面为定位基准的工件,常见的定位套如图4-11所示。

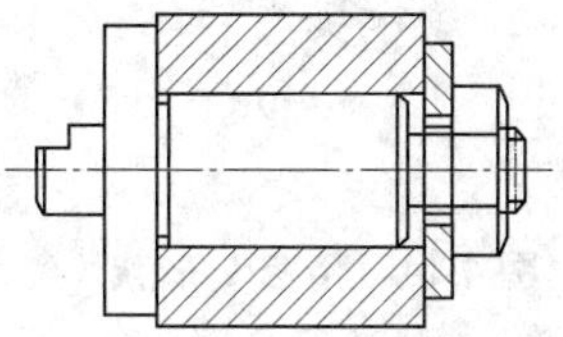

图4-10　带阶台的圆柱心轴

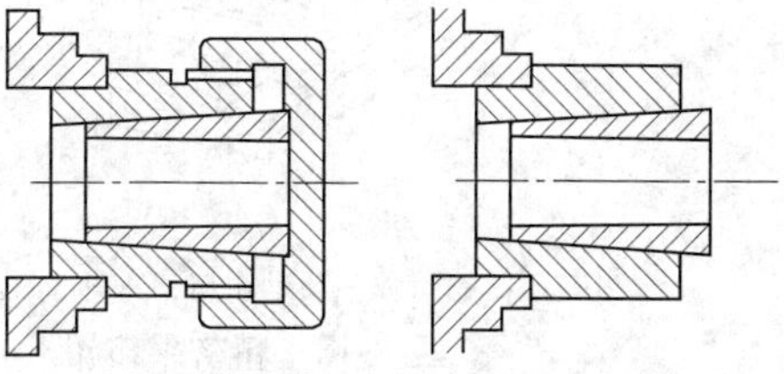

(a)适用于莫氏体　(b)适用于一般锥体

图4-11　定位套

5. 顶尖

顶尖属于通用夹具,广泛地用于外圆磨削中。磨削使用的顶尖形式与车削的顶尖稍有区别,常见的几种顶尖如图4-12所示。不同的情况下可以使用不同的顶尖。在磨削直径较小的工件时,可以使用半顶尖,顶尖的缺口部分可使砂轮越出主件端面。反顶尖用于磨削顶尖的场合。大头顶尖用于中心孔或大孔壁的工件。

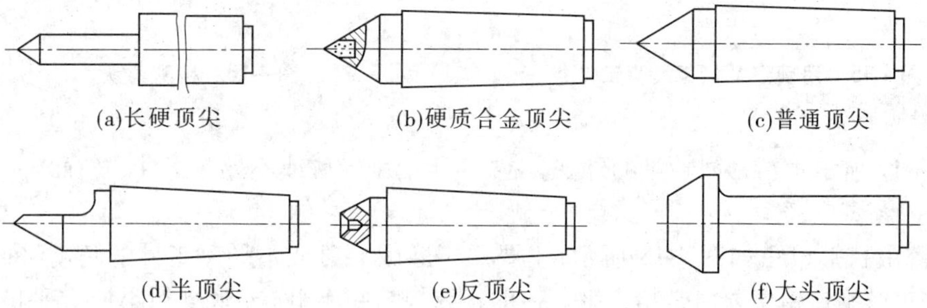

(a)长硬顶尖　(b)硬质合金顶尖　(c)普通顶尖

(d)半顶尖　(e)反顶尖　(f)大头顶尖

图4-12　顶尖的种类

在磨削过程中,顶尖与中心孔之间产生滑动摩擦,普通顶尖易磨损。近年来,在精密磨削中已广泛采用硬质合金顶尖。将硬质合金压入顶尖体以后,用铜焊接。硬质合金的硬度很高,耐磨性好,有很高的定心精度。但硬质合金呈脆性,使用时要注意保养,有裂纹的硬质合金不能使用。

6. 精密平口钳

精密平口钳的外观如图4-13所示,主要用于磨削垂直平面或不导磁材料的工件。

7. 精密V形架

精密V形架如图4-14所示,主要用于磨削垂直平面和不导磁材料的工件。

图4-15所示为磨削圆柱形工件端面时,用精密V形架对工件进行装夹,这种装夹可保证端面对圆柱轴线的垂直度公差,适用于加工较大的圆柱端面工件。

8. 精密角铁

精密角铁如图4-16所示,主要用于磨削垂直平面、斜面和不导磁材料的工件。

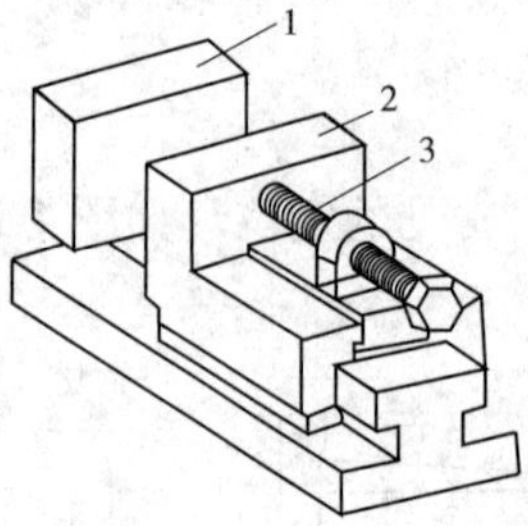

1—固定钳口;2—活动钳口;3—转动螺母

图 4-13　精密平口钳

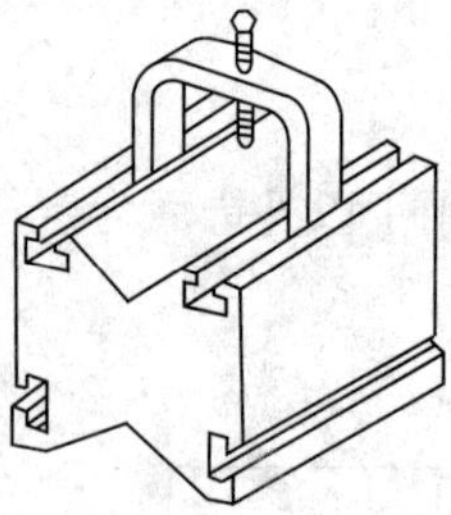

图 4-14　精密 V 形架

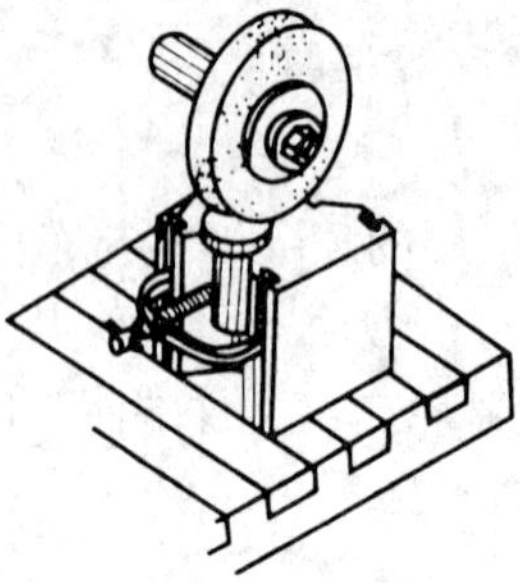

图 4-15　用精密 V 形架装夹工件

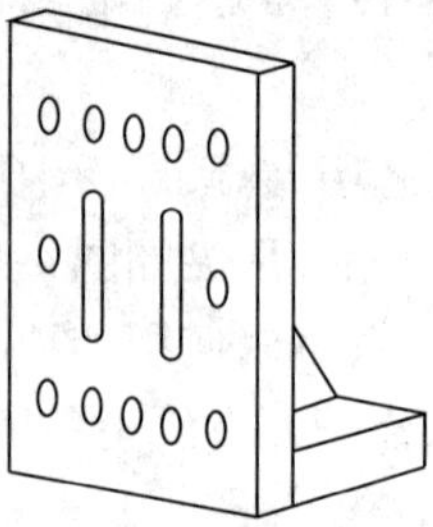

图 4-16　精密角铁

9. 精密回转盘

图 4-17 所示为精密回转盘的外观,主要用于磨削导磁或不导磁工件的斜面。

10. 精密正弦平口钳

精密正弦平口钳如图 4-18 所示,主要用于磨削导磁或不导磁工件的角度平面和斜面,精密正弦平口钳主要由带精密平口钳的正弦规与底座组成。将工件装夹在平口钳中,在正弦圆柱 4 和底座 1 的定位面之间垫入量块 5,使正弦规与工件一起倾斜成需要的角度,即待磨平面处于水平位置,将正弦圆柱 2 用锁紧装置紧固在底座的定位面上,同时拧紧螺钉 3,通过撑条 6 把正弦规紧固,这样便可进行磨削了。

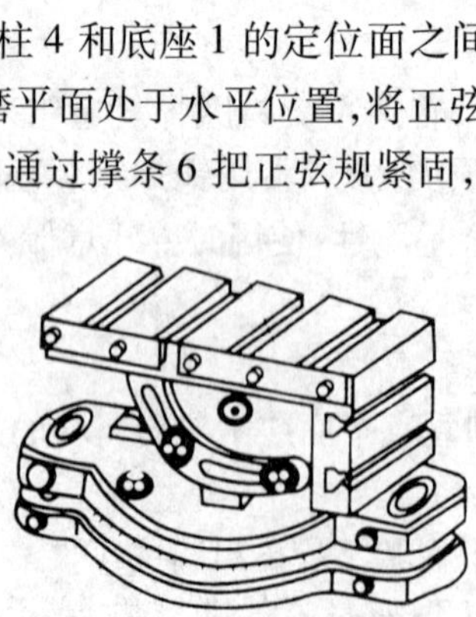

图 4-17　精密回转盘

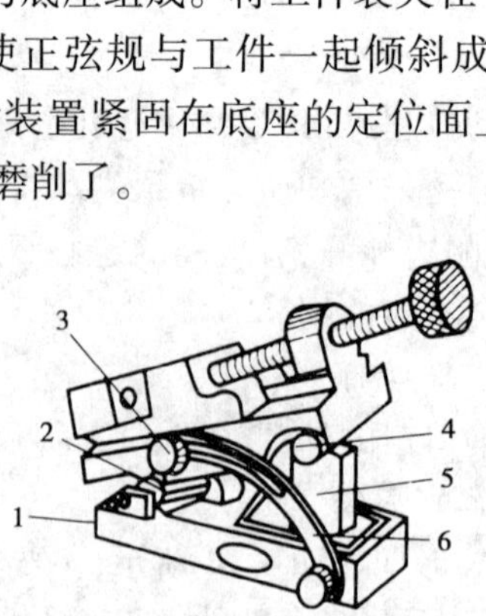

1—底座;2、4—正弦圆柱;3—螺钉;5—量块;6—撑条

图 4-18　精密正弦平口钳

二、磨削原理

(一)磨削运动

磨削运动包括主运动和进给运动。如图 4-19 所示,砂轮 1 的旋转运动就是主运动,图中所示的 2、3、4 均为进给运动,磨削方式不同,进给运动的方向也有所不同。

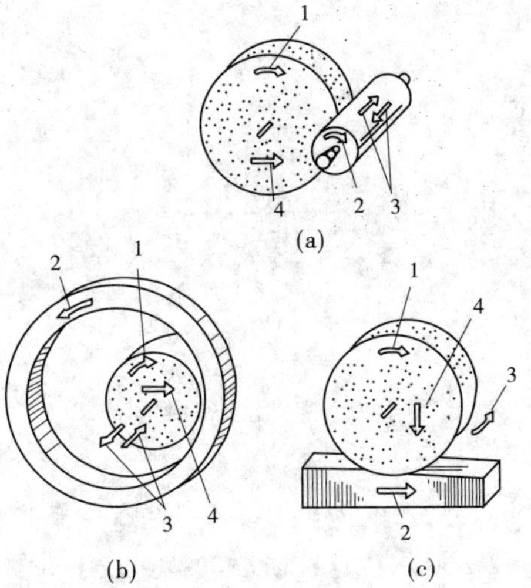

图 4-19　磨削运动

(二)不同磨削方式的进给运动

几种常见的磨削加工如图 4-20 所示。

(1)外圆磨削的进给运动包括工件的圆周进给运动、工件的纵向进给运动和砂轮的横向进给运动等 3 个运动,如图 4-20(a)所示。

(2)内圆磨削的进给运动和外圆磨削的进给运动相同,如图 4-20(b)所示。

(3)平面磨削的进给运动为工件的纵向(往复)进给运动、砂轮或工件的横向进给运动和砂轮的垂直吃刀运动,如图 4-20(c)所示。

磨削运动都是由磨床的传动获得的。磨床通过砂轮的传动部件(如砂轮架、磨头等)完成磨削的主运动,磨床的进给机构或液压传动系统完成磨削的进给运动。

(三)磨削过程

磨削既然是一种切削加工,则磨具上无数个磨粒的微切削刃对工件表面的微切削过程就构成了磨削过程,如图 4-21 所示。

砂轮表面磨粒形状各异,排列很不规则,其间距和高低随机分布,不同粒度号磨粒的顶尖角多为 90°~120°,并且尖端均带有半径为 r_β 的尖端圆角。经修整后的砂轮,磨粒前角可达 -80°~-85°。因此,与其他切削方法相比,磨削过程具有自己的特点。如图 4-21 所示,现以单个磨粒为对象对磨削过程进行分析。

单个磨粒的典型磨削过程分为如下 3 个阶段:

(1)滑擦阶段。磨粒开始挤入工件,滑擦而过,工件表面产生弹性变形而无切屑。该阶段的特点是磨粒与工件之间的相互作用主要是摩擦作用,其结果是磨削区产生大量的

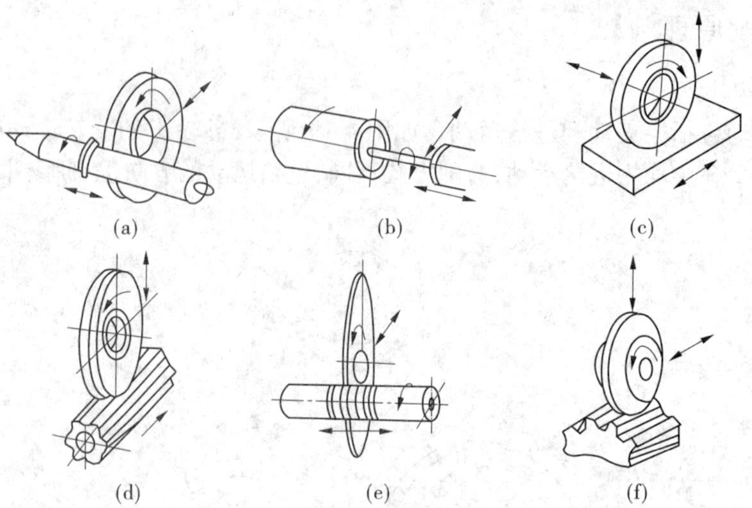

图 4-20 几种常见的磨削加工

热，使工件的温度升高。

(2)耕犁阶段。磨粒挤入工件的深度加大，工件产生塑性变形，耕犁成沟槽，磨粒两侧和前端堆高隆起，如图 4-22 所示。这一阶段的特点是工件表面层材料在磨粒的作用下产生塑性变形，表层组织内产生变形强化。

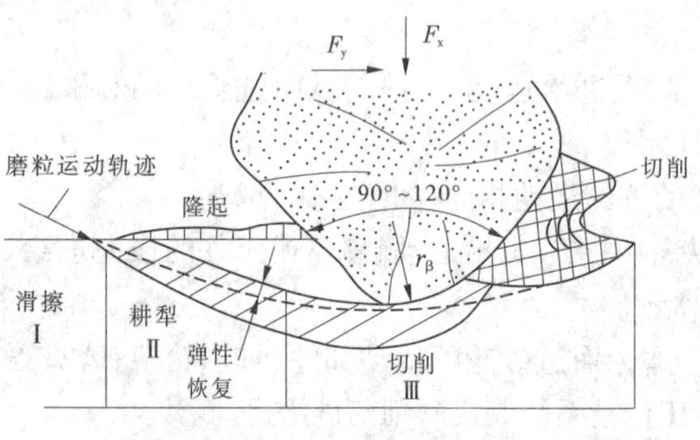

图 4-21 磨粒切入过程

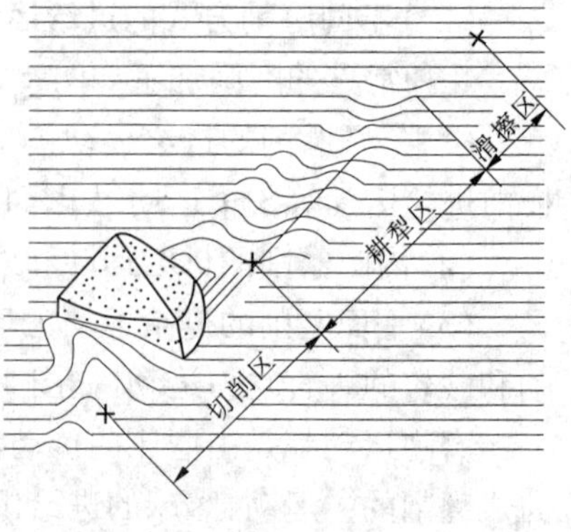

图 4-22 磨削过程中的隆起现象

(3)切削阶段。切入深度继续增大，温度达到或超过工件材料的临界温度，部分工件材料明显地沿剪切面滑移而形成磨屑。这一阶段以切削作用为主，但由于磨粒刃口钝圆的影响，同时也伴随有表面层组织的塑性变形强化。

在一个砂轮上，各个磨粒随机分布，形状和高低各不相同，其切削过程也有差异。其中一些突出和比较锋利的磨粒，切入工件较深，经过滑擦、耕犁和切削 3 个阶段，形成非常微细的切屑，磨屑飞出时因高温氧化，形成火花。比较钝的、突出高度较小的磨粒，切不下切屑，只是起耕犁作用，在工件表面上挤压出微细的沟槽。更钝的、隐藏在其他磨粒下面的磨粒只能滑擦着工件表面。可见，磨削过程是包含切削、耕犁和滑擦作用的综合复杂过程。切削中产生的隆起残余量决定了磨削表面的粗糙度，实验证明，隆起残余量与磨削速度有着密切关系，随磨削速度的提高而下降。因此，高速切削能减小表面粗糙度。

(四)磨削阶段

磨削时，由于径向分力的作用，工艺系统在工件径向产生弹性变形，导致实际磨削深度与每次的径向进给量有所差别。实际磨削过程可分为初磨阶段、稳定阶段和光磨阶段共3个阶段，如图4-23所示。

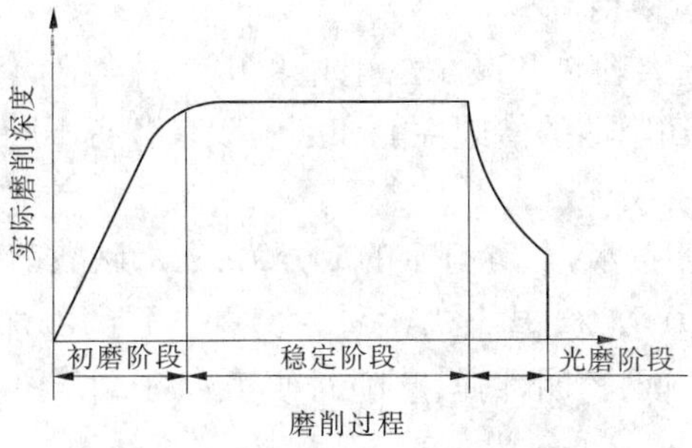

图4-23　磨削过程的3个阶段

(1)初磨阶段。由于工艺系统的弹性变形的影响，在砂轮最初的几次径向进给中，实际磨削深度比磨床刻度所显示的径向进给量小。工艺系统刚性愈差，该阶段愈长。

(2)稳定阶段。随着径向进给次数的增加，机床、工件、夹具工艺系统的弹性变形抗力逐渐增大，直至其弹性变形抗力等于径向磨削力时，实际磨削深度等于径向进给量，此时进入稳定阶段。

(3)光磨阶段。当磨削余量即将磨完时，径向进给运动停止，但磨削并没有结束。由于工艺系统的弹性变形逐渐恢复，实际径向进给量并不为零，而是逐渐减小。在无切入的情况下，增加进给次数，使磨削深度逐渐趋于零，磨削火花逐渐消失。与此同时，工件的精度和表面质量逐渐提高。

由此，在开始磨削时，可采用较大的径向进给量，压缩初磨阶段和稳定阶段，以提高生产效率。适当延长光磨时间，可更好地提高工件的表面质量。

(五)磨削力与磨削温度

与其他切削加工一样，磨削过程会产生切削力和切削热，即磨削力与磨削热，二者对磨削的工艺系统和加工质量有着直接的影响。

磨削力造成磨削工艺系统的变形和振动；磨削热引起工艺系统热变形的同时，通过磨削温度对磨削表面造成烧伤、残余应力，形成表面裂纹，从而影响磨削精度和磨削表面质量。在多数情况下，磨削是最终加工工序，表面烧伤损坏了零件表层组织，影响零件的使用寿命，应加以避免。具体措施如下：

(1)合理选用砂轮。要选择合理的磨料类型，选择硬度较大、组织疏松的砂轮，并及时修整。大气孔砂轮散热条件好，不易堵塞，能有效地避免烧伤。树脂结合剂砂轮退让性好，与陶瓷结合剂砂轮相比，不易使工件烧伤。

(2)合理选择磨削用量。磨削时砂轮切入量对磨削温度影响最大。提高砂轮速度，使摩擦速度增大，消耗功率增多，从而使磨削温度升高；提高工件的圆周进给速度和工件轴向进给量，使工件和砂轮接触时间减少，能使磨削温度降低，可避免或减轻表面烧伤。

(3)采取良好的冷却措施。选用冷却性能好的冷却液,采用较大的流量,以及冷却效果好的冷却方式,如喷雾冷却等,可以有效地避免烧伤。

磨削后的高温表面会生成一层氧化膜,氧化膜的颜色取决于磨削温度和变质层深度,可以根据表面颜色来推断磨削温度与烧伤程度。如淡黄色为 400 ~ 500 ℃,烧伤层较浅;紫色为 800 ~ 900 ℃,烧伤层较深。轻微的烧伤需经酸洗才会显示出来。

(六)切削液的种类与使用

切削液主要用来降低磨削热和减少磨削过程中工件与砂轮间的摩擦,起到冷却、润滑、清洗、防锈作用,各类切削液的磨削性能和磨削效果各有不同。

1. 切削液的种类

(1)无机盐溶液(即苏打水)。苏打水的成分为:无水碳酸钠(Na_2CO_3)含量为 1%,亚硝酸钠($NaNCO_2$)含量为 0.25%,其余为水。它具有良好的冷却性能、防腐性能、洗涤性能,而且对人体无害,成本低,透明性强,磨削时便于观察,主要起冷却和清洗作用。在磨削钢材、铸铁时使用较普遍。

(2)乳化液。白色或半透明状,由乳化油加入大量水(94% ~ 95%)稀释而成。目前乳化液应用最广泛,若添加氯、硫、磷等极性添加剂,可磨削不锈钢、钛合金纯铁等加工性能差的工件。

(3)化学合成液。化学合成液是一种使用效果较好的新型切削液,呈透明或半透明状,与乳化液相比,效果相当或更好。

(4)油性切削液。主要由 10 号或 20 号机械油组成,用于磨削螺纹、齿轮及成形磨削等。当磨削铝制工件时,常采用煤油与 20 号机械油来配制,为防止火灾,可在煤油中加入少量四氯化碳。

2. 切削液的使用

图 4-24(a)所示为磨床的冷却系统,它包括管道、沉淀盒、泵、水箱、喷嘴等。外圆磨床冷却方式见图 4-24(b) ~ (e)。

使用切削液时,要注意以下几个问题:

(1)切削液应充足,能够均匀地喷射到砂轮与工件的磨削接触面上。

(2)若磨削量增大、磨削面积增大、工件材料增硬,切削液流量要相应增大。当磨削易退火工件、薄壁工件及细长轴时,切削液流量也要相应增大。

(3)精磨以及磨削表面粗糙度要求低的工件时,切削液要干净,乳化液浓度比粗磨时高。

三、外圆磨削加工

(一)外圆磨床

外圆磨床分为普通外圆磨床和万能外圆磨床。普通外圆磨床可以磨削外圆柱面、端面及外圆锥面。万能外圆磨床除可以进行上述磨削加工外,还可以磨内圆柱面、内圆锥面。

1. 万能外圆磨床

其主要组成部分如图 4-25 所示(以 M1432A 万能外圆磨床为例)。

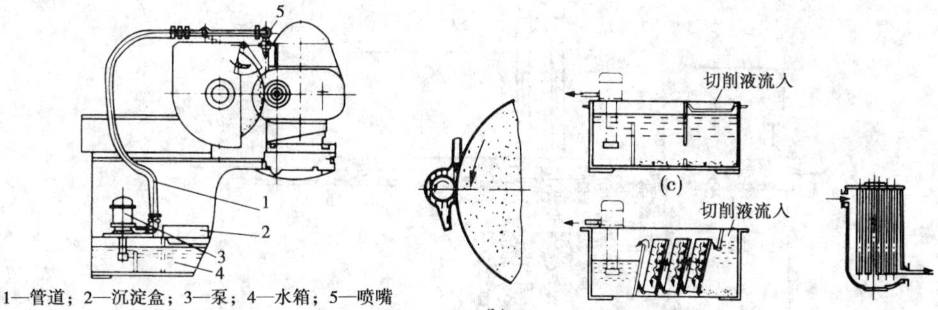

1—管道；2—沉淀盒；3—泵；4—水箱；5—喷嘴

(a) (b) (c) (d) (e)

图 4-24 外圆磨床冷却系统及冷却方式

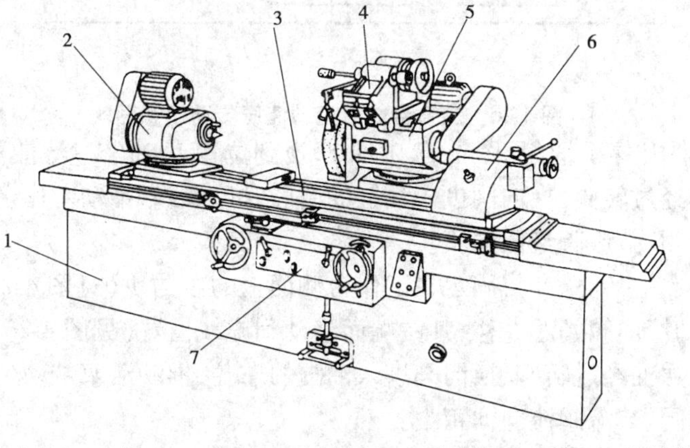

1—床身;2—头架;3—工作台;4—内圆磨具;5—砂轮架;6—尾架;7—控制箱

图 4-25 M1432A 万能外圆磨床

(1)床身。床身是一个箱形铸件,其纵向导轨上装有工作台,床身后方垫板的横向导轨上装有砂轮架。床身内装有液压装置、横向进给机构和纵向进给机构等。床身是磨床的基础部件。

(2)头架。头架内装有主轴,可用顶尖或卡盘夹持工件并带动旋转;头架上面装有电动机,动力经头架左侧传动带使主轴转动,改变传动带的连接位置,可使主轴获得 6 种不同的转速。

(3)工作台。工作台分上、下两层。上工作台可回转一定角度,以便磨削圆锥面。下工作台由机械或液压传动,可沿着床身的纵向导轨作纵向进给运动。工作台的纵向行程由撞块控制。工作台上装有头架和尾架。

(4)内圆磨具。用于磨削工件的内孔,在它的主轴端可以安装内圆砂轮。主轴由电动机带动,经带传动作磨削运动,主轴转速极高,装在可绕铰链转动的砂轮架支架上,使用时可向下翻转至工件位置。

(5)砂轮架。砂轮装在砂轮架的主轴上,由单独的电机经带传动带动其旋转。

(6)尾架。在尾架套筒的前端可安装顶尖,用以支承工件另一端的中心孔,实现工件两中心孔的定位。

(7)控制箱。采用液压传动进行控制。下面以工作台的往复运动为例简述其基本原理,如图 4-26 所示,结合图 4-27 操纵系统图。

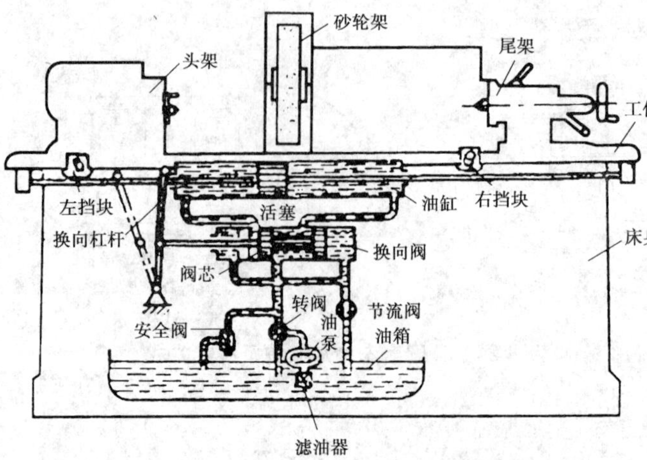

图 4-26　工作台往复运动液压传动示意图

启动油泵，将开停手柄（见图 4-27 中件 1）扳到位置 1，油经过滤油器被吸入油泵，油泵送出的压力油经过转阀、换向阀进入油缸的右腔，推动活塞带动工作台向左移动。油缸左腔油经过换向阀、节流阀流回油箱。

工作台行到左端的终点时，固定在工作台侧面上的右挡块（见图 4-27 中件 2）推动换向杠杆左摆，带动换向阀阀芯左移，其左端面移动到虚线位置（见图 4-26 中换向杠杆）时，则油泵排出的压力油经过转阀、换向阀进入油缸的左腔，推动活塞带动工作台右移。油缸右腔油经过换向阀、节流阀流向油箱。

工作台行到右端终点后，左挡块（见图 4-27 中件 3）推动换向杠杆向右摆动，实现了工作台换向。左、右挡块不断推动杠杆摆动，使换向阀阀芯左右移动，即改变了压力油进入油缸左右腔的方向，从而实现了工作台往复运动。转阀顺时针转动 90°（开停手柄扳到停的位置），油泵排出的油经过转阀直接流回油箱，油泵卸荷，工作台停止运动。转动节流阀（速度调节旋钮，见图 4-27 中件 4），改变了节流阀的流通面积，即改变了压力油进入油缸的流量，从而改变了工作台的运动速度。磨削过程中，如果因操纵失误使磨削力突然

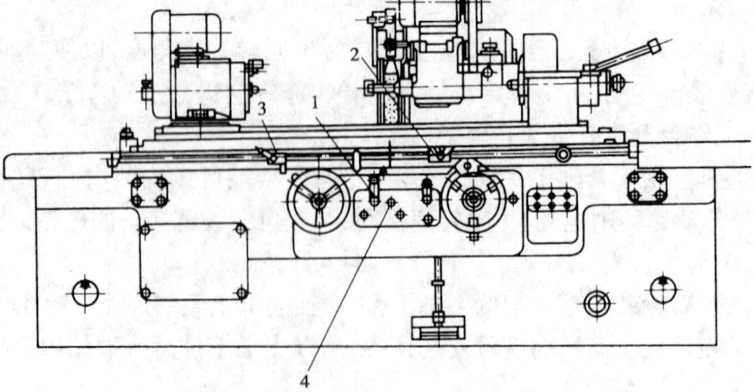

1—开停手柄；2—右挡块；3—左挡块；4—节流阀

图 4-27　M1432A 外圆磨床操纵系统图

增大,液压系统的压力也会突然增大,当大于安全阀调定的压力时,安全阀自动开启,油泵排出的油经过安全检查阀直接流回油箱,油泵卸荷,工作台自动停止运动。

2. 无心外圆磨床

由于磨削工件不用顶尖定心和支承,而以工件的被磨削外圆面定位,以托板支承进行磨削,所以称为无心外圆磨削。图 4-28 所示为无心外圆磨削的加工示意图,工件 4 放在磨削砂轮 1 与导轮 3 之间,由托板 2 支承进行磨削,导轮 3 是用树脂或橡胶为黏结剂制成的刚玉砂轮,线速度为 10 ~ 50 m/min,与工件之间的摩擦系数较大,以摩擦力带动工件旋转,但不起磨削作用,只实现圆周进给。由于砂轮 1 的转速很高,在砂轮和工件间形成很大的相对速度,即磨削速度。

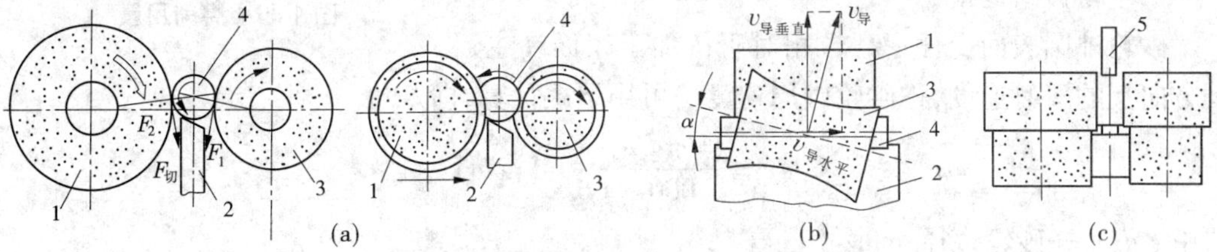

1—砂轮;2—托板;3—导轮;4—工件;5—挡块

图 4-28　无心外圆磨削的加工示意图

磨削时,工件的中心应高于磨削砂轮与导轮的中心连线(高于工件直径的 15% ~ 25%),使工件和导轮、砂轮的接触相当于在假想的 V 形槽中转动,以避免磨削出棱圆形工件。图 4-29 是无心外圆磨床的外形图。

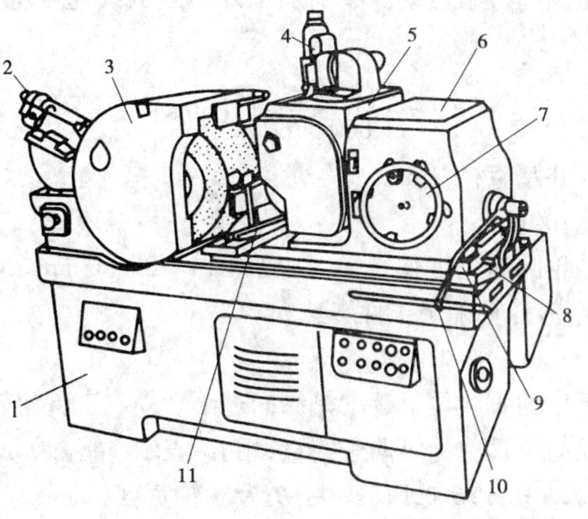

1—床身;2—砂轮修整器;3—砂轮架;4—导轮修整器;5—转动体;6—座架;
7—微量进给手轮;8—回转底座;9—拖板;10—进给机构手柄;11—工件座架

图 4-29　无心外圆磨床的外形图

无心外圆磨床与外圆磨床相比,有下列优点:①生产率高。因工件省去了打中心孔的工序且装夹省时,导轮和托板沿全长支承工件,因此能磨削刚度较差的细长工件,并可选用较大的切削用量。②磨削表面的尺寸精度、几何形状精度较高,表面粗糙度值小。③容易实现自动化生产。

但是无心外圆磨床不能磨削不连续的表面,而且只能加工小尺寸的形状简单的零件。

(二)磨削用量

磨削用量是表示磨削加工中主运动、进给运动的参数。

外圆磨削的磨削用量包括砂轮圆周速度 v_s、工件圆周速度 v_w、纵向进给量 $f_{纵}$、横向进给量 a_p,如图 4-30 所示。

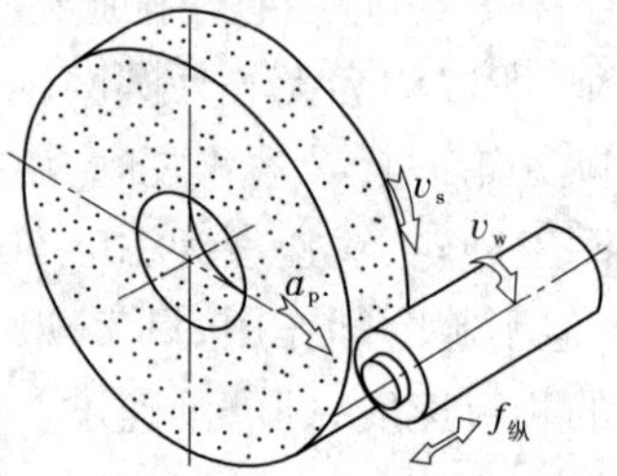

图 4-30 磨削用量

1. 砂轮圆周速度 v_s

砂轮外圆表面上任一磨粒相对于待加工表面在主运动方向上的瞬时速度,称砂轮圆周速度。可用下式计算,即

$$v_s = \frac{\pi d_s n_s}{1\ 000 \times 60} \quad (\text{m/s})$$

式中 d_s——砂轮直径,mm;

n_s——砂轮转速,r/min。

外圆磨削和平面磨削的砂轮圆周速度为 30 ~ 35 m/s,内圆磨削的砂轮圆周速度较低,一般为 18 ~ 30 m/s。

砂轮圆周速度对磨削工件的表面粗糙度和劳动生产率有直接的影响。在砂轮直径变小时磨削质量会下降,就是砂轮圆周速度下降的缘故。

2. 工件圆周速度 v_w

工件的旋转运动是圆周进给运动。磨削加工外圆处的线速度称为圆周进给速度,可用下式计算,即

$$v_w = \frac{\pi d_w n_w}{1\ 000 \times 60} \quad (\text{m/s})$$

式中 d_w——工件磨削外圆直径,mm;

n_w——工件转速,r/min。

工件圆周速度比砂轮圆周速度低得多,一般为 13 ~ 20 m/min。实际生产中,工件圆周速度选定后,按 d_w、v_w 值计算确定工件转速 n_w。

3. 纵向进给量 $f_{纵}$

工作台带动工件所作的直线往复运动是纵向进给运动。工件每转一周时相对于砂轮在纵向进给运动方向上的位移称为纵向进给量,用 $f_{纵}$ 表示,单位为 mm/r。

$f_{纵}$ 按公式 $f_{纵} = (0.2 \sim 0.8)B$ 选取,式中,B 为砂轮宽度(mm)。同时,工作台纵向进给量与其纵向速度有以下关系:

$$v = \frac{f_{纵}\ n_w}{1\ 000}$$

式中 n_w——工件转速,r/min。

在实际生产中,按 n_w、$f_{纵}$ 调节工作台纵向速度。

4. 横向进给量 a_p

砂轮沿工件径向的移动是横向进给运动。横向进给量实际上是砂轮每次切入工件的深度，即磨削深度，也可以用 a_p 表示，其单位为 mm(即每次磨削切入以毫米计的深度)。

外圆磨削的横向进给量很小，一般取 0.005 ~ 0.04 mm，精磨时选小值，粗磨时则选大值。

(三)磨削形式

外圆磨削时，根据工件装夹方式的不同，主要有以下三种磨削形式。

1. 中心型外圆磨削

如图 4-31 所示，工件用两顶尖装夹，磨削时工件按其两中心孔所构成的中心轴线旋转，使外圆达到较高的加工精度。中心型外圆磨削使用的磨床有 M1432A、M1332、MMB1420 等。磨削时，工件由夹头传动旋转成形。

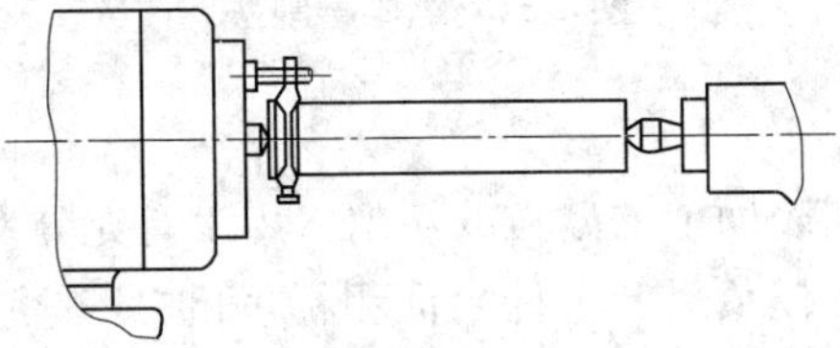

图 4-31　中心型外圆磨削

2. 无心外圆磨削

工件装夹在导轮与磨削轮之间，其下端由托片支承着(见图 4-32)，当导轮旋转时，带动工件圆周进给和纵向进给，工件由另一侧的磨削轮磨削工件的外圆。此方式常用于磨削圆柱销、细长光轴等简单外圆零件。常用的无心磨床有 M1040、M1080、M1083 等。

3. 端面外圆磨削

这是一种变形的外圆磨削形式。磨床砂轮主轴轴线相对工件轴线倾斜一定角度，砂轮斜向切入时可同时磨削工件的外圆和阶台面(见图 4-33)，有较高的生产率。

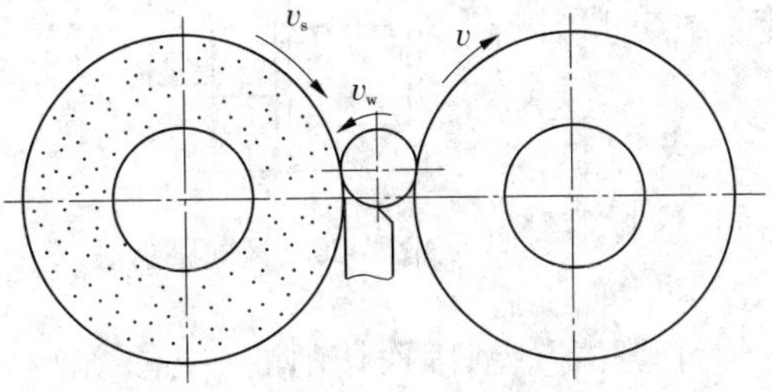

图 4-32　无心外圆磨削

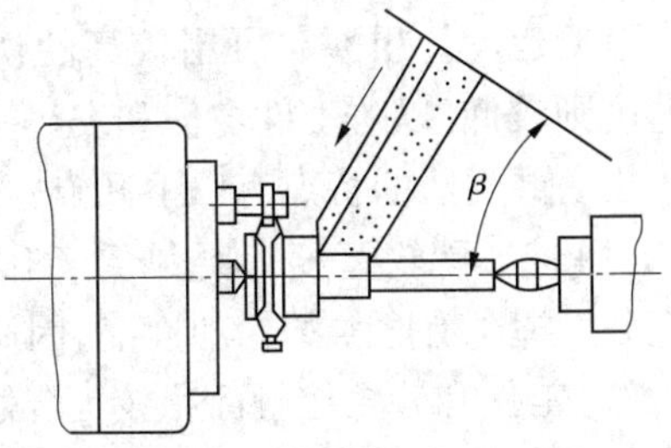

图 4-33　端面外圆磨削

(四)外圆及阶台面的磨削方法

1. 外圆的磨削方法

外圆磨削时，一般根据工件的形状、大小、加工技术要求以及工件的刚度等来选择磨削方法。

1)纵向磨削法

这是最常用的磨削方法，磨削时，工作台作纵向往复进给，砂轮作周期性横向进给。

工件的磨削余量要在多次往复行程中磨去(见图 4-34)。砂轮超越工件两端的长度一般为砂轮宽度的 1/3～1/2,如果太大,工件两端直径会被磨小。磨削台肩旁外圆时,要细心调整工作台行程,当砂轮磨削至台肩一边时,要使工作台停留片刻,以防产生锥度。为减小工件表面粗糙度值,可作适当"光磨",即在不做横向进给的情况下,工作台作纵向往复运动。

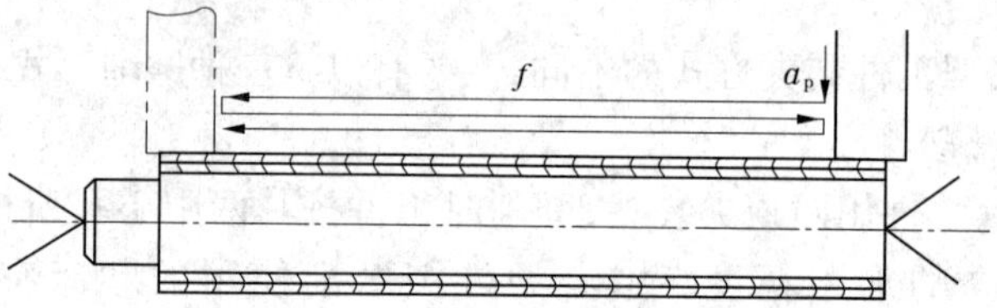

图 4-34 纵向磨削法

纵向磨削法的特点:

(1)由于整个砂轮圆周表面上的砂粒的切削作用没有充分发挥,因此生产效率低。

(2)有很大一部分磨粒担负降低工件表面粗糙度的"磨光"作用,所以工件能达到较低的表面粗糙度。另外,由于磨削深度小、散热条件好,因而切削力小、磨削温度低,工件加工精度容易提高。

(3)由工件刚性差所引起的加工误差小。

(4)具有很大的万能性,可以用同一个砂轮加工长度不同的各种工件,特别是在单件或小批量生产和精磨时应用更为广泛。

2)横向磨削法

横向磨削法又称切入磨削法。被磨削工件外圆长度应小于砂轮宽度,磨削时砂轮作连续或间断横向进给运动,直到磨去全部余量(见图 4-35)。砂轮横向磨削时无纵向进给运动。粗磨时可用较高的切入速度;精磨时切入速度则较低,以防工件烧伤和发热变形。

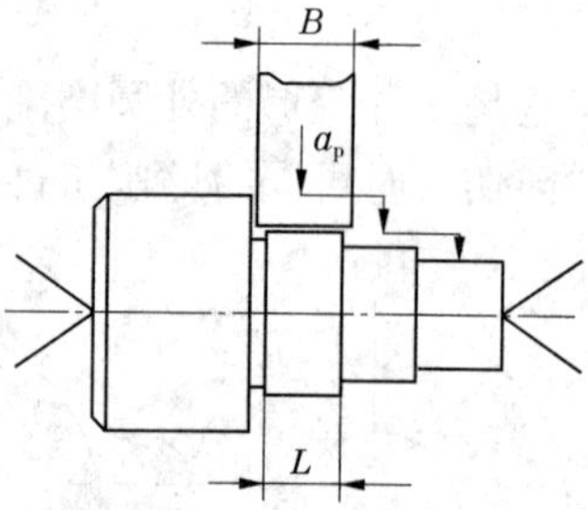

图 4-35 横向磨削法

横向磨削法的特点有以下几点:

(1)整个砂轮宽度上磨粒的工作情况相同,这样容易充分发挥所有磨粒的切削性能,因而生产效率高。

(2)工件和砂轮接触面积较大,故发热量大、散热情况差,因而切削液一定要充足,否则工件表面容易退火或烧伤。

(3)由于砂轮作缓慢、连续的横向切入,容易在工件表面划出重复的痕迹,因而影响工件表面粗糙度和加工精度。为了消除以上缺陷,在工件尚有少量余量时,用手摇动纵向手柄,使工件作纵向短距离移动。

(4)横向磨削法因受外圆磨削砂轮宽度限制,只适用于磨削长度较短的外圆表面。

(5)砂轮工作时整个表面作连续横向切入,切屑排除困难,砂轮容易塞实和磨钝。

3)阶段磨削法

这种磨削法又称综合磨削法,它是切入磨削法与纵向磨削法的综合应用,即先用切入磨削法将工件分段进行粗磨,留 0.03 ~ 0.04 mm 余量,再用纵向磨削法精磨至要求尺寸(见图 4-36)。这种磨削方法既利用了切入磨削法生产效率高的优点,又有纵向磨削法加工精度高的优点。分段磨削时,相邻两段间应有 5 ~ 10 mm 的重叠,这种磨削方法适用于磨削余量大和刚性较好的工件,且工件的长度要适当。考虑到磨削效率,应采用较宽的砂轮,以减少分段数。加工表面的长度为砂轮宽度的 2 ~ 3 倍时为最佳状态。

4)深度磨削法

这是一种用得较多的磨削方法,采用较大的背吃刀量在一次纵向进给中磨去工件的全部磨削余量(见图 4-37),磨削基本时间缩短,故劳动生产率高。与此同时,由于背吃刀量大,磨削时砂轮一端尖角处受力集中。为此,此种磨削法常将砂轮修整成阶台形,砂轮阶台向的前导部分主要起切削作用,后部较宽的砂轮表面则应精细修整为修光部分,以减小工件表面的粗糙度值。

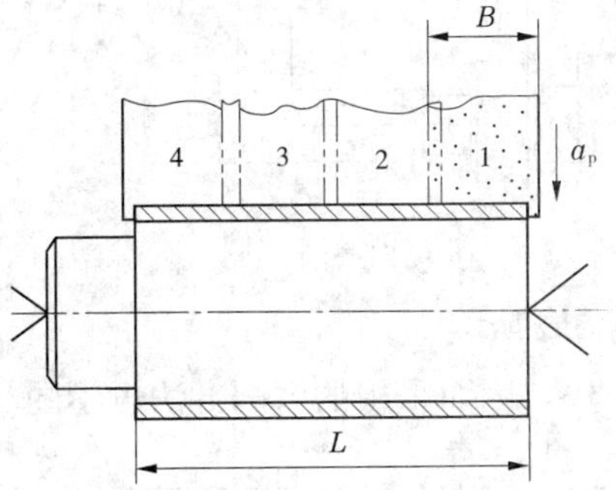

图 4-36　阶段磨削法

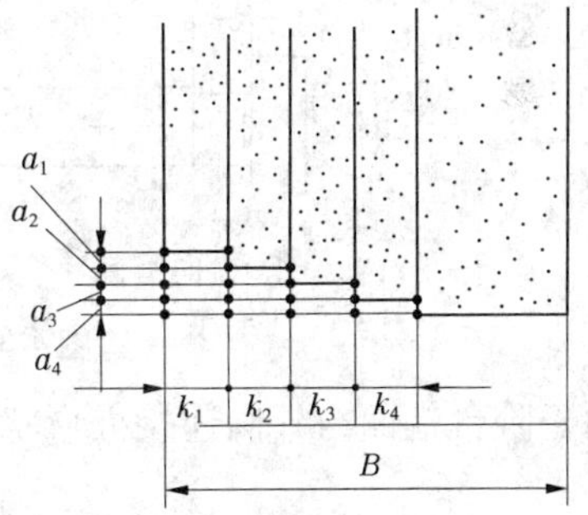

图 4-37　深度磨削法

阶台砂轮的修整:阶台砂轮的阶台数及阶台的深度,由工件长度和磨削余量来确定。

当工件长度 $L \geqslant 80 \sim 100$ mm 时,宜采用双阶台砂轮。砂轮的主要尺寸:阶台深度 $a =$ 0.05 mm,阶台宽度 $k = (0.3 \sim 0.4)B$(B 为砂轮宽度)。

当工件尺度 $L \geqslant 100 \sim 150$ mm、磨削余量大于 0.6 mm 时,则可采用五阶台砂轮。砂轮各阶台尺寸为:阶台深度 $a = 0.05$ mm,前四个阶台宽度 $k = 0.15B$。

深度磨削法的加工精度可稳定达到公差等级 IT7,表面粗糙度 R_a 值为 0.63 μm,并有极高的生产效率。深度磨削法需具备以下要求:

(1)适宜磨削刚性好的工件。

(2)磨床应具有较大功率和刚度。

(3)磨削时采用较小的单方向纵向进给,砂轮纵向进给方向应面向头架并锁紧尾座套筒,以防工件脱落。砂轮的硬度应适中,且有良好的磨削性能。

2. 阶台面的磨削方法

在磨削阶梯轴上阶台旁的外圆(即阶台面)时,如果磨削长度小于砂轮宽度,则可采用横向磨削法。磨削长度超过砂轮宽度时,则用纵向磨削法。

用纵向磨削法磨削时应注意以下几点:

(1) 如果工件不是很长，则可将靠阶台一旁挡铁事先调整好。用手摇动纵向进给手轮，进行手动进给切削。

(2) 如果工件较长，必须细心调整好工作台进程，使工作台反向时砂轮离阶台端面距离尽可能小而不发生碰撞。可在砂轮不转动的情况下，自动换向几次，检查一下是否安全。

(3) 当磨削到阶台一旁换向时，应让工作台稍停片刻(可调节机床左右换向阀)，这样能保证阶台旁外圆根部的尺寸准确。

(4) 阶台旁外圆磨削，有时也可以在阶台旁先用横向磨削法磨出一段外圆(留 0.03 ~ 0.04 mm 磨削余量)，如图 4-38(a)所示。这样就可以较快地用纵向磨削法切出外圆大部分余量(留 0.03 ~ 0.04 mm)，最后再用纵向磨削法精磨全部外圆，这种方法有利于提高生产效率，如图 4-38(b)所示。

轴、套以及其他零件上的阶台端面，通常是在外圆磨床上与外圆柱面在一次装夹中用砂轮的端面磨出。

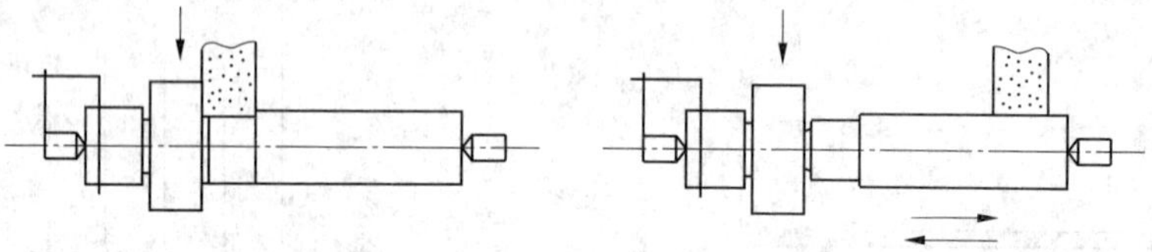

(a)横向磨削　　(b)纵向磨削

图 4-38　阶台旁外圆的磨削

由于阶台端面与外圆连接处形状不同(见图 4-39)，因而采用的磨削方法也不同。

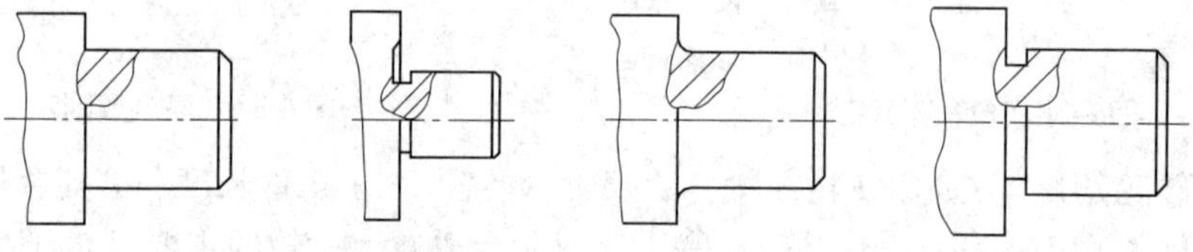

(a)　(b)　(c)　(d)

图 4-39　阶台端面与外圆连接方式

3. 轴上带退刀槽的阶台端面磨削方法

(1) 磨好外圆以后，把砂轮在横向稍微退出一些，以免砂轮和工件因受轴向力作用而发生变形时把工件外圆磨小。

(2) 砂轮横向退出后，可用手摇动工作台向右运动。工件接近砂轮端面后，可用手轻轻敲打纵向进给手轮，使工件缓慢地接触砂轮。磨削时切忌工件突然冲击砂轮端面。

(3) 砂轮端面应该修成内凹形，使砂轮只留下极狭窄的一圈环形或环形线参加磨削，如图 4-40 所示。

4. 轴上带圆角的阶台端面的磨削方法

磨削这种阶台端面时，应根据工件形状把砂轮角修成圆弧。

(1) 外圆面的长度较短时，可先用横向磨削法磨外圆直到留有 0.05 mm 余量(见图 4-41)，接着把砂轮横向摇出一段距离(退出距离大小随阶台高度而定)，再用手纵向移动工作台磨端面，磨去全部余量。然后慢慢横向摇进砂轮，直至外圆磨到图样所要求的尺寸。用手纵向摇动工作台，使工件退出砂轮。

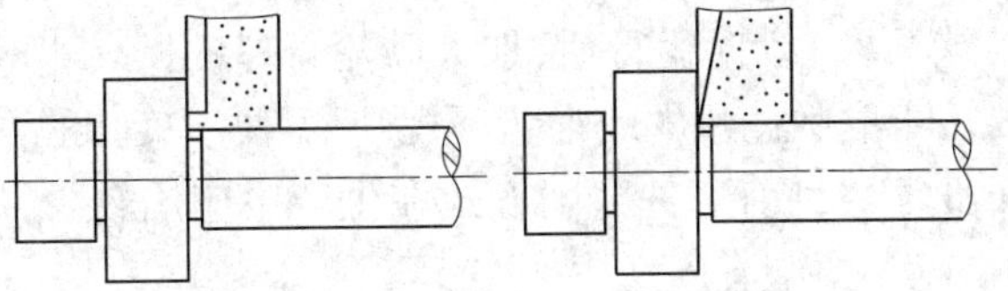

图 4-40　砂轮端面形状

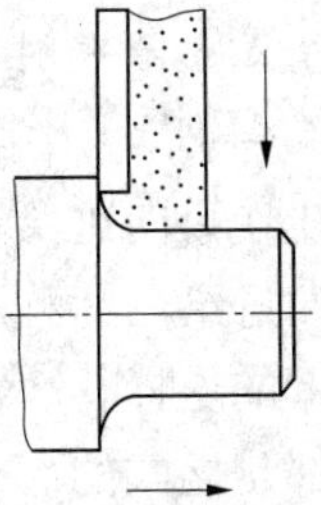

图 4-41　带圆角阶台端面的磨削

(2)如果阶台旁边的外圆表面较长，可先用纵向磨削法磨外圆（留 0.03～0.05 mm 余量），然后按照上述方法将阶台端面磨好，再慢慢横向切入，用纵向磨削法精磨好外圆。

(3)轴上没有退刀槽和圆角的阶台端面磨削方法与上述相同。

另外，要注意磨阶台端面时必须浇注足够的切削液，以免烧伤工件。

四、内圆磨削加工

(一)内圆磨床

内圆磨床主要用于磨削圆柱孔和圆锥孔，其主要参数是最大磨削内孔直径。它的主要类型有普通内圆磨床、无心内圆磨床、行星内圆磨床及专用内圆磨床。

普通内圆磨床应用广泛，图 4-42 是一种常见的布局形式。磨床的工件头架安装在工作台上，随工作台一起往复移动，完成纵向进给运动。磨床砂轮架安装在工作台上作纵向进给运动。工件头架可绕垂直轴线调整角度，以便磨削锥孔，其横向进给运动由砂轮架实现。

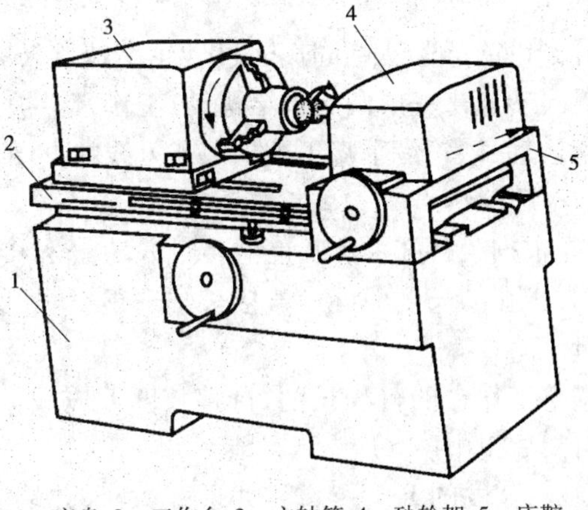

1—床身；2—工作台；3—主轴箱；4—砂轮架；5—床鞍

图 4-42　普通内圆磨床

(二)内圆磨削的形式

内圆磨削可分为以下三种形式。

1. 中心型内圆磨削

磨削时工件绕主轴箱主轴的中心线旋转，如图 4-43 所示。普通内圆磨床或万能外圆磨床均属于此种形式，适用于磨削套筒、齿轮、法兰盘等零件的内孔。

2. 行星式内圆磨削

如图 4-44 所示，磨削时，工件固定不转，砂轮除绕自身的轴线高速旋转外，还绕所磨孔的中心线作纵向进给运动；在每次（或几次）纵向运行后，加大砂轮行星的回转半径 R，以实现横向进给。此种磨削形式主要用于磨削体积大或形状不规则、不便于旋转的零件，如发动机上的连杆孔、大型汽缸、液压缸等。目前这种磨削方式在生产中应用较少，所使用的磨床都是立式的。

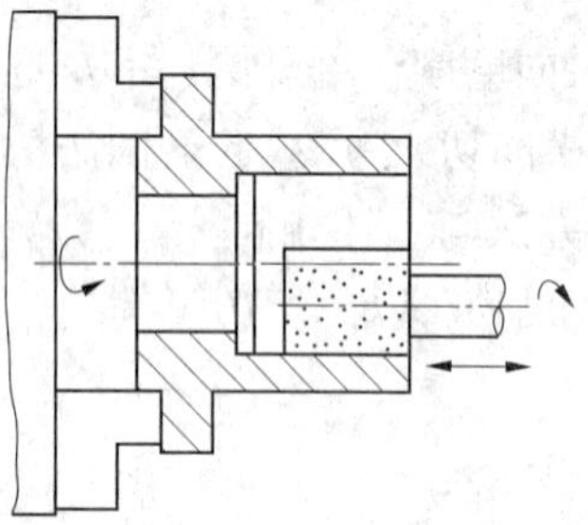

图 4-43　中心型内圆磨削

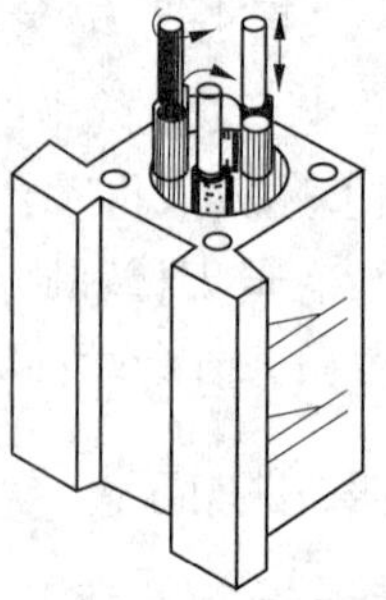

图 4-44　行星式内圆磨削

3. 无心内圆磨削

在无心内圆磨床上，工件以其经过精加工的外圆支承在支持轮和压轮上，并由导轮传动使其旋转，这种方式适宜磨削薄壁环形零件的内孔，如图 4-45 所示。

（三）内圆磨削方法

内圆磨削常用纵向磨削法和横向磨削法。

1. 纵向磨削法

这种磨削方法与外圆纵向磨削法相同。通过砂轮高速旋转来完成主切削运动；工件以与砂轮旋向相反的适当转速来完成圆周进给运动；工作台沿被加工孔母线作往复移动，以完成工件的纵向进给运动；砂轮沿垂直于被加工孔母线的方向作周期性移动，以完成横向进给运动。

磨削光滑通孔时，先根据工件孔径和长度选择砂轮直径和接长轴。接长轴的刚性要好，接长轴的长度只需大于孔的长度即可。若接长轴选得太长，磨削时容易产生振动，影响磨削效率和加工质量。

通过调整撞块来调整工作台的行程长度，行程长度 L 应根据工件长度 l 和砂轮在孔端越出长度 l_1（越程）计算，如图 4-46 所示。

一般情况下，l_1 为砂轮宽度的 1/3 ~ 1/2。如果 l_1 太小，孔端磨削时间太短，则两端孔口磨去的金属层比孔的中间部分少，孔容易产生中凹，如图 4-47（a）所示；如果 l_1 太大，砂轮的宽度大部分超过孔口，则由于砂轮接长轴的弹性变形消失（此时大部分砂轮超越孔口，切削力大大减小），在孔口磨去的金属层就增加，特别是直径较小的孔尤为显著，工件易产生喇叭口，如图 4-47（b）所示。

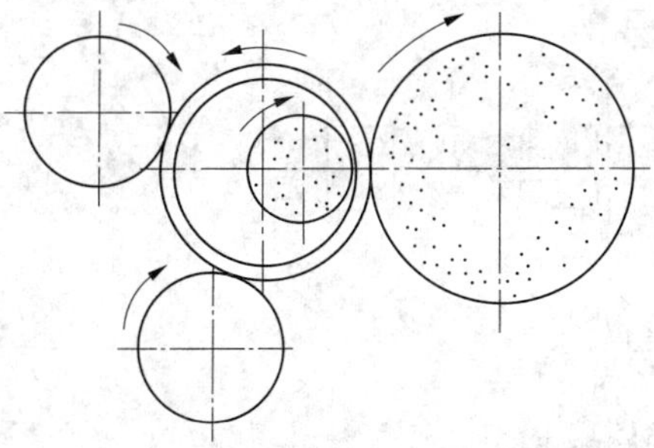

图 4-45　无心内圆磨削

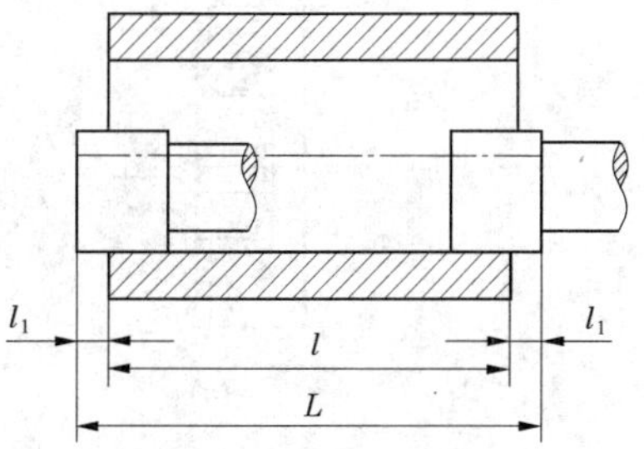

图 4-46　调整越程

内孔正式磨削前,应对工件进行试磨,工件试磨后对其内孔进行测量,防止产生锥度。如产生锥度应调整机床。在内圆磨床上加工时,如果工件内孔产生倒锥,使头架绕轴心顺时针转动,让内孔在图中 2 处多磨去一些(见图 4-48(a)),反复试磨和调整,直至符合要求。如果工件内孔产生顺锥,应使头架绕轴心逆时针转动,让内孔在图中 1 处多磨去一些(见图 4-48(b))。头架转动的数值可以由顶在卡盘外圆上的百分表读出。

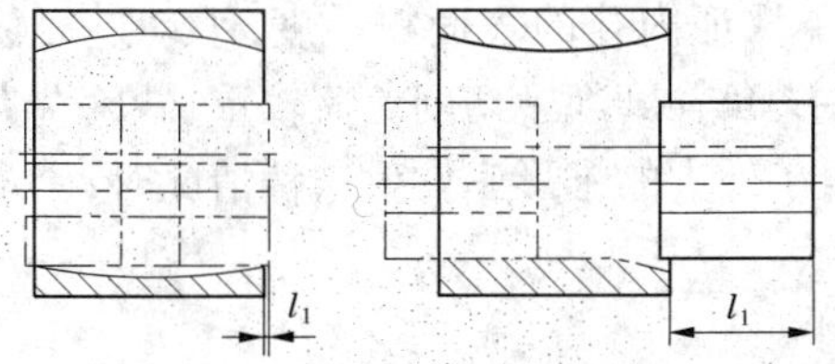

(a)　(b)

图 4-47　对工件的影响

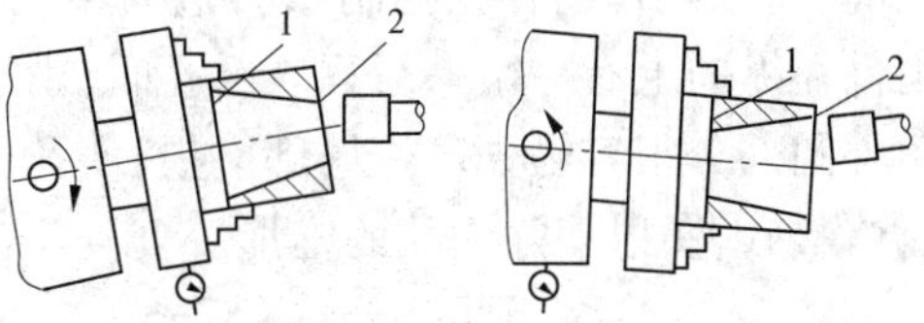

(a)顺时针转动　(b)逆时针转动

图 4-48　锥度调整方法

用纵向磨削法时应注意以下几点:

(1)磨削过程中要充分冷却。

(2)磨不通孔时,要经常清除孔中磨屑,防止磨屑在孔中积聚。

(3)磨阶台孔时,为了保证阶台孔的同轴度,要求工件在一次装夹中,将几个孔全部磨好,并要细心调整挡块位置,防止砂轮撞击到孔的内端面。内端面与孔有垂直度要求时,可选用杯形砂轮,直径不宜过大,以保证砂轮在工件内端面单方向接触,否则将影响内端面的平面度。

(4)砂轮退出内孔表面时,先要将砂轮沿横向退出,然后沿纵向进给方向退出,以免工件表面产生螺旋痕迹。

2. 横向磨削法

这种磨削方法与外圆横向磨削法相同,适用于工件长度不大的内孔磨削,其生产效率较高(见图 4-49(a)),但砂轮的切削负荷加重,因而接长轴刚性要尽量好。在不影响工件表面粗糙度的情况下,砂轮可修整得较粗,避免砂轮过早塞实;砂轮太宽时,由于接长轴的弹性变形,磨削后的内孔会出现孔口大、孔底小的锥形,此时可将右边一段砂轮直径修小一些。在万能外圆磨床上磨阶台孔时,要检查砂轮轴线与工作台纵向行程是否平行,否则工件内端面会产生中凸或中凹现象。

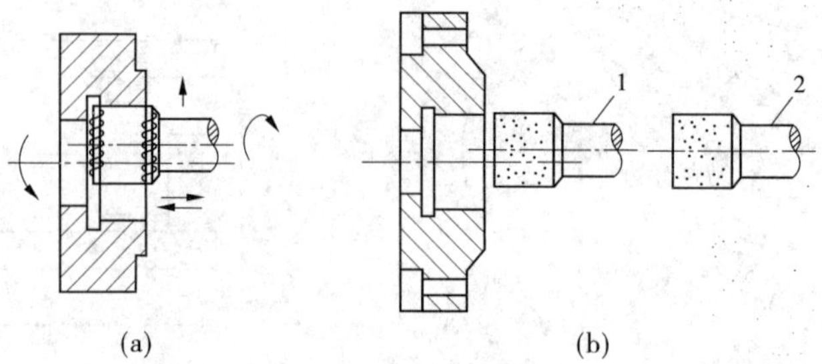

图 4-49　横向磨削法

用横向磨削法磨削时应注意以下几点：

(1)内端面与孔有垂直度要求时，磨孔时所用的砂轮直径不宜过大，磨削应以工件内端面单方向为原则(图 4-49(b)中砂轮 1 直径选择是正确的，砂轮 2 直径选择是不正确的)，否则将影响内端面的平直度。

(2)在内圆磨床上磨内孔，当砂轮接触到内端面时，要尽量注意使用“死”挡铁，以控制接长轴伸进孔内的距离，避免发生意外事故，而使砂轮端面与工件内端面碰撞。

(3)在孔内尚有 0.05 mm 左右余量时，应把内孔端面磨好，然后将工件向左退出一段距离(可以用活络挡铁控制)，再进刀磨内孔。为了保证内孔的表面粗糙度，手动进刀使工件在纵向上有一微量行程。磨孔时，由于砂轮左尖角在磨削中切削负荷较重，砂轮左尖角外圆部分很容易先产生局部磨损，使孔径产生内小外大的锥形。发生这种情况时，应及时修整砂轮，以消除内孔的锥形。

五、平面磨削加工

(一)平面磨床

平面磨床又分为立轴式和卧轴式两类：立轴式平面磨床用砂轮的端面进行磨削；卧轴式平面磨床用砂轮的圆周面进行磨削。图 4-50 所示是 M7120A 型平面磨床。

M7120A 型平面磨床主要由床身、工作台、磨头、立柱、砂轮修整器等部分组成。矩形工作台装在床身的水平纵向导轨上，由液压传动实现工作台的往复运动，也可用手轮操纵，以便进行必要的调整。工作台上装有电磁吸盘，用来装夹工件。砂轮装在磨头上，由电动机直接驱动旋转。磨头沿拖板的水平导轨可作横向进给运动，可由液压驱动或由手轮操纵。拖板可沿立柱的垂直导轨移动，以调整磨头的高低位置及完成垂直进给运动，这一运动通过转动手轮来实现。

(二)平面磨削方式

按砂轮工作表面不同分为三种：圆周磨削、端面磨削、端面－圆周磨削。

(1)圆周磨削：又称为周边磨削。用砂轮的圆周面进行磨削，卧轴式平面磨床属于这种磨削，如图 4-51 所示。

(2)端面磨削：用砂轮的端面进行磨削，立轴式平面磨床属于这种磨削，如图 4-52 所示。

(3)端面－圆周磨削：用砂轮的圆周面和端面进行磨削，磨削阶台面时，若阶台不深，可在卧轴矩台式平面磨床上用砂轮的圆周面和端面进行磨削。

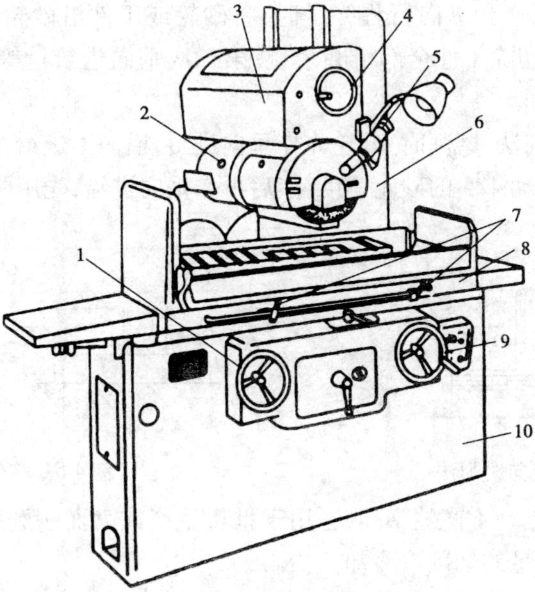

1—驱动工作台手轮;2—磨头;3—拖板;4—横向进给手轮;5—砂轮修整器;6—立柱;
7—行程挡块;8—工作台;9—垂直进给手轮;10—床身

图 4-50 M7120A 型平面磨床

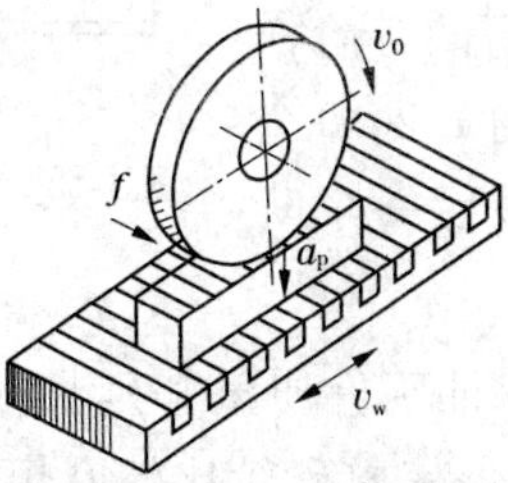

图 4-51 圆周磨削

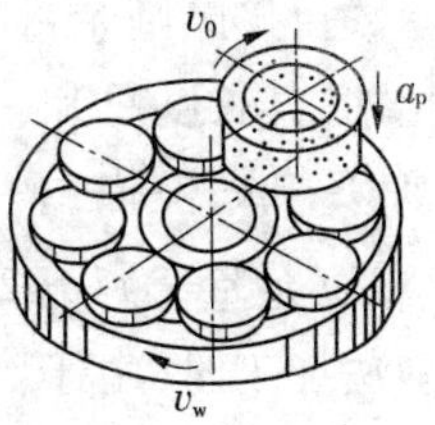

图 4-52 端面磨削

(三)平面磨削方法

平面磨削基本方法有三种:横向磨削法、深度磨削法和阶台磨削法。

1. 横向磨削法

横向磨削法是最常用的一种磨削方法(见图 4-53)。磨削时,工作台纵向行程终了时,砂轮主轴或工作台作一次横向进给,砂轮所磨削的金属层厚度就是实际背吃刀量,待工件上第一层金属余量磨去后,砂轮重新横向进给,磨头换向继续作横向进给,磨去工件第二层金属余量,如此往复多次磨削,直至切除全部余量。

横向磨削法适用于磨削长而宽的平面,因其磨削接触面积小,排屑、冷却条件好,因此砂轮不易堵塞,磨削热较小,工件变形小,容易保证工件的加工质量。但生产效率较低,砂轮磨损不均匀,磨削时须注意磨削用量和砂轮的正确选择。

2. 深度磨削法

深度磨削法如图 4-54 所示,磨削时砂轮只作两次垂向进给。第一次垂向进给量等于粗磨的全部余量，当工作台纵向行程终了时，将砂轮或工件沿砂轮轴线方向移动 3/4 ~ 4/5 的砂轮宽度，直至切除工件全部粗磨余量；第二次垂向进给量等于精磨余量，其磨削过程与横向磨削法相同。

还可采用切入磨削法，磨削时，砂轮先作垂向进给，横向不进给，在磨去全部余量后砂轮垂直退刀，并横向移动 4/5 的砂轮宽度，然后再作垂向进给，先用阶段磨削法粗磨，最后用横向磨削法精磨。

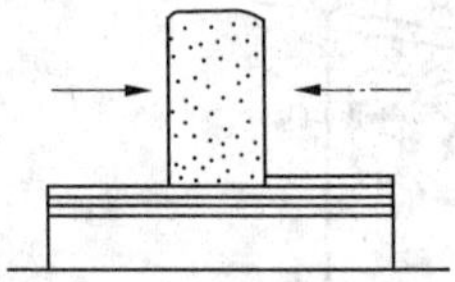

图 4-53　横向磨削法

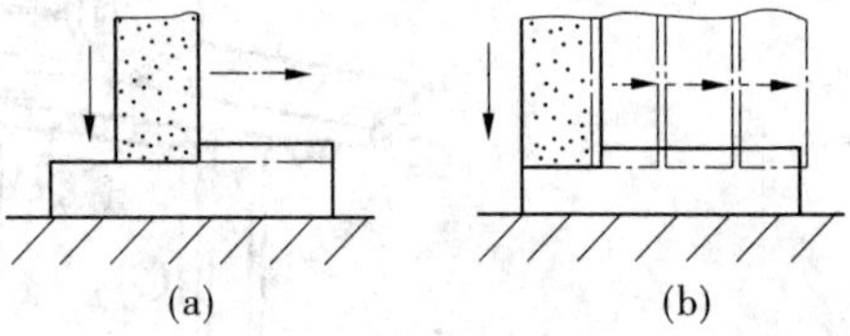

图 4-54　深度磨削法

深度磨削法的特点是生产效率高，适用于批量生产或大面积磨削。磨削时须注意工件装夹牢固，且供给充足的切削液冷却。

3. 阶台磨削法

如图 4-55 所示，它是根据工件磨削余量的大小，将砂轮修整成阶梯形，使其在一次垂向进给中采用较小的横向进给量把整个表面余量全部磨去。

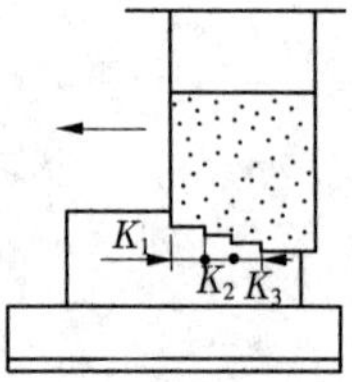

图 4-55　阶台磨削法

砂轮的阶台数目按磨削余量的大小确定，用于粗磨的各阶梯长度和深度要相同，其长度总和一般不大于砂轮宽度的 1/2，每个阶梯的深度在 0.05 mm 左右，砂轮的精磨阶台（即最后一个阶台）的深度等于精磨余量，为 0.02 ~ 0.04 mm。

用阶台磨削法加工时，由于磨削用量较大，为了保证工件质量和延长砂轮的使用寿命，横向进给应缓慢一些。阶台磨削法生产效率较高，但修整砂轮比较麻烦，且机床须具有较高的刚度，所以在应用上受到一定的限制。

（四）平面磨削步骤

1. 平行面磨削

磨削时可按下列顺序进行：

（1）用锉刀、砂皮、油石或废旧砂轮块等清除工件定位表面（选择表面粗糙度较低、面积较大的平面）的毛刺和热处理后的氧化层等，然后检查工件余量。

（2）将工件排列在电磁吸盘上，接通电源将工件吸住。

（3）开动机床液压油泵，将磨头连续移动到工件上面；再摇动垂直进给手轮，使磨头下降，且使砂轮圆周上最低点离工件约 0.5 mm；调整好纵向进给挡铁，使砂轮圆周上最低点离开工件后马上反向。

（4）粗磨平面。开动磨头，使砂轮旋转；转动纵向手柄，使工作台往复运行；再摇动垂直进给手轮，使砂轮垂直下降；见到火花后，开动磨头横向进给，直至磨完工作台宽度上的所有工件，再进行一次垂直进给。如此反复，直到该面磨削余量尚有 1/3 左右。

(5)修整砂轮。把工作台移到行程一端后停止,利用装在砂轮架或工作台上的修整器修整砂轮(在工作台上修整砂轮比在砂轮架上修整砂轮效果好,因为这样可避免磨头横梁导轨的误差)。这时磨头要连续横向移动,将砂轮修得较细。

(6)精磨平面。修整好砂轮后就可以精磨。精磨时:横向进给量 $S_{横}=(0.05\sim0.1)B$,B 为砂轮宽度;砂轮吃刀深度 $t=0.005\sim0.01$ mm,可磨表面粗糙度要求较低的工件,当垂直进给停止后,可光磨工件 1 ~2 次,以降低表面粗糙度。

(7)将工件取下,测量工件余量。将工作台和工件平面擦拭干净后,依次把工件放在电磁吸盘上,通电吸住工件,然后磨第二面。查看第一面精磨后垂直进给手轮刻度数值,开动机床,作一次垂直进给。粗磨第二面,数次垂直进给,待工件余量尚有 0.03 ~0.04 mm 时,粗磨结束,修整砂轮后,再将工件精磨到图样规定的尺寸。

注意:磨削较薄的工件,在翻身时,若工件左右方向平行度有误差,工件应左右翻;若工件前后方向平行度有误差,工件应前后翻。

2. 垂直面及倾斜面磨削

工件的装夹:磨削时工件可用四面有吸力的电磁吸盘或导磁直角铁装夹,也可用精密平口钳装夹,还可用精密 V 形块以及精密角铁装夹,如图 4-56 所示。

磨削倾斜面时,可用正弦精密平口钳装夹,也可用正弦电磁吸盘及导磁 V 形块装夹,如图 4-57 所示。

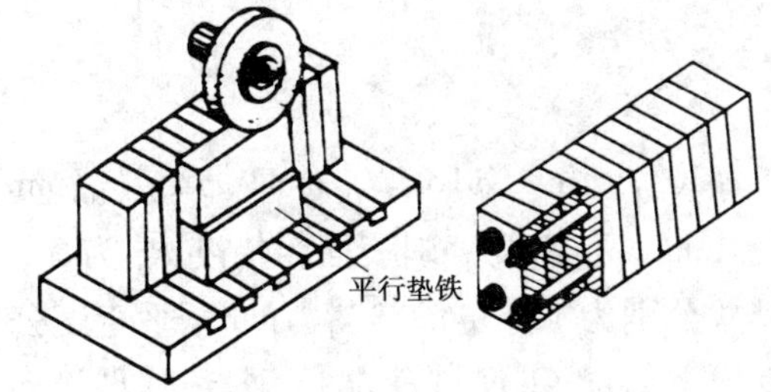

图 4-56　导磁直角铁

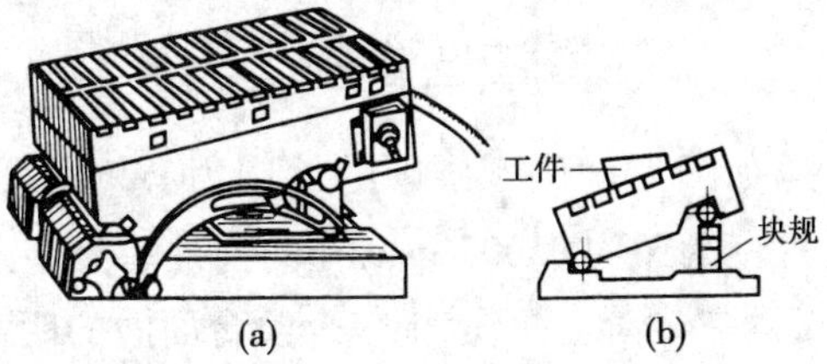

图 4-57　用正弦电磁吸盘装夹工件

以用精密平口钳装夹时为例,说明磨削垂直平面时的具体磨削工艺。

(1)把平口钳放在工作台上,并夹紧钳口,使平面与工作台运动方向相同。然后用百分表找正钳口夹紧平面,一般误差应找正在 0.05 mm 之内(见图 4-58)。

(2)转动钳口传动螺杆,将工件夹在钳口内,使工件平面略高于钳口平面。然后用百分表找正工件待磨平面,一般误差应找正在 0.03 mm 之内(见图 4-59)。找正后夹紧工件。

(3)调整工作台行程距离及磨头高度。

(4)磨削工件平面,使平面度符合图样要求(见图 4-60(a))。

(5)将平口钳连同工件一起翻转 90°,平口钳侧面吸在电磁吸盘台面上。

(6)磨削工件的垂直面,使工件垂直度符合图样要求(见图 4-60(b))。

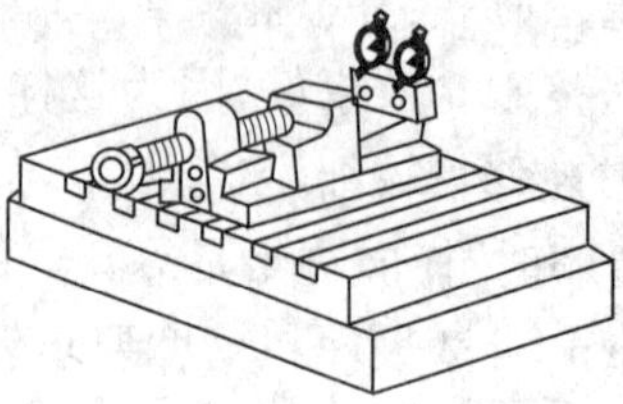

图 4-58　加工工件的找正

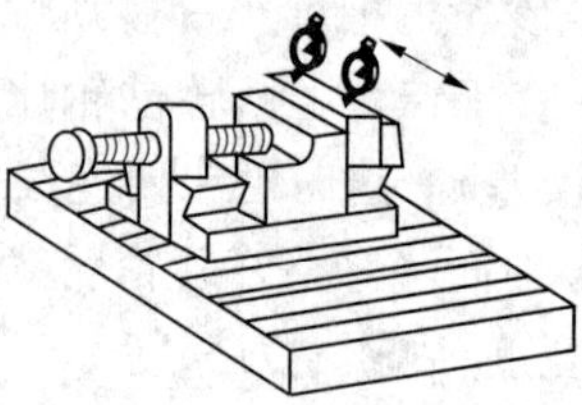

图 4-59　钳口夹紧平面的找正

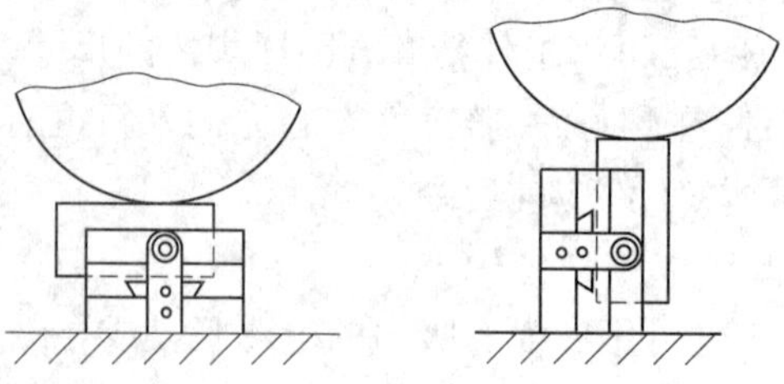

图 4-60　用精密平口钳装夹磨削垂直平面

【任务实施】

一、零件图工艺分析

如图 4-1 所示，磨削的外圆为 $\phi25^{+0.009}_{-0.004}$ mm、$\phi20^{0}_{-0.013}$ mm、$\phi16^{0}_{-0.011}$ mm。$\phi25^{+0.009}_{-0.004}$ mm 的圆度公差为 0. 005 mm，径向圆跳动公差为 0. 01 mm，还需要磨削表面粗糙度 R_a 为 0. 8 μm 的三个阶台面，其中三个阶台面间的距离尺寸分别为 112 mm、$33^{+0.20}_{0}$ mm。垂直度公差值为 0. 005 mm，表面粗糙度 R_a 为 0. 4 μm、R_a 0. 8 μm。工件材料为 45 钢，热处理淬火硬度为 48 ~ 52 HRC。

二、磨削方法及用量

用切入磨削法分段磨削各外圆。留精磨余量 0. 04 ~ 0. 05 mm。

粗磨时，磨削用量为：

v_s = 35 m/s，n_w = 100 ~ 180 r/min，a_p = 0. 01 mm，f = (0. 4 ~ 0. 8)B mm/r。

精磨时，磨削用量为：

v_s = 35 m/s，n_w = 100 ~ 180 r/min，a_p = 0. 005 mm，f = (0. 2 ~ 0. 4)B mm/r。

三、工件的定位夹紧

工件上装上夹头，采用两顶尖装夹。选择合适的顶尖并清理头架主轴孔和尾座套筒孔，安装顶尖。校对头架、尾座的中心，如图 4-61(a)所示。移动尾座使尾座顶尖和头架顶尖对准，不允许有明显偏移。

移动头架至所需位置。移动尾座以调整两顶尖距离。可用工件在两顶尖间比试,确定距离后将尾座紧固。检查清理中心孔后,研磨。中心孔与顶尖间注入润滑油。将工件装夹在两顶尖之间,调整尾座顶尖的顶紧力,顶紧力应适当。如图 4-61(b)所示,最后调整和锁紧拨杆即可。

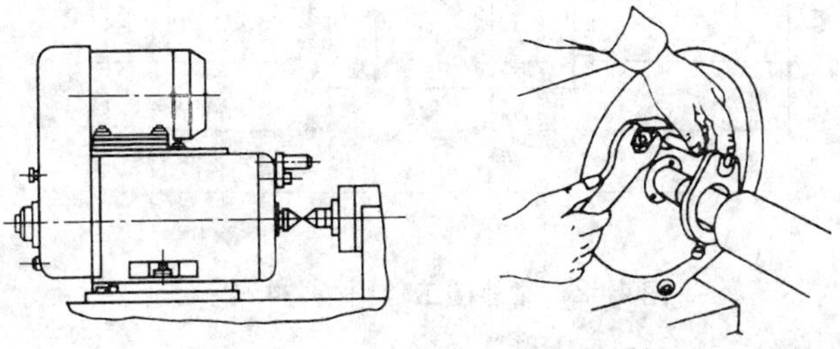

(a) (b)

图 4-61 头架、尾座中心校对及拨杆调整

四、磨削设备及砂轮的选用

机床:M1432A 型万能外圆磨床。

砂轮:SPA 400 × 100 × 127A60LSB35。

五、传动轴零件的磨削加工工艺过程

(1)试磨工件,找正工作台,使工件圆柱度在 0.003 mm 内。

(2)粗磨 $\phi25^{+0.009}_{-0.004}$ mm、$\phi20^{0}_{-0.013}$ mm,留精磨余量 0.04 ~ 0.05 mm。

(3)粗磨另一端 $\phi25^{+0.009}_{-0.004}$ mm、$\phi16^{0}_{-0.011}$ mm,留精磨余量 0.04 ~ 0.05 mm。

(4)精磨一端 $\phi25^{+0.009}_{-0.004}$ mm、$\phi20^{0}_{-0.013}$ mm 至要求尺寸,磨端面至要求尺寸。

(5)精磨另一端 $\phi25^{+0.009}_{-0.004}$ mm 至要求尺寸,磨阶台面至要求尺寸。

(6)精磨一端 $\phi16^{0}_{-0.011}$ mm 至要求尺寸,磨端面控制长度尺寸至 $33^{+0.20}_{0}$ mm。

【思考与练习】

1. 试简述实际操作时磨削外圆所必需的几种运动。

2. 磨削加工适用于加工有色金属材料吗?

3. 在实训老师的指导下,对 M1432A 型万能外圆磨床进行停车练习、开车练习(砂轮的转动和停止、头架主轴的转动和停止、工作台的往复移动、砂轮架的横向快退或快进、尾架顶尖的运动)。

4. 万能外圆磨床与普通外圆磨床的主要区别有哪些?

5. 磨削液的主要作用是什么? 常用的磨削液有几种? 如何应用?

6. 在外圆磨床上,对图 4-62 所示的工件进行磨削(磨削步骤:磨削外圆—磨削右端外圆—磨削右端轴肩—磨削左端外圆—磨削左端轴肩)。

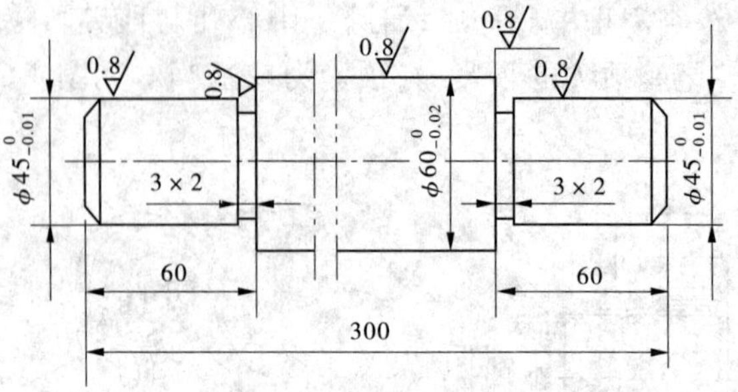

图 4-62 磨外圆工件(材料:45 钢)

项目五　镗削加工

引　言

镗削加工是指在镗床上,镗刀作旋转主运动,工件或镗刀作进给运动的切削加工方法。

镗削是一种用刀具扩大孔或其他圆形轮廓的内径切削工艺,其应用范围一般从半粗加工到精加工。在实际生产中,镗削加工一般用于加工机座、箱体、支架及非回转体等外型复杂的大型零件上的较大直径孔,尤其是有较高位置精度要求的孔与孔系,对外圆、端面及平面也可采用镗削进行加工,且加工尺寸可大可小。当配备各种附件、专用镗杆和相应装置后,镗削还可以用于加工螺纹孔、孔内沟槽、端面、内外球面和锥孔等。

【学习目标】

1. 掌握镗削加工的工艺特点。
2. 熟悉镗床的分类及其应用。
3. 掌握镗刀的类型及其应用。
4. 掌握镗床夹具的组成和类型。

【知识指引】

一、镗削与镗刀

(一)镗削加工

镗削加工是利用镗刀对已钻出、铸出或锻出的孔或孔系进行加工的过程,其应用范围一般从半粗加工到精加工。

在镗床上镗刀旋转作主运动,工件或镗刀作进给运动。对于直径较大的孔($D > 100$ mm)、内成形面或孔内环形槽等,镗孔是唯一的加工方法。

1. 镗削运动

镗削运动包括主运动和进给运动,如图5-1所示。主运动为镗刀的旋转运动;进给运动为工件或镗刀的直线运动。

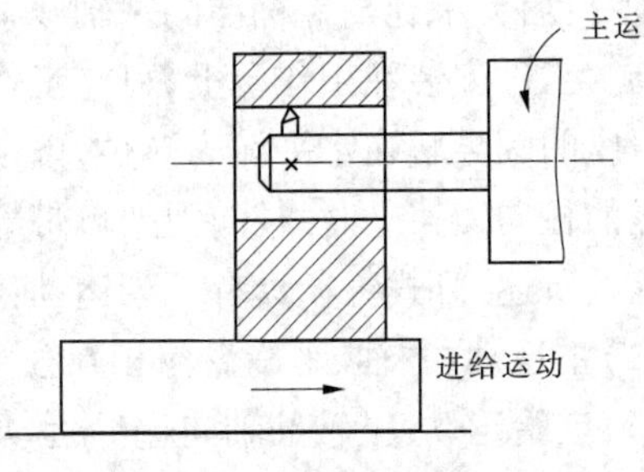

图5-1　镗削运动

2. 镗削的工艺特点

(1)适用范围广。镗削既可加工通孔,也

可加工盲孔,可在钻孔、铸孔和锻孔的基础上进行,主要用于箱体、机架等结构复杂的大中型零件上的孔与孔系加工。设有坐标测量装置,容易保证孔与孔之间、孔与基准平面之间的尺寸精度和位置精度。

(2)镗削加工灵活性大,适应性强。在镗床上除加工孔和孔系外,还可以车外圆、车端面、铣平面。镗孔可在镗床上或车床上进行。在镗床上镗孔时,镗刀基本与车刀相同,不同之处是工件不动,镗刀在旋转。

(3)可校正原有孔的轴线偏斜。与其他孔的加工方法相比,镗孔的突出优点为:可利用镗刀在一定范围内加工出任意直径的孔,可修正已有孔的位置偏差。

(4)工件装夹次数少。能在工件的一次安装中完成粗加工、半精加工和精加工等多工序的加工,减小了因多次装夹而带来的误差,保证了加工精度。

(5)加工质量受镗刀杆尺寸影响。由于镗刀和镗杆直径受孔径与孔深限制,刚度差,易产生变形和振动,孔的加工精度和表面粗糙度会受到较大影响。

(6)生产效率低。为减少镗杆的弯曲变形,需采用较小的背吃刀量和进给量进行切削,不能高速切削和强力切削。从镗刀结构看,其切削刃少,并且切削液的注入和排屑困难,切削效率低。

(二)镗床

镗床通常用于加工尺寸较大、精度要求较高的孔,特别是分布在不同表面上、孔距和位置精度要求较高的孔,如各种箱体、汽车发动机缸体等零件上的孔。

常用的镗床有卧式镗床、立式镗床、落地镗床、坐标镗床、数控自动换刀镗床和金刚镗床等多种类型。

1. 卧式镗床

卧式镗床又称万能镗床,卧式镗床可以进行孔加工、车端面、车凸缘、车螺纹和铣平面等。尤其适用于加工箱体零件中尺寸较大、精度较高且相互位置要求严格的孔系。

卧式镗床的外形如图 5-2 所示,主轴箱可沿前立柱的导轨上下移动。在主轴箱中,装有镗杆(主轴)、平旋盘、主运动和进给运动的变速传动机构和操纵机构。根据加工情况,刀具可以安装在镗杆上或平旋盘上。镗杆作旋转主运动,并可沿轴向移动(进给运动);平旋盘只能作旋转主运动。装在后立柱上的后支承可沿后立柱上的导轨与主轴箱同步升降,以保持后支承孔与镗杆在同一轴线上。后立柱可沿床身的导轨移动,以适应镗杆的不同悬伸。工件安装在工作台上,可与工作台一起随滑座作纵向或横向移动。工作台还可绕上滑座的圆导轨在水平面内转位,以便加工互相成一定角度的平面或孔。当工具装在平旋盘的径向刀架上时,径向刀架可带着刀具作径向进给,以车削端面。

综上所述,卧式镗床具有下列运动:

(1)主运动:主轴、平旋盘作相互独立的旋转运动。

(2)进给运动:主轴的轴向进给运动、工作台的纵向进给运动、工作台的横向进给运动、主轴箱的垂直进给运动、平旋盘上径向刀架的径向进给运动。

卧式镗床除镗孔外,还可车端面、铣平面、车外圆、车螺纹及钻孔等。零件可以在一次安装中完成大量的加工工序。图 5-3 为卧式镗床的主要加工方法。

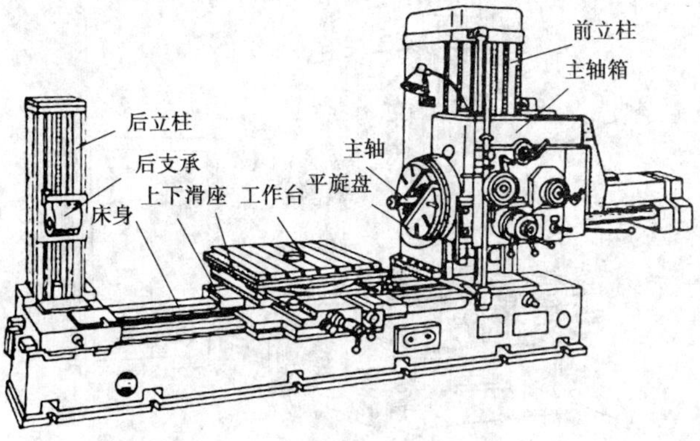

图 5-2 卧式镗床外形图

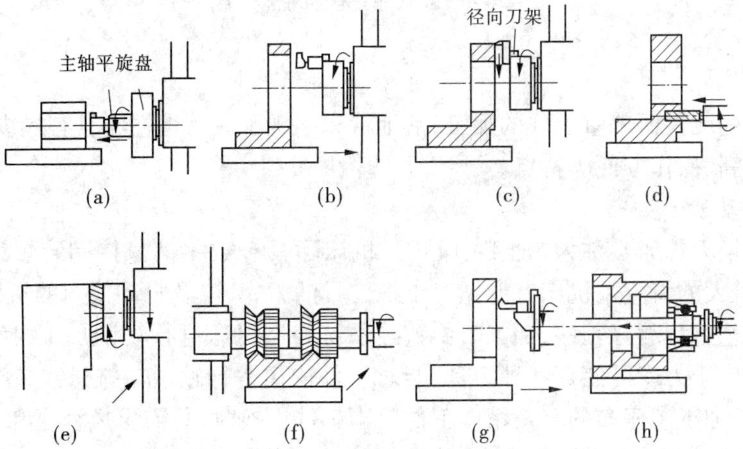

图 5-3 卧式镗床的主要加工方法

2. 坐标镗床

坐标镗床是一种高精度机床,因机床上具有坐标位置的精密测量装置而得名,主要用于加工精密的孔(IT5 级或更高)和位置精度要求很高的孔系,如钻模、镗模等精密孔。这种机床的主要零部件的制造和装配精度很高,并有良好的刚性和抗振性。

坐标镗床有立式的,也有卧式的。立式坐标镗床适宜于加工轴线与安装基面垂直的孔系和铣削顶面;卧式坐标镗床适宜于加工轴线与安装基面平行的孔系和铣削侧面。立式坐标镗床还有单柱、双柱之分。图 5-4 为立式单柱坐标镗床,工件固定在工作台 3 上,坐标位置由工作台 3 沿滑座 2 的导轨纵向移动(X 方向)和滑座 2 沿底座 1 的导轨横向移动(Y 方向)来实现。装有主轴组件的主轴箱 5 可以在立柱 4 的竖直导轨上调整上下位置,以适应不同高度的工件。主轴箱内装有主电动机和变速、进给及操纵机构。主轴由精密轴承支承在主轴套筒中。当进行镗孔、钻孔、扩孔及铰孔时,主轴由主轴套筒带动,在竖直方向上作机动或手动进给运动。当进行铣削时,则由工作台在纵、横方向上完成进给运动。

坐标镗床的工艺范围很广,除镗孔、钻孔、扩孔、铰孔、精铣平面和沟槽外,还可用于精密刻度、精密划线,以及孔距和直线尺寸的精密测量等工作。

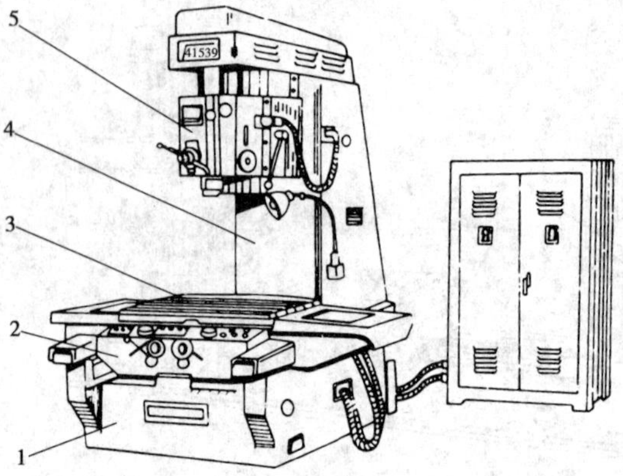

1—底座;2—滑座;3—工作台;4—立柱;5—主轴箱

图 5-4　立式单柱坐标镗床

3. 其他类型镗床

1)落地镗床

为适应某些庞大而笨重工件的加工,落地镗床出现了。落地镗床具有操纵集中、移动部件的灵敏度高、操作方便等特点。

2)数控自动换刀镗床

数控自动换刀镗床又称为“加工中心”。机床除具有数字信号控制装置来控制其自动工作外,其最大的特点是机床有能储存十把刀具的刀库,以及自动换刀的机械手。加工前按照工件工艺过程编好程序,加工时由数控系统控制机床进行切削加工、换刀,以及全部工作循环。由于刀库可储存各种刀具,能对工件依次进行钻、扩、铣、镗、铰和攻螺纹等加工,故适用于加工工序多的复杂箱体工件。当工件更换时,只需更换程序和刀库中的刀具,该机床调整较方便,自动化程度高,特别适用于中小批量生产。

(三)镗削刀具

镗床上除可供钻床所用的各种孔加工刀具和铣床所用的各种铣刀外,镗刀还有很多种类,按刀刃数量分为单刃镗刀、双刃镗刀和多刃镗刀;按被加工表面性质分为通孔镗刀、盲孔镗刀、阶梯孔镗刀和端面镗刀;按刀具结构分为整体式、装配式和可调式镗刀。

1. 单刃镗刀

单刃镗刀的切削部位与普通车刀相比,刀体较小,适用于孔的粗、精加工,有整体式和机夹式之分。加工小孔时的镗刀可以做成整体式,加工大孔时的镗刀可做成机夹式或机夹可转位式。在镗盲孔或阶梯孔时,为使镗刀头在镗杆内有较大的安装长度,并具有足够的位置安装压紧螺钉和调节螺钉,常将镗刀头在镗杆内倾斜安装 10°~45°。镗刀的刚性差,切削时易产生振动,故镗刀有较大的主偏角,以减小径向力。普通单刃镗刀结构简单,制造方便,通用性强,但切削效率低,对工人操作技术要求高。图 5-5 为几种常见的不同结构的机夹式单刃镗刀。它的镗杆可长期使用,可节省制造镗杆的工时和材料。镗刀头通常做成正方形或圆形。正方形镗刀头的强度与刚度是直径与其边长相等的圆形刀头的 80%~100%,故在实际生产中都采用正方形镗刀头。镗杆不宜太细太长,以免切削时产生振动。镗杆、镗刀头尺寸与镗孔直径的关系见表 5-1。

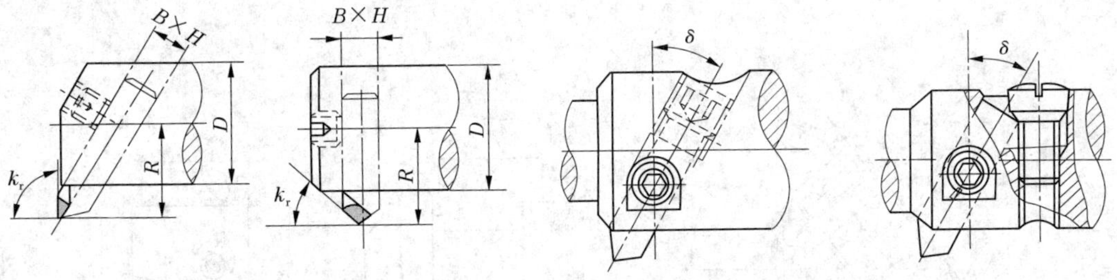

(a)盲孔镗刀　(b)通孔镗刀　(c)阶梯孔镗刀

图 5-5　机夹式单刃镗刀

表 5-1　镗杆、镗刀头尺寸与镗孔直径的关系　（单位：mm）

工件孔径	32～28	40～50	51～70	71～85	86～100	101～140	141～200
镗杆直径	24	32	40	50	60	80	100
镗刀头直径或长度	8	10	12	16	18	20	24

2. 微调镗刀

机夹式单刃镗刀尺寸调节费时，调节精度不易控制。图 5-6 是一种坐标镗床和数控机床上常用的微调镗刀。它具有调节方便、调节精度高、结构简单易制造等优点，主要用于精加工。

3. 双刃镗刀

双刃镗刀属于定尺寸刀具，通过改变两刃间的距离来达到加工不同直径孔的目的，有两个切削刃对称分布在镗杆两侧，背向力互相抵消，不易引起振动。常用的有固定式镗刀块和浮动镗刀两种。

1）固定式镗刀块

镗刀块可通过斜楔或在两个方向倾斜的螺钉等夹紧在镗杆上，如图 5-7 所示。安装后镗刀块相对于轴线的位置误差都将造成孔径扩大，所以镗刀块与镗杆上方孔的配合要求较高。固定式镗刀块也可制成焊接式或可转位式硬质合金镗刀块。

2）浮动镗刀

浮动镗刀装入镗杆的方孔中不需夹紧。镗孔时通过作用在两侧切削刃上的切削力来自动平衡其切削位置，因此它能自动补偿由刀具误差、机床主轴偏差而造成的加工误差，从而获得较高的加工精度，但它无法纠正孔的直线度误差。浮动镗刀结构简单，刃磨方便，但镗杆上方孔难以制造，加工孔径不能太小，操作麻烦，效率亦低于铰孔，故适用于单件、小批量生产中加工直径较大的孔。

浮动镗刀可分为整体式、可调焊接式和可转位式。整体式通常用高速钢制作或在 45 钢刀体上焊两块硬质合金刀片。制造时直接磨到所需尺寸，不能调节，适用于多品种、小批量的零件加工。可调焊接式如图 5-8（a）所示，它由刀体 1、紧固螺钉 2 和调节螺钉 3 组

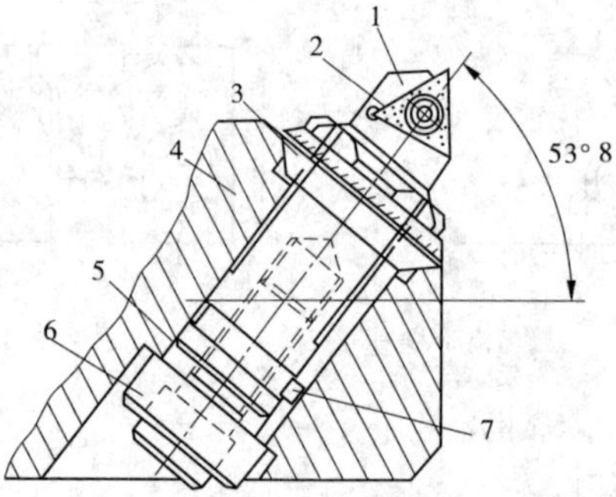

1—刀体;2—刀片;3—微调螺母;4—镗杆;
5—锁紧螺钉;6—调节螺母;7—防转销

图 5-6 微调镗刀

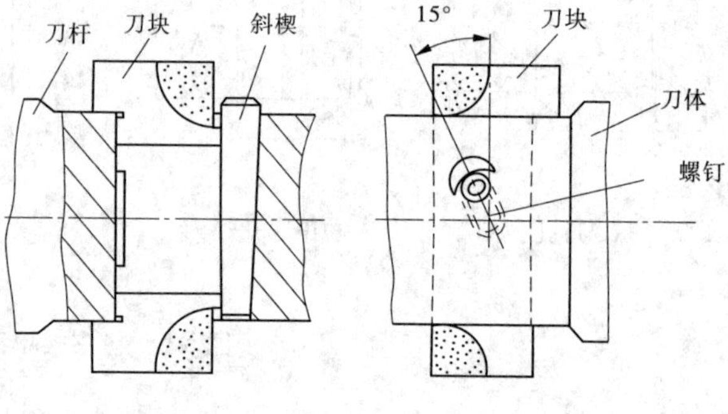

(a)斜楔夹紧 (b)螺钉压紧

图 5-7 固定式镗刀块

成。调节尺寸时,稍微松开紧固螺钉 2,旋转调节螺钉 3 推动刀体,就可调大尺寸,一般调节量为 3 ~ 10 mm。它已列入国家标准,并由工具厂生产。可转位式如图 5-8(b)所示,它由刀体 1、调节螺钉 2、压板 3、压紧螺钉 4、销 5、刀片 6 组成。销 5 压入刀垫的斜面上,将刀片套在销上,旋松螺钉 4,压块向下移动,压块的 3°斜面将刀片楔紧在销上。压块靠专用调节螺钉顶紧定位,刀片承受切削力不会松动。硬质合金刀片的切削刃磨损后,可转位后继续使用。当刀片上的两刃都磨损后可进行重磨。所以,只需旋松螺钉 2、4,便可方便地装卸刀片并调节直径尺寸,一般调节范围在 1 ~ 6 mm 内。

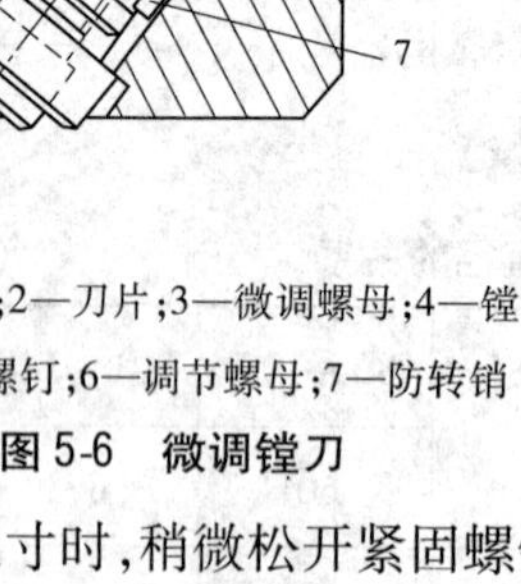

1—刀体;2—紧固螺钉;3—调节螺钉

(a)可调焊接式

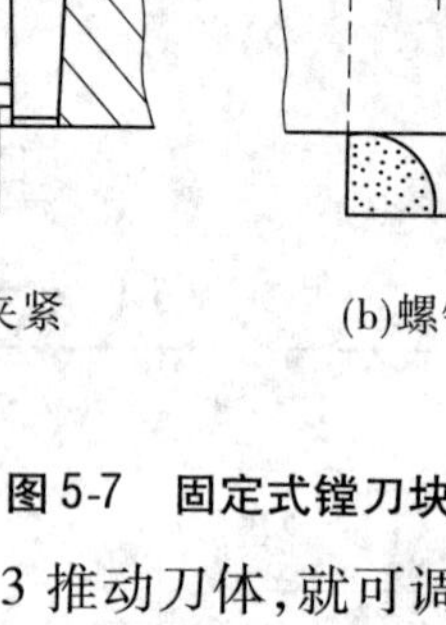

1—刀体;2—调节螺钉;3—压板;
4—压紧螺钉;5—销;6—刀片

(b)可转位式

图 5-8 硬质合金浮动镗刀

二、镗床夹具

在机械加工中,许多产品的关键零件,如机座、箱体等,往往需要进行精密孔系的加工。孔的尺寸和形状精度、位置精度要求也较高,用一般的办法加工很难保证。采用镗模后,镗孔精度基本上可不受机床精度的影响。对于缺乏高精度镗孔机床的中小型工厂,就可以用普通机床、动力头以及其他经改装的旧机床来批量加工精密孔系。

(一)镗模

镗模是引导镗刀杆在工件上镗孔用的机床夹具。镗模主要用于加工箱体、支座等零件上的孔或孔系。由于箱体类零件的孔系加工精度要求较高,镗模的制造精度通常比钻模高。镗模的结构类型主要取决于引导镗刀杆的方法,按照镗模架的位置可分为 4 种类型:

(1)单向前支承镗模:镗模架在工件的前方,镗刀杆与机床主轴是刚性连接,用于加工盲孔。

(2)单向后支承镗模:镗模架在工件的后方,镗刀杆与机床主轴也是刚性连接,用于加工小箱体上的通孔。

(3)前后双向支承镗模:在工件的前、后方各有一镗模架。镗刀杆与机床主轴是浮动连接,完全由镗模支承,其回转精度与机床无关。这是使用最普遍的一种类型,用以加工箱体上孔径较大的长孔和不同箱壁上同一轴线的几个孔。

(4)单向双前支承镗模:在工件前方装有两个镗模架以支承镗刀杆,镗刀杆与机床主轴也采用浮动连接,用于无法采用前后双向支承的场合。

单支承镗模只有一个导向支承,镗杆与主轴采用固定连接。安装镗模时,应使镗模轴线与机床主轴轴线重合。主轴的回转精度将影响镗孔精度。

单支承前引导式镗模的导向模架在刀具的前方,如图 5-9 所示,刀杆与机床主轴刚性连接。这种模架布置方式适用于加工直径较大($D>60$ mm)的浅通孔。单支承后引导式镗模的导向模架处于刀具的后方,如图 5-10 所示,刀杆与主轴亦为刚性连接。

图 5-11 是加工车床尾架孔用的双支承单引导式镗模。镗模的两个支承分别设置在刀具的前方和后方,镗刀杆 9 和主轴浮动连接。工件以底面槽及侧面在定位板 3、4 及可调支承钉 7 上定位,采用联动夹紧机构,拧紧夹紧螺钉 6,压板 5、8 同时将工件夹紧。镗模支架 1 上用回转式镗套 2 来支承和引导镗杆。镗模以底面 A 安装在机床工作台上,其位置用 B 面找正。

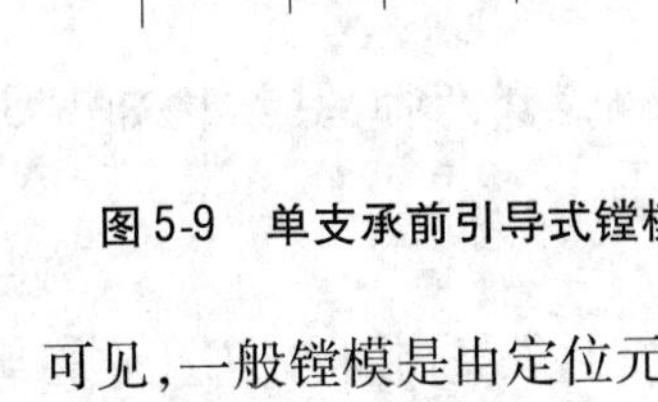

图 5-9　单支承前引导式镗模

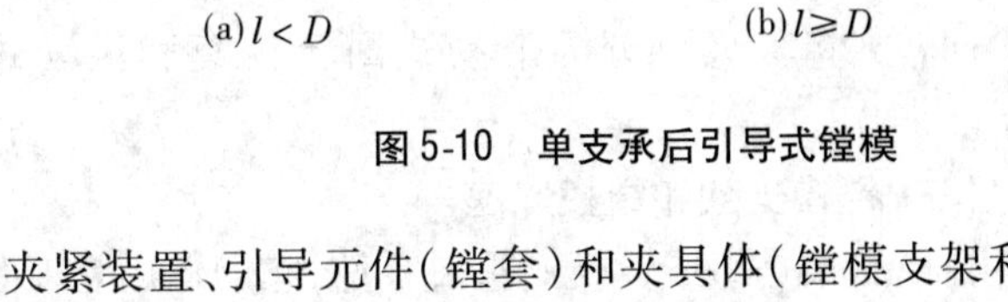

(a) $l<D$　　(b) $l\geqslant D$

图 5-10　单支承后引导式镗模

可见,一般镗模是由定位元件、夹紧装置、引导元件(镗套)和夹具体(镗模支架和镗模底座)四部分组成的。

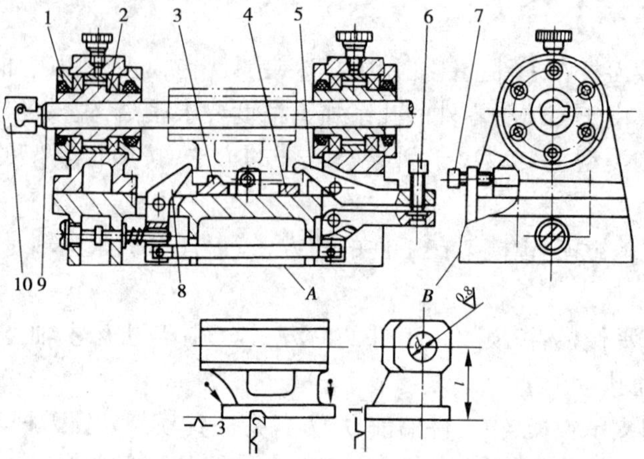

1—镗模支架;2—回转式镗套;3、4—定位板;5、8—压板;
6—夹紧螺钉;7—可调支承钉;9—镗刀杆;10—浮动接头

图5-11　加工车床尾架孔用的双支承单引导式镗模

(二)镗套

镗套是用来保证被加工孔的位置精度的引导元件。

镗套的结构和精度直接影响到加工孔的尺寸精度、几何形状和表面粗糙度。设计镗套时,可按加工要求和情况选用标准镗套,特殊情况则可自行设计。常用的镗套有以下两类。

1. 固定式镗套

该镗套固定在镗模支架上面,不能随镗杆一起转动,因此镗杆与镗套之间有相对运动,存在摩擦。固定式镗套的优点是外形尺寸小,结构紧凑,制造简单,容易保证镗套中心位置的准确。

图5-12是固定式镗套。图5-12(a)所示为不带油杯的固定式镗套,无润滑装置;图5-12(b)所示为带油杯的固定式镗套,它自带润滑油杯,只需定时在油杯中注油,就可保持润滑,因而使用方便,润滑性能好。固定式镗套结构已标准化,设计时可参阅国标。

2. 回转式镗套

回转式镗套在镗孔过程中是随镗杆一起转动的,所以镗杆与镗套之间无相对转动,只有相对移动。当高速镗孔时,这样便能避免镗杆与镗套发热咬死,而且也改善了镗杆磨损情况。特别是在立式镗模中,若采用上下镗套双面导向,为了避免因切屑落入下镗套内而使镗杆卡住,下镗套应该采用回转式镗套。

回转式镗套又可分为滑动式回转镗套和滚动式回转镗套两种,其结构如图5-13所示。

(三)镗模支架和镗模底座

镗模支架是组成镗模的重要零件,它的作用是安装镗套并承受切削力,因此它必须有足够的刚度和稳定性,在结构上,有较大的安装基面和必要的加强筋,以防止在加工中受力时产生振动和变形。为了保持支架上镗套的位置精度,设计中不允许在支架上设置夹

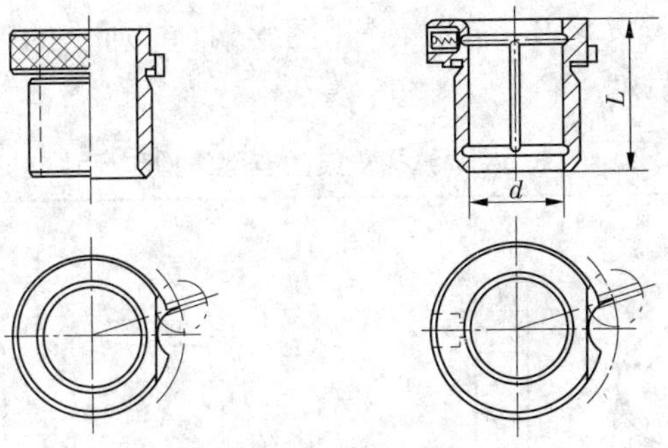

(a)不带油杯的固定式镗套　　(b)带油杯的固定式镗套

图 5-12　固定式镗套

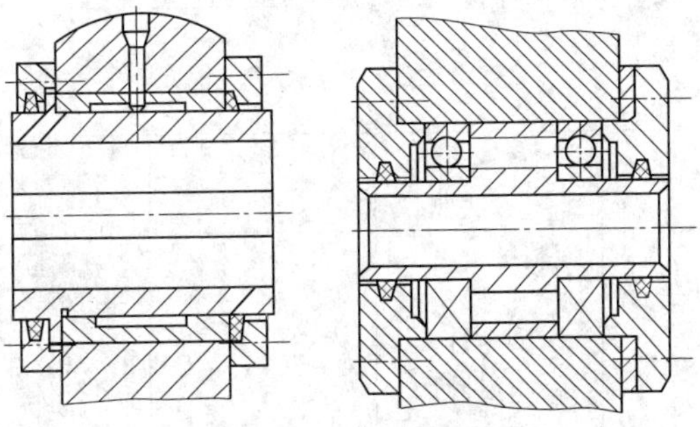

(a)滑动式回转镗套　　(b)滚动式回转镗套

图 5-13　回转式镗套

紧机构或承受夹紧反力。镗模支架的典型结构和尺寸可参考表 5-2。

镗模底座是安装镗模其他所有零件的基础件,要承受包括工件、镗杆、镗套、支架、定位元件和夹紧装置等在内的全部重量,以及加工过程中的切削力,因此底座要有高的强度和刚度。一般镗模底座的壁厚较厚,且底座内腔设有十字形加强筋。底座一般用灰铸铁铸造,铸造和粗加工后须经退火和时效处理。镗模底座的典型结构和尺寸可参考表 5-3。

(四)镗杆

镗杆是连接刀具与机床的辅助工具,不属于夹具范畴。但镗杆的一些设计参数与镗模的设计关系密切,而且不少生产单位把镗杆的设计归于夹具的设计中。镗杆的导引部分是镗杆与镗套的配合,按与之配合的镗套不同,镗杆的导引部分可分为用于固定式镗套的镗杆导向部分结构和用于回转式镗套的镗杆引进结构两种形式。

图 5-14 为用于固定式镗套的镗杆导向部分结构。当镗杆导向部分直径 $d<50$ mm 时,镗杆常采用整体式结构。图 5-14(a)为开油槽的镗杆,镗杆与镗套接触面积大,磨损大,若切屑从油槽内进入镗套,会出现“卡死”现象,图 5-14(b)及图 5-14(c)为有较深直

槽和螺旋槽的镗杆,这种结构可减少镗杆与镗套的接触面积,沟槽内有一定的存屑能力,可避免“卡死”现象。当 $d>50$ mm 时,采用图 5-14(d)所示的镶条式结构。镶条宜选用摩擦系数小和耐磨的材料。

表 5-2　镗模支架的典型结构和尺寸　　(单位:mm)

典型结构

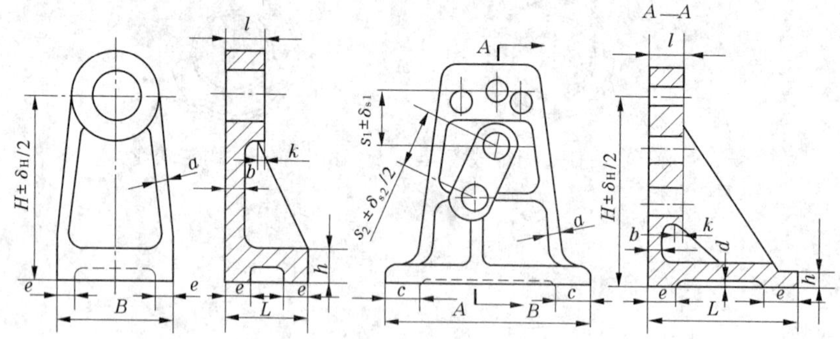

型式	B	L	H	s_1,s_2	l	a	b	c	d	e	h	k
1	$(\frac{1}{2}\sim\frac{3}{5})H$	$(\frac{1}{3}\sim\frac{1}{2})H$	按工件相应尺寸取			10 ~ 20	15 ~ 25	30 ~ 40	3 ~ 5	20 ~ 30	20 ~ 30	3 ~ 5
1	$(\frac{2}{3}\sim 1)H$	$(\frac{1}{3}\sim\frac{2}{3})H$										

表 5-3　镗模底座的典型结构和尺寸　　(单位:mm)

典型结构

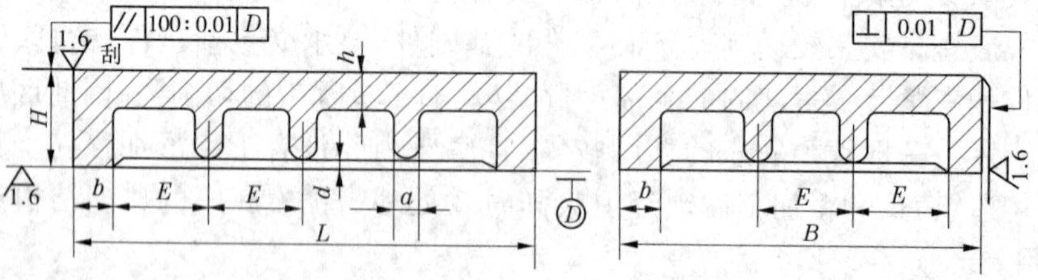

L	B	H	E	a	b	d	h
按工件大小而定		$(\frac{1}{6}\sim\frac{1}{8})L$	$(1\sim1.5)H$	10 ~ 20	20 ~ 30	5 ~ 8	20 ~ 30

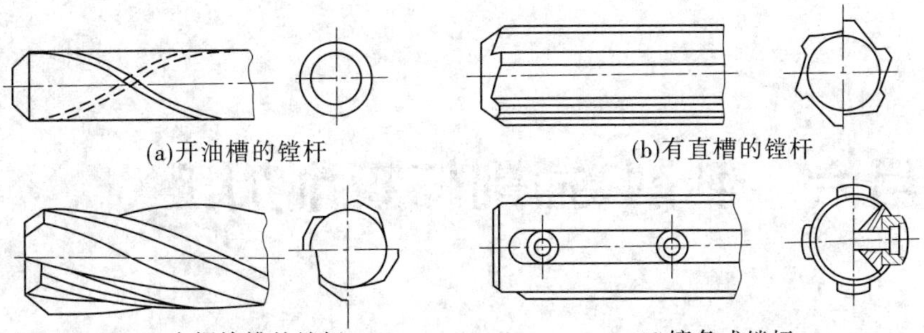
(a)开油槽的镗杆　(b)有直槽的镗杆
(c)有螺旋槽的镗杆　(d)镶条式镗杆

图 5-14　用于固定式镗套的镗杆导向部分结构

图 5-15 为用于回转式镗套的镗杆引进结构。

如图 5-15(a)所示,在镗杆前端设置平键,键下装压缩弹簧,键的前部有斜面,适用于开有键槽的镗套,无论镗杆从何位置进入镗套,平键均能自动进入键槽,带动镗套回转。图 5-15(b)所示镗杆上开有键槽,其头部做成小于 45°的螺旋引导结构。

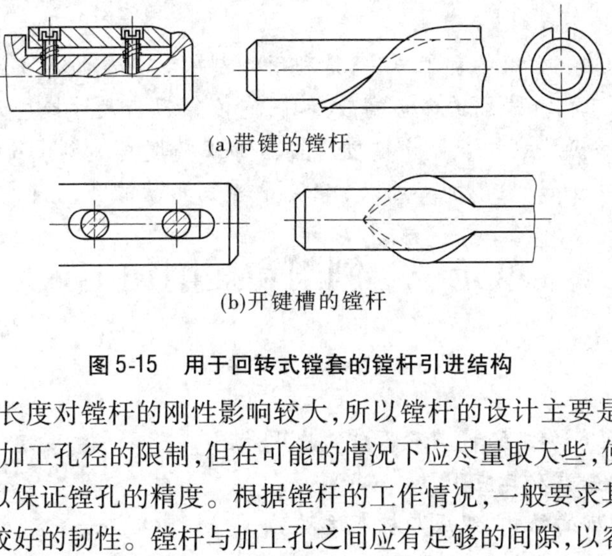
(a)带键的镗杆
(b)开键槽的镗杆

图 5-15　用于回转式镗套的镗杆引进结构

镗杆的直径和长度对镗杆的刚性影响较大,所以镗杆的设计主要是确定恰当的直径和长度。直径受到加工孔径的限制,但在可能的情况下应尽量取大些,使其在一定的长度下有足够的刚度,以保证镗孔的精度。根据镗杆的工作情况,一般要求其表面硬度比镗套高,而内部则要有较好的韧性。镗杆与加工孔之间应有足够的间隙,以容纳切屑。镗杆的直径一般按经验公式 $d=(0.7\sim0.8)D$ 选择。

【思考与练习】

1. 卧式镗床有哪些主运动和进给运动?
2. 什么是浮动镗刀?
3. 为什么说增加切削速度会严重影响镗刀的寿命?
4. 简述深孔加工的工艺特点。
5. 若镗削外圆柱面,在安装镗刀时必须注意哪些方面?

项目六　刨削、插削与拉削加工

引　言

刨削加工是指在刨床上，刨刀与工件沿水平方向作相对直线往复运动的切削加工方法。刨削是单件或小批量生产的平面加工中最常用的加工方法。刨削可分为精刨和粗刨，精刨后的表面粗糙度 R_a 值可达 3.2 ~ 1.6 μm，两平面之间的尺寸精度可达 IT9 ~ IT7，直线度可达 0.04 ~ 0.12 mm/m。

插削是利用插刀在竖直方向上相对于工件作往复直线运动加工沟槽和型孔的切削加工方法。插削加工可以认为是立式刨削加工，主要用于单件或小批量生产中加工零件的内表面，例如内键槽、方孔、多边形孔和花键孔等。插削加工的精度为 IT9 ~ IT7，表面粗糙度 R_a 值为 6.3 ~ 1.6 μm。

拉削加工是一种高效率的加工方法，是利用特制的拉刀在拉床上进行的切削加工方法。拉刀是一类加工内外表面的多齿高效刀具，它依靠刀齿尺寸或廓形变化切除加工余量，以达到要求的形状尺寸和表面粗糙度。拉削加工精度可达到 IT8 ~ IT7，表面粗糙度 R_a 值可达 1.6 ~ 0.4 μm。拉削加工可以加工各种截面形状的孔，孔径一般为 8 ~ 125 mm。

单元一　刨削和插削加工

【学习目标】

1. 掌握刨削、插削加工的特点及各自的应用范围。
2. 了解刨床的分类及其应用。
3. 掌握牛头刨床的结构、组成与机床运动。
4. 了解插床的组成和插削的主要运动。
5. 掌握刨刀的特点和分类。
6. 掌握刨床上工件的装夹。
7. 掌握牛头刨床的操纵方法和平面刨削的方法。

【知识指引】

一、刨削加工

刨削加工是指用刨刀对工件作水平相对直线往复运动的切削加工方法。

刨刀(或工件)的直线往复运动是主运动，工件(或刨刀)在垂直于主运动方向上的间歇移动是进给运动，如图 6-1 所示。

(一)刨削加工的特点

(1)刨削加工通用性好、适应性强。刨床结构较车床、铣床等简单,调整和操作方便;刨刀形状简单,和车刀相似,制造、刃磨和安装都较方便;刨削时一般不需加切削液。

(2)加工精度通常为 IT9 ~ IT7,表面粗糙度 R_a 值达 12.5 ~ 1.6 μm;采用宽刃刀精刨时,加工精度可达 IT6,表面粗糙度 R_a 值可达 1.6 μm。此外,刨削加工还可保证一定的相对位置精度,如面对面的平行度和垂直度等。

(3)生产率一般较低。因为刨削是不连续的切削过程,刀具切入和切出时切削力的突变将引起冲击和振动,限制了刨削速度的提高。此外,单刃刨刀实际参加切削的长度有限,一个表面往往要经过多次行程才能加工出来,刨刀返回行程时不进行工作。因此,刨削生产率一般低于铣削,但对于狭长表面(如导轨面)的加工,以及在龙门刨床上进行的多刀、多件加工,其生产率可能高于铣削。

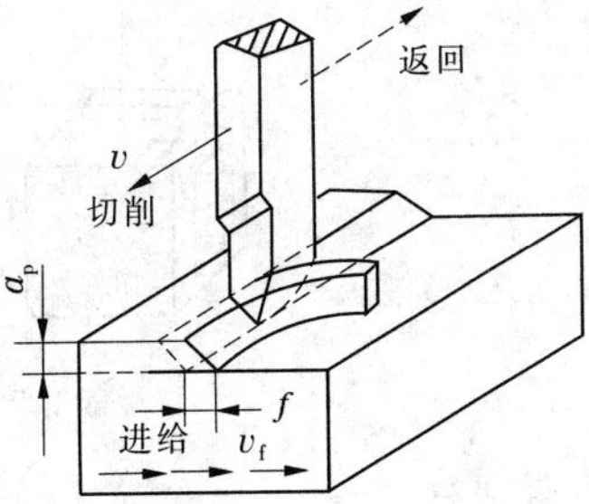

图 6-1 牛头刨床的刨削运动和切削用量

(二)刨削加工范围

刨削在单件或小批量生产和修配工作中得到广泛应用。刨削主要用于加工各种平面(水平面、垂直面和斜面)、各种沟槽(直槽、T 形槽、燕尾槽等)和成形面等,如图 6-2 所示。

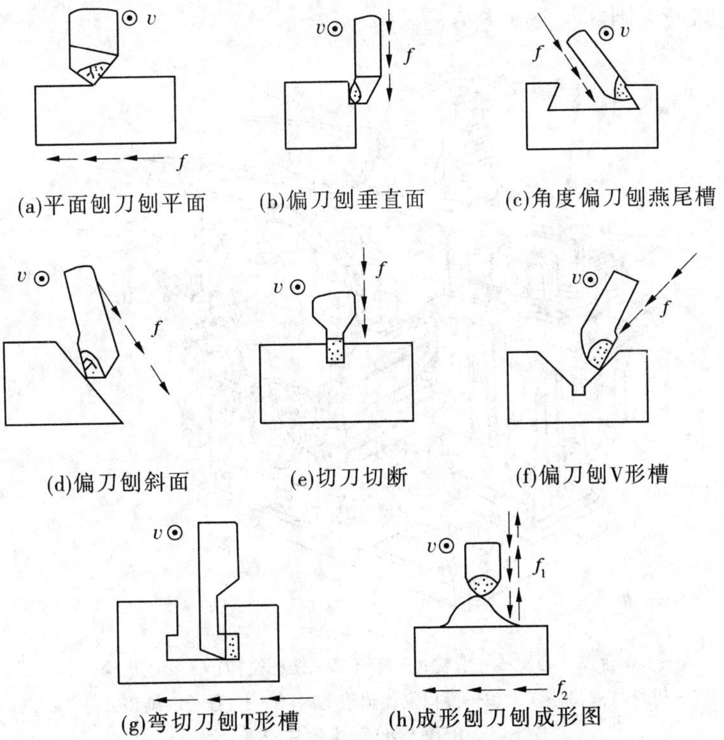

图 6-2 刨削加工的主要范围

(三)刨床

1. 刨床的种类

刨床主要有牛头刨床和龙门刨床,常用的是牛头刨床。牛头刨床最大的刨削长度一般不超过 1 000 mm,主要适用于各种小型工件的单件或小批量生产。龙门刨床由于刚性好,且有 2 ~4 个刀架可同时工作,因此它主要用于加工大型零件或同时加工多个中小型零件,其加工精度和生产率均比牛头刨床高。刨床上加工的典型零件如图 6-3 所示。

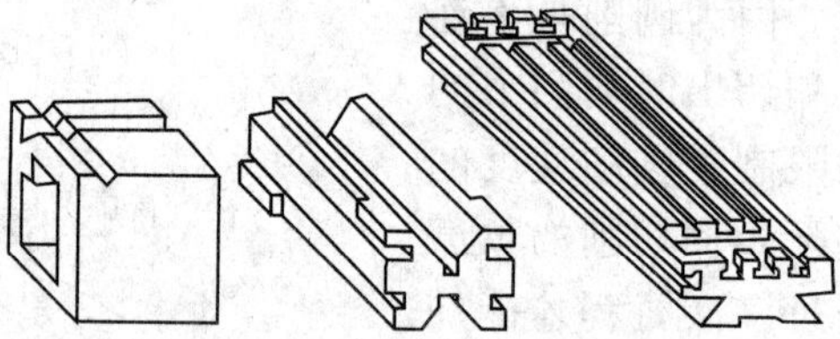

图 6-3 刨床上加工的典型零件

2. 牛头刨床

牛头刨床是利用往复运动的刀具切割已固定在机床工作台上的工件(一般用来加工较小工件)的。因为该机床的刀架类似牛头,故名牛头刨床。牛头刨床主要用于单件或小批量生产中刨削中小型工件上的平面、成形面和沟槽。

如图 6-4 所示为 B6065 型牛头刨床的外形。型号 B6065 中,B 为机床类别代号,表示刨床,读作"刨";6 和 0 分别为机床组别和系别代号,表示牛头刨床;65 为主参数最大刨削长度的 1/10,即最大刨削长度为 650 mm。

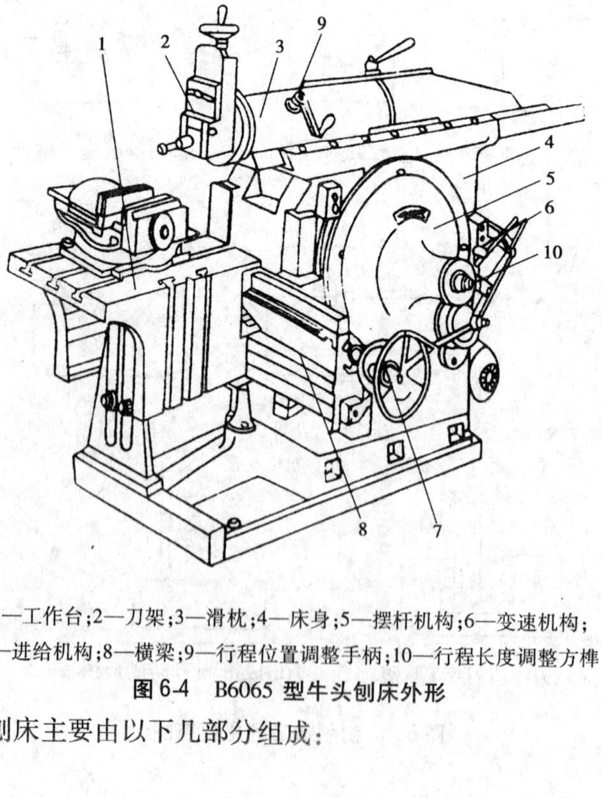

1—工作台;2—刀架;3—滑枕;4—床身;5—摆杆机构;6—变速机构;
7—进给机构;8—横梁;9—行程位置调整手柄;10—行程长度调整方榫

图 6-4 B6065 型牛头刨床外形

B6065 型牛头刨床主要由以下几部分组成:

(1)床身。用以支撑和连接刨床各部件。其顶面水平导轨供滑枕带动刀架进行往复直线运动,侧面的垂直导轨供横梁带动工作台升降。床身内部有主运动变速机构和摆杆机构。

(2)滑枕。用以带动刀架沿床身水平导轨作往复直线运动。滑枕往复直线运动的快慢、行程的长度和位置,均可根据加工需要调整。

(3)刀架。用以夹持刨刀。但刀架由刀夹、抬刀板、刀座、滑板、刀架进给手柄、转盘组成,这些构件相对位置的改变,可以用来调整刨削深度,完成垂直面加工和斜面加工。

(4)横梁与工作台。横梁上装有工作台及工作台进给丝杆,它可以带动工作台沿床身导轨作升降运动。工作台用来装夹工件,可沿横梁导轨作水平移动,并随横梁上下调整。

牛头刨床的机床运动:主运动,即刀架(滑枕)的直线往复运动;进给运动,包括工作台的横向移动和刨刀的垂直(或斜向)移动。

3. 龙门刨床

龙门刨床是具有门式框架和卧式长床身的刨床。龙门刨床主要用于刨削大型工件,如大型法兰盘、各种轴类、模具,各种阀门管件,汽轮机配件等,广泛应用于石油、化工、重型机械、造纸设备、矿山铁路,以及航空部件的加工制造。

如图6-5所示为龙门刨床的外形图,其中工作台带着工件通过门式框架作直线往复运动,空行程速度大于工作行程速度。横梁上一般装有两个垂直刀架,刀架滑座可在垂直面内回转一个角度,并可沿横梁作横向进给运动;刨刀可在刀架上作垂直或斜向进给运动;横梁可在两立柱上作上下调整。一般在两个立柱上还安装可沿立柱上下移动的侧刀架,以扩大加工范围。工作台回程时能机动抬刀,以免划伤工件表面。机床工作台的驱动可用发电机-电动机组或用可控硅直流调速方式,调速范围较大,在低速时也能获得较大的驱动力。有的龙门刨床还附有铣头和磨头,变型为龙门刨铣床和龙门刨铣磨床,工作台既可作快速的主运动,也可作慢速的进给运动,主要用于重型工件在一次安装中进行刨削、铣削和磨削平面等加工。

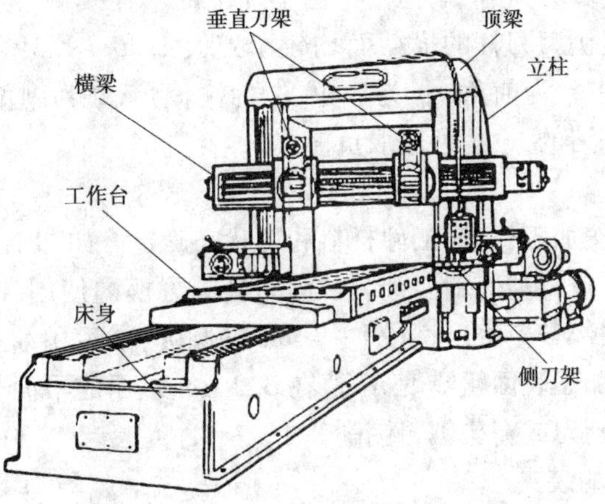

图6-5 龙门刨床外形

(四)刨刀

1. 刨刀的特点

刨刀切削部分的形状与车刀基本相同,但因刨削时每一往复行程将产生惯性和冲击现象,所以刨刀的截面尺寸比车刀大,以增加刨刀的强度,避免刨刀刀杆的折断或崩刀。

刨刀切削部分最常用的材料有高速钢和硬质合金。

2. 刨刀的种类

按加工表面形状的不同分,刨刀有平面刨刀、偏刀、切刀、角度偏刀和成形刀等。平面刨刀用于刨水平面;偏刀用于刨垂直面和斜面;切刀用于刨直角槽或切断工件;角度偏刀用于刨角度工件,如燕尾槽等;成形刀用于刨削成形表面,如 V 形槽等。常见刨刀的形状及应用如图 6-6 所示。

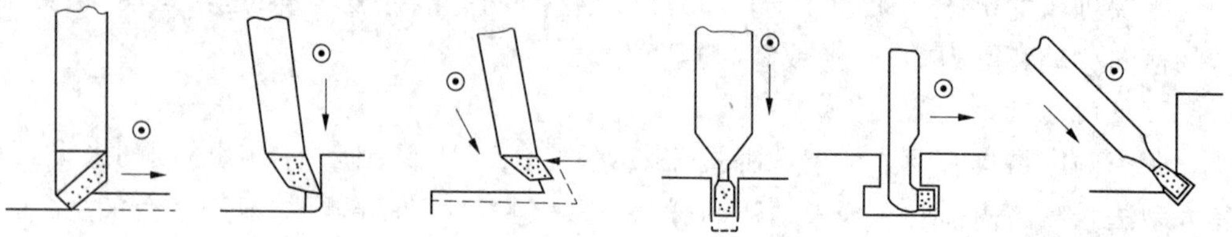

图 6-6 常见刨刀的形状及应用

按刨刀形状来分,刨刀分为直头刨刀和弯头刨刀。刨刀切削部分和刀杆制造成直的称为直头刨刀;切削部分向后弯曲的刨刀称为弯头刨刀,弯头刨刀在切削加工时,如遇切削力突然增加,刀杆将产生向后弯曲变形,避免了刀杆折断或啃伤工件已加工表面,所以弯头刨刀应用广泛。弯头刨刀在受到较大的切削力时,刀杆所产生的弯曲变形是围绕 O 点向上方弹起的,因此刀尖不会啃入工件,如图 6-7(a)所示,而直头刨刀受力变形啃入工件,将会损坏刀刃及加工表面,如图 6-7(b)所示。

3. 刨刀的几何参数

刨刀的几何参数与车刀相似。但由于刨削加工的不连续性,刨刀切入工件时受到较大的冲击力,所以一般刨刀刀杆的横截面均较车刀大 1.25 ~ 1.5 倍。图 6-8 是一种平面刨刀的几何参数,其中 γ_o 为前角,α_o 为后角,k_r 为主偏角,k_r' 为副偏角,λ_s 为刃倾角。为了增加刀尖的强度,刨刀的 λ_s 角一般取负值。

4. 平面刨刀的选择

刨刀的选择一般按加工要求、工件材料和形状来确定。如加工铸铁,通常采用钨钴类硬质合金的弯头刨刀,或将高速钢刀头装在刨刀杆的方槽内使用。粗刨平面时一般采用尖头刨刀,刨刀的刀尖部分应磨出直径 1 ~ 3 mm 的圆弧,然后用油石研磨,这样可以延长刨刀的使用寿命。当加工表面粗糙度 R_a 值在 3.2 μm 以下的平面时,粗刨后还要进行精刨。精刨时常用圆头刨刀或宽头刨刀刨削。

(五)刨床上工件的装夹

刨削时,必须将工件装夹在工作台或夹具上,经过校正、夹紧,使工件在整个加工过程中始终保持正确的位置,这个工作叫工件的装夹。

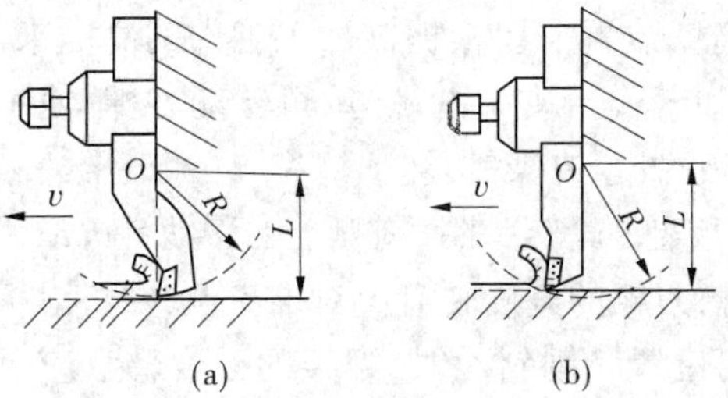

图6-7　弯头刨刀和直头刨刀的比较

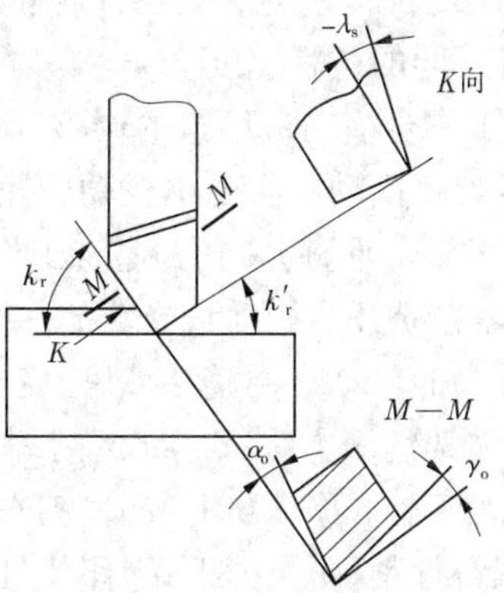

图6-8　平面刨刀的几何参数

刨削加工时,应根据工件的大小、形状以及加工的位置正确选择工件的装夹方法。这样有利于合理使用机床和保证工件的加工精度。当刨削中小型工件或形状简单的工件时,一般使用平口钳装夹;对于大型工件或外形不规则的不便于用平口钳装夹的工件,可用螺栓、压板、垫铁直接装夹在刨床的工作台上;大型工件则需在龙门刨床上装夹加工。平口钳固定在刨床工件台上。对于大批量生产的工件,还可以采用专用夹具来装夹,它既能保证加工质量,又能使装夹迅速可靠。

平口钳结构简单,夹紧牢靠,使用方便,所以应用广泛。用平口钳装夹工件时应注意以下几点:

(1)工件加工面必须高于钳口,以免刨刀碰着钳口。若工件高度不够,可用平行垫铁将工件垫高。

(2)为保证钳口不受损伤,在夹持毛坯时,可先在钳口上垫铜皮、铝皮等护口片。但在加工与定位面相互垂直的平面时,在钳口不宜垫护口片,以免影响精度。

(3)装夹工件时,要用手锤轻轻敲击工件,使工件垫实,但敲击已加工表面时,应使用铜锤或木锤。

(4)装夹刚性较差的工件时,应将工件的薄弱部分先垫实或作支撑,以免装夹后产生变形。

(六)平面刨削

1. B6050 型牛头刨床的操纵

(1)滑枕行程长度的调整:被加工工件有长有短,滑枕行程长度可以作相应的调整。调整时先将调整方榫端部的滚花螺母松开,再用方孔摇把转动方榫,就可改变滑枕行程的位置。顺时针转动时,行程增长;逆时针转动时,行程缩短。调整合适后应把滚花螺母拧紧。

(2)滑枕起始位置的调整:根据被加工工件装夹在工作台上的位置,滑枕的起始位置也要作相应的调整。调整时,先松开滑枕上部的锁紧手柄,再用方孔摇把转动滑枕上的方榫就能改变滑枕的起始位置。顺时针转动时,起始位置后移;逆时针转动时,起始位置前移。调整结束后,应将手柄拧紧。

(3)滑枕行程速度的变换:调整时,根据变速铭牌指示位置,扳动变速手柄,可使滑枕获得六种不同的行程速度。

(4)工作台横向进给量的调整:B6050 型牛头刨床工作台横向进给量的调整,是采用改变棘爪架每摆动一次棘爪拨动棘轮齿数的办法来实现的。k 值调整范围为 1 ~ 10。

(5)工作台垂直方向的调整:工作台的高低位置需要根据被加工工件的高度来确定。调整时,需先松开横梁垂直导轨的夹紧压杆和工作台支架的螺母,再转动方榫,使工作台作垂直方向的移动。调整结束后,应压紧压板,拧紧支架螺母。

(6)刀架使用方法:B6050 型牛头刨床,刀架手轮转一圈,刨刀上下移动 5 mm;手轮每动一格,刨刀上下移动 0.1 mm。刨水平面时,刀架的刻度转盘应对准零位,并将滑板左边的压紧螺钉拧紧,防止掉刀;刀座要处于中间位置。刨斜面时,刀架的刻度转盘应对准零位,但滑板的压紧螺钉应松开,调整刀座偏转一定角度后,再拧紧压紧螺钉。

2. 刨平面的步骤

(1)将工件和刨刀安装好后,将工作台调整到适当高度,然后调整滑枕行程长度和位置。

(2)开动机床,移动滑枕,使刨刀接近工件后停车。

(3)转动工作台横向走刀手柄,将工件移到刨刀刀尖。摇动刀架拖板,使刨刀刀尖接触工件表面。

(4)转动工作台横向走刀手柄,将工件退离刨刀刀尖,使工件一侧离刨刀 3 ~ 5 mm。

(5)按选定的切削深度摇动刀架拖板,使刨刀向下进刀。

(6)开动机床,工件台作横向进刀,在工件上试刨 1 ~ 1.5 mm,停车用钢板尺或游标卡尺测量尺寸。若与要求的尺寸不符,则应退出工件,再调整吃刀深度试切至合格尺寸,然后再正式开动机床,工件台横向走刀或自动进给,将工件多余金属刨去。

(7)测量工件尺寸,合格后即可卸下工件。最后清理平口钳和工作台上的切屑。

3. 切削用量的选择

刨削加工切削用量的选择原则是在保证刀具耐用度的前提下,达到较高的金属切除率。为此,粗加工时选用较大的切削深度和较大的进给量。精加工时,切削深度要尽量小些,但必须大于刀尖的圆角半径,进给量一般是刀刃宽度的 0.5 ~ 0.7 倍,切削速度的选择要尽量避开刀瘤区。使用特别宽的宽刃精刨刀时,要校验机床功率。

二、插削加工

插削是利用插刀在竖直方向上相对工件作往复直线运动加工沟槽和型孔的机械加工方式。插削与刨削类似,但插刀装夹在插床滑枕下部的刀杆上,可以伸入工件的孔中作竖直方向上的往复运动,向下是工作行程,向上是回程。安装在插床工作台上的工件在插刀每次回程后作间歇的进给运动。

(一)插床

1. 插床的主要部件

插削和刨削的切削方式基本相同,只是插削是在竖直方向上进行切削。因此,可以认为插床是一种立式刨床。图 6-9 为插床的外形图。插削加工时,滑枕 5 带动插刀沿垂直方向作直线往复运动，实现切削加工的主运动。工件安装在圆形工作台 4 上，圆形工作台可实现纵向、横向和圆周方向的间歇进给运动。此外，利用分度机构 8，圆形工作台还可进行圆周分度。滑枕导轨座和滑枕一起可以绕销轴在垂直平面内相对立柱倾斜 0°～8°，以便插削斜槽和斜面。

2. 插床的运动

如图 6-10 所示为插床的主要运动。其中，主运动：滑枕（插刀）的垂直直线往复运动。进给运动：上滑座和下滑座的水平纵向和横向移动，以及圆工作台的水平回转运动。

1—床身；2—下滑座；3—上滑座；4—圆形工作台；
5—滑枕；6—立柱；7—变速箱；8—分度机构

图 6-9 插床的外形图

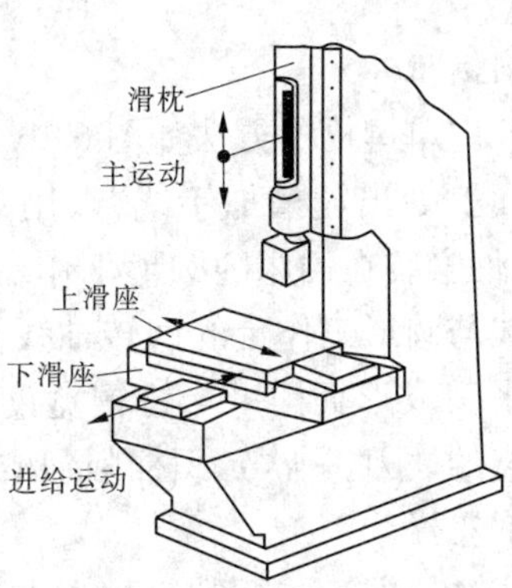

图 6-10 插床的运动

（二）插刀

尖刃插刀主要用于粗插或插削多边形孔，如图 6-11（a）所示。

平刃插刀主要用于精插或插削直角沟槽，如图 6-11（b）所示。

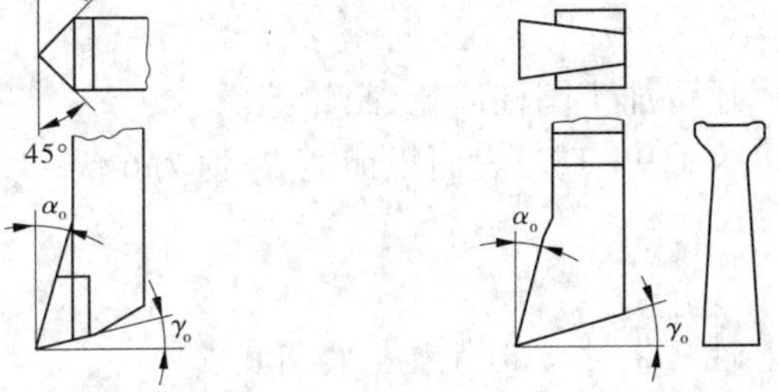

(a)尖刃插刀(尖刀)　　(b)平刃插刀(切刀)

图 6-11 插刀

插刀的材料一般为高速钢，也有用硬质合金的。插刀在回程时后刀面与工件已加工表面会发生剧烈摩擦，将影响加工质量和刀具耐用度。因此，插削时采用活动刀杆。

(三)插削方法

1. 插削的主要加工范围

插削在竖直方向上进行切削,以加工工件内表面上的平面、沟槽为主,如图 6-12 所示。

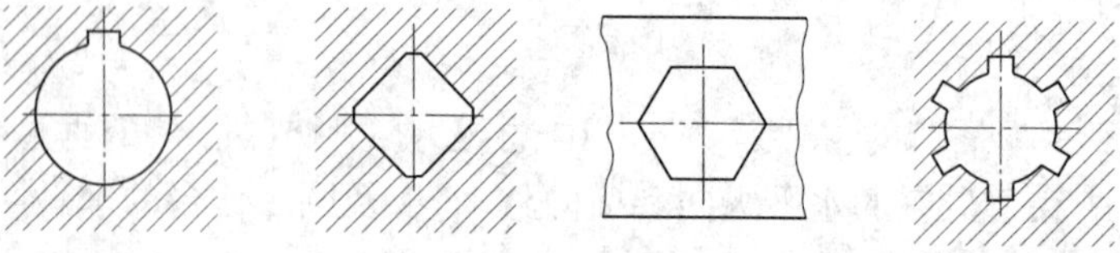

插削键槽　　插削方孔　　插削多边形孔　　插削花键孔

图 6-12　插削的加工范围

2. 插削键槽

插削孔内单键槽的方法如图 6-13 所示。首先在工件孔的端面上划出键槽加工线,采用卡盘或压板螺栓装夹,将工件安装在插床的圆形工作台上,并找正使工件孔的轴线与圆形工作台的回转轴线重合。键槽插刀一般采用平头成形插刀。当键槽宽度较小时,可用宽度等于槽宽的插刀,一次走刀插削到槽宽尺寸。

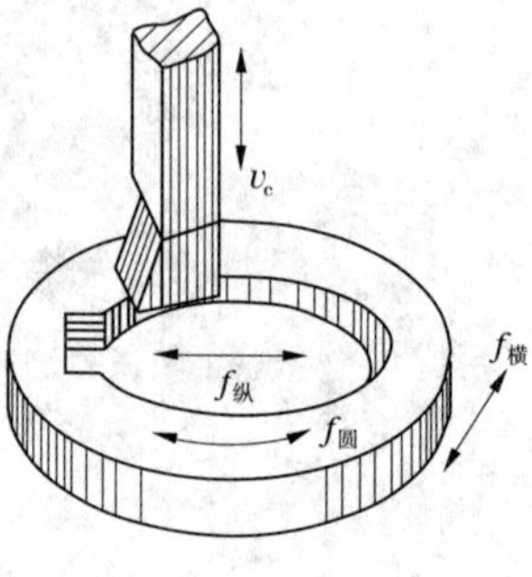

图 6-13　插削孔内单键槽的方法

3. 插削花键

插削花键的方法与插削键槽的方法大致相同。不同的是,花键各键槽除应保证两侧面对轴平面的对称度外,还需要保证在孔的圆周上均匀分布,即等分性。插削花键时常需要用分度盘进行分度。

(四)插削的工艺特点

(1)结构简单,加工前的准备工作和操作也比较方便,存在冲击和空行程损失,主要用于单件或小批量生产。

(2)工作行程受刀杆刚性的限制,槽长尺寸不宜过大。

(3)插床的刀架没有抬刀机构,工作台也没有让刀机构,因此插刀在回程时与工件相摩擦,工作条件较差。

(4)除键槽、型孔外,还可加工圆柱齿轮、凸轮等。

(5)插削加工的精度为 IT9 ~ IT7,表面粗糙度 R_a 值为 6.3 ~ 1.6 μm。

【思考与练习】

1. B6065 型牛头刨床由哪些主要部件和机构组成?
2. 在牛头刨床上刨削薄形工件时的装夹方法有哪些?
3. 刨平面的一般步骤是什么?
4. 插削加工的主运动和进给运动分别是什么?
5. 插削加工的主要应用范围是什么?
6. 简述插削孔内单键槽的方法。
7. 简述插削加工的工艺。

单元二 拉削加工

【学习目标】

1. 了解拉床的分类和应用。
2. 熟悉拉削加工的应用范围。
3. 掌握拉削加工的特点。

【知识指引】

一、拉床与拉刀

(一)拉床

拉床一般用来加工孔眼或键槽。加工时一般工件不动,拉刀作直线运动切削。拉床的类型按照加工表面位置和结构不同有两种分法。

按其加工表面所处的位置,分为以下两类。

(1)内拉床。

内拉床用于拉削内表面,如花键孔、方孔等。工件贴住端板或安放在平台上,传动装置带动拉刀作直线运动,并由主溜板和辅助溜板接送拉刀。

(2)外拉床。

外拉床用于外表面拉削。主要有下列几种:

①立式外拉床,工件固定在工作台上,垂直设置的主溜板带动拉刀自上而下地拉削工件,占地面积较小。

②侧拉床,卧式布局,拉刀固定在侧立的溜板上,在传动装置带动下拉削工件,便于排屑,适用于拉削大平面、大余量的外表面,如汽缸体的大平面。

③连续拉床,较多采用卧式布局,分为工件固定和拉刀固定两类。前者由链条带动一组拉刀进行连续拉削,适用于大型工件;后者由链条带动多个装有工件的随行夹具通过拉刀进行连续拉削,适用于中小型工件。

按结构和布局形式,分为以下两类:

(1)立式拉床。

如图6-14(a)所示,立式拉床占地面积较小,但拉刀行程受到限制。

(2)卧式拉床。

卧式拉床外形如图6-14(b)所示,工作示意图如图6-15所示,卧式拉床应用较普遍,可加工大型工件,占地面积较大。

此外,还有齿轮拉床、内螺纹拉床、全自动拉床、数控拉床和多刀多工位拉床等。

(二)拉刀

拉刀是指拉削用的刀具。

(a) 立式拉床　　(b) 卧式拉床

图 6-14　拉床外形

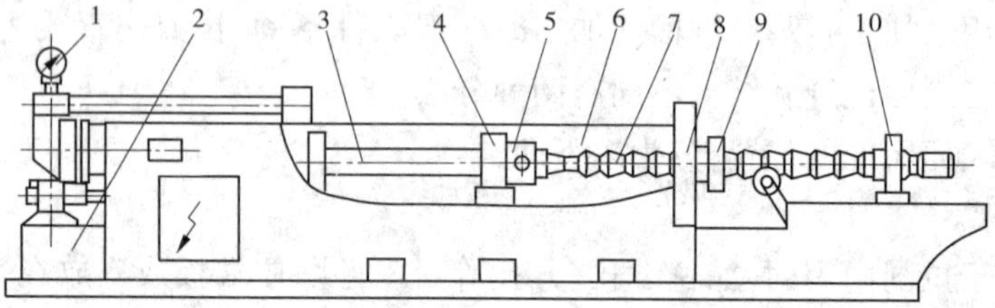

1—压力表;2—液压传动部分;3—活塞拉杆;4—随动支架;5—刀架;
6—床身;7—拉刀;8—支承;9—工件;10—随动刀架

图 6-15　卧式拉床工作示意图

1. 拉刀的类型

按加工工件表面的不同,可分为:内拉刀,如圆孔拉刀、键槽拉刀及花键拉刀等;外拉刀,如平面拉刀、成形表面拉刀及齿轮拉刀等。

按受力不同,可分为拉刀和推刀。

按拉刀构造不同,可分为整体式与组合式。

2. 拉刀的结构

圆孔拉刀的组成如图 6-16 所示,由柄部、颈部、过渡锥部、前导部、切削部、校准部、后导部等组成。

柄部:拉刀与机床的连接部分,用以夹持拉刀和传递动力。

颈部:柄部和过渡锥部之间的连接部分,此处可以打标记。

过渡锥部:颈部与前导部之间的锥度部分,起对准中心的作用,使拉刀易于进入工件孔。

前导部:引导拉刀的切削齿正确地进入工件孔,可防止刀具进入工件孔后发生歪斜。同时,还可以检查预加工孔尺寸是否太小。

切削部:刀齿担负着拉刀的切削工作,以切除工件上全部的拉削余量。它由粗切齿、

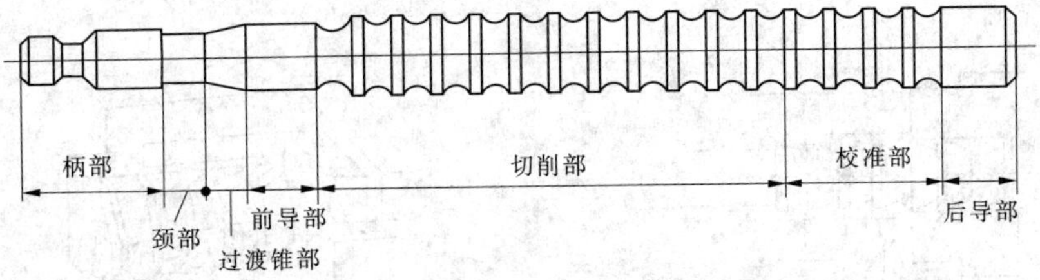

图 6-16　圆孔拉刀的组成

过渡齿和精切齿组成。

校准部:用以校正孔径,修光孔壁。还可以作精切齿的后备齿。

后导部:用以保证拉刀最后的正确位置,防止拉刀即将离开工件时工件下垂而损坏已加工表面。

二、拉削加工

(一)拉削加工的工艺范围

当拉刀相对于工件作直线移动时，工件的加工余量由拉刀上逐齿递增尺寸的刀齿依次切除。拉削既可加工内表面(各种型孔,见图 6-17),还可加工外表面(平面、半圆弧面和组合表面)。拉削可分为粗拉和精拉。粗拉的尺寸公差等级为 IT8 ~ IT7,表面粗糙度 R_a 值为 1.6 ~0.8 μm;精拉为 IT7 ~ IT6,R_a 值为 0.8 ~0.4 μm。

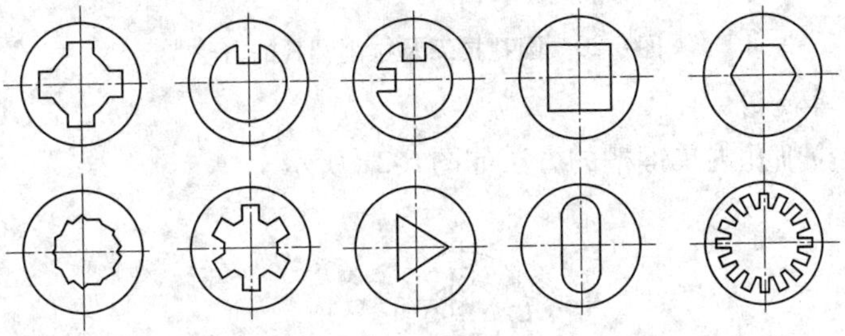

图 6-17　适于拉削的各种型孔

(二)拉削方法

拉削各种型孔时,工件一般不需要夹紧,只以工件的端面支承。因此,预加工孔的轴线与端面之间应满足一定的垂直度要求。如果垂直度误差较大,则可将工件端面紧贴在一个球面垫圈上,利用球面自动定位,如图 6-18 所示。

外表面的拉削,一般为非对称拉削,拉削力偏离拉力和工件轴线,因此除对拉力采用导向板等限位措施外,还须将工件夹紧,如图 6-19 所示,以免拉削时工件位置发生偏离。

1. 拉削圆孔

圆孔拉刀及拉削圆孔的方法如图 6-20 所示。拉削的孔径一般为 8 ~125 mm,孔的深径比 $L/D \leq 5$。工件不需要夹紧,只以已加工过的一个端面为支承面。当工件端面与拉削孔的轴线不垂直时,依靠图中所示的球面浮动支承装置自动调节,始终使受力方向与端面垂直,以防崩刃和折断。装置中的弹簧是为了保持球面贴合,避免其从装置体上脱落下来而设置的。

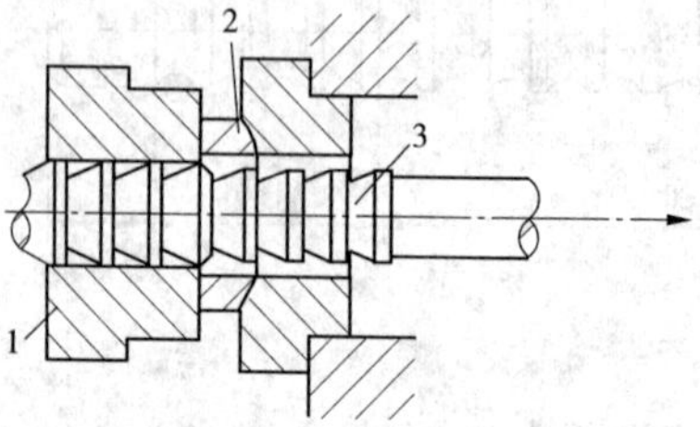

1—工件;2—球面垫圈;3—拉刀

图 6-18 圆孔的拉削

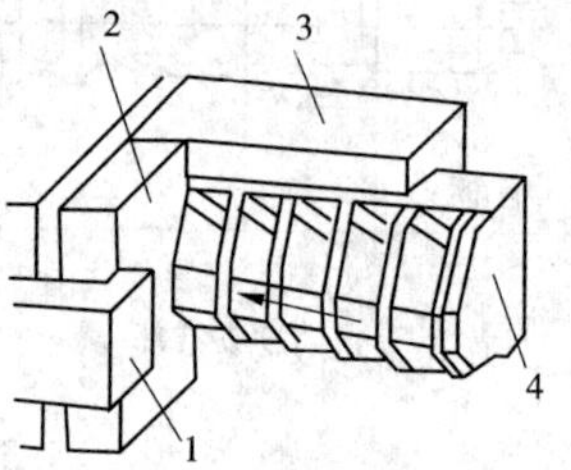

1—压紧元件;2—工件;3—导向板;4—拉刀

图 6-19 拉削 V 形槽

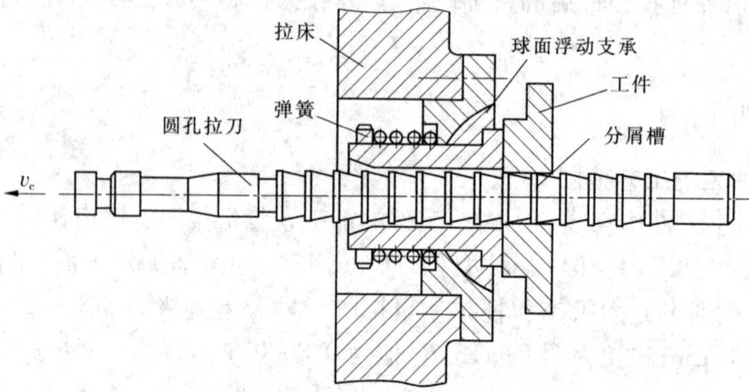

图 6-20 圆孔拉刀及拉削圆孔的方法

2. 拉削孔内单键槽

键槽拉刀及拉削孔内单键槽的方法如图 6-21 所示。

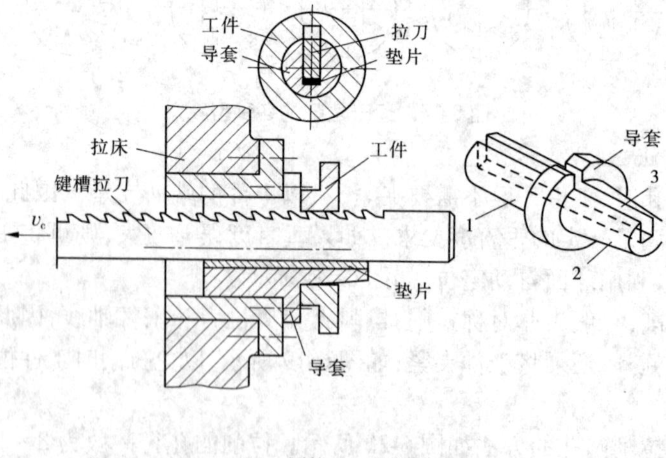

1、2—圆柱;3—矩形槽

图 6-21 键槽拉刀及拉削孔内单键槽的方法

键槽拉刀为扁平状,上部为刀齿。它与工件的正确位置由导套保证。导套的圆柱 1 插入拉床端部的孔内,圆柱 2 套放工件,矩形槽 3 与键槽拉刀刀体宽度一致,并按滑动配合选取。键槽拉刀工作时由矩形槽定位、导向。拉刀底部垫有一定厚度的垫片,以便调整工件键槽的深度,并用它补偿键槽拉刀重磨后齿高的减少量。

(三)拉削的工艺特点

(1)拉削的生产效率高。

由于拉削时,拉刀同时工作的刀齿数多、切削刃长,且拉刀的刀齿分为粗切齿、精切齿和校准齿,在一次工作行程中就能完成工件的粗、精加工及修光,机动时间短,因此拉削的生产率很高。

(2)拉削可以获得较高的加工质量。

拉刀为定尺寸刀具,具有校准齿,可进行校准、修光工作;拉床采用液压系统,传动平稳;拉削速度低,不会产生切屑瘤。因此,拉削加工质量好,经济精度可达 IT8 ~ IT7,表面粗糙度 R_a 值为 1.6 ~0.4 μm。

(3)拉刀耐用度高,使用寿命长。

由于拉削时切削速度低、切削厚度小,在每次拉削过程中,每个刀齿只切削一次,工作时间短,拉刀磨损慢,拉刀刀齿磨钝后,还可以重磨几次,因此拉刀耐用度高,使用寿命长。

(4)拉床采用液压传动,故拉削过程平稳。

(5)拉刀适应性差。

拉刀不能加工阶台孔、盲孔和特大直径的孔。由于拉削力很大,拉削薄壁孔时容易变形,因此薄壁孔不宜采用拉削。

(6)拉刀结构复杂,制造费用高。

拉刀制造复杂,成本高,且一把拉刀只适用于加工一种规格尺寸的型孔或槽,因此只有在大批量生产中才能显示其经济、高效的特点。

【思考与练习】

1. 拉削加工有什么特点?
2. 什么是拉刀? 有哪些类型? 各有何特点?
3. 拉刀由哪些部位组成?

附 表

常用机床组、系代号及主参数(摘自 GB/T 15375—1994)

类	组	系	机床名称	主参数的折算系数	主参数	第二主参数
车床	1	1	单轴纵切自动车床	1	最大棒料直径	
	1	2	单轴横切自动车床	1	最大棒料直径	
	1	3	单轴转塔自动车床	1	最大棒料直径	
	2	1	单轴棒料自动车床	1	最大棒料直径	轴数
	2	2	多轴卡盘自动车床	1/10	卡盘直径	轴数
	2	6	立式多轴半自动车床	1/10	最大车削直径	轴数
	3	0	回轮车床	1	最大棒料直径	
	3	1	滑鞍转塔车床	1/10	卡盘直径	
	3	3	滑枕转塔车床	1/10	卡盘直径	
	4	1	万能曲轴车床	1/10	最大工件回转直径	最大工件长度
	4	3	万能凸轮轴车床	1/10	最大工件回转直径	最大工件长度
	5	1	单柱立式车床	1/100	最大车削直径	最大工件高度
	5	2	双柱立式车床	1/100	最大车削直径	最大工件高度
	6	0	落地车床	1/100	最大工件回转直径	最大工件长度
	6	1	卧式车床	1/10	床身上最大回转直径	最大工件长度
	6	2	马鞍车床	1/10	床身上最大回转直径	最大工件长度
	6	4	卡盘车床	1/10	床身上最大回转直径	最大工件长度
	6	5	球面车床	1/10	刀架上最大回转直径	最大工件长度
	7	1	仿形车床	1/10	刀架上最大车削直径	最大车削长度
	7	5	多刀车床	1/10	刀架上最大车削直径	最大车削长度
	7	6	卡盘多刀车床	1/10	刀架上最大车削直径	
	8	4	轧辊车床	1/10	最大工件直径	最大工件长度
	8	9	铲齿车床	1/10	最大工件直径	最大模数
钻床	1	3	立式坐标镗钻床	1/10	工作台面宽度	工作台面长度
	2	1	深孔钻床	1/10	最大钻孔直径	最大钻孔深度
	3	0	摇臂钻床	1	最大钻孔直径	最大跨距
	3	1	万向摇臂钻床	1	最大钻孔直径	最大跨距
	4	0	台式钻床	1	最大钻孔直径	
	5	0	圆柱立式钻床	1	最大钻孔直径	
	5	1	方柱立式钻床	1	最大钻孔直径	
	5	2	可调多轴立式钻床	1	最大钻孔直径	轴数
	8	1	中心孔钻床	1/10	最大工件直径	最大工件长度
	8	2	平端面中心孔钻床	1/10	最大工件直径	最大工件长度
镗床	4	1	立式单柱坐标镗床	1/10	工作台面宽度	工作台面长度
	4	2	立式双柱坐标镗床	1/10	工作台面宽度	工作台面长度
	4	6	卧式坐标镗床	1/10	工作台面宽度	工作台面长度
	6	1	卧式镗床	1/10	镗轴直径	
	6	2	落地镗床	1/10	镗轴直径	